日本人はどのように自然と関わってきたのか

日本列島誕生から現代まで

コンラッド・タットマン［著］
黒沢令子［訳］

Japan An Environmental History

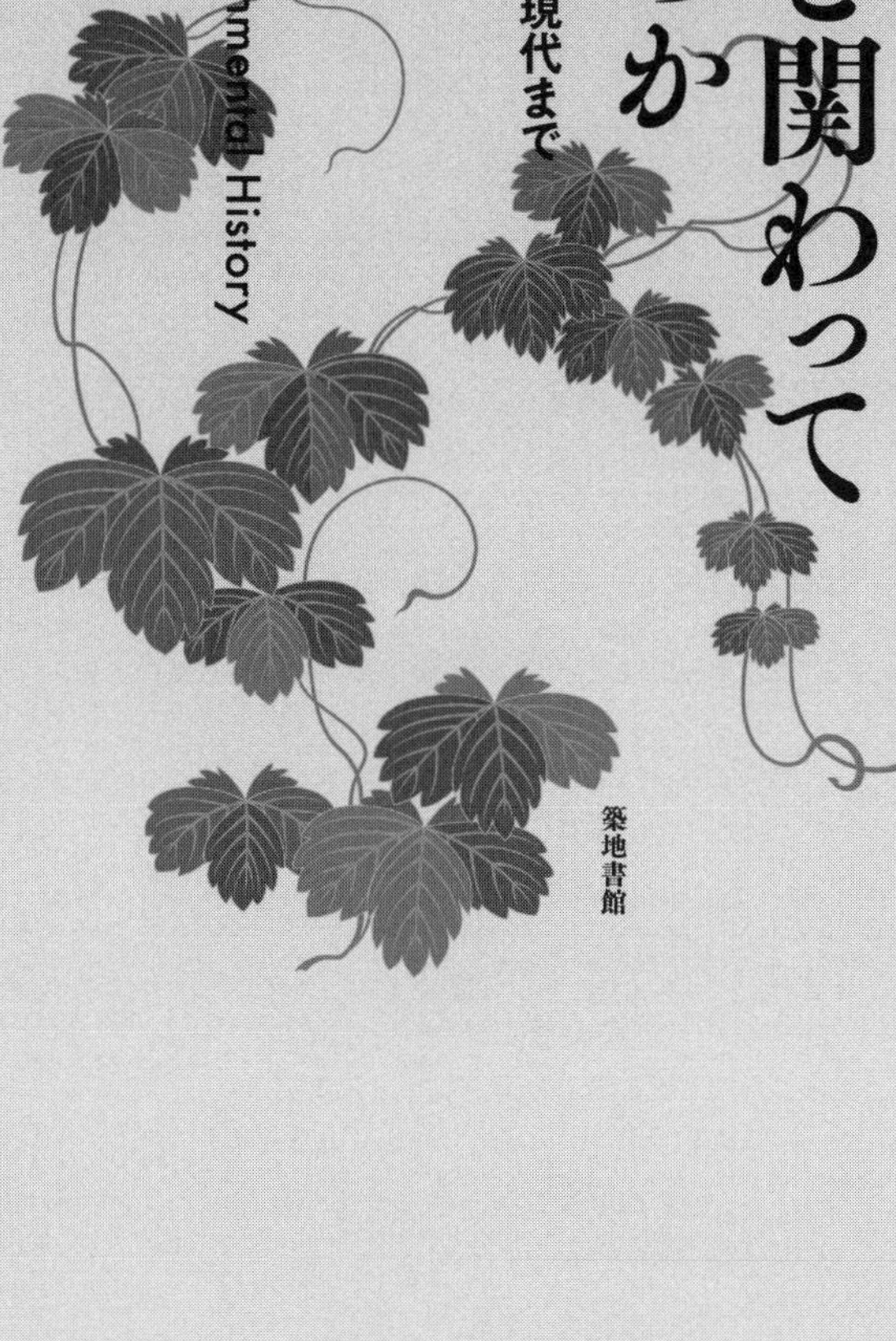

築地書館

JAPAN
An Environmental History

Published by arrangement with I.B.Tauris & Co. Ltd., London
through Japan UNI Agency, Inc., Tokyo

Japanese translation by Reiko Kurosawa
Published in Japan by Tsukiji-Shokan Publishing Co., Ltd., Tokyo

はじめに

人間活動による地球環境への負担は増大の一途をたどり、地球の生態系はその多岐にわたる影響の下で喘いでいる。私たちはそれを目の当たりにして、地球規模で加速している種《しゅ》の絶滅や生態系の崩壊を食い止め、回復させるために、できることがあるとしたら、それは何だろうかと模索している。しかし、その答えをみつけるためには、私たちは、人類と地球の生物群系をなぜこのような窮地に陥らせてしまったのかと問いかけて、その過程を明らかにすることが必要不可欠である。

後者の問いは、現在や将来から過去に目を向けるきっかけを与えてくれるが、向ける先はいうまでもなく、生態系が現在陥っている、地球規模の窮地をもたらした過去の側面である。こうした側面に注目してみると、特定の社会や状況をその特徴や独自性からではなく、現在の世界をもたらした大きな流れを作り出した要因という観点からみることが必要になる。

日本は環境史の優れた「事例研究」になる要因を備えている。歴史が比較的堅実に記述されているだけでなく、人口のまばらな狩猟採集社会から農業が発達して今日のような人口密度の高い産業社会に至るまで、人類が歩んできた歴史的過程をおおむねたどってもいるからだ。さらに、日本は他の民族が住む地域から海によって明確に隔てられた島国なので、外部から受けた影響やその大きさ、受けた時期がはっきりと識別できるのだ。

日本史を記述するのに確立した方式があるのはいうまでもない。日本人は縄文や弥生などの先史時代以降は、奈良、平安、鎌倉、室町、江戸といった各政権の所在地で時代を表す独自のわかりやすい歴史の記述方式を生み出した。ちなみに、江戸時代以降は、明治や昭和のように天皇の在位期間を年号に用いている。一方、「欧米人」から「本物の」歴史というお墨付きをもらえるように、和風の時代区分を改めて、古代、中世、近世、現代という、西洋式の時代区分にあえて当てはめることもできるかもしれない。

日本は確かにユニークな国だが、どの社会も生物個体もそうだし、西欧諸国と共通する特徴も備えている。しかし、日本の特異性や西欧との類似性を強調するのは、日本が一風変わった社会だというイメージや、あるいは西欧に似ているところがあるので注目に値する社会だというイメージを定着させてしまうだけである。むしろ、ここで示したいのは地球の生態系が直面している危機的な状況の背景なので、特異性や類似性を云々するだけでは、人間社会の基本的な要因をないがしろにすることになり、その役には立たないだろう。

　したがって、本書では従来とは異なる環境という枠組みを使って、日本史を論じることにした。この枠組みはどの社会にも当てはめられるし、私たちが地球規模で直面している生態系の問題に密接に関わるテーマを浮き彫りにする役目も果たす。本書のタイトルを〝Japan: An Environmental History（日本の環境史）〟と名付けたのはこうしたわけである。

　一方、この書名は言葉に厄介な問題が内在していることを気づかせてくれる。「日本」と「日本人」という用語は、「イギリス」と「イギリス人」や「ブラジル」と「ブラジル人」という用語もそうだが、意味論的問題を表している。「日本」は「日本列島」や「日本へ行った」という表現のように場所を表すこともあれば、「日本はペリーの軍艦に屈した」や「日本は真珠湾を攻撃した」という表現のように、国家を意味することもある。また、「ジャパニーズ」は日本の言語や民族、経済やその産物、独特といわれている「日本人」の文化的特性も表す。

　本書では「日本」は主に場所、すなわち、日本という国家と一般に認められている列島（小笠原諸島や南西諸島などを含む四つの本島）を表す。しかし、日本と外国の相互作用が主要なテーマになる産業社会を論じた章では、「日本」は国や社会も表している。そして、「日本の」といった場合は、日本列島でみられる現象を指すが、列島で始まり、選択や慣習によって列島と結びつけて考えられている現象も含まれる。

　同様に、「環境史」という言葉もはっきりさせておく必要がある。日本の環境史では、数千年にわたり、日本の環境で、多様な要因が互いに影響を及ぼし合ってきた様子を論じることもあれば、特定の要因（気候、オオカミ、米、人間など）を選んで、そうした要因と環境の相互作用を取り上げることもある。前者は相互作用の過程を全体としてとらえる考え方、すなわち「群集生態学的」（混合生態学的、あるいは統合生態学的方法論）な取り組み方である。一方、後者は「個生態学的」（自立的な生態学的）な取り組み方といえるだろう。取り上げる要因が人口ならば、「人間を主体とする個生態学的研究」になるし、別の要因ならば、その別の要因を主体とする研究になる。

「相互に作用する」という動詞についても説明しておく必要があると思われる。人間はともすると、自分たちが歴史の唯一の作用因だとか、主体性を持った行為者だとか、主導権を握っているとか思い込みがちである。しかし、実際は、私たちが世界に悪影響を与えているときでさえも、自分たちがとる行動やその影響は、その置かれた状況によって形成されているのである。本書では、生物学、気候、地理、地質学などの諸要因が人間の主体的行動と相互に作用して、日本列島の歴史を形成してきた過程を明らかにしようと考えている。

　こうした「人間の主体的行動」が環境に及ぼす悪影響に関しては、人口密度、一人当たりの物質の消費率、それらの物質を入手するために人間が利用する技術という三大要因が重要な役割を果たしていることを明らかにする。こうした要因によって、「自然な利用」から「人為的な利用」への移行率や生態系の他の場所で消費される資源の量、さらに、汚染物質や廃棄物が生態系に及ぼす悪影響の大きさが左右される。

　そこで、本書では、日本列島に住む人々の生活様式や環境との相互作用と、その変遷を主に論じる。さらに、生活様式や相互作用、およびその変遷の原因や結果を検討し、できれば、人間の経験だけでなく、生物と非生物とを問わず、日本列島を構成している他の要素の経験も明らかにしてみたい。

　本書で扱う時代は数千年どころか、数万年にも及ぶ。しかし、狩猟採集、農耕、産業社会という三区分に大きく分けられる時代は、時代が下るにつれて各時代の期間は短くなるが、歴史的な存在感は増してくるのがわかるだろう。また、時代が下るにつれて、環境に及ぼす影響の大きさと

複雑さは増大の一途をたどり、現在の地球生態系が直面している危機的状況に突き進んだこともわかるだろう。

目次

第7章　帝国主義下の産業社会――一八九〇～一九四五年　215

第8章　資本家中心の産業社会――一九四五年～現代　269

序章

人間と環境の関係で特に重要な要因は、地球上の位置、古地理学的遺産、気候、それに起因する生物群集、環境に及ぼす人間社会の影響の特徴と規模である。本書の構成はこうした要因に基づいている。

第1章では、日本列島の歴史で、地理的条件（地形、地質、気候、生物）が果たした役割を論じる。人間が生態系を改変する以前の列島は、青々とした森に覆われていた。したがって、列島の環境変化は、主に森林がその他の土地利用に徐々に取って代わられることでもたらされたとみることができる。その過程で生じた植生の変化は、つい数十年前でも、遠洋、沿岸、内陸の各漁業や動物全般などにみられる変化よりも際立っていただけでなく、より記録が充実している。そこで、本書はこの森林植生の変化に重点を置いているが、他にも哺乳類や魚類、微生物に関する貴重な研究も多少あり、本書の内容を充実させてくれるので、後半で取り上げた。

第2章より先では、日本列島の人間社会が漁労を含めた

狩猟採集社会から農耕社会、さらに産業社会へ発展していく過程を論じる。社会形態を示すこの三つの用語は、人間が生活に必要なエネルギーなどの物質を入手するために利用する本質的に異なる三つの技術を表している。狩猟採集社会では基本的に生活に必要なものは身の回りの生態系から手に入れ、農耕社会では周辺の生態系を操作し、「自然」の生物相を犠牲にして好ましい動植物を育てる。

一方、産業社会では、地球全体が合法的な収奪対象とみなされている。この社会では、主に生物界が数百万年にわたり蓄積してきた化石燃料を消費することで、科学技術が許す限り、一人当たりのエネルギー循環率を高めている。この社会の構成員は地元地域だけでなく、地球全体を適切な資源の供給源と考えている。第7章と第8章でみるように、地球全体を資源の供給源とみなすようになった結果、産業社会と環境の相互作用を考察する手段として、「民族国家」が不適切になってしまった。しかし、最近の数十年を除けば、日本列島の環境史を論じる手段として、問題はないと思われる。

日本では狩猟（漁労を含む）採集社会は数千年続いたが、その規模や特性、環境に及ぼした影響に関するデータは極めて少ない。そこで、長い期間ではあるが、一つの章にまとめた。一方、農耕社会は一九世紀末までの二五〇〇年ほどに過ぎないが、狩猟採集社会と比べると、格段に記録が

多いので、四つの章を割り当てた。

農耕社会の後に続く産業社会は日本列島ではわずか一〇〇年余りに過ぎないが、記録は豊富にある。さらに、産業社会の特質は一言でいえば、化石燃料の消費と世界中の資源供給源への依存だが、その特質が生物の多様性や適応力、生物量や生産力の低下や減少という現在の地球生態系が直面している問題をもたらしている。そこで、期間は短いが、日本の産業社会には二つの章を割り当てた。なお、「終わりに」では本書で述べたことを概観し、現在の状況と将来の見通しを考えてみる。

本書はこのような構成になっているが、普遍的な問題が二つあるので、ここでそれを取り上げておく。一つは、社会の形態が狩猟採集から農耕、さらに産業社会へと移行する過程で、もう一つはこの三つの分類そのものに関することである。狩猟採集、農耕、産業の各社会は名称や時代が示すほど明確に区別できるものではないからだ。

狩猟採集から農耕社会、そして産業社会へ移行する際には、いずれの社会でも必ず学習や適応という苦労を経験する。移行には革新を必要とする部分もあるが、隣人と遠方の他人とを問わず、他の人が開発した技術を取り入れたり、手を加えたりするだけですむ。しかし、世界中の人々が「遠方の」新しい技術を学んだり、利用したりできる条件に恵まれているというわけではない。近隣の集団の間では、意図するかしないかは別にして、利便性が高いような新しい技術や発明品はすぐに一般化するが、ジャングルの奥地やツンドラ地帯、離島に居住している集団はこうした技術やその利用法を知るまでに時間がかかることが多い。

日本の場合は社会の移行に、「遠方の異邦人」が重要な役割を果たした。農耕社会への移行には朝鮮半島－中国－満州地域〔訳注：現在の中国東北部を指す。原著に倣い本書では満州と記す〕の人々が、産業社会への移行には主に欧米の人々が深く関わっている。いずれの場合も、東アジアの大陸の沿岸から離れた位置にある日本の地理的条件が新しい技術に触れる時期や過程に影響を及ぼしている。

狩猟採集社会、農耕社会、産業社会という三つの分類には曖昧さが残るが、日本列島に最初に住み着いた人たちは身の回りの自然から食べられるものを手に入れて暮らしていた狩猟採集民で、その社会は何千年にもわたり続いた。しかし、こうした人たちは食料の供給量を増やす手段や、食料を保存する方法を編み出し、その結果、人口が増加すると共に、社会も複雑になっていった。

植物だけでなく、少数ではあるが動物にも品種の改良を行ない、食料をはじめとする生活必需品の生産量の拡大と供給源の確保を図った。こうした品種改良の試みも、初めのうちは狩猟採集民の暮らしや食事を補うだけに過ぎなかったが、三〇〇〇年から二五〇〇年前頃になると、朝鮮半島から経由も含めて移民が日本列島へ渡来し、高度に発達した農耕技術をもたらし始める。そして、二五〇〇年から二〇〇〇年前頃までには、農作物の栽培が少なくとも西日本では主要な食料の供給源として定着した。

「農耕」という用語は厳密には、畑を耕すことを意味するが、一般的には人間が主に食料を生産するために生態系を操作する産業化以前の社会形態を表す。この広義の農耕には作物の栽培だけでなく、家畜の飼育や果樹栽培も含まれる。しかし、家畜の飼育は日本の農耕社会ではそれほど盛んではなかった。果樹栽培の方が重要な役割を果たしていたのだ。とはいえ、農業の主役になったのは畑作であった。この農業形態は一九世紀の中頃まで二五〇〇年ほど続いた。

そして、一八九〇年までには、日本の農耕社会は第三段階の「産業社会」に移行する。それ以前の社会形態と産業社会を区別する基本的な特徴は、①人間に起因する一人当たりのエネルギー循環率の著しい上昇と、②資源利用のグローバル化である。

こうした産業社会の特徴については、もう少し説明しておいた方がいいだろう。まず、人間がもたらしたエネルギー循環の驚くべき加速だが、これはいわゆる「化石燃料」(とりわけ、石炭、石油、天然ガス)を利用することによって初めて可能となった。そのエネルギー量は、現在の生物相から取り出せるエネルギー量とは比べものにならないほど膨大なものである。こうした「新しい」エネルギー資源を活用すると共に、物理化学を駆使して、日本も(他の産業社会と同様に)さらに水力や原子力などのエネルギー資源を開発した。こうしたエネルギー資源と新しい科学や工業技術を用いて、日本は生態系をほぼ全面的に利用する能力を急速に伸ばし、生態系にかかる負担を何倍にも増大させたのである。その結果、生態系の他の生物が利用できる空間や他の資源が、相対的に減少してしまった。さらに、化石燃料などを入手したり利用したりする過程で、生態系をかつてないほど汚染したり、乱したりするような副産物が大量に生み出されたのだ。

二つ目の資源利用のグローバル化だが、日本人は最初から大陸の民族と接触を持っていた。しかし、数千年にわたる狩猟採集時代の間は、こうした接触は日常生活で頻繁にあったことではなく、地域の資源基盤を補うまでには至らなかった。農耕社会になると、大陸との接触は大幅に増えたが、影響を与えたのはエリート階級の生活だけで、贅沢品や情報、政治上の混乱をもたらしたに過ぎなかった。

さらに、日本列島内部では、西南部の農耕社会と東北部の狩猟採集社会の間で複雑な民族的接触がみられた。こうした接触では狩猟採集民が苦難や被害を被ることが多く、しだいに領地を失っていった。一方、狩猟採集民が農耕民に与えた影響はわずかばかりで、征服と入植によって資源を直接利用できる地域を開拓した場合以外には、資源基盤を増加させることはできなかった。

日本が農耕社会に入った数百年の間に、国内の交通の発達や交易の増加に伴い、こうした地域的な接触は拡大の一途をたどる。こうした交通や交易の発達は、上層の支配階級が統治する安定した社会を背景にして生じたのである。上層の支配階級は当然のことながら、自己の権益を守り、こうした地域の資源供給源の拡大で自分たちにもたらされる利益が最大になるように、社会を揺るがしかねない争いに介入して、不満分子を黙らせ、社会の秩序を維持することに努めていた。

一方、産業社会になると、「資源供給源」は社会の利益を適切に管理する能力のある監督機関の力の及ぶ範囲をはるかに超えて、急速に拡大していくが、その代わり、今度は政府と会社（法人）とを問わず、当事者たちの自己の権益と力関係によって結果が決まるという競合的な相互作用が関わるようになる。

そこで、日本も他の産業社会と同様に、エネルギーやその他の資源に対する需要の急激な増加によって、地球規模の相互作用に巻き込まれることになった。すべての産業社会が巻き込まれているので、資源をめぐる競争は熾烈さを増し、社会間の相互作用はかつてない規模や多様さ、複雑さ、困難さをみせている。

したがって、日本の歴史の特徴を一言で述べると、狩猟採集、農耕、産業社会という三つの基本的段階を経ていくことだといえる。しかし、こうした基本的な段階の中には、さらに「下位段階」が認められることが本書を読み進めていくうちにわかるだろう。

狩猟採集社会はほとんど記録が残っていない長い「先土器」文化期から、比較的短い「土器」文化期まで（およそ一万五〇〇〇年間）続いていた。しかし、農耕社会に入った二五〇〇年の間にも、日本は「粗放農業」を行なっていた「散開農耕民」時代と、人口密度が高くなった「集約農業」時代（一二五〇年頃以後）という二つの時代を経ていく。そして、最後に日本は一〇〇年ほどの産業社会を迎えるが、ここでも、政府主導の開発が優先的に推し進められた感のある初期段階と、第二次世界大戦後（一九四五年以後）の歴史的過程や結果の形成に産業界の行動方針が重要な役割を果たしたように思える最近の段階を経ている。

さらに、農耕社会と産業社会がそれぞれに経験した二つの時代にも、人口の増加と生態系にかかる負担の増加の時期がみられる。しかし、こうした増加の時期の後には「安定期」が訪れ、人口が安定して、資源の利用率の伸びが止まったり、下がったりするようにみえる。

＊＊＊

人類が生態系に過度の負担をかけた結果であるが、地球規模で急速に崩壊している生態系（生物多様性の減少など）を目の当たりにしている現代の私たちにとって、歴史的にみて重要な問いは、過去数千年にわたり、人間が生態系とどのような形で相互作用してきたのか、そして、どのようにして現在の状況に至ったのか、ということである。

日本史に限らず、歴史の研究において、このような環境の現状を目の当たりにすると、もっと適した基準を用いてもう一度、この二つの問いに答えを出せるような新しい解釈を編み出す必要性をひしひしと感じる。本書はそうした試みの一つである。

第1章
日本の地理

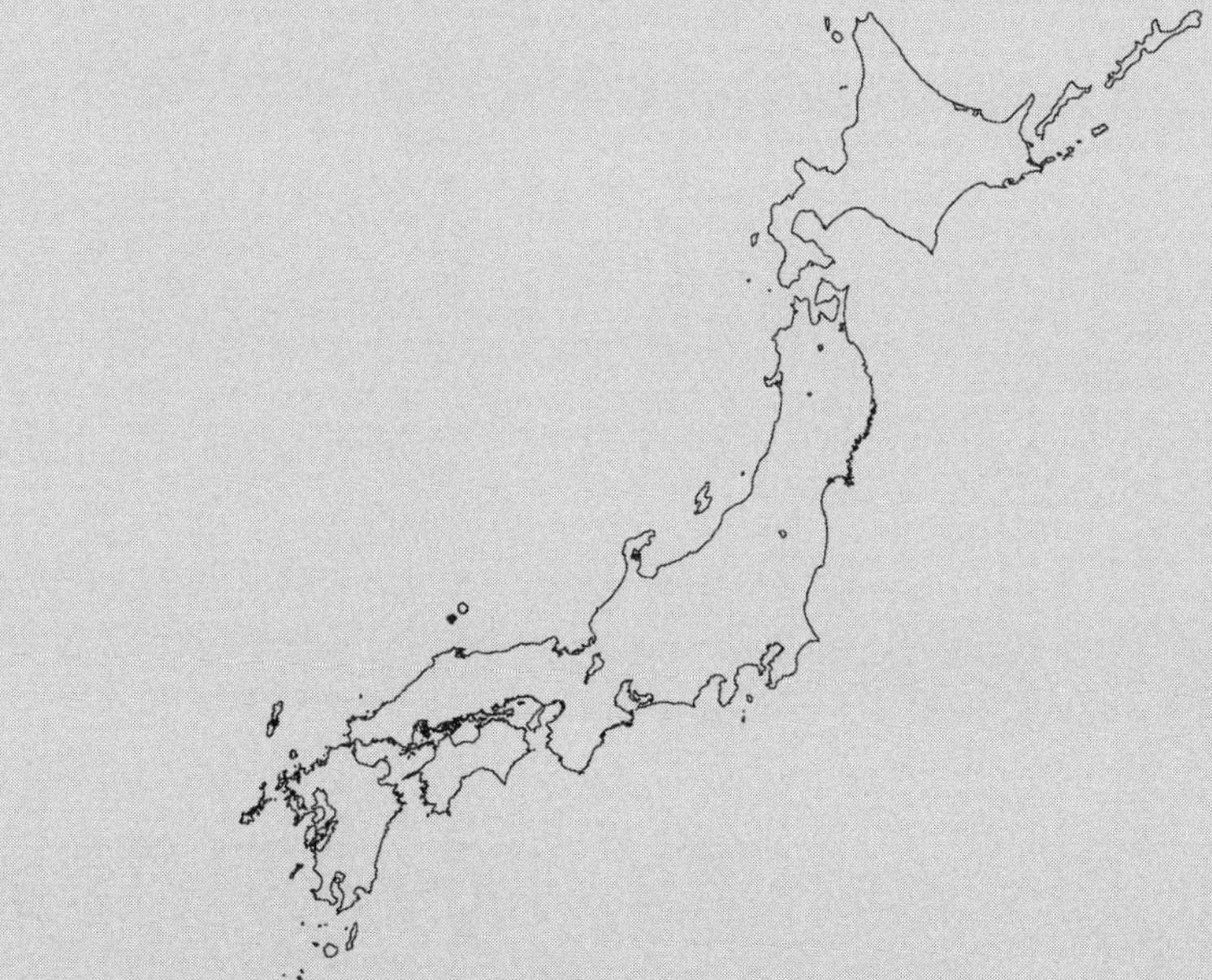

現在の日本を表面的に記述するのは簡単である。豊かな緑に覆われた山地が国土の大半を占め、低地は肥沃で人口密度が高い島国である。しかし、その下には極めて複雑な地形学的特徴が隠されている。地質学的作用と地理的位置という二大要因が相互に作用し合った結果であるが、さらに、両者は日本列島の物質的組成、地形、気候、生物相、そして、最近の数千年は人間の歴史を形作ってきた。

地形的特徴

今日の日本は「本土」に相当する主要な島と、小笠原諸島と南西諸島という二系統の付属列島群から成り立っている。[*1]「本土」は面積の順に本州、北海道、九州、四国の主要四島と、対馬や佐渡などの周辺にある小さな島で構成されている。このように日本が大小の島々から成り立っているということは、人間が住み着いた当初から、外洋航行できる船が生活に欠かせなかったことになる。しかし、主要四島同士は比較的近いので、現在では橋やトンネルによって車や鉄道で行き来ができる。

日本列島は北半球の温帯に属し、ユーラシア大陸東部の沿岸からほど遠くないところにある。列島は西南部の九州から四国を経て本州の関東地方まで北東方向へ連なり、そこから今度は北へ北海道まで伸びている。九州の最南端（北緯三一度）から北海道の最北端（北緯四四・五度）まではおよそ一六六〇キロメートルある。西は東シナ海、朝鮮海峡（対馬海峡西水道）、日本海に、北はオホーツク海に、東と南は太平洋によって隔てられている。

列島の西南部がアジア大陸に最も近く、朝鮮半島の南東端までわずか二〇〇キロメートルに過ぎない。西日本と朝鮮半島の間には、入江に恵まれた比較的大きな対馬という島がある。九州北部と本州の西南端は、対馬海峡から東の瀬戸内海へ通じている一衣帯水《いちいたいすい》の関門海峡で隔てられている。

瀬戸内海は小島が点在する細長い浅海で、南と西は九州と四国に、北と東は本州によって外洋から守られている。この安全な内海は豊かな海産物の供給源としてだけでなく、交通、入植、商業を促進する上でも二〇〇〇年にわたり極めて重要な役割を果たしてきた。

小笠原諸島は東京のおよそ一〇五〇キロメートル南方の太平洋上にある。一方、南西諸島は、九州南部から台湾近くまで南西方向へおよそ九五〇キロメートルにわたり、弓なりに伸びている。[*2]日本本土の面積はおよそ三七万五〇〇〇平方キロメートルで、小笠原諸島と南西諸島を加えると、総面積は三八万七〇〇〇平方キロメートルになる。ちなみに、ドイツはおよそ三五万七〇〇〇平方キロメートル、イ

東北地方中部の山地（1955年）

ラクは四三万五〇〇〇平方キロメートル、アメリカ合衆国のモンタナ州は三八万一〇〇〇平方キロメートルある。[*3]

日本の国土は大部分が山地である。しかも、山地の多くは狭い谷からそそり立っている。降水はこうした険しい山腹を無数の沢となって谷へ下り、海岸平野や数カ所の内陸盆地へ出る。日本を代表する盆地は、関西地方にある琵琶湖と東北地方にある山形県の庄内平野である。

世界の大低地帯の多くは広大な太古の水平な岩床の上に広がっているが、日本の低地はほとんどが浸食や火山活動によって生成された堆積物から成っている。今日みられる主要な低地の表層は五〇〇〇年から六〇〇〇年前の新しい堆積層だ。しかし、後で詳しく取り上げるが、もっと高い「段丘層」がこうした低地の周辺を取り巻いている。こうした地層は、低地より何千年も古い時代に形成され、その後に浸食されて、残った周辺部が低地よりも一〇メートルから三〇メートル高い現在の位置までゆっくりと隆起したものである。大ざっぱにいうと、山地が日本のおよそ八〇％を占め、低地と丘陵地はわずか二〇％に過ぎない。

日本の山地は非常に険しいので、人間が利用しにくい上に、主に薪や木材、飼い葉や堆肥の供給源の役を果たしてきたので、現在でも日本列島のおよそ七〇％はおおむね豊かな森林に覆われている。そして、このような地形のために、日本の人口は低地と標高の低い丘陵地に集中している。

一方、こうした低地は主に含水率の高い河成堆積物と火山灰の厚い堆積層でできているので、肥沃な耕作地になり、今日に至るまで何百年もの長きにわたり農業を支えてきただけでなく、都市や産業活動の場にもなっている。

日本列島の生い立ち

日本人の歴史的経験は基本的に列島の地形によって形成されてきたが、その地形は列島の地質学的経験の産物である。しかし、その際立った特徴は地質的時間の短さだろう。私たちが現在知っている日本列島ができたのは、地球の歴史からみれば、ごく最近なのだ。

先史時代の地質学

地球はおよそ四五億年前に誕生し、最初の大陸はできてから四〇億年近く経っている。一方、日本列島の大部分は一五〇〇万年前まで海底に沈んでいた。一一〇〇万年前には隆起し始めていたが、二〇〇万年前頃でも、山地は現在の高さの半分ほどにしか達していなかった。[*4]

世界の主要な山脈と比べてみると、日本の山地の新しさが際立つ。北米西部のロッキー山脈や南米のアンデス山脈、

ヨーロッパから東南アジアに連なる広大なアルプス・ヒマラヤ山系はいずれも比較的新しいが、それでも今から二億五〇〇〇万年前に隆起し始めて、二五〇〇万年前までにほぼ現在の形が整った。日本の山地の新しさがさらに際立つ例として、もっと古い北米東部のアパラチア山脈と中央ユーラシアのウラル山脈を挙げることができる。両者は二億五〇〇〇万年前までには非常に高い標高まで隆起していたが、その後しだいに浸食されて、現在のような緩やかに起伏する形状になったのである。

日本列島の地質に一五〇〇万年以上前のものがまったくみられないというわけではない。日本にも太古の昔に遡る岩石が存在する地域がかなりある。[*5]「古日本」は、プレートが合体してできたアジア大陸塊のうち、中国・シベリア地域にあたる北東アジアと呼ばれている部分の辺縁部にあたるようだ。プレートの合体が起きたのは、「超大陸パンゲア」〔訳注：三畳紀以前に存在したと考えられている大陸〕が分裂していた頃である。この超大陸の分裂はおよそ二億五〇〇〇万年前に始まり、四〇〇〇万年前頃までには現在の大陸がおおむね形成されていた。[*6]

パンゲアは気の遠くなるような長い年月をかけて分裂したが、その間に、現在の北米大陸は北西方向へ移動していき、隣接していたヨーロッパとシベリアは時計回りに回転した。その結果、シベリアの辺縁部は北極付近から南東方

向へ回転することになったが、回転している途中で、北中国プレートと南中国プレートと呼ばれている二つのプレートを含めて、他のプレートとぶつかり、そうしたプレートを取り込んでいった。その過程でできあがったのが現在の北東アジア陸塊である。

　四〇〇〇万年前までには、現在の北西太平洋地域の大陸プレートと海洋プレートはだいたい現在の位置に到達しており、互いにぶつかり合っていた。[*7] 北米プレートと後には太平洋プレートが北東や東から南や西へ向けて他のプレート（特にオホーツクプレート）を北東アジア陸塊に押しつけていた。

　一方、南方ではインドプレートが南半球から北東へ移動してきて、アジア大陸にぶつかり、アジア大陸を北へ押し戻していたが、その過程で世界の屋根と称されているヒマラヤ山系が形成された。さらに、古日本の東や南東では、海洋プレートが西や北西へ移動してアジア陸塊の下に沈み込んでいたが、下へ引きずり込まれるときに陸塊を押し上げていた。

　こうしたプレートの移動によって、古日本の周辺には横にも縦にも大きな圧力がかかり、火山活動が活発化した。こうした地殻変動によって、三五〇〇万年から一〇〇〇万年前の間に「背弧海盆」がいくつか誕生し、その一つは日本海（朝鮮名で東海）になった。[*8] 特にインドプレートとア

ジア大陸の衝突で生じた水平方向の圧力によって地下のマグマが上昇し、アジア大陸の辺縁部、つまり、古日本を東の方へゆっくり押しやった結果、その西側が開けて海水が流入したのだ。最初は日本海の北部が開いて、現在の東北地方を東の方へ押しやっただけだが、のちにマグマの上昇が南の方へ拡大して、そこでも大陸の縁を南東へ押しやり、現在の日本海と日本の南半分ができあがったのである。

　大陸の辺縁部の分離は何百万年もの年月をかけてゆっくりと進んだが、その過程で辺縁部（古日本）は二つに分裂し、浸食されて、沈降する。一五〇〇万年前までには、分裂した辺縁部は両方とも大部分が海中に沈んでしまうが、その後、特にほぼ現在の位置にきた五〇〇万年ほど前になると、周囲の海洋プレートの圧力によって、再び隆起を始める。このときの隆起で東北部と南西部の二つに分裂していた辺縁部の間も埋められて、現在の日本列島で最も高い山岳地帯ができあがったのである。この過程については後ほど詳しく取り上げる。

日本列島の歴史

　五〇〇〇万年前までには、地球はほぼ現在と同じ状態になっていた。海洋と大陸は現在知られているものだし、動植物も現生種のほとんどが出揃っていた。それ以後は地球規

模の重要な地球物理学的活動はプレートの動きではなく、特に最近の二〇〇万年（更新世の氷河時代）は気候の変動である。

更新世より以前に「氷河時代」がなかったというわけではない。地球の気温は、四〇億年ほど前に大陸地殻が形成されるまで冷えて以来、上下をくり返してきた。[*9] 日本の場合は、起源である大陸辺縁部がゆっくりと東へ移動して、日本海が誕生し始めた当初から気温の変動が生じていた。一八〇〇万年から一六〇〇万年前頃は熱帯から亜熱帯の気候だったようだが、六〇〇万年前までには、かなり寒冷化が進む。四〇〇万年前頃に再び気温が上昇するが、三〇〇万年前頃には氷期といえるほど寒冷化した。しかし、寒暖の差が最も激しく、しかも不規則に変動したのは最近の一〇〇万年のようである。[*10]

日本列島は誕生してから日が浅いので、この五〇〇万年の間は地殻変動が歴史の重要な側面である。実際に、山地と低地の形成で中心的な役割を果たしてきた。

1　山地の形成

現在の日本の山地を形成する上で重要な役割を果たしたのは、地殻の隆起と火山活動という二つの結びついた地形学的要因である。

新生日本列島はプレートの衝突によって五〇〇万年前ま

でには急速な隆起を遂げていた。「急速」といっても、あくまでも相対的なものである。日本の山脈はこの二〇〇万年の間に一二〇〇メートルほど隆起したので、隆起速度は一七年間でおよそ一センチに過ぎず、人間が一生の間に隆起に気づくほどの速度ではない。

このような微速だったにもかかわらず、地殻の隆起によって列島の古い部分が押し上げられて新しい山脈が誕生し、現在の中部地方にみられるような標高の高い急峻な山地が形成されていった。[*11] 中部地方の山岳地帯の中心には、南北に並行して走る飛騨、木曽、赤石の三山脈から成る「日本アルプス」がある。この山岳地帯は、日本海が形成されている最中に古日本が北と南に分裂してできた隙間が後に隆起したものだ。

日本の山脈の多くは標高が二〇〇〇から三〇〇〇メートルあり、火山を除いた最高峰は赤石山脈白峰三山の北岳（三一九二メートル（訳注：二〇〇四年に最高点の標高が三一九三メートルに改訂））である。[*12] ちなみに、北米東部のノースカロライナ州にある最高峰のマウントミッチェルは二〇三八メートル、スコットランドにあるイギリスの最高峰のベンネヴィスは一三四三メートルである。

数千年にわたる地殻の隆起によって古日本の古い地層が持ち上げられたことは、日本人の歴史体験にとって大きな意味を持っていた。こうした古い地層に金、銀、銅、鉄、石炭などの鉱物や太古の物質が含まれていたからだ。こうした物質は一〇〇〇年以上にわたって有用な資源として利用されてきたが、この一〇〇年間は埋蔵量が豊富な石炭が最も重要な役割を果たした。石炭は主に九州と北海道の六五〇〇万年から二五〇〇万年前の地層から見つかっているので、こうした石炭層は、古日本が東へ移動する以前か、移動し始めた直後の温暖な時代に形成されたものだ。[*13] この地層は列島の移動にも破壊されず、地殻の隆起によって人が掘り出せるところまで持ち上げられて、日本の産業社会の発展を支えたのである。

火山活動は数十億年にわたり地球の地殻変動の重要な側面だった。日本ではおよそ三五〇〇万年前に日本海が形成され始めた当初から火山活動がみられている。[*14] 二五〇〇万年から一三〇〇万年前まで長期にわたり活発な活動が続き、その後、二〇〇万年前までは活動が比較的穏やかになるが、更新世（最近の二〇〇万年）に入ると、活動が再び活発化し始める。[*15]

こうした火山は二〇〇前後に上り、噴火によって放出されたテフラ（溶岩や火山灰、黒曜石などの様々なガラス質の岩石片）が日本の大地の四〇％ほどを覆っている。[*16] 火山は列島の北から南までくまなくみられるが、九州と北海道、それに本州の関東地方の西縁に集中している。[*17]

日本にある二〇〇カ所の火山のうち、六〇前後は現在でも活動中と考えられており、その数は世界中の活火山の七〜八％に相当する。[*18] 一番有名なのは、関東の西側にある日本の最高峰である富士山（三七七六メートル）だが、富士山は八万年ほど前に活動を始めたばかりで、新しい火山に入る。初めの頃の活動は激しかったが、しだいに穏やかになり、一七〇七年以降噴火は起きていない。[*19]

2 低地の形成

日本には、規模は小さいが肥沃な低地が各地に散在している。こうした低地の形成で重要な役割を果たしたのは、火山性か否かを問わず、山地であるが、形成過程は単純ではない。長期にわたる地殻の隆起と短期的な地球規模の気温変動という二つの要因が相互に作用し合っているからだ。

地球の気温（とそれに伴う海水面の上下動）が安定していたら、日本の低地の形成過程はもっと単純なものになっていただろう。日本列島の山地は形成されてから日が浅いので、斜面が急峻で、表土が不安定だ。さらに、春の融雪や大雨（特に台風がもたらす豪雨）が浸食率や土砂崩れの発生頻度を高めている。土砂は山地から低地に運ばれ、水の流れが弱まると、沈殿して扇状地を作るが、重い物質が最初に沈殿するので、こうした扇状地を形成する物質は、上流域の岩石片から砂礫を経て、海岸平野や海岸の下流域の砂やシルト（沈泥）へ移り変わる。そして、こうした物

東北地方東部の平泉付近を流れる北上川流域（1962 年）

質に火山灰や他の噴出物が加わる。

　極めてゆっくりとではあるが、現在も続いている地殻の隆起によって、河川は間断なく海へと流下し続けているはずである。したがって、流れの激しい時期は、すでに堆積した沈殿物の一部をさらに下流へ運び去り、基本的な堆積作用は変わらないが、低地を沖合へ向かって少しずつ伸ばしている。

　気温の長期的な変動がなければ、山地がゆっくりと浸食され、火山がテフラを噴出し、土地が極めてゆっくりと隆起するにしたがって、日本の低地は単純に広がっていっただろう。しかし、こうした低地はほとんどが更新世の氷河期（最近の二〇〇万年間）に形成されたので、そう簡単に事が運んだわけではない。

　更新世には地球上の大量の水が極地と大陸の氷河に長期にわたり閉じ込められていたので、海水面が急激に低下し、その状態が数千年続いた。大規模な氷期が五〇万年前、二〇万年前、二万一〇〇〇年から一万八〇〇〇年前の三回にわたり訪れ、いずれの時期も海水面は現在よりも一二〇メートル以上低下したと考えられている。[*20]さらに、そうした大氷期の間にも小氷期が数回訪れ、海水面の低下が起きている。

　氷河が拡大して、海水面が低下すると、堆積低地をゆるやかに流れていた河川の流れが速くなる。そうなると、すでに堆積していた沈殿物がさらに海の方へ押し流される。海水面の低下が著しいと、大量の堆積物が海の方へ押し流され、その過程で新たに谷が削られる。こうしてできた谷の外側が堆積段丘として残ることもある。数百年か数千年の後に、再び気候が温暖化して氷河が解け、海水面が上昇すると、こうした新しい谷に海水が流入して、河川が大量の堆積物を落とすことになる河口が形成される。河口に運ばれ、堆積した沈殿物は気候が再び寒冷化して海水面が低下し、海岸線が後退すると、低地として姿を現す。

　こうした地球規模の温暖化と寒冷化は循環して起き、それに伴う沖積平野の浸食と再生の最も新しい事例は二万五〇〇〇年から六〇〇〇年前頃に起きたものである。最大の氷期は二万一〇〇〇年から一万八〇〇〇年前に訪れ、海水面は一三〇～一四〇メートル下がったが、その後、再び温暖化して、新しい谷は徐々に埋められていった。温暖化は六〇〇〇年前頃にピークに達し、その後は穏やかに寒冷化に向かい、四〇〇〇年から三〇〇〇年前までには海岸線は再び後退して、沖積平野が再生した。現在みられる日本の低地はほとんどがこの頃にできたものである。

　一方、段丘堆積物は沢によってしだいに削られていき、露出した斜面からは不安定な土壌物質が押し流された。その結果、段丘の土壌は往々にして隣接する沖積低地よりも粗く、乾燥して痩せているのである。そのために、人間が住み着いた後も数百年にわたり、こうした段丘の多くでは森が失われず、薪炭林や肥料の供給源の役割を果たしたり、果樹栽培のような非集約的農業に利用されたりしてきた。

　このように氷期サイクルは日本の低地の形成では重要な役割を果たしてきたが、山地の形成にはそれほど大きな影響を及ぼすことはなかった。北米の大部分や北西ヨーロッパは、氷河期に広大な氷河に覆われて、山地の峰や尾根が削られ、高地の土壌が剝ぎ取られて、谷や平地に運ばれ、堆積して、大小の岩石、砂利、砂、粘土からなる氷礫土の厚い層や低い丘が形成された。一方、日本では北海道の大部分と本州北部の標高の高い地域が、温帯林からツンドラへ変貌したが、氷床《ひょうしょう》が発達したのは高山の谷間に限られたので、高山の峰や尾根、急峻な山腹はほとんどが現在に至るまで元の姿を保っている。

　こうした氷河の作用には論じておかなければならない側面がもう一つある。生物に大きな影響を及ぼした側面だからだ。地球が寒冷化したために、一部の海底が露出して再び植生に覆われるほど長期にわたって海水面が低下したが、この露出した海底でできた「陸橋」によって、日本列島は再び大陸とつながることになる。こうした陸橋で、本州は北海道を介してサハリン、さらにシベリアともつながっていた。しかし、もっと重要なのは、中国沿岸の浅い海域が日本の南西部を朝鮮半島と中国東部に結びつける「黄土平

長野県中部にみられる険しい山地と深い雪に覆われた段々になった下部の斜面（1963年）

原」というべき広大な低地になっていたことだ。

第2章で詳しく取り上げるが、この低地帯があったおかげで、寒冷化が徐々に進んでいた数千年の間は南下を余儀なくされていた動植物種が、温暖化に向かった数千年の間に再び北方へ移動することができたのである。その結果、日本に東アジアの豊かな動植物群集がよみがえり、列島の南北の長さに起因する著しい自然環境の違いや、険しい山岳地形、顕著な季節変化、さらに、最近の数千年に生じた人口の増加に対処できる生物の多様性がもたらされたのである。

くり返しになるが、地殻変動の影響はそれが生じる地球上の位置によって大きく変わる。そこで、日本の位置がそこに生息する生物に与えてきた影響をみてみよう。

地球上の所在地

日本の気候と生物相に決定的な影響を及ぼしている主要な要因は、北半球の温帯に属するユーラシア大陸の東端という日本列島の位置だが、その影響に地域差をもたらしているのは、周辺の海流と列島の南北の長さという二つの副次的要因である。[*21]

日本がユーラシア大陸の東側に位置していることの重要

性は、イギリス諸島や日本列島と同緯度（おおむね北緯三〇～四五度）に位置する北米東部と比較すると、よくわかるだろう。[*22]

日本とイギリスは地理的・歴史的に極めてよく似ている。いずれの社会も近くにある大陸の人々の影響を強く受け、狩猟採集社会から現在の産業社会まで同じ過程を経て発展してきただけでなく、社会構造や価値観の変遷もよく似ている。

しかし、日本とイギリスは大陸のすぐ近くに位置する諸島という地理的条件は似ているが、両者の気候と生物群集は著しく異なる。イギリスの最南端（コーンウォール）は日本の最北端（北海道）より五〇〇キロメートルも北にあるが、冬は日本の方がはるかに寒く、雪が多い。イギリスの在来植物はヨーロッパ大陸の植生を反映して、多様性に乏しいが、日本の植物相は多様性に富み、東アジアの豊かな生物の多様性を反映している。

一方、日本と北米大陸東部（ジョージア州からメイン州）には、人間の歴史に驚くほどの違いがみられる。日本は西暦七〇〇年までの一〇〇〇年余りの間に狩猟採集社会から農耕社会へ移行したが、北米東部は一七〇〇年頃まで狩猟採集社会が続いていた。ヨーロッパ人の侵略や征服、虐殺がなかったならば、現在まで続いていたかもしれない。しかし、気候と生物相は日本と北米東部はとてもよく似ている。年間の降雨や降雪の周期は、秋に台風やハリケーンという嵐が発生する点まで似ているし、生物群集は多様性、耐久性、分布の仕方に共通点が数多く見出せる。

そこで、ユーラシア大陸の東側という日本の位置が列島の歴史形成に果たした役割をみていこう。

四季を生む地理的要因

日本はアジア大陸の東側にあるため、その気候は大陸を西から移動してくる気団に大きな影響を受ける。冬期は、シベリアの高気圧から寒気が日本海を超えて列島に流れ込むので、寒冷前線は列島の南東に比較的安定して維持される。そのため、気温は低めで、変動は少ない。

冬期にシベリアから吹きつけるこの北西の季節風は、日本海を渡るときに、比較的温かい海水面から湿気を吸い上げるので、本州を背骨のように走る山脈にぶつかって上昇すると、雪を降らせる。福井市あたりから北東の日本海側の積雪は、平地で一メートル、山地では三メートルに達する。しかし、北西風は山脈を越えるまでに湿気をほとんど失ってしまうので、太平洋側の地域は乾燥した晴天が続く。

北半球が太陽の方へ傾くようになると、北半球が暖まって冬が終わるが、それに伴いシベリア気団は勢力が衰えて、前線を日本の南東に留めておけなくなり、前線は後退し始める。前線が後退するにつれて、南西から湿った暖かい空気が列島に流れ込み始める。高くそびえるヒマラヤ山脈を迂回して、アラビア海、インド、ベンガル湾を東へ吹き抜けた高温多湿のモンスーン（季節風）は東南アジア、中国南東部、東シナ海を越え、日本や北太平洋へ到達する。

六月から七月上旬にかけて、この「梅雨」と呼ばれるモンスーン日本の東北地方以南に大量の雨を降らせ、作物の成長を促す。しかし、七月中旬までには東南アジアから吹き込む風は日本より西のアジア大陸の東部に向かうので、は北太平洋地域を循環している暑くて乾燥した空気に晒されることになる。しかし、東北地方と北海道にはオホーツク海から冷たい空気がしばしば流れ込み、この熱い空気を押しのけて、気温の低下をもたらす。この北東風は山背《やませ》と呼ばれ、農作物の生育に支障が出ることがある。

夏が終わりに近づくと、ユーラシア大陸北部の気団が再び冷え始めて、シベリアの寒冷前線が南東の日本の方へ張り出してくるが、この寒冷前線は日本に「秋の長雨」をもたらすのである。この寒冷前線に南方から日本列島へ北上してくる暖かい湿潤な空気が冷やされると、雨を降らせるからだ。

さらに、特筆すべきことは、秋になると、日本のはるか南方の赤道付近の太平洋上で台風が頻繁に発生するようになり、たいていは西へ移動するが、中には、フィリピンや中国南部あたりで北寄りに向きを変えて北上を始め、その後、シベリアの前線に沿って北東へ移動するものがあるのだ。こうした台風は九月から一〇月にかけて日本の南西部に毎年三個から四個やってくる。台風や秋雨は洪水などの被害をもたらすこともあるが、こうした降雨のおかげで、日本列島の南部ではシベリア高気圧に覆われて比較的乾燥する冬期にも農作物の栽培ができるのである。

端的にいえば、はっきりした四季が訪れ、十分な降雨量を当てにできるのは、日本が温帯域のユーラシア大陸の東側に位置しているからである。さらに、列島の南半分では気温が十分に高いので、二毛作が可能になり、年間の収穫量を大幅に増すことができたのだ。

日本列島周辺の海流

日本列島の沿岸には二つの海流が流れている。一つは黒潮とも呼ばれている日本周辺で最大の日本海流である。日本海流は時計回りに北太平洋を巡っている長大な海流の一部をなし、赤道地方から温かい海水を琉球諸島沿いに九州まで運んでくる。そこから一部は日本海に入り、対馬海流として日本海の東側を本州に沿って北上する。日本海流は温かいので、南方の温暖な海に適応した海洋生物の豊かな個体群を支えている。また、日本海の海水面が温められるために、前述したように、日本の日本海沿岸地域は豪雪地帯になる。

　日本海流は九州の南で東へ向きを変え、列島の南岸に沿って本州の中部（房総半島）沖まで北上するが、そこから再び向きを東へ変えて、北米大陸へ向かう。北米大陸に当たると、大陸に沿って南下を始めるが、その後、向きを西へ変えて、フィリピンの東方海域に戻ってくる。日本海流は南日本沖を通過する際に、とりわけ初夏に東南アジアから暖かい空気が列島に流れ込むときに、湿った暖気を列島に持ち込む。また、浅海や入江に恵まれた日本の南岸沿いは昔から並外れて豊かな海洋生態系を支えてきたが、その豊かさは日本海流がもたらしているといっても過言ではない。

　日本海流は日本の陸上生物の多様性を支える役割も果たしてきた。氷河期が終わり、徐々に気温が上昇し始めると、数千年で日本の南西に広がっていた広大な黄土平原が再び水没することになるが、水没が進むにつれて、植物は北方へ移動するのが難しくなった。しかし、風雨や洪水で種子や果実だけでなく、根ごと海に流された植物が日本海流に乗って北方へ運ばれ、琉球諸島や日本本土の海岸に流れ着き、列島に再導入されることもあっただろう。

　もう一つの海流はベーリング海から南西方向に下ってく

る親潮とも呼ばれている千島海流だが、流れる範囲は北西太平洋地域に限られ、日本海流に比べると、規模はそれほど大きくない。千島海流は千島列島を南下する際に、オホーツク海を時計回りに循環している別の海流と混合が起こる。後者の一部は千島列島に沿って南下すると、北海道と本州の東北地方の太平洋岸沖へ向かう。暖流の日本海流と異なり、水温の低い千島海流は周辺の気温を下げるので、特に東北地方の太平洋側は農産物の生産性が低い。また、南日本の沿岸地帯とは大きく異なる海洋生物群集を育んでいる。

　残念なことに、日本の沿岸はどこも産業汚染や乱獲によって自然の海洋生物群集が枯渇してしまっている。養殖事業で魚介類を補っている地域もあるが、大方の沿岸地域では極めて貧弱になってしまった海洋生物相がかろうじて命をつないでいるに過ぎない。

南北に長い日本列島

　日本本土は北温帯域にあるが、列島が南北に非常に長いので、気候は九州南部の亜熱帯気候から東北地方や北海道の冷温帯気候まで幅がある。その結果、自然植生も農作物も地域によって大きく異なる。

　第2章で詳しく取り上げるが、日本の自然植生は北部の北方針葉樹林から、落葉広葉樹を主とする多様な混交林を経て、南部の亜熱帯常緑広葉樹林に至るまで、南北で著しく異なる。[*23] こうした多様性の高い森林には、日本の樹木を代表するアカマツ、イロハモミジ、ケヤキ、クリ、スギが自生しているだけではなく、丈が数十センチの下層植生のササ類から、春には数週間で新芽を一〇メートル以上の高さにまで伸ばしきる大型のタケ類に至るまで様々なタケの仲間もみられる。

　日本が南北に長いこととそれに伴って気候の幅も大きいことは、自然植生だけでなく、農業にもはっきりと表れている。列島の北半分は冬が寒冷なので、農作物は春から秋の霜が降りない時期までに発芽して実りを迎えるものに限られる。一毛作しか行なえない時代が長いこと続いていただけでなく、耐寒性のイネの品種が開発されて夏に水稲を栽培できるようになったのは、ここ数百年のことである。一方、南日本では夏期の稲作が終わると、穀物の栽培と場所によってはさらに野菜の栽培を行ない、二毛作や三毛作さえも可能である。カキやミカンと同様に、チャの栽培も南部の温暖な地域に限られる。とはいえ、北日本もここ一〇〇年ほどはリンゴの栽培が定着して、同じく近年になって始まった酪農も広く行なわれるようになった。

人間の影響

　最後に日本の地理と地球上の位置がそこに暮らす人に与えた影響について簡単に触れておこう。前述したように、人間の居住や土地利用は、地形と気候に強い影響を受けている。さらに、九州の北西部と対馬は列島のどの地域よりもアジア大陸に近いので、少なくともこの二五〇〇年間は大陸の人々や社会的慣習が列島に入ってくる玄関として重要な役割を果たした。

　渡来人や新しい技術（農業、建築、鉱業、軍事の技術や文字の利用など）はほとんどがこの地域から入ってきた。そして、そこから主に瀬戸内海を経由して列島各地へ広まっていったのだ。人間の集団が新しい技術を身につけると、集団の間に力の不均衡が生じ、新しい技術が十分に普及するまでは、様々な形の衝突や相互作用が起きるが、南北に長く山岳地形、とりわけ西南地方と東北地方が中部山岳地帯で分断されているという地理的特性のために、列島ではこうした技術の普及には時間がかかった。

　九州北部から瀬戸内海の東端に至る沿岸地域に定住した支配層は長い間、覇権を争っていたが、中部山地による交通の障害が徐々に克服されるようになると、社会の変化が関東や東北地方へ広がっていき、覇権争いの構図にも変化が生じた。覇権をめぐる東西の対立は、瀬戸内と中部山地以東の地域との間でみられるようになったのだ。東西の間に長く続くこの緊張関係はここ数百年の間も武力衝突として時折現れており、また、ややユーモラスな文化的先入観としても残っている。

つまり、日本の歴史は、私たちが生活を左右している地理的要因をいくら無視しようとしても、最後にはその言いなりになってしまうのだということを教えてくれる。

＊＊＊

要約すると、日本列島は世界の中でも指折りの若い陸地である。地形や季節の移り変わりなどを含めて、現在の日本列島の姿は長期にわたる地質学的作用によって形作られてきたものである。ユーラシア・北太平洋地域の気候パターンが、更新世の氷河期と現在の間氷期に至る大きな変動をくり返しているときでも、日本はこの位置にあることで、常にその影響を受けてきた。

日本列島は氷河期が訪れると、周期的に北方針葉樹林や温帯針葉樹林が発達した寒冷地に変貌したが、氷河期には黄土平原などの「陸橋」によって大陸とつながっていたことと、日本海流のおかげで、世界の気候が再び温暖化すると、温暖期の植生と動物相を取り戻すことができた。そして、氷河時代のこうした気候の変動期に人間が列島にやってきたのだ。列島が歩んできた長い歴史からみれば、まだ短い年月に過ぎないが、このときに列島は今日の日本を形作ることになる人為的影響を受ける時代に入ったのである。

第2章

狩猟採集社会

——紀元前五〇〇年頃まで

日本でも、人間社会は環境によって形成されてきたが、社会が形成されて数千年の月日が経つと、今度は環境に及ぼす人間の影響力が大きくなってきた。漁労を含めた狩猟採集社会は長いこと続いたとはいえ、生物群系に及ぼす人間の影響は、空間的にも時間的にも極めて限られていた。しかし、それにもかかわらず、最近の数百年に生じて現在の決定的な問題になる複雑な相互作用の兆しが当時すでにみられている。

考古学者は狩猟採集社会を、その社会で使われていた石器に基づいて長いこと分類してきた。「旧石器社会」と呼ばれている原始的な社会形態は、粗雑な石片や石の剝片を使って、叩き切る、削り取るなどの切削を行なっていた社会である。そして、時代が下ると、石器の加工技術が洗練されてくる。割ったりとがらせたりしやすい石材を選び、研磨して様々な鋭利な尖頭器や石刃などを製作するようになったのだ。さらに、こうした「新石器時代」の人々は土器の製造や他の様々な新技術を開発したり、社会制度を作り出したりするようになる。

しかし、日本や周辺の北東アジアでは、旧石器時代の人々は洗練された石器の加工技術を身につける前に、土器を製造して使用するようになったようだ。[*1] そこで、ここでは便宜的に「先土器時代」と「土器時代」という名称を用いることにする。後者は一般に「縄文時代」と呼ばれており、この時代に作られた土器の表面に「縄目文様」が付けられていることに由来する。[*2]

日本の狩猟採集社会はこのように二つの段階に大別できるが、それについてはいくつもの疑問がわいてくる。例えば、人類が日本列島にいつ、どこから、どうやって、何のためにやってきたのか、このできごとは更新世の気候変動とどのような関係があったのか、列島にやってきた人々はどのような暮らし方をしたのか、その暮らし方は時期や地域によりどのように異なっていたのか、列島に定住した人々は周辺の生態系にどのような影響を与え、生態系からはどのような影響を受けたのか。さらに、第3章で詳しく取り上げるが、狩猟採集社会はなぜ、どのようにして農耕社会に取って代わられたのかという点である。

環境的背景——気候変動

日本列島に人類がやってきたのは、海水面が低下し、列島に歩いて渡ることができた更新世後期の氷河期だったと思われるが、気候変動と狩猟採集文化の発展に関する考古学的知見がまだ十分に蓄積されていないので、とりわけ、初期の段階の正確なところはほとんどわかっていない。とはいえ、その頃の人類の暮らしは気候の変動に大きな影響

【日本の気温変動】

寒冷期	温暖期
50 万～ 40 万年前	
	30 万年前
12 万～ 11 万年前	
	10 万～ 8 万年前
7 万～ 5 万年前	
	5 万～ 3 万 3000 年前
3 万 3000 ～ 2 万 8000 年前	
	2 万 8000 ～ 2 万 5000 年前
2 万 5000 ～ 1 万 5000 年前	
	1 万 4500 ～ 1 万 3000 年前
1 万 2500 ～ 1 万 1500 年前	
	1 万 1000 ～ 5000 年前
4500 年から 2000 年前	
	2000 年前以降

を受けたと考えられる。

　この時代の気温の変動を大まかに示すと、上のようになる。[*3]

　各時期の中にも、特に初期の時期には中規模の気温変動があったことを付け加えておく。実際、五〇万年から四〇万年前の寒冷期には、一〇万年前から現在に至る時期と同じくらい変動が生じたのではないかと考えられている。

　また、各時期の初めと終わりの数千年は時期に応じて温暖化、または寒冷化が進んでいる。例えば、五万年から三万三〇〇〇年前の温暖期は初めの数千年は徐々に温暖化が進み、その後、四万一〇〇〇年前頃から再び寒冷化に向かっている。一方、（三万五〇〇〇年前からと考えるべきかもしれないが）三万三〇〇〇年から二万八〇〇〇年前の寒冷期には三万一〇〇〇年前頃に再び温暖化に向かったと思われる。

　このような気候の変動は人間生活に二つの点で大きな影響を及ぼした。気候の変動は海水面の変動を引き起こし、その結果、世界中の海岸線の形が変わったので、低地の形成や喪失が生じて、他の生物と同様に人間の移動にも影響が出た。さらに、気候の変動によって、平均気温および降水の量とパターンが変わり、後者の変化は生物群集の変化を引き起こしたので、人が利用できる食料の種類や量に大きな変化が生じた。

海峡と海水面

現在の日本はアジア大陸から海峡で隔てられている列島なので、海水面の変化は重大な問題である。しかし、以下に示すように、列島と大陸を隔てている海峡の深さは一様なわけではない。*4

日本周辺の海峡の現在の深さ（海峡名―深度）

間宮海峡（シベリアとサハリンの間）―一五メートル
宗谷海峡（サハリンと北海道の間）―六〇メートル
津軽海峡（北海道と本州の間）―一〇〇メートル
対馬海峡（長崎県対馬と壱岐の間）と
　朝鮮海峡（対馬と朝鮮半島の間）―一〇〇メートル以上
黄海（中国と朝鮮半島の間）―五〇メートル以下（平均）

千島列島には深さが二〇〇メートルを超える海峡が三カ所ほどあり、列島が分断されている。琉球諸島も同様に深い海峡で隔てられており、小笠原諸島にはさらに深い海峡がある。

こうした海峡はたいてい海流で海底をえぐられているので、今日の絶対標高は更新世後期を通じてほとんど変わっていないだろう。しかし、黄海の海底は昔に比べると、かなり浅くなっているだろうと思われる。黄海には中国北西部を流れる黄河、満州南部を流れる遼河、中国南部を流れる長江（揚子江）といった大河をはじめ、数多の河川が流れ込んでいるので、膨大な量の土砂が堆積しているはずだからだ。

こうした海峡の深さの違いは重要な意味を持っている。日本列島がアジア大陸と陸続きになっていた期間は、氷期によって大きく異なっているからだ。陸続きになっていた期間に著しく差がみられるのは、地球の気候変動とそれに起因する海水面の変化が非常にゆっくりだったためである（章末付録を参照のこと）。

例えば、最後に訪れた最大の氷期では、サハリンは一万年から九〇〇〇年前頃まで、氷期の前後を合わせると、数万年にわたってシベリアと確実につながっていただろう。一方、サハリンと北海道が陸続きになっていた期間はそれに比べると、かなり短く、おそらく一万三〇〇〇年前頃までだっただろうと思われる。日本の他の地域（現在の本州、四国、九州）がサハリンや対馬を介してアジア大陸と陸続きだった時期はさらに短く、一万七〇〇〇年から一万六〇〇〇年前頃までの数千年に過ぎなかったであろう。

つまり、人間を含めて動植物がアジア大陸から日本列島（少なくとも北海道）へ陸伝いにやってくるには、対馬経路よりも間宮海峡の方がずっと長い期間にわたって利用できたことになる。さらに、丸木舟や筏《いかだ》、動物の革を張った小舟などを持っていたとしても、北方経路の方が渡りやすかったであろう。海水面が高い時期でも北の海峡の方が狭かったからだ。

気温と降水量

地球規模の気温の変動は、氷河の生成や融解とそれに伴う海水面の上昇や低下をもたらすだけでなく、生物群集にも大きな変化を引き起こす。第1章でみたように、今日の日本の生態系は温帯にみられる特徴を持っているが、こうした豊かな生態系が保たれているのは、氷河期に日本の南西部とアジア大陸を結びつけていた「黄土平原」という低地のおかげである。

最終氷期の最寒冷期（およそ二万年前）には、日本列島は日本海を囲む一続きの「弧状の陸地」としてアジア大陸とつながっていたので、動植物の分布は現代のような温暖な間氷期とは、著しく異なっていた。[*5] 北から順次、当時と現代の植生の違いをまとめると、以下のようになる。

①現在では、灌木を除き樹木の生えていないツンドラ環境は「高山ツンドラ」として、北日本の高山の森林限界以上にしかみられないが、二万年前は北海道北部を覆っていただけでなく、本州の高山にも中部山岳地帯に至るまで点在していた。

②今日では北方針葉樹林（主に数種のモミやトウヒ）は北海道の北半分の高台や中部山岳地帯以北の高山の尾根にしかみられないが、二万年前には北海道の沿岸地域から本州の北部全域、さらに本州の中部や南西部の山岳地帯に分布していた。

③今日では温帯針葉樹林（モミ、トウヒ、ツガ、マツ）は九州と四国の少数の高台にみられるだけだが、二万年前には関東以西の平野部のほぼ全域を覆っていた。

④冷温帯の落葉広葉樹林（優占するカシやブナに、クルミ、ニレ、シナノキ、クリ、トチノキが混在する）は、今日では北海道の中部から琵琶湖付近までと、それより南西部では標高の高い地域にみられるが、二万年前には現在は海面下に没してしまった沿岸部の暖かい地域に、落葉樹と針葉樹の混交林として存在していたに過ぎなかった。

⑤今日では暖温帯常緑広葉樹林（主に常緑のシイなどの落葉しない種）は農地開発（開墾）や都市化が進んでいなければ、関東付近から西日本の低地にみられるが、二万年前は列島の南西端に分布していただけだった。現在はその分布域のほとんどが海面下に没してしまっている。

こうした森林組成の激変をもたらした主因は気温の変化

であるが、とりわけ重要だったのはその速度だった。植物の移動は世代間で起こるものなので、気温の変化が急激すぎると、植物はその場で死に絶えるほかないからだ。高木、低木、蔓、イネ科草本、広葉草本などの違いにかかわらず、いずれの植物もそれぞれの分布域内で生育しているので、寒冷化が進む時期には、分布域の中の標高の高い地域や北限に生育しているものは成長が鈍り、生育能力のある種子の生産量も減ってしまう。さらに、その種子が発芽しても成長が遅れる。

一方、分布域の中の標高の低い地域や南限に生育しているものは、成長や種子の生産が損なわれることも少ない。南限で発芽し成熟する種子の方が多くの種子を付け、風や雨、種子を運んでくれる動物によって散布されやすいので、何世代も経つうち、しだいに標高の低い地域や南方へ分布を広げていく。その速度は一世代に数メートルくらいかもしれないが、それでも、十分な時間と条件があれば、植物も最適な生息地を求めて、何千キロメートルも旅することができるのだ。

更新世の寒冷化が進んでいた数千年の間、日本でも種の南下がみられたが、その動きは山地や谷がおおむね南北に走っているおかげで速やかだった。海水面が低下して、沿岸の低地や黄土平原が再び現れたおかげで、絶滅に瀕した種もさらに南へ逃れることができた。それから数千年して、

地球が再び温暖化に向かうと、日本海流に加え、しだいに縮小してはいたが、黄土平原にも助けられて、こうした種は日本列島に戻ってくることができた。

気温の変動とそれに伴う海岸線の変化だけでなく、降雨量や降雨パターンの変化も森林の適応に大きな影響を及ぼしている。二万一〇〇〇年から一万八〇〇〇年前頃に訪れた最大氷期の日本の年間降雨量は現在の三分の一にも満たなかった[*6]。雨量が激減した影響は、日本海沿岸地域と西日本の植生に顕著に表れている。

日本海の東部沿岸に位置する現在の日本海側地方では、降雪量も降雨量も激減した。これは、日本海が太平洋から切り離されて巨大な湖と化したことで、日本海流の温かい海水が入らなくなったために、日本海がしだいに寒冷化し、シベリアから吹きつける北西風が吸い上げる湿気が少なくなったからである。

地球規模の寒冷化で南アジア地域のモンスーン（季節風）のパターンが変わったために、雨量そのものも減少した[*7]。アジア大陸の南西部からヒマラヤを迂回して、インドや東南アジアを越え、中国東部や日本付近へ吹いてくる風が寒冷化によって乾燥したために、最大氷期には列島の夏の降水量は温暖期に比べて著しく減少した。

寒冷化と乾燥化をもたらした氷期は、モミやトウヒのような過酷な環境に耐えられる針葉樹に有利に働いた。こう

した針葉樹は樹脂が多いので、落葉広葉樹よりも耐寒性に優れ、毎年葉を交換する必要がないために、水分の消費量も少なくてすみ、乾燥にも強いのである。その結果、上述したように、氷河期には日本列島の大部分が針葉樹林に覆われており、現在は広くみられる落葉樹林はほとんど存在しなかった。

　地球が温暖化に向かうと、日本海流が再び日本海に流入し、湿潤なモンスーンが日本列島を吹き抜けるようになり、日本海沿岸地域は春には膨大な量の雪が解け、夏には大量の雨が降るようになる。しかし、こうした流去水は絶えず土壌を洗い出し、山腹を浸食したために、土壌の肥沃度と安定性が損なわれてしまい、数千年にわたる氷河期に栄えていた寒さに強い針葉樹林は、気候が温暖で湿潤でさえあれば痩せた土地でも栄えるようなスギに徐々に取って代わられていった。それどころか、気候が温暖化に向かうと、再び分布を広げ始めたブナやカシも、氷期の後にもたらされたこうした環境にうってつけだったスギに優占樹種の座を奪われてしまった。

　四国や本州の南部沿岸地域でも似たような現象がみられている。こうした地域の土壌は融雪水で失われることはなかったが、モンスーンや台風がもたらす豪雨で流出してしまった。その結果、ここでも温暖化が進むにつれて、浸食された山腹がスギの生育に適した条件を備えることになり、

スギは北方針葉樹に取って代わっていったのだ。さらに、スギは落葉樹よりも寿命が長いので、再生し始めていた落葉樹もやがて駆逐されてしまった。最近では、一万年から八〇〇〇年前頃の温暖だった数千年はスギの再生が勢いを増した時期であり、この時期に、産業革命以前の大建築を幾世紀にもわたって担った豊かなスギ林が形成されたのである。*8

　氷期後の温暖化が進んでいた数千年は、数百年来みられている自然林が日本列島にしだいに再生されていった時期でもあった。こうした自然林は地域によって構成樹種が異なるだけでなく、樹種や下層植生も多様性に富み、そこに生息する鳥類や哺乳類などの動物相も豊かである。

最初の渡来人

　こうした長期にわたる植生の変化は、日本列島に定住した人々にとって大きな意味を持っていた。植生の変化は、人々の重要な食料源だった動物に大きな影響を与えたからだ。氷河期の北東アジアでは、ナウマンゾウ、オオツノジカ、ヤギュウ、マンモスなどの寒さに強い哺乳類がツンドラや低木林、過渡期の草原で採食していたが、人間を含めてクマやオオカミなどの捕食者にとってこうした草食動物

は重要な食料源だった。気候の変動に伴い、森林を構成する樹種が変わると、それに合わせて草食動物も採食地を変えていた。寒冷期には南東へ、温暖化した時期には北西へ移動したのだ。当然のことながら、肉食動物もその後を追って移動していった。

先土器時代の人々は料理や暖房に火を使用し、切る、削る、掘る道具として石器を使っていたが、大型の動物を捕殺したり、クマやオオカミから獲物を奪い取ったりできるほどの武器は持っていなかったようである。肉食動物の食べ残しを漁っては、住居として利用していた洞穴や岩屋、後には粗野な小屋へ持ち帰って、火にかけたのではないかと思われる。こうした死肉の栄養をナッツ、ベリー（漿果《しょうか》）、塊茎など食用になる植物や魚介類などで補っていた。

前述したように、更新世の植物分布を示す証拠はかなりあるので、気候の変動を分析する手段として、植物の分布を利用するのは納得できる。しかし、初期の日本列島に人間が居住していた証拠は極めて少ないので、この少ない証拠に基づいて当時の環境を推測するのは議論の余地がある。学術的研究の成果をまとめてみよう。[*9]

第1章で、日本列島の地理的位置がその気候と生物群集を決定づける重要な要因であることをみてきたが、ある研究者がいみじくも述べているように、その同じ要因が歴史の形成にも直接関わっている。

> ユーラシア大陸の東の果てに位置しているので、ユーラシア大陸でも日本列島は、人間が定住した最後の場所だった。[*10]

この言はホモ・サピエンス（現生人類）だけでなく、それ以前の原人にも当てはまるようだ。

最古の証拠によると、およそ一〇〇万年前、ホモ・エレクトスに分類されている原人が現在の北京付近に住んでいた。[*11]この原人は化石骨が発見された場所にちなんで北京原人とも呼ばれているが、どこから来たのか、何人ぐらい住んでいたのか、行動範囲はどのくらいだったのかはまったくわかっていない。しかし、この原人の祖先は北京の北か西の方に住んでいたのではないかと思われる。その祖先は狩猟の対象にしていた動物が餌の植物種の後を追って移動したので、その動物の後について南または東へ移動し、北京付近へやってきたのだろう。

さらに、地球が寒冷化した時期には、こうした原人たちは、海水面の低下に伴い海岸線が後退して、黄土平原が海洋から浅瀬、塩性湿地、低木の生えた草原を経て混交林へ変貌を遂げていくと、獲物を追って黄土平原の奥深くへ入り込んでいったのかもしれない。

最寒冷期には、日本列島はアジア大陸とつながって一続きの弧状陸地になっていた。とはいえ、多様な動物相を支えられる混交落葉樹林があったのは、南方の沿岸地域や南西部の低地だけだった。黄土平原に暮らしていた原人や他の動物たちは、少なくとも冬期に凍結すれば、半閉鎖的になった日本海から流れ出る川を渡ることができただろう。一方、シベリアから南東へ移動してきた生物はサハリンを経由して日本に到達できただろう。

北京付近で見つかったホモ・エレクトスは一〇〇万年前のものともう少し新しいものだが、その頃の数千年間に日本にもいたかどうかは明らかではない。当時の日本列島に原人がいた証拠はほとんど見つかっていないだけでなく、見つかった証拠も信頼性に欠けるものだからだ。[*12]

温暖期から新たな氷期に変わろうとしていた一三万年前頃に、今日の宮城県の仙台市付近に原人がいたことを示す確かな証拠がみつかっているようだ。それよりも古い時代に日本に原人がいたことを裏付ける確たる証拠はまだみつかっていないが、証拠がないからといって、原人がいなかったことにはならない。氷期の日本列島は暮らしやすかったとはいえないにしても、到達するのはそれほど難しくはなかったと思われるので、原人が住み着いた可能性は十分に考えられるからだ。しかし、原人が住み着いた可能性の高い地域のほとんどが現在は海の底に沈んでしまっている上に、水没する前にも低地が浸食を受けたり、氷期の谷や沿岸平野に海水が流入したりして、破壊されてしまったので、原人が暮らしていた痕跡も消し去られてしまっているのではないか。

ホモ・エレクトスは、宮城県にいたと考えられている時代のずっと前に、大陸ではもっと「現代型の」人類に取って代わられていた。最も知名度が高いのは、ヨーロッパから中東や西アジアまで分布していたホモ・ネアンデルターレンシスである。さらに、ネアンデルタール人に近縁の旧人が「四〇万年から五万年ほど前にアジアにいた」ことが最近の研究で明らかになった。[*13] この旧人は人骨がシベリアのデニソワ洞窟で発見されたので、「デニソワ人」と一般的に呼ばれているが、シベリアから東南アジアまで分布していたので、日本へやってきた可能性は十分に考えられる。宮城県で発見された人骨はこの旧人のものではないか。

さらに、およそ一二万五〇〇〇年前に、旧人にみられるような特徴を備えた人類が北京付近にいたこともわかった。また、この旧人が使用していた石器は、宮城県で発見されたものと似ていた。こうした研究結果から、気候の変動に伴う動植物の分布の変化や海水面の変化に応じて、人間集団が氷期は南東へ、間氷期は北西へ波動のように移動していたことがうかがえる。

それ以後は、デニソワ人などの少なくともいくつかの集団の旧人が日本に住み着いていたのではないかと思われる。一〇万年ほど前に遡る九州の遺跡から、北京付近で見つかったものに似た石斧などの石器が出土している。関東北部の栃木市付近にも、八万年から四万年前頃に少なくとも断続的に旧人が住み着いていたようである。[*14]この時期の遺跡から出土した石器はシベリアの遺跡で発見されたものに似ているものが多いので、サハリンを経由してもたらされたのかもしれない。[*15]

しかし、日本にもじきに到達することになるが、四万年前までにはユーラシア大陸の人類集団にさらに変化が起きていた。その少し前の六万年ほど前に、ホモ・サピエンスと考えられている種が東アフリカを越えてユーラシア大陸へ移動し、数千年の間に各地へ分布を広げていったのである。共存したのか、交雑したのか、滅ぼしたのか、ホモ・サピエンスが行く先々で出会った他の人類集団に対してどのような行動を取ったのか詳しいことはわかっていない。しかし、四万年前までにはアフリカから新たに移住してきたこの集団の子孫が、北京付近にも定住していたようである。[*16]

その頃、温暖だった気候は寒冷化に向かい始めて、それから数千年で再び氷期に入り、日本列島は大陸と陸続きになる。それ以前の時代に属する石器とは異なるが、中国東北部とアムール川流域で見つかるものと似た石器が日本でも発見されることから、ホモ・サピエンスは三万五〇〇〇年から三万年前頃までには日本列島に到達していたようである。

アムール川はモンゴルから東へ向かうと、大きく蛇行しながら満州を迂回して、サハリンの北端近くでオホーツク海に注いでいる。その地域の人々が船を使っていたとすれば、アムール川とサハリンを経由して日本列島に到達した可能性は十分に考えられる。[*17]しかし、寒さが最も厳しかった数千年の間は、気候の変動に合わせて移動する狩猟動物の後を追って、南北のいずれの経路からでも徒歩で列島に到達できたと思われる。

実際には両方の経路が使われたようだ。三万年から二万年前の数千年はいくらか温暖化した後、最寒冷期に向かって寒冷化の一途をたどるが、日本列島に人類が定住していた証拠は確かなものになっていく。しかし、それでも、人口は数千人を超えることはなかったと思われる。

それにもかかわらず、人々は移住したそれぞれの地域に何世代にもわたって定住し、共同生活を送っていたことがうかがえる。地元の岩石を使って道具を製作する技術を編み出し、変化する環境に適応して食料を確保していた。石器に地域差がみられることから、黄土平原を経由して日本列島にやってきた人々の多くは九州や本州西部に、アムール川流域からきた人々は主に関東以北に定住したと考えられる。[*18]それ以後も数千年にわたって、この傾向は続いている。

また、さらに南方の地域から日本列島にやってきた人々がいた可能性もある。海洋民族がフィリピンから日本海流に乗れば、台湾や南西諸島に沿って日本の南部へ到達できたと思われるからだ。

縄文時代

一万七〇〇〇年から一万六〇〇〇年前頃、日本列島に不可解なできごとが起こり始めたが、このできごとはアジアのみならず世界各地でみられていた同様の現象を反映しているようだった。こうしたできごとの関連性は未だによくわかっていないが、一万二〇〇〇年ほど前までに、一般に縄文社会と呼ばれている社会体制が形成されるようになったのだ。

それからの数千年の間に、当初の不可解さに複雑さが加えられた。複雑さは特に七〇〇〇年前以後の考古学的証拠にはっきりと表れている。[19]例えば、青森県にある大規模な三内丸山遺跡からは様々な物品が大量に出土しているが、出土品には、様々な狩猟道具や調理器具（矢じり、柄の付いたへら、砥石、すり鉢など）、動物の骨や象牙で作られた道具や装飾品の他に、木製の容器、漆器、籠細工品、縄類、織物、さらに、翡翠《ひすい》、琥珀《こはく》、アスファルト、黒曜石のような珍しい素材も数多く含まれている。[20]

こうした考古学的証拠は豊富さが仇《あだ》になって、当時の状況を明確に描き出せないでいる。地域や時代の状況を大まかにとらえることはできるが、一歩踏み込むと、不明確な点が多々出てくる。そこで、考古学的証拠から明らかなように、縄文社会に関連する当初の不可解さや一般性、不明確な点をみていこう。

縄文時代の始まり

注目すべき重要なできごとは以下のようなものと思われる。

①一万七〇〇〇年ほど前に更新世の最終氷期が、行きつ戻りつしながらと思われるが、温暖化し始めた。[21]

②黄土平原経由も皆無ではないだろうが、主にアムール川流域からサハリンを経由して、日本列島にさらに移民がやってきた。

③移民は単純な土器や槍の穂先や矢じりを含む新しい石器をもたらし、その後の数千年にわたりそれが日本各地で利用されるようになる。

④この地域で長いこと人間の重要な食料源になっていた大型哺乳類（特にナウマンゾウ、オオツノシカ、ヤギュウ、マンモス）がこの頃に絶滅したようだ。

⑤大型哺乳類が絶滅しかけていたときでも、人口は未曾有の速度で増加し始めていたらしい。食生活は多様化の一途をたどり、技術や社会制度は複雑さを増していった。

＊＊＊

人間と環境の関係について、このような状況が引き起こした重要な問題は次のようなものと思われる。温暖化が進んだ間氷期に、なぜ人類は北西ではなく、南東へ移動したのか？　また、人口が増えている時期なのに、大型哺乳類が絶滅したのはなぜか？　さらに、こうしたできごとの間には因果関係があったのか？

　大型哺乳類は気候変動のために絶滅に追いやられた可能性は否定できないが、それまでにも寒冷化と温暖化の波を何度も乗り越えてきているので、気候変動が原因とは考えにくい。さらに、大型哺乳類の絶滅は北半球全域で起きたできごとである。北半球の気候変動は、大型哺乳類が絶滅していない南半球とは根本的に異なっていたのだろうか？

　ことによると、新種の微生物が大型動物を滅ぼしてしまったのかもしれない。しかし、そうだとしたら、絶滅したのは大型の草食動物だけで、他の生き物や大型草食動物の肉を食べていた動物（例えば、人間）が滅びなかったのはなぜだろうか？

　いずれにしても、北方の地域で大型の草食動物が激減していたら、人類は代わりの食料源を求めると共に、腹を空かした肉食動物から逃れるために南東へ移動したのではないかと思われる。一方、草食動物を死に至らしめた微生物がその肉を食べた人間にも深刻な影響を及ぼしたとすれば、加熱した石の上で食べ物を調理してみたり、生では食べられないものでも煮れば食べられるようになることに気づいたりしたかもしれない。こうした試行錯誤の過程で、土器を焼く技術を偶然身につけたのかもしれない。[*22]その結果、しだいに食生活が変化したために、新たな食料源を求めて移動するようになったのではないか。

　しかし、大型草食動物の絶滅は、こうしたできごとよりも、大型動物を倒し、競争相手の肉食動物に対抗できる強力な弓矢や槍のような武器を携えた人類という新たな要因の出現に起因している可能性の方が高いように思える。このような武器はユーラシア北部で生み出されたようだが、日本列島にもたらされたのと同じように、北米にはおそらく氷期にベーリング海峡を渡ってもたらされたのだろう。[*23]

　人類は新しい武器を手にしたことで、大型動物を捕殺し、同時にオオカミなどの肉食動物を退けることもできるようになった。そのおかげと、おそらく、新しく登場した土器によって他の食物の調理や加工が容易になったことで、人口が増加し、居住地域も拡大していった。しかし、大型の草食動物は人類による乱獲が進み、個体数が激減したために、生き残った個体も繁殖の機会が失われて、絶滅に追い込まれてしまったと思われる。比較的温暖な地域に、狩猟の対象になる小型の動物や食用植物、海産物が豊富に存在したとすれば、武器を手にした人類が南東へ移動して、最終的に日本列島にもやってくるきっかけを作ったのは、大型草食動物の絶滅だったといえるだろう。大型草食動物は一万三〇〇〇年前頃までにはユーラシア大陸から姿を消していたと思われる。

一方、日本列島では大型の草食動物を脅かしていたのは人間の武器だけではなかった。当時は数千年来の気候の温暖化で、露出していた海峡が再び海の底に沈み、ユーラシア北部へ逃れる道が徐々に断たれていたからだ。さらに、こちらの方が重要だと思われるが、列島と大陸をつないでいた広大な黄土平原と、やがて瀬戸内海になる内陸の低地も海水面の上昇によって水没してしまった。こうした森林地帯の消失によって、採食地を奪われた大型の草食動物は行き止まりの狭い谷に追い込まれ、小型で機敏な動物ならば逃れることもできただろうが、捕食者の餌食になることが多くなった。

しかし、大型草食動物の状況が悪化していた頃でも、変わりつつある植生は小型の動物とそれを食料源にするようになった人類をこれまで以上に支えるようになった。こうした状況に助けられて、少なくとも人類は日本列島で数を増やすことができた。

土器の発明は「人類が化学変化を応用した最初の事例」だと述べている学者がいるが[*24]、その学者に倣えば、弓矢の使用は物理学の法則を応用した最初の事例といえるだろう。これほど早い時期から、人間が大規模な絶滅を引き起こすことになるような無謀な乱獲を行ない、自分たちが新たな生存方法を編み出さなければならない羽目になったというのは、考えてみれば皮肉なことである。

人口変動の地域差

北東アジアにいた人々が弓矢や土器の製造技術を発達させ、その後に日本列島へやってくるようになったきっかけが何であれ、きっかけは無駄にはならなかった。一万六〇〇〇年から一万四〇〇〇年前頃までに、この新しい器具は広く利用されるようになった。この数千年の間にこうした器具が使用された証拠は、日本海側の福井県や四国の西端を含めて、北は青森県から南は九州南部までの広い地域の遺跡で発見されている。

縄文時代以後の日本の推定人口（約 9000〜1300 年前）

時期	中間年代	西日本	東日本
早期	9000 年前	2,800 人	17,300 人
前期	6500 年前	9,000 人	96,500 人
中期	5000 年前	9,500 人	251,800 人
後期	3800 年前	19,600 人	40,700 人
晩期	2800 年前	10,900 人	64,900 人
弥生	2000 年前（紀元元年）	302,300 人	292,600 人
土師	1300 年前（紀元700年）	3,087,700 人	2,312,100 人

その後の数千年にわたり、その子孫や後にサハリンなどを経由して入ってきたと思われる人々も、変化していく環境に対応できる技術を開発した。例えば、ドングリなどの木の実を加工してタンニンを取り除き、食べられるようにする技法や、魚介類、イルカや打ち上げられたクジラなどの海生動物を捕まえたり、調理したりする方法を身につけている。また、淡水魚を捕るための罠である簗《やな》も考案している。さらに、イノシシ、カモシカ、カワウソ、テン、ノウサギ、イタチ、シカなどの小型の陸生動物を捕獲したり、加工したりする技術や器具も開発している。[*25]

こうして食料を十分に確保できるようになり、日本列島では人口が増加した。当時の列島に何人くらい人が住んでいたのかは誰にもわからないが、上のような試算結果を出している研究者がいる。それをみると、大型の草食動物が絶滅した後の環境に、特に東日本に住んでいた人々は見事に適応したようである。[*26]

このような推定人口は増加率を高く想定しすぎている可能性があるので、そのまま鵜呑みにすることはできないが、縄文社会（および弥生・土師時代の農耕社会）の人口の変動や地域差を示す指標にはなるだろう。

縄文時代の人口には、大きな地域差がみられ、二五〇〇年前（紀元前五〇〇年）以前は琵琶湖以西は少なかったが、それより北東の地域では三〇〇〇年から四〇〇〇年の長い期間にわたり驚くほど増加したことを示している。対馬海峡が再び海の底に沈み、大陸から西日本へ移住するのが困難になったが、北方からサハリンを経由して日本へ入ることはずっと後まで可能だったからだろう。むしろ、それよりも、海水面の上昇による影響が、東日本より西日本で大きかったことの方が重要だったのではないか。西日本では広大な低地が水没して、人々の移動に支障が出たからである。

しかし、人口の地域差をもたらした最大の要因は植生だと思われる。東日本のほとんどが多様な低木や草本の下層植生を含む比較的豊かな落葉広葉樹林で覆われるようになったが、西日本の森林は常緑広葉樹が優占するようになった。常緑広葉樹が優占する森林は草食動物、ひいては肉食動物にとっての食料資源が乏しいだけでなく、漿果や食べやすい木の実、汁気の多い新芽といった人間の食料になるものも少ないのである。

人口の地域的な違いから時期的な変動に目を移すと、四五〇〇年前以前にもたらされた人口増加の背景には、数千年にわたる長期的な気候の温暖化、土器や磨製石器などの調理器具の普及、こうした器具を最大限に活かせる食物の貯蔵法や保管法の開発や交易システムの構築などの要因がある。しかし、四五〇〇年ほど前から気候が寒冷化に向かったために、植生が損なわれ、人間が手に入れられる食料の量も減少した。東日本、とりわけ山間部は西日本よりも早い時期から長期にわたり大きな影響を受けたので、人口が急減した。

二五〇〇年から二〇〇〇年前頃を境に人口が増加に転じるが、これには技術革新が深く関わっている。西日本はその影響を東日本より数百年も早く受けているので、この新しい技術は、対馬海峡を経由して大陸からもたらされたものと思われる。大陸から伝えられたのは高度な農業技術である稲作だが、第3章でみるように、やがて列島の人間社会とその生態系に大きな変化をもたらすことになる。

遺物で解く社会と文化の謎

縄文時代は一万年ほど続いた。平均寿命を二五年と仮定し、先の人口推定値を用いて、この時代の日本の人口を累計すると、三〇〇〇万から三五〇〇万人ほどになる。[*27]

これは驚くほどの数だと思われるかもしれないが、あくまでも一万年という長い期間の合計なので、常にこれだけの人口が維持されていたわけではなく、実際の人口密度の低さをわかりにくくしているきらいは否めない。例えば、縄文時代で人口が最も多かった五〇〇〇年前頃でさえも、列島全体でならした人口密度は一平方キロメートル当たり一人に満たないし、低地の面積に換算しても一平方キロ当たり四人に届かない。[28] ちなみに、二〇〇〇年の日本の人口密度は一平方キロ当たりおよそ三四〇人で、低地の面積で換算すると、一平方キロ当たりおよそ一七〇〇人である。

　数字の詳細はともかく、全体として人口がかなり多かったことや、その推移は遺跡から大量に出土した様々な人工遺物にはっきり表れている。こうした人工遺物から社会の形態や文化の様式を推測するのは容易いことではないが、土器や石器などの人工遺物、貝塚や住居跡などからわかる歴史的推移をみてみよう。

1　土器

　日本の土器は、精緻な「低温焼成」された世界最古の陶器に数えられている。一万六五〇〇年前かそれ以前に、表面に単純な装飾が施された調理用の壺として作られ始めたが、一万二〇〇〇年前頃までに陶工たちは陶器を焼き上げる前に、縄や撚《よ》り紐をその表面に押し付けたり、転がしたりして、精巧な「文様」の装飾を施すようになった。

　様々な植物や海産物を食べやすくできる調理器具として利便性が高かったので、土器は列島の各地に広まった。また、素材の陶土も手に入りやすく、土器の形や装飾に大きな多様性がみられることから、各地で生産できるようになったと察せられる。[29]

　数千年経つうちに、華美な装飾が施された土器も作られ

るようになり、用途も広がりをみせた。七五〇〇年前までにはドングリなどを貯蔵する容器や食器としても使われるようになった。[30] さらに、五〇〇〇年前までには幼児を埋葬する骨壺や灯火用の油入れとしても使われるようになった。一方、社会文化的な複雑さが増したことを反映していると思われるが、埴輪《はにわ》や男根の形をした石は儀式や宗教的機能を果たしたと考えられる。[31]

　最後に付け加えると、こうした精緻で地域によって異なる陶器が製造されていたことから、製陶に携わる高度な技術を有する専門家集団が存在していたことがうかがえる。こうした人たちは陶器を他の貴重品と交換したり、地位の高い人物に陶工として仕えたりしていたのかもしれない。

2　石器

　考古学者が数多くの石器を丁寧に発掘し、分析してくれたおかげで、縄文社会とその推移がかなりわかってきた。土器と共に、こうした石器からも日本列島と隣接する大陸の人々のつながりがうかがえる。

　しかし、何といっても、日本国内の状況を知る手がかりとしての重要性は大きい。例えば、石器が使用されていた年代や場所、石器の量や大きさ、形や多様性は、時期による変化と共に、食物の入手、調理や摂取の方法と、その時期や地域による違いを明らかにしてくれる。また、石器の

素材は、石と共に使われた他の素材と同様に、社会組織や地域間の相互作用を明らかにしてくれる。

もう少し詳しく述べると、縄文初期の人々は大型の草食動物が姿を消して、小型の獲物が食料源として重要になるにしたがって、狩猟道具に手を加えて、槍の穂先や矢じりを小さくしていった。西日本で粉を挽く様々な石器が長期にわたって使われていたのは、食料源として常緑広葉樹林からとれるドングリに大きく依存していたからだと思われる。ドングリを叩いて割り、石の乳棒と乳鉢で挽いて粉にしていたのだ。一方、東日本では、釣り針、槍や銛《もり》の穂先、漁網に付ける錘《おもり》などが大量にみつかっているので、この地域では海産物への依存度が高かったと考えられる。

石器の素材を分析して、原産地がわかれば、交易や人の移動の範囲が推測できる。特に注目に値するのは、黒曜石（ガラス光沢のある火山岩）が広く利用されていることだろう。この石は破片が鋭いので、槍や銛の穂先、矢じり、スクレイパーのような鋭利な刃を備えた丈夫な道具を作るのに向いているのだ。火山活動で産生されるので、黒曜石の団塊は日本全国に広く散在し、切削や研磨道具の素材として黒曜石を切り出していた採石場は数十カ所に上っていた。黒曜石は縄文時代の初期から使用されていたが、数千年を経て使用量が増すにしたがって、交易の範囲が広がり、交易方法も複雑になっていった。しかし、黒曜石の利用者は近隣の地域で産するものを多用する傾向があった。例えば、現在の長野県や伊豆周辺にあった採石場から切り出された黒曜石は関東地方で使用されていたのだ。

黒曜石の主な産地は、九州と、中部山岳地帯から北海道に集中している[*32]。九州から中部山岳地帯までの地域には火山が少ないので、黒曜石の産地がほとんどないのである。そこで、西日本の人々は遠方の産地から黒曜石を入手するか、質の劣る他の石で我慢するしかなかった。黒曜石が不足していたために、狩猟や漁労道具の質を高められなかったことが、西日本の人口増加率が低かった一因だったのではないか。

翡翠も少なくとも五〇〇〇年前までには広く使われていたが、主な用途が装飾用のビーズだったので、縄文社会の少なくても一部では生活に余裕が生まれていたことがうかがえる。社会階層が形成され始めていたのかもしれない。翡翠の産地は極めて少ない上に、日本海側の新潟県周辺に集中しているので、こうした翡翠の装身具が各地で発見されているということは、少なくとも縄文社会の裕福な人たちに贅沢品を供給する広域の交易網ができていたのではないかと思われる[*33]。

アスファルトも縄文時代に使われていた注目すべき素材である。この粘り気のある黒い「化石燃料」は、東北地方の日本海側と北海道中部に帯状に分布している石油鉱床に伴う地層から発見された。[*34] 主に石や骨の尖頭器を弓矢、槍、銛、斧などの木製の柄に取りつける接着剤として使われていたが、土器や小立像などの補修にも使われていた。[*35]

翡翠は産地が非常に限られていながらその装身具は日本の各地で出土しているのに対し、アスファルトの産地はもっと広いのに、その人工遺物が発見されるのは中部山岳地帯より北東の地域に限られている。アスファルトを利用した地域が東日本に偏っているのは、西日本では狩猟や漁労が大きな役割を占めていなかったことを反映しているのかもしれない。または、アスファルトの実用的な役割を反映しているのであろう。

このことは、交易は社会が階層化していることを示しているという自明の理を如実に表している。階層化によって、交易の費用を担えるか、他の人に負担させることができる少数の人たちが現れるからだ。最後に、人間と環境の関係という広い視点からみると、アスファルトの使用は人間が化石燃料を利用した最初の事例に数えられるのではないか。

3　その他の人工遺物

縄文時代の遺物は石器と土器が圧倒的に多いが、哺乳類の骨や牙で作られた遺物も発見されている。さらに、考古学者は縄文人が日常生活で使っていた「木製品、籠やざる、縄類や織物」のような劣化しやすい人工遺物の痕跡も見つけ出している。[*36]

木製品の中には、木の幹をくりぬき、内側を火であぶって作った幅七〇センチ、長さ七メートルに及ぶ「丸木舟」もあった。[*37] こうした舟を使えば、海水面が上昇しても列島の間を移動することができただろう。柱や梁に利用された木の幹や大きな枝も見つかっているが、組み合わせるための溝や刻み目が入れられていたものもあった。さらに、腕輪、櫛《くし》、容器や他の携帯に便利な木工品も出土している。

紐状にした繊維質の素材で編んだ籠は木の実などの保管や持ち運びに使われていた。苧《からむし》のようなしなやかで丈夫な繊維の糸を撚り合わせて様々な長さや太さの縄が作られ、物を固定したり、引っ張ったりするためだけではなく、漁網を作るのにも利用されていた。苧、麻、真麻《まお》などの繊維を撚り合わせて、丈夫な布を織っていたことも、出土した布片からわかっている。[*38]

こうした縄文時代の人工遺物でとりわけ興味を引かれるのは、漆が塗られているものが多いことである。[*39] 漆の塗料は作るのに手間暇がかかる上に、慎重に扱う必要があるにもかかわらず、縄文時代を通じて多用されていた。

漆の塗料を作るには、ウルシの木から樹液を採り、それを精製して、例えば、酸化鉄や辰砂《しんしゃ》から得られた赤色や、煤《すす》の粒子から作った黒色などの顔料を用いて、好みの色を付ける必要があるが、ウルシの樹液に触れると皮膚がかぶれるので、取り扱いには細心の注意を払わなくてはならない。さらに、樹液を適切な濃度まで精製するのに何カ月もかかる。したがって、漆の製作は素人の手に負えるようなものではなかったように思われる。しかし、一旦できあがれば、木製品、綱、籠、布など様々なものに塗ることができ、雨風にも強い頑丈で長持ちするものにすることができた。

4 貝塚

貝塚から縄文社会のいくつかの側面を垣間見ることができる。例えば、貝塚を調べると、食料が地域や季節によって異なっていたことや、交易が行なわれていたらしいことがわかるのだ。さらに、こちらの方が本書にとっては重要なことなのだが、関東地方の海岸線の変動と同様に、当時の人々がどのように環境に適応していたかを教えてくれる。

第1章で述べたように、日本の太平洋岸では北から南下してきた寒流の千島海流と南から北上してきた暖流の日本海流が関東平野の沖合でぶつかり合っているが、そのおかげで、関東沖には多様性豊かな海洋生態系が育まれている。

数千年にわたる縄文時代初期は海水面が上昇に転じた時期で、海水が再び流入し始めた関東周辺の湾や入り江には、魚介類などの海生生物がたくさん生息していた。七〇〇〇年前頃には、こうした魚介類はこの地域の人々にとって重

要な栄養源となっていた。例えば、東京湾南部の沿岸で発見された貝塚から、カキやハイガイ（灰貝）などの貝類やマグロ、ボラ、クロダイ、スズキ、コチなどの魚類、さらにイノシシやタヌキ、ノウサギなどの動物の残部が出土している。

この地域ではこのように手軽に手に入る魚介類などを食料にしていたのだ。例えば、冬の終わりから春にかけては特に貝類を採っていたが、貝類はこの時期に「日本列島で採れる数少ない新鮮な食料品」だった。[*40] さらに、貝類を採っていた人々は自分たちの食料にしただけでなく、他の食料品や、伊豆や長野で産出される黒曜石などを手に入れるために、交易にも使っていたのではないだろうか。前述したように、狩猟や漁労の道具に黒曜石が使われていたからである。

5 集落と住居

縄文時代の土器や石器などの人工遺物は、当然ではあるが、たいてい集落跡で発見されている。貝塚でさえ、集落やその近辺で発見されることが多い。

縄文時代は人口が長期にわたって増加した後に減少に転じ、それに伴って集落の数や規模も増減した。これは温暖化していた気候が寒冷化に向かったことと軌を一にしているとこれまで述べてきたが、これは数十カ所に上る集落跡

で行なわれてきた発掘調査の結果に基づいている。さらに、集落の数にも地域差がみられ、西日本よりも東日本の方がかなり多い。しかし、集落がどのように使用されていたのかはまだわかっていない。

縄文時代初期の数千年は人口が比較的少なかったこと、住居や設備が比較的単純だったこと、木の実などの食物を貯蔵する穴蔵がなかったことから、まだ定住生活が定着していなかったのではないかと考えられる。当時の人々の食生活や生活様式は地域の資源に規定されていたので、居住する場所や期間も資源しだいだったのだろう。

しかし、一万一〇〇〇年から一万年前頃までには、縄文社会の暮らしぶりもしだいに変わってきていた。単純な小屋は、竪穴式住居に取って代わられた。住居は直径が三メートルを超えるものが多く、室内に調理や貯蔵を行なえる空間が十分にあった。さらに、住居の床は地面を膝丈ほど掘り下げられ、掘り出した土は室内に水が入らないように、穴の周囲に積まれていた。こうした造りによって、冬は暖かく、夏は涼しく暮らすことができた。

こうした竪穴式住居が北海道と九州南部に最初に現れたのは、おそらく、大陸から移住してきた人々の影響が失われずにいたことを反映しているのだろう。しかし、九州南部では火山の噴火によって集落が壊滅したらしく、北海道の方式がしだいに南へ広まっていった。[*41]

北海道に定住した人たちは、寒冷な環境に適したもっと複雑な住居に住んでいただけでなく、積極的に漁労を行なったり、食物を穴蔵に貯蔵したり、住居のそばに死者を埋葬したりしていた。食料の貯蔵や死者の埋葬、廃棄物の処分などの用途で使用する共有地を設け、その周囲に住居を円形に配した集落もあった。やがて、食料の貯蔵やその他の目的のために共同で利用したと思われる高床式の大型の建物を備えた集落も現れた。こうした状況からは、食料資源を求めて移動する生活様式が、採集や狩猟によって手に入れた食料を住居へ持ち帰って貯蔵する定住生活に徐々に取って代わられていったことがうかがえる。

縄文人の間に定住生活が定着していったことは驚くに当たらない。竪穴式住居を建設するためには、少なからぬ労働と資材を必要とするので、そのような住居を簡単には引き払わないだろう。さらに、竪穴式住居は古くなって住めなくなった場合、他の場所へ移動するよりも、その住居を新しく建て替えて、その場所をくり返し利用する方が理に適っているのだ。たとえ優れた道具を使っても、木の根がたくさん残っている土地に新たに穴を掘るのは骨の折れる仕事になるが、新しい柱を立てるために穴の形を修正する必要が多少あったとしても、すでに掘られた穴を再利用すれば、大幅に労力を節約できるからだ。労力の節約が同じ居住地をくり返し利用した要因だったことは、古い穴の上に新しい穴が掘られている住居跡が数多く発見されていることから明らかである。[*42]

開拓された居住地をくり返し利用するのは現実に即しているので、そうした居住地はたいてい家屋の数が多かったようだ。しかし、一般的には比較的大きな集落でも、住居は五軒か六軒を数えるだけで、もっと少ない小さな集落が多かった。

五〇〇〇年から六〇〇〇年前までには、このような集落は各地でみられるようになっていた。特に東日本では、海産物、塩、陸上の動植物といった地域特産の食料品を作っていた。実用と儀式用とを問わず、石器や土器を製作していた専門家もいた。こうした石器や土器は地元の産物だけでなく、翡翠の装飾品のような遠方の高価な産物との交易にも利用されていた。埋葬様式が洗練されたことや、装飾を凝らした土器が儀式に使われるようになったこと、そして生産や交易の様式から、列島の広い地域で社会が複雑になると共に階層化がある程度進んだことがうかがえる。

弓矢、槍、短剣、斧が各地の遺跡から出土しているにもかかわらず、切断されたり、穴が空いたりした頭骨、砕けた肋骨、手や足が失われた人骨など、戦いや武力抗争があったことを示す証拠はこれまでに見つかっていない。こうした武力抗争が本当になかったとしたら、それは縄文時代の全盛期（およそ五〇〇〇年前）でも、人口密度が極めて低かったからか、あるいは比較的大きな集落でさえも、規模が小さかったからかもしれない。とりわけ興味を引くのは、四〇〇〇年前の数百年は気候が寒冷化したために、人口が激減するほど生活が苦しくなった時期だったが、その時期にもこうした武力抗争の痕跡が見当たらないことだ。

まとめ

日本の狩猟採集社会の歴史は、基本的に列島の環境によって形作られてきた。地理的位置、地形、気候、生物相のおかげで、特に寒さの厳しかった最寒冷期の数千年間を除けば、日本列島は人間が比較的暮らしやすい環境だった。しかし、列島は地質学的時間の尺度でみると誕生して日が浅いので、険しい山岳地帯が国土の大部分を占め、したがって、人の居住に適した部分はほんのわずかに過ぎなかった。

日本列島は山岳地形で移動がしにくい上に、温暖な間氷期が訪れるたびに大陸からくり返し切り離されていたにもかかわらず、人々は列島に渡来して住み着いた。そうした人々の中には東南アジアからきた人もいた可能性はあるが、ほとんどはシベリアや中国から渡来したと思われる。渡来経路は北と南の両方が考えられるが、サハリンを経由する北方経路の方が氷期に利用できる期間が長かったので、初期の数千年間は北方経路の方が頻繁に使われていたのだろう。

三万五〇〇〇年から三万年前以後に列島にやってきたのはホモ・サピエンスである。その後の数千年で、大陸からもたらされた技術と列島内の技術革新によって、土器を持たない旧石器文化（先土器文化）から土器を作る新石器文化に発展し、人口も増加して社会も複雑になっていった。さらに時代が下ると、第3章でみるように、初期の農業も含めて、技術の開発が進み、自然環境を操作して改変するようになる。

こうした技術の新しい利用例をいくつか挙げると、食物を煮炊きして食べやすくする調理以外に、熱を土器の製造にも利用した。また、漆を加工して様々な用具に塗り、有用性と耐久性を高めた。狩猟道具の弓矢の開発や、耐久性に優れた住居の建設を行なった。アスファルトを接着剤として利用した。丈夫な繊維を撚り合わせて、様々な長さ、太さ、固さの糸や紐を作り、縄や布、籠やざるなどを製作した。

つまり、この時期の数千年にわたる縄文人の生活は、その後現代に至るまでに日本人が経験する革新や変革のパターンを先取りしていたのだ。また、この時期の縄文人の行動は後に人間が環境に及ぼす影響も暗示している。

その影響の最たるものは大型哺乳類の絶滅だろう。絶滅の過程は明らかではないが、ホモ・サピエンスの狩猟技術が向上したからではないかと思われる。しかし、いずれにしても、特定の大型種が絶滅したことで、人間が食料源を変えざるを得ないときでも、小型の哺乳類は個体数を増やすことができただろう。

革新的な技術を駆使して、食料の幅を広げ、採食効率も向上させたことで、縄文の人々は、集落周辺やおそらく漁労を行なっていた場所の生物の種構成を変えた。さらに、縄文人は自分たち以外に、イヌや植物、微生物などの特定の外来生物も持ち込んだかもしれない。

とはいえ、こうした変化が環境に及ぼした影響は、後に農耕社会や産業社会が与えた影響に比べれば、とるに足らないものだった。縄文時代の人口と一人当たりの資源の消費量が、後の時代と比べると極めて少なかったからだ。資源の消費量が少なかったのは、生態系を改変する技術が、後の「進んだ」社会とは比べものにならないほど控えめだったからである。

したがって、狩猟採集社会の人々の行動には、後の時代の社会を先取りしていたようなところが確かにあったが、環境に及ぼす影響としては、その兆候はかすかなものに過ぎなかった。人類が環境に及ぼした影響という点では、大型哺乳類が絶滅したことを除けば、狩猟採集時代末期の日本列島は、ホモ・エレクトスがこの地域に初めて足を踏み入れたと思われる一〇〇万年前とほとんど変わっていない。縄文時代は一万年ほど続いたが、日本列島の生態系はその後の世代に無傷のまま残されたのである。

【付録】

気温と海水面の変化率（一万八〇〇〇～六五〇〇年前）

日本列島は更新世に地質学的には速い速度（一七年で一センチ）で隆起したが、気温や海水面の変化速度も同様に速かったと思われる。

最終氷期の最寒冷期（およそ二万一〇〇〇～一万八〇〇〇年前）の日本の平均気温は一九〇〇年代よりも、七℃から九℃低かったと推定されている。[*] 六〇〇〇年前の日本は、気温がここ数十年よりも数度高かったと思われるので、一万八〇〇〇年から六〇〇〇年前までの一万二〇〇〇年間に一〇℃上昇したといえるだろう。これは一〇〇年で〇・〇八℃上昇したことになるが、極めてゆっくりした上昇なので、当時の人たちは気づかなかっただろう。気候の変動が激しかったドリアス期（一万五〇〇〇～一万二〇〇〇年前）でさえも、人間が気づくほどではなかっただろう。[**]

気温の上昇がこのように不規則だったことを考えると、海水面が長期にわたり一定の速度で上昇したとは思われない。むしろ、上昇率は著しく変動し、一万三〇〇〇年前前後の数千年は極めて上昇率が高かったようである。日本が当時の地球の温暖化によって何らかの影響を受けたのは一万六五〇〇年前頃からのことであり、一万一六〇〇年前までには温暖化が進んで海水面が上昇して、現在より二〇メートルから三〇メートル低い程度になっただろうといわれている。*** 第1章で述べたように、温暖化が始まった一万八〇〇〇年前の海水面が現在より一三〇メートルから一四〇メートル低かったとすれば、一万一六〇〇年前までの六四〇〇年間に、海水面は一年におよそ一・七センチの割合で上昇した可能性がある。

一万一六〇〇年前以降は上昇率は下がっただろう。七四〇〇～五九〇〇年前の温暖な時期に、海水面は現在よりも二メートルから六メートル高かったといわれている。温暖化が最も進んだ六五〇〇年前に海水面が六メートル高かったとすると、海水面はそれ以前の五〇〇〇年間におよそ三〇メートル（一年に〇・六センチ）上昇したことになる。

一万一六〇〇年前以前の数千年間は海水面が五〇年で八五センチ上昇しているので、河口域や海辺の近くに暮らしていた人は海水面の変化に気づいただろう。しかし、それ以降の数千年間は上昇量が五〇年間で三〇センチだったので、気づかなかったのではないか。

［付録の参考文献］

＊ ——Yoshinori Yasuda, "Monsoon Fluctuations and Cultural Changes During the Last Glacial Age in Japan", in Nichibunken Japan Review, No. 1 (1990), p. 123.

＊＊——ドリアス期の気温変動については、以下に記載されている。Junko Habu, Ancient Jômon of Japan (Cambridge: CUP, 2004), pp. 42–43.

比較のために、一八八〇年以降の一三〇年間に産業時代の温暖化で、地球の平均気温が〇・八℃上昇したと述べられているが、日本の狩猟採集時代（数千年間）の気温の平均上昇率の六倍に相当する。さらに、この上昇の大部分は一九八〇年から二〇一〇年の三〇年間に生じている。この三〇年間は、更新世の最終温暖化期の二〇倍に相当する、一〇年に〇・二℃の割合で上昇しているのである。The New York Times, 22 January 2010, p. A8.

＊＊＊——推定値は以下の計算による。Habu, Ancient Jômon of Japan, pp. 36, 45.

第3章

粗放農耕社会前期

——紀元六〇〇年まで

様々な考古学的証拠からみて、縄文時代後期には数千年にわたり単純な農耕が行なわれていたようである。しかし、十分に発達した初期段階の農業（畑作、果樹園、畜産）が徐々に日本列島に定着し、南西部から東北部へゆっくりと広がっていったのは、早くても紀元前六〇〇年（二六〇〇年前）近くになってからである。そして、農業の定着によって人間社会と環境に大きな変化がもたらされた。これからみていくように、こうした変化に伴う大きな要因は、農業が社会と環境に及ぼす影響を左右するほど大きな力を持った金属加工の技術の導入と普及だった。

　この時期の日本の社会に生じたとりわけ目を引く大きな変化は、前例を見ない人口の増加、社会の分化と階層化、および政治的権力を持った支配階級の出現だと思われる。こうした支配階級は内部の権力争いや大陸の近隣地域の権力者との軋轢を通じて、しだいに権力を強化していった。その過程で、紀元六五〇年頃に政治的覇権を手にした支配者集団が天皇を中心とした統治機関を樹立して、九州、四国、本州の西南部の他に、おそらく中部山岳地帯以東の東北地方南部まで主権を唱えた。

　この時期の大きな環境変化は伐採により森林が消失したことである。初めは主に農地を開発するために低地の森林が伐採されたが、燃料や建築用の木材などの需要が増大するにつれて、伐採は低地に留まらず、しだいに丘陵地へ及んだ。その結果、開拓を目的とした火入れや失火による森林火災も手伝って、直射日光に晒される裸地が拡大していっただけでなく、主に険しい丘陵地の麓だが、入り組んだ長い「林縁」環境がほぼ恒久的にできあがった。こうした環境の改変は小型の動植物や微生物には有利に働いたが、大型の植物や哺乳類はその犠牲になった。

　さらに、森林を伐採して農地を開拓したことで、多様性に富んだ自然植生が特定の栽培作物に取って代わられたり、農地を利用する人間にとって不要な動植物を意味する「雑草」や「害獣・害虫」と見なされるようになってしまったのだ。大規模な開墾は、生物種間の均衡を崩しただけでなく、記録には残っていない種の絶滅を引き起こしたかもしれない。また、土壌の浸食が進み、河川のデルタ地帯や近くの沿岸低地帯を広げる役割は果たしたかもしれないが、丘陵地の土壌から栄養分の浸出も引き起こした。

　農耕社会は、狩猟採集社会が三万年の間に日本列島の生態系にもたらした変化よりもはるかに大きな変化を、一〇〇〇年足らずの間にもたらした。そして、このような大きな変化をもたらした農業分野は、これから述べるように、大陸から伝播した稲作である。ある研究者は稲作の影響についてこのように述べている。

モンスーンの影響を受けるアジアの地域で稲作のため

東京南西部にみられる洪積段丘を開墾した耕作地（1981 年）

に行なわれた土地の改変は、人類が地表に及ぼした最大の影響に数えられる。[*1]

しかし、稲作には、この研究者が述べているように、他にはみられない特徴があるので、稲作について論じる前に、農業全体の特性をみていこうと思う。

農業の始まり

六〇〇年頃までの一〇〇〇年余りの間に日本の社会がたどった歴史は縄文時代とは著しく異なるものだが、その違いは、狩猟採集社会と農耕社会の歴史の間にみられる根本的な違いである。そこで、狩猟採集社会と農耕社会の違い、「前期」と「後期」の農業の違い、および水田での稲作の独自性の三点からこの問題をもう少し考察してみよう。

狩猟採集社会と農耕社会の比較

狩猟採集社会の消費は、これまでみてきたように、基本的に人間が自然から資源を見返りなしに収奪することだった。したがって、人口と一人当たり消費量は地元の自然の恵みを取り出せる技術に制約されていた。

一方、農耕社会の消費は、人間と特定の生物（家畜化された動物や栽培植物）の多様な協力（相互依存や共生）で成り立っている。[*2] つまり、人間が（動植物の）協力者を捕食者や風雨から守り、繁殖できるように世話する限り、協力者はどのような形にせよ、人間に便宜を図るという合意が人間と協力者の間には成立しているのである。

もっと端的にいうと、こうした持ちつ持たれつの関係は、生態系の操作と収奪の効率を高めるために、人間が家畜や栽培植物を野生種と競い合わせているとみなすことができる。そうすることで、前述したような社会の成長や変化を可能にする資源の基盤を広げることができるのである。

しかし、こうした取り決めのおかげで、協力者の動植物も繁殖率や遺伝的多様性を高め、分布域を広げることができる。したがって、農耕文化は協力関係にある種が共通の利益を増大するために力を合わせている同盟関係ととらえるべきだろう。その意味では、農耕文化は、ハチと顕花植物、微生物と哺乳類、樹木と菌類のような生物界に広くみられる共生関係の好例といえる。

農耕社会の前期と後期

狩猟採集社会と農耕社会の違いは一方的な収奪と相互依存関係の違いなので、一目瞭然だろう。わかりにくいのは、

序章で簡単に触れておいたが、「前期の粗放農業」と「後期の集約農業」の違いである。日本でも時代が下るにつれて、この違いが表れてくるので、明確にしておく必要がある。

「前期」と「後期」の違いは、「一段階」と「二段階」の違いと言い換えることもできる。「一段階」農業では、人間が協力者の動植物を直接育てるが、「二段階」農業では、人間は協力者の動植物の栄養になる生物を育てて、そうした動植物にその栄養を利用させるのである。この違いは園芸（特に畑作）と畜産に当てはまる。

まず畜産についてみると、「一段階」の形態では、家畜化された動物を自分で採食させるが、「二段階」では、家畜が採食に利用できるように人間が森林などを放牧地に変えてやる。さらに、寒冷な気候の地域では、冬期の飼料用に牧草を育てて収穫も行なう。

しかし、日本では畜産が農業に占める割合はいつの時代も小さかった。縄文時代はイヌ、イノシシ、小型のウマが多少利用されていたに過ぎなかった。その後の農耕時代には、乗り物と荷物の運搬にウマが、荷車の牽引にはウマとウシの両方が使われるようになったが、日本以外の農耕社会で重要な役割を果たしていたヤギやヒツジといった家畜、ガチョウ、アヒル、ニワトリなどの家禽は日本の農耕社会にはほとんど無縁の存在だった。その結果、牧草地などに

播種《はしゅ》から収穫までの水田の状態。62 頁まで（1962 年。東京都中部の国際基督教大学に隣接した水田。この水田はその後、ゴルフ場、そして高速道路へ姿を変えた）
上：耕起前の水田。左側奥に 1 枚だけ苗床の田が見える
中：春。上の写真の左奥に見えた苗床。ここのイネの苗を周辺の水田に植える
下：初夏。田植え後の成長を続けるイネ。右手の灌木林と水田の間を流れる小川から、灌漑用水を引き入れている

利用された土地は極めて少なく、畜産が日本の農耕社会で「一段階」の域を出ることはほとんどなかった。

日本の農業は植物栽培が中心だったが、前期農耕社会では果樹栽培と畑作という二つの農業様式のうち、果樹栽培の比重はあまり大きくなかったので、人間と栽培植物の共生的な営みの中心になったのは畑作だった。

初期の「一段階」農業では、人間は生育に適した場所に種を蒔《ま》き、雑草や捕食者から保護して栽培植物の自然な成長を促し、できたものを収穫して、次の年のために種子を保存しておくだけだった。一方、「二段階」農業では、作物に肥料を施す。つまり、肥料を植物が根から吸収して利用できる栄養に変えてくれる土壌微生物が養われているのである。*3

初期の農耕民に肥料の知識があったわけではなかったが、施肥を行なわないと、畑の地力《じりょく》がじきに衰えてしまうので、自生植物が朽ちることによって地力が回復するまで数年の間は、「休耕地」として休ませなければならなくなることを経験でわかっていた。

当然のことだが、実際には、「一段階」農業では畑作と果樹栽培とを問わず、計画的な施肥の他にもかなりの肥料が無自覚に施されていたと思われる。耕作の際に掘り起こされ、枯れて朽ちる雑草、刈り取られた後で朽ちる作物の茎や根、付近の森から畑に風で運ばれてくる枯葉、果樹園で枯れる自生の下層植生、畑に生息する様々な生き物の糞や死骸、周辺の地域から畑に入ってくる水分などはすべて微生物の、したがって作物の栄養になるからだ。

しかし、日本では、ほとんどの前期農耕社会と同様に、こうした肥料になる物資の多くは燃料や屋根葺き材などに使われてしまったので、畑に供給された栄養分は、持続的な作物栽培に必要とされる栄養分や集約農業の時代に畑に施された肥料の栄養分に比べると、はるかに少なかった。

人間の社会は一段階農業から二段階農業の複雑な技術を身につけるまでに数百年を要したようだ。日本では、二段階農業が各地に広まったのは一二〇〇年以降のようである。

もっとも、日本では農業の初期から、実質的には二段階農業といえる養蚕と稲作が行なわれていたのである。養蚕に携わる農家は絹を採るためにカイコの繭《まゆ》を生産していたが、繭を作るカイコの食草はクワである。カイコの飼育は人が管理しやすい場所で行なうので、人がカイコの食草を用意してやらなければならない。しかし、野生のクワの木は背が高く葉の収穫が難しいので、養蚕農家は桑畑で背の低いクワを管理していた。つまり、カイコがクワの葉を食べて絹の繊維を作り出せるように、人がカイコの食草を育てていたのである。

一方の稲作は日本の農業を代表する部門なので、詳しくみていきたいと考えているが、とりわけ他の穀物栽培と異

上：晩夏。水田のイネは実り始めている
中：初秋。収穫が始まり、刈り取った稲穂は稲架《はさ》という木枠にかけて天日干しされる
下：晩秋。イネがすべて刈り取られ、収穫が終わった水田。稲架で干されて、脱穀を待つ稲穂（写真中央）

なる点と、耕地作物全体に占める割合について述べる必要があると思われる（なお英語では、水田を"paddy field"というが、これはマレー語で米を意味するpadiから英語にpaddyとして入ったものだ[*4]）。

稲作――技術と土地利用の進歩

イネはイネ科の草本、米はその種子で、水生植物ではない。しかし、イネ（*Oryza sativa*）は他の穀草と異なり、水に浸った土壌で生育し、ほとんどの品種は他の穀草よりもはるかに乾燥に弱い。一方、イネの栽培品種は他の穀草よりも単位面積当たりの収穫量が多いので、翌年の植え付け用に取っておかなくてはならない種子の量は相対的に少ない。[*5]

栽培されているイネで最も多いのは*Oryza sativa indica*（インディカ米）と*O. s. japonica*（ジャポニカ米）の二つの亜種だが、それぞれに様々な品種がある。[*6]前者のインディカ米は主に熱帯地方で栽培されている品種で、後者のジャポニカ米は夏の日の長い温帯を好み、比較的寒さにも強い。それで、日本では二六〇〇年ほど前に大陸から稲作が伝えられて以来、もっぱらジャポニカ米が栽培されてきた。

乾田で栽培できるイネの品種（陸稲《おかぼ》）は、水稲よりも単位面積当たりの収穫量がはるかに少ない。陸稲は「一段階」作物なので、肥料をやらなければ二、三年で畑は生産力を失ってしまう。イネの栽培は七〇〇〇年以上前にビルマ・中国・ベトナムの国境地域で始められたようだが、おそらくこうした理由で、イネは当初から主に水田で栽培されたのではないかと思われる。[*7]

水稲栽培の優れた生産性は、実質的に「二段階」農業といえる性質を備えていることを示している。つまり、人が水田を維持するために田に引き入れている水に含まれている有機物が、田の表土や水中に生息している藻類や微生物を養い、こうした生物の生命活動によって、イネに成長に欠かせない栄養分が供給されるのである。この栄養分の供給は、田に水が張られている限り途絶えることがないので、田を定期的に休ませずに、毎年の連作が可能である。

灌漑用水はこの他に重要な役割を二つ果たしている。たいていの雑草は水中では発芽や成長ができないので、田に張られた水は雑草の侵入を防ぎ、イネを守っているのだ。また、田に張られた水は、日中は太陽の熱を吸収し、気温の下がる夜間は土よりも効率よく熱を放出して、イネを霜害から守ってくれるので、イネの栽培に使える期間が伸び、地域によっては二期作ができるのである。

しかし、イネの栽培はどれも同じというわけではない。手間のかけ方に大きな違いがあり、それに応じて単位面積当たりの収穫量も異なっている。最も単純な栽培方式は湿

東京南西部の洪積段丘の縁にある裕福な農家の屋敷と水田（1981年）

地にイネの種子をばら撒くだけである。水の流出口を管理して、水深の調節はしてもらえるかもしれないが、基本的にイネは他の湿生植物に混じって自力で育ち、種子を実らせることになる。イネが実ると、農民は湿地に踏み込んで、他の植物の上に頭を出しているイネの茎を手で摑み、稲穂を小型の石刃で切り取って袋に入れる。取り入れが終わると、袋の中の稲穂を空けて天日で干す。こうして収穫されたイネの種子は翌年の播種用に一部を取っておき、残りは食べられるように脱穀する。

　ただ、湿地栽培には短所もある。天候が不順だと、水の流入量が大きく変動して、イネの生育が損なわれることがあるだけでなく、他の植物と競合するので、収穫量が減少する。また、湿地は人為的に水を抜くことができないので、収穫の作業効率が落ちる。さらに、湿地は広さが限られている上に、長期の気候変動で沿岸の湿地は塩性湿地や海、あるいは逆に内陸の乾地になってしまい、稲作に利用できなくなる可能性もある。

　湿地にはこのような制約があるので、初期の稲作民はしだいに低地の他の環境を稲作のために開発するようになった。しかし日本では、広大な面積があり、アクセスのよい低地はたいていが水田耕作に向いていなかったのだ。

　つまり、第1章で述べたように、日本列島は地質学的な時間尺度では、誕生してから日が浅いので、洪積平野には険しい山地が迫っている。また、列島の地理的な位置に起因するのだが、特に梅雨や台風の季節には、突発的な豪雨にたびたび見舞われるために、山地の斜面から大量の水が洪積平野の河川へ流れ込み、河川の氾濫を引き起こす。その結果、河川流域は土砂で埋まってしまうのだ。

　こうした氾濫原に開発された農耕地はくり返し水害に見舞われることになる上に、流水量の激しい変動によって、大きな河川沿いに建設された灌漑用の堰や堤防、排水溝は鉄砲水のような破壊的な水の作用に晒され、何年にもわたる建設や維持管理の苦労が数時間で無に帰することにもなりかねない。

　その結果、日本では稲作は湿地を利用せずに、中小河川の流域や広い平野の内陸側の縁に沿った平地で始められた。こうした地域ならば、丘陵地から湧き出る水や中小河川の水を直接利用できる上に、流水量の変動にも対処しやすいからだ。広い低地は水田の開発が行なわれず、洪水の被害を受けにくい用途に使われた。

　水害に見舞われる恐れのない地域でも、水田栽培は湿地栽培よりも多くの労力を必要とする。土地を丁寧にならし、用水路や田の水を保持するための畔《あぜ》を整備して、その維持管理を行なう必要があるのだ。そして、こうした灌漑が複雑になればなるほど、多くの労働力と大きな社会組織が必要となる。

　しかし、このような水田は水を抜くことができるので、水量の調節、除草、収穫前のイネの乾燥が容易になるだけでなく、湿地と違って深いぬかるみの中で刈り入れ作業を行なわずにすむという利点もある。したがって、灌漑設備の建設や維持管理の苦労は単位面積当たりの収穫量の増加と安定した収穫という形で報われているのである。

　収穫量の増加をもたらしているもう一つの重要な栽培技術の改良は、苗床の利用である。苗床は規模が小さい分、準備するのも、霜害から守るのも容易なので、春早くから始めることができる。苗床で芽生えたイネの苗を、事前に水を張ってぬるんだ田んぼに植えれば、すぐに根を張ることができる。また、苗床は草取りがしやすく、しかもイネの生育に最適な間隔を空けて、水田に列植えにすることもできる。列植えにすると、収穫時の刈り取り作業の能率が上がるのだ。さらに、水を抜いた田では、イネを根本から刈り取ることができるので、種子の取りこぼしが少なくなり、穂だけを切り取るよりも収穫量が増える。水量の調節と同様に、苗床と列植えの採用によって単位面積当たりの収穫量の増加がもたらされている。

　こうした稲作技術の改良は、少なくとも単純な類のものが、水稲栽培が始まって数百年のうちにみられるようである。確かに、そうした改良で稲作は複雑で手間のかかる作物栽培になったが、田に引き入れる水に含まれている自然

雪解け水で氾濫した東京北東部の江戸川流域（1956年）

の肥料のおかげで、単位面積当たりの収穫量が大幅に増え、深刻な水不足に見舞われさえしなければ、毎年、大きな収穫量がもたらされた。

稲作は手間はかかるが、季節労働なので、稲作農家には秋の収穫が終わると翌春の田植えの時期まで、自由に使える時間がかなりある。実際に、稲作農家は、社会の上層階級のために働いたり、耕作地を拡張したり、冬作物を育てたり、家事を行なったりして、昔からこの時間を活用してきた。また、「農閑期」の自由時間は昔ながらの採集や狩猟、漁労にも利用されていたと思われる。そうすることで日々の食物を補えば、秋に蓄えておいた収穫物が足りなかった場合でも、飢えをしのげるからだ。

稲作に備わったこのような優れた特性のおかげで、稲作社会は狩猟採集社会や畑作社会にはできなかった規模と複雑さを実現した。これから詳しくみていくが、稲作は社会や政治に大きな影響を及ぼしたのだ。

稲作——その規模

日本の農耕社会で行なわれていた稲作に関しては、その規模よりも栽培方法を論じる方がずっと簡単である。それは次に述べるような問題があるからだ。文字による記録が残っている時代（およそ紀元六〇〇年以後）の稲作は主に支配階級のために行なわれていたので、米の収穫量は詳細に記録されたが、他の農作物の生産量はほとんど記録されることがなかった。その結果、今日まで残っている土地利用と食料生産の記録はほとんどが水稲に関するものなのである。

茶畑や桑畑、果樹園に充てられていた土地の問題はさておき、栽培作物に利用された農耕地についてみていこう。稲作に関しては詳細な記録が数多く残されているが、米が日本の農作物の大部分を占めていたわけでも、農耕地の大部分で稲作が行なわれていたわけでもない。

その理由はいくつか挙げられるが、例えば、多くの研究者が指摘しているように、米の主な消費者は支配階級だったからだ。生産者の農民が米を食べる場合は、精米した「白米」ではなく、精米していない「玄米」を他の穀類と混ぜていた。ちなみに、玄米の方が白米よりも栄養価が高いのだが、それはまた別の問題である。しかし、米を食べていた支配階級は総人口の一握りに過ぎなかった。前期農耕時代は五%程度、産業社会以前の後期の時代で一〇から二〇%くらいだっただろうと思われる。

支配階級の方が農民よりも食物を浪費したのは確かだろうが、肉体労働をしている人々の方が室内で動かない人々よりもエネルギーの消費は多いので、一般大衆の一人当たりの総栄養消費量は、恵まれた少数の支配階級と同じか、

それよりも多かったのではないか。

また、収穫された米の一部は社会で広く飲まれていたらしい酒や焼酎というアルコール飲料を造るために使われていたことも確かだが、こうした飲料を造るためには、他の穀物も必要である。いずれにしても、アルコール飲料に使われた米の量が全生産量に占めていた割合はまったくわからない。

一方、前項で述べたように、単位面積当たりの米の収穫量は畑作穀物よりもはるかに多かったので、一般の人々のほとんどが米ではなく、畑作の穀物を食べ、米と同じカロリーを得るには水田よりもはるかに広い畑を耕作しなければならなかったと仮定すると、日本では農業史の大部分を占める期間、耕作地のほとんど(六〇~七五%と思われる)がイネではなく、畑作穀物を生産していたといえるだろう。さらに、穀物以外の作物、とりわけ野菜のような蔬菜《そさい》も含めれば、総耕作地面積に占める水田の割合は一層小さくなるだろう。

この難問の二つ目の側面は、時代が下り、畑作物の「二段階」栽培が定着するにつれて、水田面積の占める割合がしだいに大きくなったかどうかである。支配層が水田開発を重視したことからすると、どうもそうらしい。

なお、稲作ができなかった東北の地域でも、耐寒性に優れた品種が開発されるにつれて農民層は増えていった。さ

東京西部の丘陵地の麓に広がる畑（1982 年）

らに時代が下ると、畑と灌漑をやめて放置された水田で、換金作物の栽培が盛んに行なわれるようになったので、こうした耕作地の相対的価値が上がった。一八八〇年代前後になると、稲作に使われていたのは農耕地の半分ほどに過ぎなかったようだ。*8

しかし、結局のところ、この疑問は語義上のものなのかもしれない。紀元一二〇〇年以後になると、夏に稲作を行なっていた水田で冬に水を抜いて畑作物を栽培する二毛作が広まったからだ。とはいえ、一八五四年になっても、二毛作を行なっていた水田は畿内以西で四五％前後、北東部では一五％以下に過ぎなかった。*9 いずれにしても、こうした耕作地を水田とみなすか、畑とみなすか、あるいは両方と考えるのかは明らかではない。こうした点の解明は今後の研究に期待したい。

農耕初期の特徴

概説

前節で述べたように、狩猟採集社会から農耕社会へ移行すると、人間と生態系の相互作用に大きな変化が生じたが、農業に関わる様々な新技術が普及するまでにはしばらく時間がかかった。家畜化できる動物や有用植物（イネ科や広葉の草本、低木や高木）を識別して飼育や栽培する方法、有害な肉食動物や草食動物から家畜や栽培植物を守る方法、肥沃な土壌を識別して、耕作・維持する方法、高い発芽率と望ましい生育が望める種子の蒔き方や蒔く時期、雑草などを抑える方法、翌年の作物栽培に必要な種子や苗、若木の識別や入手、保管の方法などを学び、徐々に身につけていったのである。

序章で述べたように、比較的孤立した地域に住んでいる人々は一般的に新しい技術を利用するのが遅れるが、日本列島でもこうした現象が少しみられている。中国ではおよそ七〇〇〇年前、朝鮮半島でも三〇〇〇年から四〇〇〇年前に、畑における穀物栽培（キビやイネ）が高度に発達していた。一方、日本でこうした穀物が栽培されていたことを示す最古の確かな証拠は二六〇〇年ほど前のものであり、こうした穀物は九州北西部に大陸から渡来した人々の集落跡でみつかっている。[*10] 金属の使用が始まる数百年前に九州に畑作が定着すると、縄文時代の食生活を大きく変えたり、取って代わったりしながら列島を東へ広がっていった。この変化が一般的にいわれる、狩猟採集社会である縄文文化から農耕社会である弥生文化への移行である。[*11]

しかし、縄文社会に農耕の「萌芽」がまったくみられなかったわけではない。家畜の飼養、果樹栽培、畑作という農業の三大形態がすべて存在したのだ。[*12]

縄文時代の農業

日本では畜産は非常に限られていた。猟犬としてか、食料としてか、あるいはその両方のためか、飼われていた目的は判然とはしないが、いずれにしても、縄文時代に家畜化されたイヌの骨が数頭分、遺跡から出土している。また、ポニー大のウマも食用、または荷役用として飼われていたようだ。[*13] さらに、イノシシも食用に飼育されていたらしいが、家畜化されていたのか、幼獣の頃に捕まえられて、囲いの中で育てられていたのかは明らかではない。[*14]

果樹栽培も規模が極めて小さかった。最も貴重な木はクリだったようだ。実が他の木の実、とりわけドングリやトチの実よりずっと調理しやすかっただけでなく、幹が建築用木材として頑丈な支柱になったからだ。しかし、クリの木はあまり背が高くならないために、すぐに他の主要な樹種に日陰を作られてしまう。縄文時代の遺跡でみつかる考古学的な証拠から、居住地域の周囲にクリの木を植え、競合する他の樹種を抑えることで、クリの木の弱点に対処していたことがうかがえる。[*15]

六〇〇〇年から七〇〇〇年前頃からだが、陸稲、エゴマやシソのようなシソ科の草本、豆類、オオムギ、ヒエ、ユウガオ、ソバ、ゴボウといった比較的小さな植物も栽培されていたことが考古学的証拠から明らかになっている。[*16] しかし、こうした証拠から判断する限り、このような栽培植物が当時の人々の食物に占めていた割合は非常に小さかったと思われる。ちなみに、耕作技術がどの程度発達していたのかはわかっていない。

　農耕地を開発するために、森を焼き払った可能性はあるが、集落を大きな危険に晒すことにもなるので、まれにしか行なわれなかっただろう。それよりも、穀類以外の食用植物の種子を居住地域の利用できる空き地、とりわけ生ゴミを埋めて土壌を肥やした場所に蒔く一方、林間の空き地に作った菜園で、穀物を栽培していたと考える方がずっと現実的である。こうした場所で食用植物を栽培すれば、植物は日光を十分に浴びることができるし、人やイヌが近くにいれば、シカやカモシカのような草食動物も近づきにくいだろう。一方、逆の見方をすれば、こうした作物があると、草食動物が惹きつけられてくるので、わざわざ狩猟に出かける手間が省けたかもしれない。

　このように、日本の狩猟採集社会にも農耕技術がしだいに広まっていったようだ。しかし、考古学的証拠が示すように、大陸から新しい知識や技術が伝えられなかったならば、社会の変化の速度や規模は小さいままであっただろうと思われるので、その後の日本の歴史は一六〇〇年以前の

北米東部と同じような進展をみせていたのではないか。つまり、新しい刺激がなかったならば、縄文社会の農耕技術の開発や改良は実際よりもずっとゆっくり進んだに違いない。

弥生時代——大陸から伝わった農業

日本で十分に発達した農業が始まった時期は遠い過去のことなのでよくわからない。つまり、大陸から一度伝えられた後に広まっていったのか、それとも定着するまでにくり返し伝えられたのか不明なのである。様々な説や推測がそれぞれ証拠を挙げて提唱されてはいるが、誰がいつ、どのように、なぜ、農業を定着させたのかも定かではない。[*17]

　しかし、発達した農業が最初に定着したのは九州北西部だったようだ。農業を伝えたのは、おそらく近くの大陸から渡来した人々だろうと思われるが、南方から日本海流に乗ってきた人々の可能性も否めない。縄文社会で行なわれていた食用植物の栽培と新しく伝えられたこの農業の決定的な違いは稲作である。この稲作がもたらした社会的変化が極めて大きいので、縄文時代の狩猟採集社会に取って代わった社会は新たに「弥生」という名で呼ばれている。

　稲作を強調したが、稲作が日本の農業で果たした役割は

二次的なものだったのは確かだ。耕作面積と栄養生産量のいずれにおいても、畑作、野菜や果樹栽培の方が稲作よりもはるかに多いだけでなく、農作業も技術的に簡単な上に、場所を選ばずにできたのである。大衆にとっては米よりも他の食料品の方がはるかに重要だったが、一方、稲作は土地にいつまでも消えることのない物理的な痕跡を残し、その規模には不釣り合いなほど大きな影響を環境に与えたのである。

背景と起源

九州北西部の福岡市付近で、二六〇〇年前頃に稲作が行なわれていたことを示す考古学的証拠が発見された。ここは日本列島が朝鮮半島に最も近い地点で、韓国の南東端までの距離は二〇〇キロメートルほどに過ぎない。

この時期にこの場所で水稲の栽培が始まり、その後東へ広がっていったことは、当時、北東アジアの社会で大きな変化が起きていたことと、航海術と冶金術が発達を遂げたことを示している。

1　アジア大陸の社会変化

北東アジアで大きな変化とそれに伴う政治的混乱が起きた結果、三〇〇〇年前までには中国の中北部に住んでいた人々が前例のない大移動を始め、数百年を経るうちに、この移動の余波は海峡を越える人々の増加となって表れた。

七〇〇〇年前までには、中国の北部や西部では穀物の畑作や畜産が農業の中心になりつつあったが、中東部の揚子江流域では稲作が行なわれていた。[*18] 農業の発展に伴い、人口が増加して、大規模な集落が出現したが、こうした大集落は農耕地の開発を推し進め、周辺地域に衛星集落を作り出し、集落同士の資源争いが激しさを増していった。そして、争いの激化に伴い、集落の社会構造が複雑化すると共に、特権を有する支配階級が生まれた。四〇〇〇年前までには、従来の石器や木器に、新しい技術がもたらした青銅製の武器や道具、装飾品が加わって、こうした支配階級の権力と特権が拡大した。

その後も政治闘争と農耕社会の拡散が続き、数百年を経るうちに、それに伴った社会的変化や混乱は東方や南方の太平洋沿岸、北方の満州や朝鮮半島へ広がった。四〇〇〇年から三〇〇〇年前までには、満州または山東半島を経由して伝えられたと思われるが、稲作は朝鮮半島南西部の肥沃な低地で行なわれていた。夏は温暖で雨量が多いので、稲作に向いていたのである。そして、二六〇〇年前頃（紀元前六〇〇年）までには、人口の増加に伴い、朝鮮半島南西部から海峡を越えて日本列島へ渡来するグループが出現し始め、稲作に適した地域に定着したのである。

2　造船技術

造船技術が発達すると、海洋の移動に適した船舶を造れるようになった。縄文時代に北東アジアで使われていた舟は丸木舟や筏だったようだが、丸木舟は海洋の移動にも利用できる丈夫な乗り物だった。第2章で述べたように、丸木舟は樹木の幹を削って作られ、幅が七〇センチ、長さが七メートルに達するものもあった。下半分は分厚く、ほとんど削っていないので、暗礁やサンゴ礁に乗り上げても破損する心配がなかっただけでなく、安定性に極めて優れていたので、荒波で転覆する恐れもなかった。しかし、船体の大きさに限界がある上に、優れた安定性をもたらす重量が仇になって、推進やかじ取りが難しかった。

対馬や壱岐で発見されている土器に類似点がみられることから、これらの島を経由して日本列島へ渡ってきた人たちがいたようだが、こうした操舵が難しい丸木舟で、浅くて波の荒い海峡を越えることの危険性を考えると、渡海はまれなできごとだったと思われる[*19]。さらに、こうした人たちも意図して渡ってきた人ばかりではないのではないか。冬の強い西風、夏の南西の季節風、秋の台風、日本海流はいずれも舟を日本海へ押し流し、海峡を越えて日本列島に漂着させる可能性があるからだ。

しかし、弥生時代には丸木舟の利点を活かしながら、弱点を改良した新型の船の開発が進んだ。丸木舟に厚板の上

部構造物を取り付けた船が造られるようになったのだ。上部構造物は最初は単純な板の壁に過ぎなかったが、技術の進歩に伴い、船体よりも幅が広くて長い甲板が作られるようになった。また、大きな木の幹の端と端をつなげて、長い船も造られた。こうした改良を重ねることで、漕ぎ手の人数を増やしたり、帆や舵を取り付けたりすることが可能になり、推進力や操舵性が高まった。そして、紀元三〇〇年頃までには、船首と船尾に高甲板を備えられるほど大きな船が建造されるようになり、このような船は、少なくとも日本では、その後も一〇〇〇年にわたり使われ続ける[*20]。

紀元前六〇〇年頃からこうした船の改良が行なわれるようになったが、それに伴い日本列島へ渡ってくる人たちと、九州北西部で栽培される水稲が増加の一途をたどった。おそらく渡来した人たちが稲作を行なっていたのだろう。それから数百年経つうちに、湿地を利用した稲作は、開墾された水田での耕作に代わっていき、水田耕作は日本海側を飛び飛びに東へ広がる一方、瀬戸内海に沿っても東へ広がり、中部地方の濃尾《のうび》平野に達した。

3　冶金術

東アジアで広まりつつあった水田耕作は、鉄の利用というもう一つの重要な技術の発達に後押しされていた。青銅器はそれ以前から知られていたが、一般に普及することは

なかった。青銅を作るのに必要な銅と錫《すず》は東アジアでは手に入りにくかったため、青銅器は一般の人々が使用するには高価すぎたからだ。一方、砂鉄は豊富にあるので、大量に道具や武器を造ることができた。鉄は造形が難しい上に、錆びやすく、青銅のような輝きもないので、装飾品や高級品には向いていないが、その強靭さで実用品として過酷な使用に耐えることができた。

鉄を利用して刀、斧、鍬《くわ》のような実用的な道具や武器が大量に作られたので、森林伐採や水田開発、農地の耕作や農作物の収穫、灌漑用水路、堰、堤、船舶、橋、家屋などの建設は容易になったが、その一方で戦の頻度は高まり、規模も大きくなった。つまり、鉄の利用によって、稲作の伝播が加速され、その結果、人口の増加と社会や経済の拡大、それに伴う社会闘争や階層化、制度の複雑化が生じたのだ。

鉄が日本に伝えられたのは紀元前二〇〇年頃だろうと考えられている。鉄は日本の社会に極めて大きな影響を及ぼした。[*21] その頃までには稲作は西日本に広く定着し、造船技術の進歩により、朝鮮半島南部と西日本の農耕社会は頻繁に行き来をするようになっていたようである。朝鮮半島南部と緊密な関係を維持することは日本にとって重要だった。砂鉄が豊富に産出される朝鮮半島南部では、紀元前二〇〇年よりずっと前だと思われるが、製錬技術が開発され、鉄

塊や鉄器を中国と朝鮮の周辺の利用者に提供していたからである。

日本でも数百年にわたり朝鮮半島南部で生産された鉄製の武器や道具が使用されていた。当初は、西日本で豪族と呼ばれ、朝鮮半島南部と親密な関係にある覇者が武器に使用していたので、鉄を入手できることは政治軍事的に重要な意味を持っていた。しかし、時代が下り、鉄の供給量が増えると、農機具にも使われるようになり、木製の鍬や鋤《すき》の先には石の刃に代わり、鉄の刃が取り付けられるようになる。[*22]

このように鉄の需要が増したことで、日本の社会全体にとって、朝鮮半島南部と緊密な関係を維持することがますます重要になった。しかし、弥生時代後期の四五〇年頃に日本でも砂鉄が発見されると、朝鮮半島との関係を維持する必要性が低下し始める。

社会文化的な謎

日本列島に稲作や畑作を定着させたのは、武力抗争などの危機を逃れてきた難民だったにせよ、単に農耕地を求めてやってきた人々だったにせよ、大陸から渡来した人たちだったと思われる。では、こうした人々は実際にはどのような人だったのか、先住の縄文人とはどのような関係にあ

ったのか、こうした集団間の相互作用は年月や世代を経るにつれてどのような変遷をたどったのだろうか？

　新しく渡来した人たちは朝鮮半島南部の稲作民だった可能性が極めて高いが、この人たちやその祖先が半島南部に住んでいた期間はわかっていない。また、その祖先がどこから来たかということも不明である。さらに、この集団が何語を話していたのか、西日本に住んでいた縄文人と民族的に何らかの関係があったのか、長期にわたる関係を持っていたのかどうかも定かではない。

　しかし、考古学的証拠（というより、明らかな反証がないこと）から、九州北部の稲作は数百年にわたり平和裏に定着していったように思われる。この推測が正しければ、先住民と渡来した人たちは意思の疎通ができて、互いに相手を受け入れていたことになるが、他の可能性も考えられる。例えば、九州に住んでいた縄文人の人口密度は極めて低く、利用していた地域も新しく渡来した人たちが定住した地域とはまったく重ならなかったので、両者は少なくとも数年か数世代は共存していたが、やがて、力関係で劣る縄文人は新しく渡来した人たちの言語を学んで、その社会に溶け込んでいったのかもしれないし、溶け込んだのではなく、他の場所へ移動したのかもしれない。または、渡来人との闘争か、渡来人が持ち込んだ病原菌で人口が激減してしまったのかもしれない。この二者の間には、すべての相互関係がありえたと考えられる。

　いずれにしても、九州北西部に定住した弥生人の人口が増えるにつれて、農耕地をめぐる争いが激しくなった。とりわけ気候が温暖化した紀元前二〇〇年から紀元元年頃にこの争いは熾烈を極めたようだ。温暖化に伴って海水面が上昇し、低湿地に海水が流入したために、農耕地を標高の高い土地に求めなければならなくなったからだ。[*23] 森林に覆われた丘陵地の開墾は低地よりも労力を要するだけでなく、複雑な灌漑システムを構築する必要もあった。

　一方、こうした開墾によって、単位面積当たりの収穫量が増加したが、その結果として生産者である農民の人口が増えると、さらにそれを維持するためにも開墾が必要となった。こうした弥生社会の発展が、農民である弥生人が日本列島の東へ分散していくきっかけになったが、そのために先住の狩猟採集民との衝突が増えたと思われる。

　農業と社会の発展がもたらしたもう一つの大きな変化は、鉄の武器を用いて互いに覇を争った支配階級によって、紀元前一〇〇年頃までに各地に砦《とりで》が築かれたことである。こうした砦の一つとして、紀元前一〇〇年から紀元後二五〇年頃に栄えていた吉野ケ里《よしのがり》遺跡の砦がよく知られている。この遺跡は有明海の北西端から少し内陸に入ったところにあり、福岡市から陸路で簡単にいくことができる。[*24] このような地方の政治の中心地には、階層化した農民の人口がかかなり多かった。そして、こうした地方の支配階級は近隣の低地に散在する八から一〇軒で構成された衛星集落も支配していた。おそらく治安を維持したり、貢物や荷役の見返りに何らかの形で便宜を図ったりして、こうした集落を支配下に置いていたのだろう。

地方の支配層の間で武力衝突が生じただけでなく、弥生人が瀬戸内海沿いに東進するにつれて、縄文人から抵抗を受けることが多くなったことを示す断片的な証拠も見つかっている。九州の覇者から縄文人に黙従するように前もって通告がなされていたからなのか、両者が農耕地をめぐって真っ向から争ったからなのか、あるいは民族的な違いが大きすぎて、意思の疎通がうまくできなかったからなのか、縄文人と弥生人の間にみられていた当初の共存共栄の関係が崩れた原因は不明である。しかし、いずれにしても、狩猟採集生活を営んでいた縄文人はしだいに他の地域へ移動したり、弥生人を受け入れたり、死に絶えたりしたのだ。

それから数世紀後の紀元一〇〇年から二〇〇年頃には、日本列島に居住する人たちの民族的な特徴が地域によって一層鮮明になったようだ。九州南部は周辺にある火山の噴出物のために稲作に向いていなかったので、後に熊襲《くまそ》と隼人《はやと》と呼ばれる人々がそれぞれの生活様式を維持していたようである。[*25]九州の南部に入植することを試みた弥生人もいたようだが、土壌が稲作に適していないことがわかり、

さらに南の南西諸島へ移動していった。[*26]

九州北部から中部山岳地帯や中部地方の太平洋岸に至る地域は弥生人の影響を強く受け、そこに定住した人たちは倭人《わじん》、後に日本人として知られるようになった。東北地方や北海道には、後に蝦夷《えみし》として知られるようになる人たちが住んでいたが、この人たちは現代のアイヌ人の祖先ではないかと思われる。

九州南部や東北地方以北にいた農耕以前の人々は縄文人の子孫だといわれている。ということは、縄文社会は列島にきた時期も出身地も異なる人々を祖先に持つ多言語社会だったと考えられるのではないか。しかし、それにもかかわらず、遠方との交易や文化の共有ができるほど意思の疎通を図る方法を身につけていたのだ。

しかし、弥生人の農耕社会が到来すると、縄文社会の多様性は社会の一体化の波に飲み込まれてしまう。この統合は大陸から断続的に渡来する移民を吸収しながら、数世紀にわたり続くことになるが、その間に倭人の社会は階層化が進み、日本列島の各地に広がっていく。

拡大する社会——古墳時代まで

紀元二〇〇年頃までには、近隣の大陸で起きていた複雑

な社会政治的進展と技術の進歩の副産物として、西日本に農業が定着した。日本列島に農業が広まると共に、人口の増加、社会組織と階層の複雑化、大陸の社会との相互作用の増大、新しい形の武力衝突、地方の支配者の集団化が生じた。

紀元六〇〇年頃までの数百年間に起きたこうしたできごとの過程は後期弥生社会、それに続く古墳社会、その社会が環境に及ぼした影響の点から検証できる。

後期弥生社会

日本の前期農耕社会の特質は、紀元二〇〇年頃までには形成されていた。九州の北半分から四国と西日本、さらに中部地方南部の沿岸まで広がり、関東地方と東北地方にも少数の集落が散在していた。

この前期農耕社会は、不規則な帯状の開けた土地と、家屋が散在する小さな集落で構成されているようにみえるかもしれない。この帯は地形に沿って蛇行し、片側には険しい丘陵地や山地が迫り、反対側は大きな河川の森に覆われた氾濫原や小さな河川に接していることが多い。丘陵地にも氾濫原にも耕作できる土地はあるが、いずれの地域も不用意に開拓すると、大災害に見舞われる可能性があった。

こうした帯状の開けた土地では、可能な限り稲作が行なわれ、灌漑が難しい場所にはオオムギやキビのような畑作物が植えられていた。集落の住居近くに作られた菜園では様々な野菜が栽培され、住居付近の耕作に適さない場所には有用な樹木や灌木が植えられていた。一方、採集や狩猟・漁労も、とりわけ蓄えておいた収穫物が底をついてくる冬の終わりから春先のいわゆる「春の飢餓」の時期には、引き続き行なわれていたことは間違いないだろう。

日本列島でかつてない人口の増加が持続されたのは、このようにして食料を入手できたからである。第2章で、紀元前八〇〇年と紀元元年の人口をそれぞれ七万六〇〇〇人と五九万五〇〇〇人と推定している説を紹介したが、八〇〇年の間に八倍近くに増え、特に西日本の増加が著しかった。[*27] しかも、その後も農業の伝播に伴い、人口の増加は勢いを増し、紀元七〇〇年には紀元元年の九倍を超える五四〇万人になった。このような人口の急増は、食料の供給が安定していたために出生率が高まったことを反映しているが、持続的に大陸から移民が渡来していたことも示している。

前述したように、二〇〇年までには人口の増加とそれに伴う資源争いによって、集落間の軋轢や社会の階層化、地域社会の組織化が生じていた。一方、地域の支配層はこうした組織を利用して、より大きくなった集落に堀や防柵を巡らせたり、監視塔などの草葺きの木造建造物を建設したりしただけでなく、土地の開拓や農耕地の開発も推し進めた。さらに、このような地域の組織は洪水や山火事などの自然災害に対処したり、病気や食料不足などの苦難に見舞われた家族の救済に当たったりする役目も果たしていたのではないかと思われる。

しかし、弥生社会は、特に鉄製武器の使用が広まった後は、発展すればするほど、各地の支配者間の勢力争いが熾烈を極めるようになった。防御工事の規模の拡大や遺跡から出土する武器や外傷のある人骨が示しているように、戦の規模は拡大の一途をたどった。

一方、支配層の地位や権力、権威や威信が高まったことを反映して、古墳の数と規模も増大していく。こうした古墳は日本各地にみられるが、九州北部の水田が広がる低地、瀬戸内海沿岸、西日本の日本海側、畿内、中部地方に集中している。

さらに、二五〇年頃になると、とりわけ畿内近辺に、巨大な古墳が現れ始める。こうした古墳には、埋葬された人物の地位の高さ、軍事力、大陸との親密な関係、国内の交流の広さを示す副葬品が収められていた。これから詳しく述べるが、こうした巨大古墳の規模とその副葬品は、支配層の権力が著しく強まると共に権威も高まったことを示しているので、古墳に象徴されるこの時代は古墳時代（二五〇年から五五〇年頃）と呼ばれている。

巨大古墳と日本に関する最古の文字記録が出現した時期は、少なくとも現在知られている限り、おおむね一致している。こうした記録は中国の支配階級の中の読み書きができる限られた人たちが書き記したものなので、主に支配層に関する事柄が書かれているのは驚くには当たらないが、二九〇年頃に書かれた最古の記録に数えられる『魏志倭人伝』には、「山がちな列島」に住む「倭人」に関する一般的な記述がみられる。[*28]『倭人伝』は倭の人々の生活を記述していると考えられているが、倭の所在地が明確に記載されていないので、『倭人伝』の曖昧さや不明確さが指摘されている。[*29] 確かに、陸路にしても海路にしても、倭国までの道程だけでなく、倭国の中の方角や距離の記述も支離滅裂でわけがわからない。

こうした問題点はあるものの、『倭人伝』は当時の日本とそこに住んでいる人々の暮らしの一端を伝えてくれる。[*30] 例えば、次のような記述がみられる。

> 倭人は穀物、イネ、アサ、養蚕用のクワの木を栽培している。糸を紡ぎ、機《はた》を織り、上質の麻布や絹織物を作る。ウシ、ウマ、トラ、ヒョウ、ヒツジ、カササギはいない。武器は矛や盾、下部が短く上部が長い木製の弓である。矢は竹製で、先端に鉄や骨の鏃《やじり》を付けたものもある。したがって、倭人が持っている物と持

っていない物は、儋耳や珠崖（海南島の地）の人々と似ている。

さらに、続く「倭国は気候が温暖で過ごしやすい。冬も夏も野菜を食べ、裸足で歩き回っている」という記述から、この地域は日本の南部、おそらく九州の北西部ではないかと思われる。さらに、中国の南東沿岸沖に位置する海南島にある「儋耳《たんじ》や珠崖《しゅがい》」と比較しているので、九州北西部の可能性はかなり高いと考えられる。

また、次のような記述もある。

> 倭国は真珠と青玉（翡翠か）を産する。山には丹（辰砂）がある。樹木は、枏（クス）、杼（シイ）、予樟（タブ）、楺（クサボケか）、櫪（クヌギ）、杸（スギか）、橿（カシ）、烏号（ヤマグワ）、楓香（カエデ）がある。竹は篠（シノ）、簳（ヤダケ）、桃支（トウシ）がある。また、薑（ショウガ）、橘（タチバナ）、椒（サンショウ）、蘘荷（ミョウガ）もあるが、倭人はそのすばらしい風味に気づいていない。

さらに、倭国には「サルと黒雉（黒いキジ）もいる」。植物に恵まれたこの王国には、三十余「国」からなるかなり複雑な社会が形成されており、こうした国の一部は「女王」を補佐する高官が統治していた。

> 人々には身分の違いがあり、他の人に従属する男たちもいる。税が徴収され、各地域には穀物倉庫や市場があり、倭の官吏の立会いの元に、生活必需品の交換が行なわれている。

しかし、『倭人伝』に記載されているのは主に支配階級の暮らしぶりや政治、外交関係である。それは、二三八年、二四三年、二四七年に「倭の女王」を名乗る卑弥呼《ひみこ》が魏に使節を遣わして朝貢したので、魏の支配階級はこの遠方の謎に包まれた倭国の支配階級について知る必要があったからだ[*31]。しかし、研究者と国粋主義者が七世紀から現代に至るまで、謎の解明に懸命に取り組んできたにもかかわらず、卑弥呼が実際に「女王」だったのかどうかだけでなく、統治した国の広さも、所在もわかっていない。

卑弥呼の政治的地位はともかく、卑弥呼の存在は、農業生産と鉄器の利用が、二五〇年までの九州から中部地方の支配階級の台頭と、中国、とりわけ朝鮮半島南部との親密な付き合いをもたらしていたことを体現している。これから述べるように、その後の四〇〇年間は、古墳時代の支配階級や覇権を握ろうとする人々が、朝鮮半島やその周辺地域と断続的に政治軍事的関係を持っていた。こうした支配層が物資や労働力を支配し、大型の船を建造して利用することができるようになったからだ。

　古墳時代の支配層が朝鮮半島と関係を維持しようとしたのは、主に鉄や他の資源を手に入れるためだったと思われ、満州や中国の支配層とも良好な外交関係を結ぼうとしていた。朝鮮半島南部と日本列島の支配層の間に言語的な絆や血縁関係があって、そうした事情も一役買っていたのかどうかはわからない。しかし、少なくとも時折は、大陸から渡来する移民が日本列島の政治や文化の発展に重要な役割を果たしていたのは明らかである。

古墳時代

　二五〇年から五五〇年頃までの三〇〇年間は巨大な古墳が盛んに造られた時期で、先述したように、日本の政治史の新しい段階を示すために、古墳時代と呼ばれている。広義の古墳は弥生時代に遡ることができるが、古墳時代は農耕地の開発が続き、農業人口が増えたことで、農民の専有する土地の面積が増大した。支配階級と被支配階級の階層化が進むと共に貧富の差が広がり、支配階級同士の政治闘争や武力抗争の規模が拡大する一方で、日本と大陸の支配層の相互作用も不規則ではあるが活発になった。

　こうした状況は環境に悪影響を及ぼすことになるが、その話をする前に、古墳時代の社会について少し述べておこう。弥生時代後期の場合よりも悪いことに、古墳時代の考古学的証拠や文字記録からは、支配層に関する事柄以外はほとんどわからないが、庶民のことがまったくわからないわけではない。

1　庶民

　一般の人たちは弥生時代と同様に、数軒の家が集まった小さな集落に暮らしていたが、そうした集落の規模と位置は基本的に周辺の地形や環境に制約を受けていた。つまり、畑まで歩いていかれる距離にある、比較的平坦でしかも洪水に見舞われる心配のない場所に住んでいたのだ。

　住居の構造も、土の床に柱と梁で草葺き屋根を支える弥生時代のものと同じだった。森林の伐採が進み、木材の供給量が減少したところへ、人口の増加で木材の需要が増えたので、木材の入手が難しくなると共に、費用もかさむようになったためと思われるが、新築や建て替えをせずに、同じ家を使い続けるようになった。

　各住居には成人の兄弟を含む数人が暮らしているのが一般的だった。女性は自分の親元で出産して、子育てを行ない、子どもが大人の手伝いができる年齢になったら、夫の家に加わったようだからだ。[*32] こうした生活様式は、社会的に明確な母方の関係（母と子の関係）の役割を最大にして、社会的に証明できない父方の関係性（父と子の関係）の役割を最小限に留めるので、子どもの安全を確保し、家族の結びつきを強める機能があった。

古墳時代になると、「土師器《はじき》」と呼ばれる画一化された土器と調理用の竈《かまど》が登場して、家庭生活が改善された。土師器は専門の陶工によって量産されたので、物々交換の品として手に入りやすくなり、食器としてだけでなく、食物の保存や調理にも広く利用されるようになった。

生活改善に果たした役割は、竈の方が大きかっただろうと思われる。粘土を高温で焼いて作られた竈は大陸に起源を持つ料理用の炉だが、調理用の鍋を吊るして使っていた従来の囲炉裏に取って代わった。囲炉裏の煙は屋根の天辺に設けられた開口部から出ていくまで室内に留まっていたが、竈には壁に空けた穴を通して直接屋外へ煙を排出する口が備わっているので、室内の空気が煙で汚されずにすんだ。さらに、竈の方が囲炉裏よりも鍋に伝わる熱の量が多いので、燃費がよくなった。開墾が進んで燃料用の薪が手に入りにくくなるにつれて、燃焼効率のよい竈はますます貴重になった。しかし、気候が寒冷な東北地方では、暖房器具として利用できない竈は従来の囲炉裏に取って代わることはなかった。

庶民の生活に生じたもう一つの重要な変化は、支配階級による搾取が増大したことだ。時代が下るにつれて、年貢を徴収する仕組みも巧妙になり、単位面積当たり（人時当《にんじ》たり）の生産量が増大すると共に、年貢の量も増加したのだ。

支配階級が年貢の取り立てに成功したことで、庶民に軽視できない影響が出た。年貢を徴収する側が最も関心を持っている作物は水田で収穫される米だったので、村人は米以外の食物に強く依存するようになった。そのために、前に述べたような採集、狩猟、漁労などと共に、畑作や他の形の作物栽培が維持されることになった。その結果、歴史的記録では稲作が大きく取り上げられ、畑作物の収穫量は少なかったにもかかわらず、天候や地形、土壌の生産力が許す限り、高台やおそらく大きな河川の流域もかなり畑作に利用されるようになったと思われる。

また、年貢の徴収は極めて効率的に行なわれたので、「春の飢餓」の問題は米の収穫量を増やしても改善されず、翌年に植える種もみの確保も難しくなるほど深刻な状況に陥る村人も現れた。そこで、おそらく大陸で行なわれていた制度だと思われるが、支配階級は貧しい村人に翌年の植え付けができるように年貢米の一部を種もみとして貸し付け（出挙）、翌年の年貢が納められるようにした。

もう一つの主な搾取は労働役（賦役）だった。民衆は軍艦の漕ぎ手や年貢の品物などの物資を陸路で運ぶ荷役として徴集された。さらに、主に農閑期だが、巨大な古墳の建設に労働力として大勢駆り出された。古墳の建設は毎年、農閑期に計画的に進められたのだ。例えば、二〇〇〇人の労働者に六〇〇万から七〇〇万労働日（一年に二〇〇日から二三〇日）、石や土を何十万立方メートルも運ばせても、巨大な古墳を一基建築するのに一五年はかかると、試算している研究者もいる。[*33]

2　支配階級

考古学的証拠や文献から、瀬戸内海の東端の畿内付近にいた支配者がしだいに勢力を伸ばし、各地の支配者を支配するようになったことがうかがえる。なぜ畿内で、どのように伸張し、その結果はどうなったのかをみていこう。

畿内の支配者が台頭した大きな要因は地理である。この地域では複数の低地が国内屈指の肥沃な農耕地を形成していた。古墳時代は、現在の淀川流域の低地はほとんどが瀬戸内海の一部だったのは確かだが、現在は沿岸の低地になっている日本の他の地域も似たような状態だった。したがって、畿内の低地全体としては九州や瀬戸内海沿岸の低地よりも広かったのだ。

東北地方以南で畿内の低地の広さに匹敵するのは、それよりも広い関東平野を除くと、名古屋周辺の濃尾平野だけである。しかし、関東地方の土壌は水田耕作に適していなかったので、その後も数百年にわたり、おおむね森林に覆われたままだった。一方、濃尾平野は西日本や大陸へ行く経路に恵まれていなかった。陸路は西側にある山岳地帯が障壁になり、紀伊半島を回る海路は半島の海岸線が険しく、海も荒れるので、大きな危険を伴ったからだ。

畿内の支配者には不利な点が一つあったが、大きな農業基盤で相殺することができた。不利な点とは、武器や農器具に利用する鉄の生産地（朝鮮半島）から、西南の対抗勢力よりも遠かったことである。そこで、大陸（朝鮮半島）から鉄やその他の物資を瀬戸内海と関門海峡を経由して、安全に運んでくるためには、こうした対抗勢力の協力を取り付ける必要があった。

古墳時代の政治史は、大陸と外交関係を結ぼうとする支配階級の駆け引きを主とし、豪族と呼ばれる支配者同士の抗争を従として糾《あざな》われているようだ。卑弥呼と倭に関する『魏志倭人伝』の記述は古墳時代のできごとを先取りしている。畿内の支配者たちは十分に時間をかけて抗争を解決すると、西へ勢力を広げ、しだいに瀬戸内海沿いや九州北部、日本海沿岸にいた諸豪族と同盟を結んだり、支配下に置いていったりしたようだ。[*34]

朝鮮半島の鉄や他の利益を確保するために、こうした支配層は日本国内と同様にくり広げられていた半島の勢力争いに否応なしに巻き込まれることになった。三九〇年代から四〇七年まで倭が軍勢を送ったが、朝鮮半島の北半分と満州南部の大部分を支配していた高句麗《こうくり》に大敗を喫したという記録が朝鮮の文献に残っている。

倭軍は騎馬兵に負けたのだが、畿内の支配層はその教訓を忘れなかった。前述したように、日本列島でも長い間、小型のウマが荷役に使われていたので、四〇七年の敗北を機に、支配層は騎馬戦に備えて兵とウマの訓練を始めると共に、馬具や騎馬兵用の武器の輸入や製造に着手した。中国の文献によれば、倭の支配層は大陸との関係改善を図ろうとしたようである。

軍備の「近代化」が進むと共に、外交努力が功を奏したことに気を良くした畿内の支配層は、四五〇年頃に朝鮮半島で再び軍事行動を始めた。しかし、四七五年に倭軍と半島南部の倭の同盟国は高句麗に再び敗北した。この敗北で、畿内の支配層は大陸の軍事行動を五〇年ほどは断念するが、そのときに多数の政治難民が日本列島に逃れてきた。こうした難民を登用して、統治機構の改革を行ない、政治権力と財政基盤を拡大することで、大和政権の支配体制を強化した。

しかし、各地の諸豪族は中央集権的支配体制の確立を目指す畿内の支配層に唯々諾々と従っていたわけではなかった。例えば、筑紫（九州北部）の磐井《いわい》という有力な豪族は畿内の支配層と友好関係にあった朝鮮半島の政権に敵対する勢力と同盟を結び、五二〇年代に半島へ向かう畿内の軍勢の行く手を遮ったといわれている。磐井の行動は畿内の朝廷の軍勢の反撃を招き、磐井は滅ぼされてしまう。[*35]

その後の数十年で、畿内の支配層は九州北部へ至る海路を掌握した。しかし、内部で権力闘争が起き、それが七世紀半ばまで続いたので、大陸に新たに軍事介入を行なうことはできなかった。第4章で述べるように、畿内の支配層は六六〇年代に再び朝鮮半島の勢力争いに関わるが、その悲惨な結果が国内で激しい抗争を招き、政治体制を一変させるような改革と統合の時代が訪れる。

四〇七年と四七五年の高句麗との戦いで、畿内の支配層は鉄の備蓄を使い果たしてしまっていたが、二つのできごとのおかげで、その損失を徐々に埋め合わせることができた。その一つは、おそらく四五〇年以後の数十年のことだと思われるが、畿内に定住した渡来人の職人が鉄を製錬できる溶鉱炉を造ったので、古い鉄を再利用して新しい武器を鋳造することができるようになったことである。さらに、それからまもなくして、国内でも砂鉄が見つかったので、新たに鉄を製造することもできるようになった。[*36]

第1章で述べたように、四〇〇〇万年前には日本列島の南西部は朝鮮半島南部で大陸と陸続きになっていた。しかし、日本海が形成されたときに、半島南部の砂鉄を含む地層の一部は東へ押し出されて、本州西部の北岸になった。そして、おそらく専門の知識を持った渡来人によってであろうと思われるが、出雲付近で砂鉄の鉱床が発見された。そこで、地元の豪族は鉄を製錬して、日本の西部や中部の諸豪族と鉄の交易を始めたのだ。国内に朝鮮半島に代わる鉄の貴重な供給源ができたのだが、畿内の支配層にはこの地域を直轄地にする必要も生じた。そして、この砂鉄の産地をめぐる支配層の動きが古墳時代末期の歴史を大きく動かすことになるのである。

環境に及ぼした影響（六〇〇年まで）

古墳時代の社会が環境に与えた影響の問題だが、二〇〇年から六〇〇年頃は弥生時代に引き続き土地の開墾が行なわれていた。しかし、丘陵地の開墾の増加、灌漑技術の進歩、砂鉄の採掘や製錬、戦争の規模の拡大、騎馬隊の創設、建造物の巨大化などの要因により、こうした開墾の規模は拡大した。

1　丘陵地の開墾と灌漑技術の進歩

最も顕著な影響は、丘陵地を農耕地に開発したことで、日本列島の生物種のバランスが変わってしまったことだろう。家畜や栽培植物がその地域に生息していた野生の動植物に取って代わっていったのだ。

灌漑技術の進歩により、特に種の繁殖にとって重要な夏

の間に、丘陵地から流出する水を堰き止めたり、流れを変えたりする堰や水路が建設されるようになり、生物種の置き換わりに拍車がかかった。さらに、湿地を稲作に利用した場合は、湿地の生物は迷惑を被るとはいえ生存できなくなることはないが、灌漑された水田では、夏の終わりにイネの収穫が終わった後は、畑作物の栽培ができるように水田の水を落として、翌年の春まで水を入れないので、湿地の生物は定着できなくなってしまう。

さらに、丘陵地の農耕地化、特に畑作の場合は人為的な土壌の浸食率が大幅に高まる。もちろん、地質学的な視点からみれば、浸食は地表で起こっている自然で持続可能な循環の不可欠な一部分である。地球上では、地殻の隆起で山脈が生まれ、浸食作用でそれが削られ、また山脈が形成されると、それが削られるという造山運動と浸食作用が限りなくくり返されている。

しかし、取るに足らない人間の営みに起因する浸食でも、環境に二つの大きな影響を直接及ぼす。浸食された場所は肥沃度が低下するので、いずれは不毛の地になってしまう。また、押し流された土壌の物質は下流に堆積して、しだいに湿地を埋め、海岸線を後退させて、沿岸の生物相を変える。日本では人為的な浸食は畑作が行なわれるようになった結果生じたのだが、その影響が表れるのはもっと後の時代になってからである。

段々畑が海岸線から丘陵頂上まで続いている九州沖合の島（1963 年）

長野県中部の山地と深い雪に覆われた裾野の段々畑（1963 年）

2　砂鉄の採掘と製錬

日本では砂鉄の採掘は五世紀に行なわれるようになったようである。しかし、砂鉄の採掘（砂鉱採鉱）と鉱石の採掘を混同してはならない。

砂鉄は一般的に河床か、旧河川が残した地表近くにある堆積層でみつかるので、その採掘と製錬は、坑道を作って鉱石を採掘するよりは生態系に及ぼす悪影響がはるかに少ない。しかし、採掘の規模が比較的小さくても、鉱滓《こうさい》が出るだけでなく、採掘場の周辺では植生が破壊され、浸食が起きやすくなり、下流の生態系に悪影響が及ぶ。

さらに、出雲地方の砂鉄は鉄の含有量が少なかったので、大量に採掘しなければならなかった。加えて、鉄以外の不純物を取り除くために、採掘場の川の下流を堰き止めて、一連の沈泥池が設けられた。砂を含んだ水を池から池へ移すと、重い鉄を含んだ物質が底に溜まるので、それを集めて製錬を行なったのである。[*37]

日本では、鉄の製錬も砂鉄の採掘と同様に五世紀に発達した。しかし、製錬の方が薪を大量に使うので、森林破壊の規模ははるかに大きかった。さらに、大量に薪を燃やすことで、枯死木が自然に腐敗していくのとは比べものにならない規模と速さで、大気の汚染が進んだだけでなく、木材に含まれている栄養分が森に還元されずに失われてしまった。

つまり、大量の燃料を必要とする製錬や鍛造が森林破壊をもたらしただけでなく、砂鉄の採掘のすべての工程が地域の環境に悪影響を及ぼしたのである。

3　戦争の規模の拡大と騎馬隊の創設

戦争は人命を奪うので、生態系に利益をもたらすといえるかもしれない。しかし、鉄の兵器の需要を創出するので、間接的に森林の破壊と浸食の原因になる。さらに、古墳時代の日本の場合は、瀬戸内海から朝鮮半島に至る海峡に海軍を大規模に展開させたことも時折あったので、船舶の建造や大規模な船団の維持のために、かなりの量の木材が使われたと思われる。

しかし、騎馬戦の方が生態系に及ぼす影響がはるかに大きかった。騎馬戦用のウマを飼育するためには牧草地が必要になるが、牧草地ではウマが食べるイネ科の草本だけを栽培するので、生態系の多様性が失われてしまうからである。ただ、日本では牧畜がほとんど行なわれていなかったために、ウマの放牧は主に農耕地の縁や集落の周辺で行なわれたと思われるので、ウマの放牧の影響は少なくとも後の時代になるまでは、穏やかなものだったかもしれない。

4　建造物の巨大化

もちろん、人間は狩猟採集の時代から小屋を造り、生態系の一部を変えてきた。しかし、集落の建造物の規模や様式が環境に大きな影響を及ぼすようになったのは、それから数千年経って、初期の農業が定着し、人口が増加してからのことである。

日本の場合は、長期にわたる生態系の著しい破壊を予示するような建造物の例として、大型の木造建築や砦柵（防御柵）を備えた吉野ケ里遺跡のような集落や、弥生時代の墓を挙げることができるだろう。そして、周囲に堀をめぐらした古墳時代の巨大古墳は生態系の一部を恒久的に改変してしまう建造物の先駆けといえるのではないか。しかし、第4章でみるように、建設によって環境が大きく改変されるようになったのは、六世紀後半に新しい様式の巨大木造建造物が建設されるようになったのに伴って、七〇〇年頃から御所を中心に整然とした街並みが広がる都の建設が始まってからのことである。

まとめ

初期の一段階型の農業は紀元前六〇〇年頃までには、おそらく近くの大陸からだと思われるが、西日本に伝えられていた。しかし、この初期の農業には当初から水田耕作も入っていたので、事実上は後期と同様の二段階型の農業だった。単位面積当たりの収穫量が極めて高い稲作の伝播は、他の主要作物を栽培できる耕作地があったことも手伝って、人口の急増をもたらした。この人口の増加は出生率の上昇と渡来人の定住が継続していたことを示している。

渡来人の定住とそれを支えた農業の伝播は、この時代に大陸が日本列島に及ぼした影響の二つの側面に過ぎない。金属の使用、新しい種類の土器とその利用、騎兵の使用という新しい戦闘法、支配層の新しい埋葬様式はいずれも大陸の影響を反映している。さらに、第4章でみるように、古墳時代の末期には支配体制の新しい構想やイデオロギー、新しい宗教、建築技術、洗練された文字体系が日本の支配層に伝えられ、後の時代に大きな変化をもたらす基盤となった。

六〇〇年までの数百年の間に社会が急速に発展し、資源をめぐる共同体間の資源争いが激化する一方、社会の組織化や階層化が進んだ。弥生時代から古墳時代にかけて、こうした社会の発展と争いの激化は鉄の器具や武器の利用によってもたらされたのである。そして、今度はその鉄の入手を確実にするために、こうした争いがくり広げられるようになった。六〇〇年までには、こうした状況が西日本に複雑な社会を生み出し、覇を競っていたが、やがては地形に恵まれた畿内の騎馬隊を擁する支配者に統一される。

社会が発展・変化していた古墳時代は土地利用や生物の

種組成の変化、丘陵地と低地の両方に影響を及ぼした浸食作用の促進などによって、生態系が改変されてしまった。最後に、日本列島の地理が社会の発展に及ぼした影響について述べておこう。

第1章でみたように、日本の地球上の位置は生物の多様性を育む気候に恵まれている。列島の温暖な南半分が畑作、とりわけ稲作に適していたことは、この地域が社会や政治に大きな影響を及ぼす稲作の中心地として台頭するために極めて重要な要因だった。

それに比べると、わかりにくいかもしれないが、古地質学的な要因も列島の歴史形成に一役買っていた。耕作に適した土地と人間、つまり地域の潜在的な政治的影響力の分布は基本的に地形に左右された。瀬戸内海と沿岸の低地に助けられて東へ広がっていった稲作も、やがては中部山岳地帯に行く手を阻まれてしまう。しかし、そのおかげで、東北地方の狩猟採集社会と原生自然に近い生態系が維持されることになる。第1章で述べたように、中部山岳地帯の険しい山々は、東日本と西日本の間にあった隙間が数百万年前に起きた地殻の衝突と隆起によって埋まり、形成されたものである。

一方、出雲地方で発見された砂鉄は前述したように、地域の政治的関係を形成するのに一役買ったが、日本列島がかつては大陸と陸続きであったことを示している。また、

関東地方と九州南部は火山性土壌のために、水田耕作に適していなかったので、農耕文化の人たちには魅力がなかった。そのおかげで、縄文人の子孫は東日本の広い地域と九州南部に暮らし続けることができたわけだが、この特徴的な土壌が、これからみるように、後々の日本の政治形成に関わっていくことになる。

第4章

粗放農耕社会後期

——六〇〇～一二五〇年

農業技術や人間と生態系の関係は六〇〇年以後も数百年の間は、それ以前と基本的に変わらない。しかし、この時代には、日本の社会全般と生態系に大きな影響を及ぼした目覚ましい科学技術の発達と社会的なできごとがあった。

重要な社会的なできごととは、畿内に築いた都を中心とする、大陸に倣った強力な支配体制の誕生とその衰退・崩壊である。都では、数百万人の人民を支配する数千人の支配階級が名にし負う「高度な文化」を生み出し、長く後世に影響を与えることになる。その文化の一面は重要な技術の発達、つまり、政治と宗教とを問わず、支配層の建築物に斬新な建築様式を取り入れたことである。

この新しい建築様式が環境に及ぼした大きな影響は、膨大な量の木材を消費したことだ。農耕以前の時代の日本列島はほぼ全域が温帯林に覆われていたので、森林の伐採は生態系にひときわ大きな影響を及ぼした。木材生産のための森林伐採と農地開発のための森林伐採は仕方が異なるし、相互作用もあるので、第3章で取り上げた稲作の特徴と同様に、この問題にも注意を払っておく必要がある。

新しい建築様式を取り入れたことで森林に負荷がかかっただけでなく、中国の制度に倣った支配体制の確立は、社会と生態系の間に複雑な相互作用を引き起こすことになる一連の新機軸や刷新を伴った。総じて、こうした社会状況は一握りの支配階級に大きな特権と生態系にさらなる変化をもたらしただけでなく、民衆を困窮に陥れると共に、社会闘争を激化させて、社会の変革や、やがては集約農業（二段階農業）への移行を促したのである。

森林伐採――木材と農地のために

木材調達のための森林伐採と農地開発のための森林伐採は互いに共通点もあるが、相違点があるので、両者を区別しておいた方がいいだろう。

木材の生産とその後の森林

植林をしない「伝統的な」伐採が行なわれていた時代は、日本の木こりも狩猟採集生活を営んでいた。漁師と同じように、必要なものは自然の中から手に入れて、後は生態系が自力で再生するに任せていた。

当然のことだが、伐採の仕方はその目的によって異なる。例えば、大きな木材、または厚板や幅の広い板、あるいは特定の樹種の木材を必要とする場合は、それぞれの用途に見合った木を選り分けて切り倒し、残りはそのまま手を付けずにおく。一方、様々な大きさの木材や薪を必要とする場合には、森林の一部を皆伐してしまうこともある。

京都西本願寺（1962 年）。こうした規模の大きい建造物の建設には木材だけでなく、屋根瓦を作るために薪や粘土も大量に使われた

寺社やその門柱は真っすぐな大木を必要とした（京都、1962 年）

いずれにしても、伐採した後は、自然の再生に任せていた。伐採の規模や伐採に伴う弊害（例えば、樹木や下生えの損傷、土壌の流出や浸食、火災）の程度にもよるが、伐採された跡地はいずれは再生する。最初はイネ科草本や広葉草本、低木の藪が生え、後に成長の速い樹木が育つ。五〇年から一〇〇年経つと、成長は遅いが極相林（植物群落が遷移を経て安定し、大きく変化しなくなった森林）を形成する高木が再び優占するようになる。

こうした伐採跡地は他の用途（例えば、農地や放牧地）で使わなければ、いずれは元の森林が再生する。しかし、伐採の目的によっては、険しい斜面で伐採を行なう必要がある場合もあるだろうし、急斜面で伐採した木材を引き出すと、林床の土壌がひどく損なわれる可能性もある。したがって、森林伐採は長期にわたって、下流域に甚大な被害をもたらす浸食や洪水を引き起こす可能性があるのだ。

農地開発

開墾を行なう者は比較的平坦で、大木が生えていない肥沃な土地を好む。特に単純な斧と鑿《のみ》しか持っていない人たちにとっては、木が大きいほど、切り倒して取り除くのが困難になる。樹皮を環状に剝いで木を巻き枯らしすることはできるが、大木は何年も、何十年も倒れることはない。

木が大きければ、根も太くて、しっかりと張っているので、木が枯れた後も何年もの間、耕作の邪魔になるかもしれない。

森林を開墾するのに、焼き払う方法もあるが、野火は制御するのが難しいので、危険を伴う。したがって、木材や薪を採るために森林を伐採した跡地に、農耕地の開発を行なうのは驚くに当たらない。特に、伐採地が比較的平坦な土地の場合は、近隣の農夫が後片付けをして、農耕地として利用することが多い。また、木こり自身が農業に携わっている場合は、伐採を行なった後で、その土地を農地として使用することもある。

木材を切り出すだけなら、生態系に及ぼす影響は一時的なものだが、森林の開墾は木材を伐採した後で二次的に行なわれるにしても、在来の生物群集をその場所から駆逐して、人間とその協力者（外来種）を支えることになる。そして、この状態はその場所が農地やその他の用途で利用されている限り続くのだ。

木材の切り出しと同様に、森林の開墾でも土壌が剝ぎ取られるので、浸食作用が激しくなり、下流域で様々な問題が起きる。しかし、開墾地が放牧や果樹栽培に利用される場合は、土壌の攪乱は一時的で、たいていは取るに足らないものだ。また、畑作に利用される場合は、前者の場合よりも傾斜の緩い丘陵地の斜面が好まれる上に、土壌の肥沃度が低下しないように、浸食の防止策がとられる。したがって、開墾の方が、集約的な木材の伐採よりも、下流域に及ぼす影響は少ないと思われる。

この時代は、支配階級が建築資材や燃料として様々な種類の樹木を必要としたために、木材の需要が急増したことを考えると、下流域への影響は開墾よりも浸食を引き起こしやすい木材の伐採の方が大きかっただろう。一方、木材の伐採がもたらした種構成の変化は在来の森林生物群集に限られ一時的なものだったが、農耕地の総面積を増加させた森林の開墾は在来の生物群集を犠牲にして、人間とその協力者や寄生者の発展を長期にわたり支えた。つまり、木材の伐採と森林の開墾が組み合わさって、当初は畿内だけだったが、やがては、日本列島全体の生態系に短期と長期の両方の大きな変化がもたらされたのである。

中央支配の成立（六〇〇～八五〇年）

第3章で述べたように、六〇〇年までの数百年の間に倭国では地方の支配層が徐々に形成され、その中からより広域に覇を唱える支配層が出現し、おそらく四〇〇年頃までにはこうした各地域の支配層の上に立つ大和の支配層が畿内に誕生していたと思われる。こうした歴史の展開は地理、

農耕社会の特質、狩猟採集生活を営む縄文人との相互作用、弥生時代や古墳時代に渡来した人々がもたらした大陸の慣例や大陸との相互作用によって、方向づけられたものである。

五〇〇年代の中頃以降は、こうした政治的統合は加速されたようだが、この統合は軍事力やその他の政治的な強制的圧力を背景にして行なわれたことは間違いないだろう。しかし、畿内の政権の政略の特徴は、「神道」の原型をなす土着の神話の利用であった。抗争相手の諸豪族を制圧したり、服従させたりし、それを懐柔する手段として、神話を利用したのである。畿内政権は諸豪族をその勢力を反映していると思われる従属者の地位に置く一方で、豪族やその風習に敬意を払い、宗教的な関係を築く統治政策をとった[*1]。

こうした懐柔工作の好例として、頑《かたく》なまでに独立心の強い出雲の支配者と良好な関係を築き、砂鉄の確保に腐心したことが挙げられるだろう。畿内の政権は、出雲の首長一族の祖先神は自分たちの祖先神の暴れん坊の弟（つまり、両者の祖先神はほとんど同等）であると、宣言したのだ。出雲の支配者に畿内の政権が賜った公式な階級、肩書、朝廷の礼遇はそれに応じて高いものだった。そして、六五九年頃に大和政権の首長である斉明天皇は不変の出雲の高位を表す「大社」を出雲に建設させた。出雲大社は畿内政

権の最高位の神社の次に位《くらい》した。ちなみに、朝廷の神社は山地を挟んで都の真東の「日の昇る」方角に位置する伊勢に建てられていた。

　倭の政権規模は六世紀の間に拡大し、日本と大陸の支配層間の相互作用が活発になった。特に、五〇〇年代中頃以降、渡来人は、畿内の政権に仏教、儒教(孔子の政治規範)、道教（老荘思想）などの思想や哲学を伝えただけでなく、中国語や漢字も伝授した。[*2]

　当時の日本では、いずれの政治勢力も日本独自のものだけでなく、大陸の信条や修辞学（レトリック）を用いて、関係の規定や権力や特権の正当化を行なった。最も著名な例は、五五〇年から一〇〇年近くにわたり政治を支配した蘇我一族だろう。蘇我氏は仏教の導入を推し進める一方、隋へ留学生を送り、儒教的な政治規範を導入したが、六四五年に起きたクーデターで失脚した。このクーデターの折の急進的な政治改革は「大化の改新」として知られる。この事件以降、中国の制度を取り入れた中央集権的支配体制の基礎が築かれた。

　六六〇年代には、畿内の政権は出雲との絆を強化した後、朝鮮半島の同盟国だった百済《くだら》を救援するために二万五〇〇〇人に上る水軍を派遣した。しかし、この援軍は水軍が優勢な唐代の中国軍に大敗を喫して、悲惨な結果に終わった。倭軍と百済軍は日本へ退却すると、対馬や九州北西部から畿内地方に至る瀬戸内海沿いの戦略的に重要な地点で防備施設の建設に着手した。[*3]

　中国軍の侵攻は杞憂に終わったが、こうしたできごとが政治にもたらしたゆがみから、畿内の政権内の権力争いが再燃する。しかし、六七二年に後の天武天皇が勝利を収め、権力闘争に終止符が打たれた。天武天皇は非情ではあったが、道理をわきまえた支配者だった。大陸の問題に巻き込まれるのを巧みに避けて、中央集権国家の成立を目指して、官僚制や地方行政制度の確立と、国家の財政と人的資源の基盤強化に邁進した。さらに、諸法令や統治の基本法の制定、皇権を正当化するために神話や儀式の明文化も推し進めた。[*4]

　畿内の政権が目指した中央集権的政治体制は中国の先例に触発されたもので、中国では皇帝の権力は壮麗な都と宮殿に表れていた。天武天皇も飛鳥にそのような都を建設することを計画していたのだろうが、実際には御所を築いただけで終わった。しかし、六九〇年頃に天武天皇の皇后が持統天皇として即位すると、中国（唐）の都を模したかつてない規模の帝都である藤原京の建設に着手した。藤原京は現在の奈良市から二〇キロメートルほど南の平野の縁に建設されたが、これから述べるように、新しい建築様式を用いた都の先駆けとなっただけでなく、その後も数回行なわれることになるこうした都の建設は、社会や環境に大きな影響を及ぼしたにもかかわらず、その規模は拡大の一途をたどった。

中央集権国家を成立させる過程で「律令制」と呼ばれる政治体制が築かれた。律令制は九世紀の末頃から実質が失われるが、実際に取って代わられるのは何世紀も後のことである。本書の目的にとって重要な側面は、帝都の建設、前述した新しい建築様式の採用、中央の地方支配と搾取、そして周縁地域の統合である。

帝都の建設

日本において、帝都の建設は人間と生態系の関係に最も顕著な変化をもたらしたできごとに数えられる。日本に限らず、大都市の出現は顕著な変化だが、突然導入された帝都という形態の都市の建設が環境に及ぼした影響は破壊的だった。律令国家の帝都建設が日本に及ぼした影響には中国の帝都が理想とする三つの側面が深く関わっていた。一つは都市の規模と公的構造物の壮麗さである。二つ目は、帝都は王朝の顔という考え方で、新しい政権が誕生するたびに、新たに帝都を建設する必要が生じることになる。三つ目は、複数の帝都と皇帝の居城を理想とする考え方である。

しかし、律令国家の帝都建設について、こうした側面を検証する前に、特に都市の概念や都会と田舎という二者分類に根ざした問題を考えてみよう。

1　都会と農村という分類について

社会は都市と農村という明確に異なった部分から成り立っているというのが現代の社会通念だが、これにはいずれかの側に価値を置く感情や判断が入っている。例えば、「如才ない都会人」対「ダサい田舎者」、「垢ぬけた都会の知識人」対「無知で世間知らずの田舎者」、「高潔で勤勉な田舎の人」対「油断のならない不埒な都会人」など、枚挙にいとまがない。

しかし、もっと重要なのは、農村の人は生活必需品は自給自足するが、都会人は生活必需品を遠くの見知らぬ提供者に依存していると、都会と農村の二者関係を想定していることだ。同様に、農村では地元で出した廃棄物は地元で処理するが、都会では廃棄物を複雑な輸送システムを使ってどこかよその場所へ運んでもらわねばならない。

とはいえ、短絡的な道徳的判断がばかげているのはわかりきったことだし、都会と農村がきれいに二つに区分できるわけではないという意味においても、もちろん、現実はこれほど明確ではない。単純さに変わりはないかもしれないが、都会―町―田舎の三者に分類した方が、都会と農村の二者に分類するよりは農耕社会と産業社会の特徴がはるかにわかりやすい。

問題は、農村では自給自足をしており、都会人は依存度が高いという基本的な区別がもたらしている。もちろん、「成熟した」産業社会では、この区分は誤解を招きかねない。農村の人たちも、自分たちや隣人以外の供給者に大きく依存しているからだ。しかし、とりわけ耕作可能な土地や水田に適した土地が少なくて、極めて貴重な日本のような地域では、農耕社会においても、都会の住宅地と農耕地が入り混じっているので、都会と農村という分類は意味を失っているのだ。さらに、日本では社会の工業化が進むにつれて、都市域が広がっていったが、その広がり方のために、二〇世紀後半になるまで都市域で粗放農業が行なわれていた。

こうした問題点はあるものの、都会と農村の二者関係は律令時代の帝都建設を検討するには役に立つ。中国の都会のモデルは全国各地の生産者に依存した帝都を想定していたからである。しかし、律令時代の都会と農村の検証に入る前に、都市が食料と廃棄物の処理をどのように田舎に依存していたのかを簡単にみておこう。

都市住民が消費する食料は、どこか他の場所で生産され、食べられる形に加工されている。同様に、衣服の素材、暖房用や調理用の燃料、建築資材などの生活必需品も別の場所で生産され、加工されている。特に、大都市は生活用水もどこか他の場所から供給されている。都市住民が呼吸している酸素でさえも、市街地から遠く離れた地域に生育している植物が生産したものだ。

このように依存度が高いのにもかかわらず、都市住民は三つの仕組みを使って生活必需品を確保し、何とか生き延びている。最も単純なのは、都市の中へ酸素を流し込み、二酸化炭素を外へ運び出す風や、近くの川や地下の水路を流れる水のような生態系の自然な営みへの依存である。もっと複雑なのは、人の手によって生産された品物の入手だ。都市住民は徴税のような強制力や交易のような物々交換に頼るかもしれない。もちろん、実際にはこうした強制や交易の仕組みはたいてい互いに絡み合っているので区別できない。

都市の廃棄物は様々な種類があるが、いずれにしても、それが生じた場所以外のどこかで処分しなくてはならない。産業社会以前では、廃棄物の処理は極めて簡単だった。廃棄物は土器片や金属などを除き、ほとんどが有機物だったので、自然の生物学的な再処理に任せればよかったからだ。土器片はたいてい投棄されたり、埋められたりしたが、金属は高価だったので、再生利用された。

有機物の廃棄物はたいてい野外の便所やごみ捨て場に捨てられたが、人間の遺体は埋葬されるか火葬にされた。こうした有機物はこの時点で微生物や大型の動物によって自然に還った。一方、河川に投棄されて、下流に流され、生物の働きによって自然に還る有機物もあった。

律令時代の社会にはこうした都市の特徴がすべてみられる。先述した廃棄物の処理方法はすべて用いられていた。都市住民へ食料を供給する仕組みは、飴と鞭が密接に結びついていた。実際、このような結びつきは中央集権体制が成立する以前の弥生時代後期に各地の諸豪族が本拠地にしていた町ですでにみられていたようだ。こうした町の周辺地域で農耕に従事する者は、定期的な賦役や進貢の義務を果たす見返りに、外部の略奪者や競争相手から守ってもらった。

その後、律令制では徴税を見事に正当化することで、この二つの仕組みを結びつけた。国土は天皇に所属するものだが、天皇の慈悲で、人民は特定の責務を果たせば、その見返りとして「使用権」を授けると謳っていた（班田収授法）。下級の支配層は明確な権限を委ねられ、忠実に職務を果たせば、報酬が約束されていた。農民はその役人の下で、賦役と租税の義務を果たせば、明記された土地の区画（口分田）を使用する権利を保障されていた。

したがって、不動産の「所有」も、土地の「売買」もなかった。その代わりに、年貢や賦役の見返りとして土地の使用権を認可する制度は日本の首都や地方の政治の中心地になった町に食料を提供する基盤を成し、一八七〇年代まで続いた。

この使用権制度が存続したのは、新しい権力の成立や消滅に際しても、経済の複雑化が進んだときでも、権力に生じた変化に対して臨機応変に、権利や義務の委譲や調整を行なう柔軟性を備えていたからだ。特に、農業の集約化が進んだ時代には、後の章でみていくように、この制度によって支配層も被支配層も、富裕層も貧困層も同じように、時代の変化にうまく対応できるように、土地の管理方式を操作することができた。土地の所有や土地を売買する権利が正式に確立されたのは、一八七三年にヨーロッパから不動産は「所有物」であるという考え方が持ち込まれてからのことである。

一方、これからみていくように、不動産の所有者に税をかける概念は発達しなかったが、律令時代の後半には、商業的な物々交換の仕組みが物品や役務を取り扱うようになった。そして、この仕組みによって、日本の各地に小規模な町が誕生しただけでなく、やがては大都市へ生活必需品を供給する役割も果たすようになる。

しかし、律令時代の初期に、畿内の政権が帝都の生活必需品を確保できたのは、比較的効果が上がっていた田地の使用権を与える班田収授法のおかげだった。都の政権がこの制度を利用して、鄙《ひな》の人民をどのように支配して、都を維持していたのか、これから詳しくみていくが、その前に、前述した日本の社会や生態系に大きな影響を与えた都市の側面（規模、象徴的役割、複数の帝都建設）について検討してみよう。

2　都市の規模

古墳時代の支配層は数百人の親類縁者や従者が居住する家が並ぶ中に建てられた優雅な草葺きの家に住んでいたが、律令時代に都を建設した支配層は何万人もの人々が暮らせる長方形の大都市を構想していた。都は縦五キロメートル、横六キロメートルの区画が碁盤の目のようにきれいに並び、周囲には大きな木製の門を備えた瓦葺きの高い塀が巡らしてあった。

こうした都は大門から入ると、中央を南北に大通りが走り、四方へ中小の通りが伸びている。都の中央には、支配層が暮らす御所や邸宅、行政府が立ち並ぶ塀で囲まれた広大な敷地がある。さらに、寺社、倉庫、市場、人民の居住地などに割り当てられた区域もある。このような都には少なくとも一〇万人の人々が暮らしていたと思われるが、そのほとんどは一握りの上流階級の生活を支える一般庶民だった。

3　政権の象徴としての都市

こうした都が日本の生態系に負わせた負担は、都は「新政権」の樹立を象徴するものという考えによって大きくなった。[*5]支配層内部の権力闘争は時折、武力衝突に発展したので、政権が変わるたびに、新しい都が建設されていった。

例えば、六四五年までの蘇我氏の全盛期には、畿内の支配層は奈良盆地南部の明日香（飛鳥）周辺に優雅な御所や寺院を建設して、政治の中心地にしていた。しかし、朝鮮半島で軍事的大敗を喫すると、おそらく、前述したような防衛準備の一環としてだろうが、六六七年に天智天皇は都を琵琶湖の南端にある大津に移し、御所とそれに付随する寺院を建てた。しかし、五年後に弟の天武天皇は権力を手に入れると、明日香へ戻り、壮大な御所や寺院の建設に取りかかると共に、唐の都に倣った大規模な帝都の建設計画に着手した。[*6]そして、天武天皇の跡を継いだ持統天皇（天武天皇の皇后）はその計画を実行に移し、近くの平野に藤原京を建設した。

その後は、例えば、七一〇年代の平城京（現在の奈良）や七九〇年代の平安京（現在の京都）のように、新しい都の建設が続くことになる。新たに都が建設されるときには、既存の都にある建物は解体されて、新しい都の建設予定地へ運ばれることが多かったが、解体工事に伴う瓦や木材の破損が避けがたいのはいうまでもなく、また、経年劣化により欠陥が生じた部分は交換しなければならなかった。さらに、建造物の規模は遷都のたびに大きくなる傾向があっただけでなく、増築される建物も増えたので、建設に携わる大勢の労働者を支えるための物品の他にも、新たな都の建設には新しい資材が必要になった。

4　複数の都建設

複数の都や王宮の建設を理想とした中国の顰《ひそみ》に倣《なら》ったために、森林にかかる圧力は増加の一途をたどった。七〇〇年代は平城京が帝都だったが、陪都《ばいと》（中国で国都に準じる扱いを受けた都）が難波《なにわ》（大阪市付近の古称）に建設されていた。他にも陪都が構想され、当時は畿内周辺の数か所に皇居が造営されていた。

　畿内に大規模な都をいくつも建設したということは、日本の中部で木材の伐採が激増したことを意味する。こうした都を建設するためには、木こり、丸太の切り出し人、筏師、船頭、道路工夫、牛車の牛飼い、瓦焼き職人、採炭夫、大工などの労働者を毎年、何千人も必要としたが、こうした労働者を集めて、食事を与え、宿泊させることも必要だった。九世紀には、望み通りに都の建設を行なうことは人的資源も資材も足りなくて、できない相談であることが明らかになった。

　こうした状況で特筆に値することは先述した新しい建築様式の採用である。日本の森林に前例のない負担がかかったからだ。

新しい建築様式

「日本は六世紀に文字通りの建築革命を経験した」と述べた研究者がいるが、けだし至言である。[*7] 縄文時代から古墳時代の建築様式を思い起こしてほしい。当時は草葺きの壁と屋根を備えた木造の建物を支えるために地面に立てた支柱が使われていた。古墳時代までには、支配層の家屋は二階建てのかなり大きなものになっていたが、それでも使われた木材の量は比較的少なく、ほとんどが中規模の樹木だった。

　新しい建築様式は、日本では最初に仏教寺院に用いられて、その後しだいに政府の建物や支配層の邸宅にも使用されるようになった。これは柱を立てたり、敷居を乗せるための礎石を備えたもので、柱穴式構造に取って代わった。[*8] 縄の代わりに臍《ほぞ》接ぎ建具を用いることで、構造をこれまでよりもはるかに頑丈で耐久性に優れたものにすることができたので、柱と梁に大きな木材が使えるようになり、複雑な大規模建造物を建設できるようになった。

　確かに巨大な仏教寺院にみられるような大きな柱（ヒノキが好まれた）は、巨木の幹そのものである。こうした柱材に使われた木は密生した原生林の中から慎重に選び出されたものだ。成長が速く、すぐに下枝を落として真っすぐに伸び、木目の通った丈夫で美しい木材になる木である。中小の木は枠組材や床、壁、屋根の板材に使用された。

構造が強固になったおかげで、比較的軽量な茅葺き屋根をもっと重い木材や樹皮、瓦の屋根に取り替えることができるようになった。とりわけ瓦屋根は手間がかかった。瓦は高温で長時間焼かなければならないので、燃料用の薪を大量に必要としただけでなく、瓦に適した粘土層をみつけて掘り出し、瓦の形に成形して大型の窯で焼き、焼き上がった瓦を束ねて建設場所まで運ぶ必要もあったからだ。

さらに、瓦はこの三種類の屋根材の中でとびぬけて重かった。瓦は重いものだが、律令時代の建造物に使われた瓦は「本瓦」と呼ばれるものだったので、とりわけ重かったのである。この瓦は半管状の分厚いもので、瓦の一部が互いに重なり合うように、屋根の天辺から軒まで並べられていた。瓦のずれ防止と防水効果を高めるために、瓦が置かれた屋根の板の上には粘土が厚く塗られていた。

重い屋根板と厚く塗られた粘土と分厚い瓦が組み合わさって、屋根全体が極めて重くなったために、複雑な構造をした土台が必要になった。こうした壮麗な瓦屋根を支えるために、木造の腕木や筋交《すじか》いなど、建具の複雑な構造が開発された。こうした難点があったにもかかわらず、瓦の需要は伸びていった。耐久性と耐火性に優れている上に、森林伐採が進み、屋根材に使える樹皮や木材が不足するようになった後でも、手に入れることができたからである。

こうして、新しく登場した優雅な瓦屋根は建築用の木材だけでなく、燃料用の木材も大量に消費したのだ。木材の伐採や建設事業では、鉄器の他にも、後述するように、様々な用具の製造が必要になったので、燃料用の木材の需要も高まった。さらに、こうした事業は規模が大きい上に、くり返し行なわれるものなので、建築用と燃料用の木材に対して計り知れない需要が生じ、あらゆる種類の森林が収奪の対象にされた。

もちろん、柱穴式構造に代わって礎石を利用するようになったことで、土中の腐食による柱の損失は減少した。また、瓦屋根によって延焼が起こりにくくなった。しかし、新しい建築様式によってもたらされた木材消費の大幅な増加を考えると、こうした損失の減少も焼け石に水だった。前述した壮大な帝都、複数の都、荘厳な寺院、離宮を建設するという理想の追求によって、木材の消費が最大になった。

農村の支配と搾取

律令時代の前例のない狂乱的な都市建設によって、膨大な量の労力と資材が消費されたことは明らかだ。こうした需要を満たすためには、高度に組織化された支配と搾取の体制が必要になるが、畿内の支配層は様々な困難に直面しながらも、一世紀以上にわたり、こうした体制を巧みに運用してきた。

　こうした体制を機能させるために、畿内政権は高度な官僚組織を整えた。都だけでも、一万人余りの人たちが行政官、書記官、技官、様々な雑用を行なう下働きとして、働いていた。日本の各地に置かれた国府に執行機関や職員と共に、六〇人ほどの長官が派遣された。長官は職員と共に、四〇〇〇ほどあった「郡」の治安を維持し、法律に定められた年貢や賦役の上納を確実なものにするために、五五〇人から六〇〇人ほどの地方行政官を監督する任務を帯びていた。この官僚機構に属する数千人の高級官僚は、忠誠と任務の遂行を確かなものにするのに役立つ貴族の地位や称号、特権を与えられ、畿内の中央集権体制に手足として組み込まれていた。

　賦役や年貢を徴収しやすくするために、畿内の政権は水田の測量に着手した。さらに、働き手の人口を把握するために、人口調査も始めた。一方、単位面積当たりや世帯の成人数当たりの賦役や年貢米の税率だけでなく、塩、布、紙、炭のような手工業製品に対する税率や租税の調整を必要とする天候などの要因も細かく定めた。

　こうした統計や規則を手にして、国府の長官は管轄区域の全戸と郡から徴収して、都の倉庫や作業現場へ送る年貢や賦役を決定した。こうした賦役の一部は、規則の実施、反体制派の弾圧、侵略者に対する警備の他にも、後述するように、畿内の政権の版図を広げる任務も帯びた軍隊の人的資源になった。

　もちろん、こうした年貢の徴収は、各地方から都へ年貢を輸送する何らかの交通手段が整っていなければ成り立たない。[*9] 畿内の政権は、当初は陸路で輸送することを意図していたようだ。おそらく、中国に倣ったものと思われるが、あるいは、海路は危険が多く、困難を伴うと思えたからかもしれない。しかし、海路の方が輸送の費用や手間がはるかに少なくてすむことがわかったからだと思われるが、数十年のうちに陸路だけでなく、海路も利用されるようになった。特に、瀬戸内海沿いには、畿内の政権が建設した港や官港に指定した港が点在し、賦役の人員や船舶を動かす権限を持った係官が配置されていた。

　陸路網の方が複雑だった。都へ直接に通じる数本の幹線道路に、各地方へ通じている中小の道路が合流していた。幅や傾斜が新しい基準に合うように、既存の道路を改修したり、新しい道路を建設したりするために作業員が集められた。平坦な路面を作るために、木を切り倒し、藪を払い、丘を均した。道路が冠水したり、浸食されたりしないように、排水システムも構築した。また、幹線道路沿いの河川には、渡し場を設けて維持・管理していた。主要な渡し場には、「浮き橋や渡し船、非常用の宿泊所」を設置した。[*10]

無許可の移動を防止するために関所が設けられた一方、中継ぎ駅には三五〇〇頭余りのウマが公の使用のために用意されていた。移動する官吏のための宿泊所が三〇里（一六キロメートル）ごとに四〇〇カ所設けられた。[*11] 近隣の郡の賦役が詳細に決められ、年貢と官吏の移動が予定通りに行なわれるように監督する任務を帯びた係官が各駅に配置されていた。

この支配と搾取の巧妙な仕組みは一世紀以上にわたって機能した。それどころか、あまりにもうまくいきすぎて、墓穴を掘ってしまったといえるかもしれない。

中央集権体制の確立

畿内政権が中央集権的律令国家の体制を確立するためには、大陸の勢力による侵略への対処と年貢の基盤を最大化したいという欲望が主要な焦点だった。それと同じような要因は、社会地理的辺境に対する政策にも決定的な影響を及ぼしていた。そして、大陸との接触に対する規制と畿内政権の版図拡大が政策の二本の柱になっていた。

1　大陸との接触に対する規制

律令時代には北東アジアの社会が大変動を経験していた

ので、大陸から移民、外交官、伝道者、漂流者、商人、海賊などが断続的に日本列島に渡来した。[*12] 弥生時代や古墳時代と同様に、こうした人たちの多くは朝鮮半島南東部から対馬を経由して九州北西部へ至る最短で最も安全な経路で渡来したが、九州西部や本州の西岸の港に入った船もあった。

大陸と列島の往来はほとんどが対馬経由でなされていたので、畿内の政権は博多湾を入港地と定めた。六六三年に朝鮮半島で軍事的に大敗を喫すると、前述したように、畿内政権は対馬から畿内に至る要衝に砦を築いて、大陸からの侵攻に備えた。その後は数十年にわたり、沿岸に警備隊を配置し、海上の不審な活動はすべて報告させると共に、外国の船舶は博多へ入港させ、国内にいる大陸の人たちの動きを規制する規則を公布した。さらに、博多湾から一二キロメートルほど内陸の太宰府に大きな兵力を備えた堅固な大規模要塞を築いた。

七〇〇年代に中国との緊張関係が和らぐと、畿内政権は遣唐使と呼ばれる正規の外交使節団を送って、国交の回復に努めた。朝鮮半島の権力争いに巻き込まれないように、使節団は琉球諸島経由か九州南西部から直接、中国へ送ることにしたが、そうするためには、第3章で述べたような通常使われていた丸木舟を基にした小舟ではなく、中国風の大型帆船を使う必要があった。おそらく、渡来人の職工に造らせたのだろうと思われるが、現在の広島付近の造船所で、船体の長さに匹敵する七五フィート（二二・五メートル）のマストを三本から五本備えた平底の大型帆船が造られている。こうした船には長期にわたる船旅に必要な荷物と一〇〇人を優に超える人員を乗せることができた。しかし、使節団の派遣は費用がかかっただけでなく、危険も伴ったので、八九四年に遣唐使の派遣が中止されるまでに、わずか八回ほど行なわれたに過ぎなかった。[*13]

大陸から日本へ渡航した者は、博多湾に設けられた政府の入国管理所で入国手続きを行なわない限り、正式に入国が許可されなかった。さらに、管理所の職員は交易活動だけでなく、国内を移動する許可を得た少数の渡航者の行動も監視した。

七〇〇年代の後、大陸の政情が安定するにつれて、移民の渡来が少なくなり、時折、海賊が出没したが、大陸の軍事的侵攻の恐れも弱まった。その後は、大陸との関係は畿内政権が望む文化的・物質的交流が中心となった。

2　版図の拡大

倭人の農民が居住する地域では、大陸の接触を規制する制度はうまく機能したようだが、都から遠く離れた九州や東北地方では、畿内政権の支配は揺るぎないものにはなっていなかったので、版図を大幅に拡大する過程で、支配を強化する必要があった。

九州では、畿内政権はその地域の歴史に由来する二つの難題に直面していた。九州北部には畿内地方よりはるか以前に農耕社会と支配階級が出現しており、九州の支配層は畿内の支配層よりも大陸と親密な関係を何世紀にもわたって維持してきた。前述した五二〇年代の筑紫の磐井の乱をはじめ、七三〇年代や八六〇年代の反乱など、畿内政権に反旗を翻す事件が時折起きたのはこうした歴史的背景が要因となっているようだ。畿内の支配層はこうした謀反を鎮圧することができたが、これから述べるように、その過程で譲歩をしなければならない場合も多く、畿内政権の衰退をもたらす遠因になった。

もう一つの厄介な問題は、遠い昔から何世代にわたりかの地で暮らしてきた隼人や熊襲と呼ばれる狩猟採集民の伝統である。[*14]熊襲は弥生時代後期から古墳時代に制圧または同化されたのではないかと思われるが、隼人は七〇〇年代までは倭の支配に屈しなかった。しかし、その後は畿内政権が太宰府に九州を統括する出先機関を置き、九州北部の支配を固めるようになると、南部の隼人を服従させられるだけの官軍を展開できるようになった。さらに、他の地域でも行なったように、隼人の協力的な支配者にも地位や称号を与えると共に、様々な警護の任務に就かせて、中央政権の階層制の中に取り込んでいった。

一方、東北地方の平定には九州をはるかに上回る困難が伴った。[*15] 蝦夷と呼ばれていた北部の先住民は人口がはるかに多かっただけでなく、居住地域も相当広かったからだ。さらに、蝦夷は弥生時代に日本に伝えられた農耕と乗馬の技術を多少身につけていたので、中央政権の軍門には易々とは降らなかった。それでも、「征夷」には大きな意義があると思われた。（蝦夷の支配層が大陸の政権と手を組む可能性はさておき）東北地方は広大で、開発と収奪の大きな可能性を秘めていると思われたからである。

　実際に、中部地方の南岸平野を通って関東平野に入る経路や、日本海沿岸に沿って北上する経路、あるいは木曽川を遡り、山中の谷あいを通って東北地方の耕作可能な地域に至る経路を利用することで、中部山岳地帯を巧みに迂回して、農耕民たちはゆっくりとではあるが、東北日本へ移動していた。また、八世紀には中央政権の政策がこうした農耕民の入植を後押ししていた。

　蝦夷がこうした入植を阻止する行動に出たときには、特に七二〇年代から七三〇年代と七七〇年頃から八一〇年までの四〇年は、畿内政権は軍を派遣して鎮圧した。一方、隼人の場合と同じように、蝦夷の支配層に征夷の役に立つと思われる称号や政治的役割を与えて、畿内政権の体制に取り込もうとした。この政策は功を奏したようで、八世紀の後半には、畿内政権の支配は関東を越えて、東北地方の

肥沃な谷あいや沿岸平野に及び、その版図は現在の岩手県盛岡市付近まで拡大した。

　しかし、蝦夷はいつまでも抵抗をやめようとはしなかったので、「征夷」軍が引き揚げた後、関東や東北地方に入植した開拓民は自警団を組織しなければならなかった。蝦夷が抵抗を続けることができたのは畿内政権軍の歩兵に挑戦できる軍事的技能を備えていたからである。牧畜とウマの飼育に適した気候と地形に恵まれた地域に暮らしていたので、騎馬戦に長けていたのだ。八三九年に勅撰史書の編者が「弓とウマで戦うのが狩猟の民、蝦夷の習わしなのだ。しかも、蝦夷は一騎当千のつわものだ」と、嘆いている。[*16]

　こうした状況の下では当然のことだが、入植者たちも蝦夷に匹敵する軍事的技能を身につけ、数十年の年月が経つうちに、蝦夷か、開拓者か、両者の混血した家系の者かによらず、「東国武士」たちは日本一の騎馬兵という評判を博すようになった。畿内の支配層は、自分たちの特権にとって、東国武士が家系にかかわりなく、蝦夷よりもはるかに大きな脅威となることに後になって気づくことになる。

＊＊＊

　このように倭人と農業が東北地方へ広まっていったことで、人口の増加に拍車がかかったのはいうまでもない。第

仙台平野（東北地方東部）に広がる水田地帯（1955 年）

3章でみたように、当時の倭人の人口は五四〇万人と推定され、紀元元年から紀元七〇〇年の間にほぼ九倍に増えている。後述するように、七三五年の人口をおよそ六〇〇万人と推定している研究者もいる。

当然のことながら、こうした長期にわたる人口の増加は大規模な開墾を必要としたので、生態系が受けた損傷はさらに大きくなった。したがって、環境に対する大きな負担が畿内周辺に限られた新たな都や大規模建造物の建設とは異なり、前期農耕社会の発展は畿内政権の版図全域の環境に影響を及ぼしたのである。

律令制が環境に及ぼした影響

律令国家の成立は環境に特筆すべき影響をもたらした。前述したように、森林伐採や農耕地の拡大がもたらした植生の変化は、畿内で最も大きく、人の移動の頻度が高まり、規模も拡大したことで、その影響も広がった。植生の変化と人間の移動という二つの要因は気候の変動と相まって、環境と社会に特筆すべき影響を与えた。しかし、畿内政権の版図全体に及ぼした影響を検証する前に、畿内における影響をみてみよう。

畿内が受けた影響

新しい建築様式を利用した広大な都をいくつも建設して維持するためには、大量の木材が必要だった。[*17] 当時の技術では、重い木材の運搬は困難を極めたので、建築資材はできるだけ近くから手に入れていた。

しかし、近隣の森林は当初からすでに質が落ちていた。例えば、六九〇年代に持統天皇が藤原京を奈良盆地の南部に建設したとき、かつては緑豊かだった近隣の森林はすでにそれ以前の建築材、燃料用の薪や農地開発のために伐採されてしまっていた。そこで、木材は主に近江地方の南部にある田上山《たなかみやま》から調達しなければならなかった。木材を伐採地から宇治川まで運び出して、宇治川を下り、それから木津川を遡り、泉木津（現在の木津川市）で陸揚げした。陸揚げされた木材は牛車で二五キロメートル余り南方の建築現場まで運ばれた。

次の都である平城京は七一〇年代に奈良盆地の北辺に建設されたが、このときは藤原京の建物を解体して建築資材を再利用すると共に、隣接する丘陵地で手に入る木材を使った。しかし、それだけでは足りなかったので、田上山や同じく近江の南部にある甲賀丘陵、木津川上流の伊賀地方からも木材を調達しなければならなかった。

平城京が維持されていた一〇〇年ほどの間は、畿内政権は難波を第二の都にしていた。難波の都は周辺の地域から調達した木材が利用された。上述したように、歴代の天皇は、例えば、木津川の恭仁《くに》、甲賀と田上丘陵の間にある信《しが》楽《らき》、琵琶湖の南端に近い保良《ほら》など、畿内の他の場所に「離宮」も建設した。いずれの場所も木材を比較的入手しやすい場所だった。

しかし、帝都は七八〇年代に桓武天皇によって、平城京から長岡に移される。淀川の近くに位置する長岡は畿内北部の森林だけでなく、海路を利用すれば、瀬戸内海の各地へも行きやすかったからだ。しかし、それから一〇年後、長岡京は洪水が頻発して住みづらくなったので、桓武天皇は北の平安京へ再び都を移した。こうした遷都の際には、以前の都で使われた建造物は解体され、再利用されたが、それでも新しい木材や薪が大量に必要になった。

さらにこの時代は、ほとんどが畿内だったが、仏教を広め、後援者の貴族階級の利益を図るために仏教寺院を建立する大事業が相次いだ。また、土着の神道の神々を祀り、皇権を強化するために、壮大な神社も建てられた。蘇我氏が権勢を振るっていた六二〇年代に、すでに四六余りの仏教寺院が建立されていたが、それから数十年の間に、寺院の造営が加熱し、六九〇年代までに畿内だけでも、政権の財政支援で造営された寺院は五四五余りに上った。[*18]

寺院や神社の造営ブームは七〇〇年代に入っても続き、建造物の規模は拡大の一途をたどった。最大の寺院は平城京の東辺に建立された東大寺である。七四〇年代に造営が始まり、最終的には驚異的な建物の集合体になった。この寺院だけでも、最初に必要とした木材で九平方キロメートルの最高級の林地が消えてしまっただろうと推定されている。もう少し現実的にいうと、本州の中央部でふつうにみられる混交林をその何倍も伐採する必要があっただろう。

当時は道具の質が良くなかったので、木材に多くの無駄が生じたために、森林にかかった負担は特別に大きかった。鋸《のこぎり》が登場するのは七〇〇年代の後半になってからで、それまでは、木の幹や大枝の加工は斧や手斧《ちょうな》、鑿《のみ》、鉋《かんな》で行なわれていたようだ。「加工の過程で木材の九割までが無駄になっていた」と推定している研究者もいる。[*19] もちろん、こうした無駄材はほとんどが燃料として利用されたと思われるが、それで大径木に対する需要が減ったわけではなかった。

七九〇年代に桓武天皇が平安京の建設に着手した頃には、すでに木材の入手が困難になっていただけでなく、こうした大規模な事業により社会にも大きな負担がかかっていたので、平安京は完成には至らなかった。そして、その後の数百年は新しい帝都の建設は行なわれなかった。寺院や神社の造営も同様な理由で下火になった。

しかし、そのときには後の祭りであった。平安京を維持するだけでも、大井川の上流域や紀伊の山中、瀬戸内海を渡って四国の吉野川流域、また濃尾平野から北へ伸びる木曽川流域まで木材を取りにいかなければならなかった。しかも輸送が困難なために、価格が高騰するだけでなく、（木材が傷んで）価値が下がることもある中で、木材の入手に奔走したのだ。

例えば、木曽川の上流域から平安京へ木材を運んでくるためには、琵琶湖まで四〇キロメートルの道のりを牛車で運び、筏に組むと、琵琶湖の南端までさらに四〇キロメートル流し、そこから淀川水系の瀬田川—宇治川を四八キロメートル下った後で、淀川と桂川を建設地まで遡る必要があるのだ。この例で運搬の困難さがおわかりいただけたと思うが、陸路の部分が長く、困難を伴うので、木材はすべて一・五メートルから一・八メートルの長さに切り、六本から八本の木材にして運ばれた。このように切ってしまうと、木材の有用性が限られてしまうが、それでもそれだけの手間をかける価値があると考えられた。

造船、巨大な仏像の製造、冶金や製陶用の燃料、調理用の燃料、人民の家屋の建築や補修など、他にも木材には様々な用途があったので、木材の需要は高まった。このような大きな需要があったので、八世紀には、畿内付近の人が入れる原生林はほとんど残らず伐採されてしまっただけでなく、薪や小さな木材に対する需要は依然として高かったので、伐採された森林に高木の森が復活することはなかった。

それどころか、急峻な斜面でなければ、伐採跡地はたいてい乾田や「焼き畑」、茶畑や桑畑、カキやクリ、ウルシなどを栽培する果樹園として使われた。こうした畑や果樹園は特に生産力が高いわけではなかったが、地元の需要を満たし、年貢も厳しく取り立てられずにすんだ。

火災を起こしやすい低木林が畿内やその周辺で伐採を免れた森林の特徴になった。開墾のための火入れや落雷で野火が多発し、八世紀の間に大きな森林火災が一〇回ほど発生して都を脅かした。人々はパニックに陥りながらも消火に努めたが、たいてい役に立たなかった。

森林伐採は土壌の浸食に拍車をかけ、下流域の洪水や堆積を誘発した。実際に、長岡京では西側にある伐採で裸にされたばかりの丘陵地からたびたび大水が出ており、桓武天皇がわずか一〇年で都を移すことにした主な理由だとされている。[*20] 裸になった丘陵地は雨や雪解け水を保持する力が低下しているので、大規模な鉄砲水が発生しやすくなり、特に灌漑システムや稲作に甚大な被害をもたらすのだ。

畿内の河川や現在の大阪付近の海岸線が常に形を変えているのをみれば、こうした浸食や堆積作用の長期にわたる影響がよくわかるだろう。もちろん、海岸線が変化し始めたのは、最終氷期後の海水面上昇により、西日本の中央低

地が瀬戸内海へ変化していった縄文以前の時代である。最初は、海は畿内の奥まで入り込んでいたが、しだいに上流域が埋まっていった。しかし、八世紀までは、長岡京の南部や東部に隣接していた低地はほとんどが湖や湿地だった。一方、現在の大阪平野は、当時は大部分が、浅海や淀川や大和川の河口だった。その後の数百年で、浸食が進む丘陵地から運ばれた堆積物が沿岸域を埋め、耕作地や居住地に利用できる低地を生み出しはしたが、沿岸の生態系は壊滅的な打撃を受けた。

畿内の丘陵地は落枝落葉の収奪や野火、浸食作用によっても、しだいに地力を失い、灌木がまばらに生える草地に変わっていった。こうした灌木草地の優占種はアカマツとササだった。アカマツは樹形が少々いびつで、木材としては価値が低い。健全な森に向いた木ではないが、痩せた土壌では競合する他の樹種よりもよく育つ。一方、ササは他の下層植生を抑えて、瞬く間に広まるたくましい草本で、丈は一メートル近くになるが、極めて燃えやすい。

必要に迫られた住民によって、こうした藪さえも燃料などの用途にくり返し収奪された丘陵地は、やがては「禿山《はげやま》」と一般に呼ばれている不毛の地と化した。在来の植生を維持する力を失った丘陵地は人間を支える力も失ってしまった。薪や他の生産物が減り、そこで採食する狩猟動物も支えられなくなり、稲作を支えていた流去水の中の栄養分も

減少の一途をたどったのだ。

　畿内地方では、他地域にみられないほど森林の生物生産性の低下が顕著に表れたが、後述するように、累積的には、畿内でみられた状況は当時の他の状況と相互に作用し合い、畿内政権の版図全体に及ぶような影響をもたらした。

畿内政権の版図について

　畿内政権の政策の二つの重要な側面が、列島の環境に特筆すべき影響を及ぼした。一つは土地の測量と戸籍に基づいた年貢政策の施行で、もう一つは大陸との連絡を念頭に置いた国内の交通網の整備と利用である。しかし、こうした政策の成果には、農業生産高を左右する天候の影響が複雑に絡んでいるので、この問題にも簡単に触れておく必要がある。

1　土地の測量（計帳）と人口調査（戸籍）

　土地の測量（計帳）は水田に重点が置かれていた。水田は生産性が比較的高いので、徴収できる年貢の量が多いからだ[*21]。畑作では作物の余剰が出ることはあまりないので、畿内政権は水田開発と稲作を奨励していた。中央の支配層が畑作物（特にオオムギやコムギ）に関心を示したのは、稲作が不良で飢饉が起きそうな年だけだったようだ。飢饉

が起きると、年貢と労役の確保に支障をきたすからである。

　人口調査（戸籍）には二つの目的があった。労役の対象になる人員を把握することと、各世帯の年貢の最適な量を決めるために、稲作に従事できる労働力を世帯ごとに特定することである。

　こうした土地の測量と人口調査の政策は公正かつ公平なやり方で人民を最大限に搾取することを意図していた。しかし、その結果行なわれた苛酷な搾取によって、稲作が農民にもたらす利点はほとんど失われてしまったので、農民は密かに土地を開墾して、畑作や果樹栽培を行なうようになった。そこで収穫された作物は年貢を免れたので、天候が不順な年は、自分たちが利用できる作物の収穫量はこうした闇栽培の方が多いこともあった。しかし、その結果、焼き畑農耕に拍車がかかり、高台や丘陵斜面の開墾が進んだために、土壌の浸食率や下流域の洪水の発生率が高まった。

　さらに、不作などの不運に見舞われ、年貢が納められなくなった農民が高台や辺境に逃れ、密かに土地を開墾したり、伝統的な狩猟採集生活に戻ったり、狩猟採集の一部である海賊や山賊行為を行なったりする状況が生み出された。

　つまり、土地測量と人口調査の政策によって、意図したように水田が増えたのは確かだが、図らずも丘陵地や山中、辺境（特に東北地方）で稲作以外の作物栽培も増えてしま

ったのだ。

この政策が環境に及ぼした影響は、極相と中間相の森林が減り、耕作地と灌木林や林縁環境が増えたことで、日本列島の生物の種構成に長期にわたる変化がもたらされたことである。動物相に及ぼした影響は明瞭にはわからない。湿地環境が増えたことで、カエル、ヘビ、カ、(渡りをする)水鳥のような湿地性の生き物は個体数が増えた可能性があるが、森林が減ったことで森林性の生き物の中には生息地の消失と、狩猟圧の高まりなどで減少したものもいたかもしれない。

2 幹線道路と水路などの交通網の整備

畿内政権は中央集権体制の確立や年貢や労役の確保を図るために、駅を整備した幹線道路や貨物の積み降ろし設備を備えた港の建設を進めた。

道路や港の建設や維持が環境に影響を与えたことはいうまでもないが、そうした影響よりも重大なのはその利用が社会全体に及ぼした影響だ。こうした交通網が整備されると、地方の官吏を通じて、都とその少数の特権階級が農村の人民に結びつけられただけでなく、主に太宰府と博多を通じてだが、大陸の人々にも結びつけられた。その結果、日本の広い地域が天然痘や麻疹《はしか》、インフルエンザのような大陸の人間が持っていた伝染病に晒されることになったのだ[*22]。

弥生時代と古墳時代は断続的に大陸から移民が渡来していたので、様々な病原体が日本列島に持ち込まれていたのは間違いないと思われるが、人々の移動が比較的少なく、山地で居住地域が分断されていたので、疫病の流行には至らなかったのかもしれない。いずれにしても、伝染病の流行に関する律令時代以前の記録は残っていない。しかし、一旦、交通網が整備されて、官吏、伝令、年貢の運搬人、労役の労働者、徴集兵や軍の部隊など、様々な人々が移動し始めると、天然痘などの伝染病の流行が不定期にくり返されるようになった。

今日まで伝わっている記録によると、病原体はたいてい博多に持ち込まれて、東へ広がり、人口密度の高い都やその周辺で猛威を振るったようだ。人々はそうした病原体に対して免疫がなかったので、死亡率はたいてい高くなった。しかも疫病の流行は極めて不定期だったので、免疫ができるにも時間がかかり、八世紀と九世紀には疫病が流行するたびに、多くの人が命を落としたので、人口動態に著しい影響が出た。

いうまでもなく、こうした人口調査の結果は(現在の調査結果も例外ではないが)、当てにはならない。一般大衆の人数よりも、社会的身分の高い者の人数の方が正確である。律令時代の戸籍には欠点もあったが、信頼できる限りでは、弥生時代と古墳時代にみられていた人口の増加は七三五年から七三七年に天然痘が大流行する直前に、少なくとも六〇〇万人に達したのを最後に止まったようである。それから三〇〇年ほどは横ばいの状態が続き、九五〇年頃には五〇〇万人余りに減少したが、その後は増加に転じ、一一五〇年までには六〇〇万人に回復した。[*23]

七〇〇年代に人口の増加が止まったのは、前述したように、移民の渡来が減少したことが一因ではあるが、それだけではなく、交通網の整備と大陸との往来がもたらした疫病の流行や農作物の不作とそれに伴う飢饉がくり返し起きたからでもある。

この頃の不作と飢饉の動態は不明だが、年貢や賦役が苛酷で、農民が冬の食料が尽きた後の「春の飢餓」に慢性的に晒されていたことが一因になっていたと思われる。その結果、栄養不良に陥った人々が働けなくなったり、病原体に侵されやすくなったりしたのではないか。飢饉や疫病で農民の家族の一員が死んだり、動けなくなったりすると、農作業に支障をきたし、それが翌年の収穫にも響いた可能性も考えられる。

さらに、天候の不順が農作物の不作を招き、栄養不良、病気、出生率の低下、死亡率の上昇、逃亡や海賊のような自暴自棄の行動の増加をもたらした一因になった可能性がある。律令時代の気候に関する記録は乏しい上に、ほとんどが畿内のもので、内容も明確とはいえないが、それでも、季節外れの雨や日照り、寒さや暑さに頻繁に見舞われて、作物が不作になり、様々な悪影響が出たらしいことがうかがえる。天候の不順と作物の収穫量の関係は複雑なので、簡単に触れておこう。

3 天候と農業

第1章で述べたように、現在の日本は亜熱帯（南部の一部）と冷温帯（北海道）を含む温帯に位置している。二五〇〇年にわたる農耕社会の時代に日本列島も（他の地域と同様に）、温度の穏やかな長期的変動を経験し、異例な寒さや暑さ、降水や乾燥といった通常の季節変動の不順に見舞われることもあった。

しかし、気温の穏やかな変動や例年にない降水量が作物生産量に影響を及ぼすかどうかは、気候以外の要因も関わってくるので、一概にはいえない。一つは時期だ。作物の成長期の初期に悪天候に見舞われた場合と、もっと後で見舞われた場合とでは、収穫量が大きく変わる可能性がある。第3章でイネの品種について述べたように、作物の適応力も要因として重要なのはいうまでもない。

農業を取り巻く環境の他の要因も、特に、異常な降水量の影響を左右する場合には、軽視できない。こうした側面の一つは森林伐採で、もう一つは耕作、とりわけ稲作である。

　森林が伐採されてしまうと、降水量のわずかな変動が農業に深刻な被害をもたらす。森林は環境中の霧や雲から水分を吸収して、生物が利用できる形にする一方で、大気中の水蒸気を減らして、豪雨の危険性を低めている。しかし、丘陵地の森林が伐採されてしまうと、裸になった丘陵地は大気中の水蒸気を吸収できなくなり、湿気を含んだ空気が通過しても、丘陵地は乾燥したままである。その結果、降水量が例年を大幅に下回ると、干ばつの被害が発生する確率が高まる。

　一方、降水量が多い場合は、健全な森林は樹冠で雨や雪の大部分を受け止めて、やがてはそれを地上へ下ろす。地上に落ちた雨水（や解けた雪）の大部分は林床の落ち葉層に染み込み、傾斜地ではゆっくりと斜面を下り始めるが、そのうちのかなりの部分が土壌のさらに深くまで染み込み、地下の水路を流れて、後に、農作物かどうかは別にして、低地の植物が利用できるようになる。

　しかし、森林が伐採されてしまい、葉の層がなくなると、雨が地被植物や地表に直接降り注ぐので、浸食作用や表面流去が加速化する。燃料用に森林の下層植生や落葉落枝を徹底的に取ってしまうと、じきに地表下で土壌を固定している根系の効果が失われることもある。こうした土地は森林に覆われた地域よりも、鉄砲水や浸食がはるかに起きやすい。ということは、その下流域では洪水や泥の堆積などの水による被害が出る危険性が高まるが、一方、植物が生育に利用できる形の水は著しく減るのである。

　さらに、森林は地上の温度の変動を和らげる役目も果たしている。森林地帯では、空気は風に吹き払われにくい。したがって、森林は周辺の農地を気温の急激な変化から守ってくれる。しかし、森林が伐採されてしまうと、周辺の地域は気温の上下が大きくなり、霜害や、炎暑に晒されやすくなる。

　丘陵地を開墾して畑に変えると、特に急峻な斜面では浸食が起こりやすくなるのは明らかだ。浸食が進むと、少々の気候の異変でも大きな被害が出やすくなる。また、灌漑された水田の保水力は水田の土壌の状態に強い影響を受けるので、稲作も複雑な問題をもたらす。地表下に水を通さない粘土の硬盤層を備えた水田が理想的である。この粘土層が水田に張った水を保つので、イネが成長に必要な栄養分を根から吸収することができるからだ。粘土層がない場所や大きな亀裂が入っている場合は、水田から水が抜けてしまうので、常に水の補給を行なわなければならない。

　しかし、どの土壌にも硬盤層ができるほど多くの粘土が含まれているわけではないので、干ばつに弱い水田もある。さらに、粘土を十分に含んだ土地でも、開墾した後、土壌の粘土が凝集して望ましい硬盤層が形成されるまでに数年はかかると思われるので、それまでは水田に水を補給し続ける必要がある。耕作中の不注意や根系の侵入、地震などによって、粘土層に亀裂が入ってしまった場合も、亀裂が修復されるまでは水の補給が必要になる。

要するに、天候不順は収穫量に悪影響を及ぼすが、影響の出方は人間の行動によって大きく変わるのだ。律令時代の日本では、畿内で大規模な森林伐採が行なわれたために、極端な降水量の変動に特に極めて脆弱になった。そして、農耕地の開発が各地で行なわれるようになり、畿内の支配層の需要によって、森林伐採や丘陵地の裸地化が進むと、少々の天候不順でも大きな被害が出るようになった。また、畿内政権が大規模な水田の開発計画に着手すると、少なくとも数年の間は、天候が少しでも悪い年は不作になる危険に晒される水田が数多く作られた。

＊＊＊

要約すると、木材の伐採や開墾が推し進められた結果、畿内政権の版図全域、特に畿内の生物の種構成とそのふるまいが変わってしまった。また、交通網が整備されたことで、大陸に由来する危険な病原体が全国に広まり、疫病がくり返し流行した。その結果、作物の不作やそれに伴う飢饉も手伝って、人口の動向に長期的な変化がもたらされた。

こうした問題によって社会にゆがみが生じ、これから述べるように、律令に基づく中央集権体制を脅かすようなできごとが相次いで起きるようになった。こうした状況は集約農業（後期農業、または二段階農業）社会への移行を促したが、その結果、社会と環境に新たに様々な影響が及ぶことになった。

後期律令時代（八五〇～一二五〇年）

律令制とそれに伴う予想外の問題によって、人間の生産力だけでなく、生態系の一部にも極めて大きな負担がかかった。その結果九世紀には、律令制を維持するために、支配層の需要の規模を縮小させると共に、支配と搾取の機構を変更せざるを得なくなっていた。実際にこうした律令制の延命策は講じられたが、時代が下るにつれて、支配層内の関係だけでなく、支配層と生産者の関係にも大きな変化をもたらすことになった。[*24]

読み書きができたのは支配層に限られていたので、歴史的記録は大部分が少数の特権階級の苦難や功績に関するもので、一般の民衆の知見は断片的な情報に基づく推測の域を出ていない。[*25] しかし、律令制のおそらく唯一の受益者だったことを考えれば、意外なことではないが、この時代に畿内の支配層に極めて大きな変化が生じたようだ。

こうした変化は畿内の政権内の統治力を弱め、一二〇〇年には律令制に取って代わる新たな権力と特権の支配体制を出現させた争乱が起こることになる。一五〇〇年代には、第5章でみるように、畿内の律令政権は名目上の支配者だった皇室が実際の権力者を合法化する道具と化して、過去の栄光の名残として残っているに過ぎなかった。そして、第6章でみるように、一九世紀後半にこの名ばかりの君主は産業社会の建設に着手した明治の指導者層によって「国家」の象徴に祭り上げられるのである。[*26]

律令時代後期に生じた支配搾取機構の変化は、政治支配の分裂、地方組織の再編成、革新的起業家の商業活動の出現をもたらすと共に、集約農業への移行を促した。

一方、生態系に関して、こうした律令時代後期の変化には二つの大きな側面があった。一つは、お決まりの影響を及ぼしながら、引き続き主に東と北東の地域へ拡大した森林伐採と開墾である。もう一つは、人間が免疫を獲得するにつれて、人間と微生物の関係に徐々に生じた全国的な変化である。免疫を獲得したことで、最も恐れられていたいくつかの疫病でさえも、成人の死亡率や衰弱率が大幅に低下したのだ。

今度はこうした状況が人口の回復と物質的生産量の増加を促し、その結果、畿内政権の搾取力も高まった。しかし、人口と生産力の増加が生じたのは主に畿内よりも東の地域だったので、東の地域の支配層（東国武士）にもたらされた恩恵の方がはるかに大きく、畿内政権は勢力を伸ばした武士階級による支配体制にしだいに取って代わられていく。

こうした状況は畿内政権内の変化、支配層と生産者の関係の変化、農村社会の構造や農業形態の変化の観点から検証できる。

畿内政権内の変化

律令制は発足当初から、民間人、軍人、聖職者とを問わず、あらゆる分野の人間が組み入れられた、上層の支配を下層が支える政治的ピラミッドとして機能することを目指しており、思惑通り、一世紀以上にわたり大きな成果を収めていた。しかし、九世紀以降は、そのシステムの物質的基盤が不適当だったために、支配層の生活に支障をきたすと、ピラミッドは崩壊し始める。ピラミッドの頂点では、権力闘争がくり広げられていた。次の項で述べるように、大まかにいうと、貴族も軍も聖職者も律令制を揺るがす様々な競合利益団体と化して、それぞれを支えてくれる生産者階級との結びつきを独自に強化していった。

権力闘争は畿内の政権で以前からみられていたもので、天皇と呼ばれている最高位の継承をめぐる争いという形でくり返し行なわれていた。しかし、九世紀に由緒ある藤原家が皇室と姻戚関係を結んで、摂政・関白職を独占するようになると、こうした争いは様変わりする。[*27]八七〇年から二世紀近くにわたって、摂関職を独占した藤原家が皇室の意思決定を支配し、政治の実権を握ったので、藤原の家系は「摂関家」として知られるようになる。藤原家は皇室との姻戚関係を巧みに利用して、若い天皇に対しては、比較的操りやすい幼少の皇太子に皇位を譲るように仕向け、勢力を維持していた。

しかし、一〇五〇年から一一八〇年頃には、不屈の意志を持った「上皇」（退位した天皇）が摂関家を押さえることができる政治的な協力体制を作り上げて、皇権（政治の実権）を取り戻した。こうした上皇は院政を行なうことで、皇室の栄光を回復しようとしたのだ。しかし、そのために、上皇は武家を統率する軍事指揮者の力に大きく依存することになった。

院政を行なった上皇がこうした武士のような人物に頼らざるを得なかったのは、天皇に任命された指揮官が率いる徴集兵からなる律令時代の軍隊制が放棄されて久しかったからだ。この兵役制度が放棄されたのは、維持費がかさみ、軍の展開もしにくい上に、反乱の鎮圧や蝦夷の制圧にもあまり効果が上がらなかったからだが、それに代わって、貴族や職業軍人、僧侶の首長などに指揮されて臨時に編成される「私的な」軍隊としての武士団が台頭したのだ。

こうした職業軍人の中でも最も有名なのは平氏と源氏だったが、政権に取り立てられるようになると、朝廷の意思決定に積極的に関与して、私利を図り始めた。

一一八〇年代には、対立する両者の武家同士が衝突して、全面的な内戦となった。西日本を本拠地にする平家が畿内政権に抵抗してきた歴史がある九州の勢力を味方につけて、平安京の支配に反旗を翻すと、もう一方の東日本を本拠地にする源氏が平家に対抗したのだ。源氏の反撃が功を奏して、勝利を収めた「東国武士」は関東平野南部の海に面した鎌倉に幕府を開いた。[*28]

そこから、源氏は鎌倉から忠臣を使って全国の抗争相手を制圧すると共に、鎌倉幕府による対抗勢力の制圧を正当化してくれるので、平安朝も持続させるという二股政策をとった。朝廷は歴代の鎌倉幕府の首長に「征夷大将軍」に由来する「将軍」という職名を与えた。ちなみに、征夷大将軍は律令時代に隼人や蝦夷のような「蛮族」を征服するために派遣された遠征軍の司令官に与えられた職名である。

公家と武家の利害の両立を図った鎌倉幕府の二頭政治は未熟だった上に、一二二〇年代以後は将軍自身が執権の傀《かい》儡《らい》にされてしまったために、混迷を深めた。それでも、この政治制度は一三三〇年代に勃発した全国を巻き込む内乱で破綻するまで、一五〇年ほど命脈を保ち、朝廷の威を借りた武士勢力による、長期にわたる軍事政権の時代をもたらすことになった。

支配層と生産者（農民）の関係の変化

支配層の内部で権力争いがくり広げられている間にも、平安時代後期には支配層と支持してくれる生産者（農民）のつながり方にも大きな変化が生じていた。その変化は、律令制の起源と性質、その後の支配機構の変化、支配層内部の関係の変化という三つの要因から検証できる。

1　律令制の起源と性質

律令制による政治は、畿内政権がその版図を拡大するときに用いた征服と懐柔の複雑な過程から生まれた。

土地と人々を支配するために、征服と懐柔という二面的な戦略が利用されていた。新たに平定した地域には、官吏を置いて入植者を送り込み、土地の開墾を推し進めた。そして、入植者にはこうした「屯倉《みやけ》」という皇室直轄領の「使用権」を認め、その見返りに租税を徴収したのである。その一方で、協力的な豪族には、以前から支配していた地域で引き続き租税を徴収する権利を認め、徴収額は豪族に新たに与えた公的地位や役職に見合うように定めた。また、仏教寺院や神道神社は施設と人員を維持できるよう、土地と生産者があてがわれた。

こうした土地や人々を確実に支配するために、畿内政権は前述した土地の測量や人口調査を行なって、位置や面積、生産者の人口を特定した。さらに、規則には、畿内政権はこうした土地や生産者を六年ごとにしかるべく、あてがい直す権利を有すると明言されていた。適切な租税の徴収が確実に行なわれるようにするためには、物資と要員が、政府が管理する街道を通って都の認可された倉庫まで運ばれる必要があった。公認の倉庫ならば、当局が確実に適切な配分を行なうことができるからだ。

こうした規則を補強するために、前述したように土地は天皇に帰属するという原則が使われた。土地を与える、与えない、配置転換する、その他のしかるべき利用の仕方をすることは天皇の意のままだった。しかし、この原則は、下位の者は高位の権力者が与えた土地の使用権しか持っていないことを意味した。そして、そうした土地の使用権は（元の合意か、その後の修正されたものに定められているような）政治的協力、租税や労役などの対価を必ず伴った。

2　支配機構のその後の変化について

この綿密に考案された機構は一世紀以上にわたってかなりうまく機能していた。しかし、いかなる税制も自然災害や動乱によって機能しなくなることがあり、変更を余儀なくされるものである。律令時代の租税と労役は過酷なものだったので、疫病や作物の不作、飢饉が起きると、税制全体が破綻をきたしたようだ。

さらに、問題解決の努力で結果的に税制の弱体化をもたらした場合もあった。例えば、朝廷は放棄された畑を復活させたり、開墾を促したりするために、寺社や貴族が新たに開墾した土地や再生させた放棄農地は、朝廷の監視を条件とするが、荘園として租税を私的に徴収することを認めるという勅令を発した。また、後の八〇〇年代には、地方の窮乏や租税徴収と運搬の困難さが深刻になると、朝廷は財源の確保に支障をきたした。そこで、朝廷は荘園の定義を広げて、現在耕作されている農地も含めることにした。この措置によって、貴族や寺社は財政的自立性が高まったが、その分、自分の収入を確保する負担が大きくなった。

その頃までには、律令時代の畿内政権は土地の測量や人口調査を継続して行なう余力がなくなっていた。定期的に土地をあてがい直すという当初の方針を変更して、租税収入の報告と処理に対する規制を緩め、事実上、土地所有者の自由裁量権を大幅に認めたのである。一〇世紀までには、当初の中央集権的な土地の管理体制が大幅に変更されて、下位の支配階級が各自の生計手段を自主的に管理するようになった。

こうした租税徴収問題に対する対応策は、当初の中央集権的支配体制をしだいに行き詰まらせて、支配層とそれを支えていた生産者の関係が多様化した。こうした動向の結果、当然のことながら、支配層内部の関係は相乗的に変化に巻き込まれていった。

3　律令時代後期に生じた支配層内部の関係の変化

一〇世紀以降は、支配層内部の権力争いが熾烈になるにつれて、支配層と生産者の関係も急速に変化した。特に、摂関家は実権を握ると、従順な天皇から同盟者やお気に入りの寺院に荘園として土地をあてがわせて、土地の「私有化」を積極的に推し進めたのだ。そして、一〇五〇年以降は、政治的実権を取り戻した上皇が今度は皇室や協力者に土地をこれまで以上に積極的に与えるようになった。

一一〇〇年代までには耕作に適した土地の半分近くが荘園として、上皇、公家や武家、寺社に管理されていたが、こうした土地の管理は朝廷の統制をほとんど受けずに行なわれていた。[*29] 律令制によって租税をもたらしていた「公地」（朝廷の土地）の名残は「国衙《こくが》領」として知られるようになった。こうした領地は地方官が管理していたが、中央政府の統制をほとんど受けていないため、事実上、「租税徴収の請け負い」制度と化した。

つまり、公地公民制は実質を失ってしまっていたのだ。しかし、それにもかかわらず、それに取って代わったにわか作りのずさんな荘園・国衙領の体制は機能し続けた。荘園領主にとって最も厄介な問題は、他の荘園領主、武家、地方官、地元の官吏などによる身勝手な所有権の主張だったからだ。諍いを平和裏に解決するためには、荘園領主は上層の権威に訴えて、上位の支配層に好意的な裁断を下してもらう必要があった。その結果、朝廷は弱体化していたとはいえ、相容れない利害の対立の中で暮らす支配層に対して、節度ある態度で朝廷の支持と協力を求めるようにと促しながら、依然として役割を果たしていたのである。

くり返し起きた凶作とそれに伴う窮乏生活、地方で勃発した反乱、大寺院の組織的な謀反、海賊や山賊の出現にもかかわらず、このぎこちないながら均衡を保った朝廷は一一八〇年代まではおおむね国を統一する機能を果たしていた。一一八〇年代に大きな争乱が起きた後でも、鎌倉幕府はこの乱れた支配層―律令制の名残の大部分を一四世紀まで解体せずに維持していくのである。

この律令制の衰退期に、皇室は領地を公然と奪われたことが一度だけあった。一〇八〇年代に東北地方で起きたことだが、仙台市の北方にある平泉を本拠地にする豪族（蝦夷を祖先とするといわれる家系）が独立を宣言して、平安京に倣って壮大な都の建設に着手したのである。しかし、この領地の消失も一時的なものに過ぎなかった。それから一世紀後に、鎌倉幕府を開いた源頼朝が平泉を平定して、皇室の領地を取り返したからだ。

＊＊＊

要約すると、凶作や飢饉、疫病、過酷な租税の徴収などの問題が発生して、律令制が行き詰まり、土地の管理政策に場当たり的な修正を加えた結果、支配層内部の関係だけでなく、支配層と生産者の関係も根本的に変えてしまった。そしてこうした変化によって、生産者が地元の問題を処理する仕方が変わり、日本の歴史の流れに大きな影響を及ぼす変化が起きたのである。

生産者の組織と農業経営の変化

土地の管理が朝廷から貴族や寺社、地方官の手に移ると、後者は放棄された畑や激減した生産者の問題に自力で対処しなくてはならなくなった。しかし、主に生産者の組織と農法が変化したおかげで、しだいにこうした問題に対処できるようになった。こうした変化は、地方の支配層への依存、起業家精神に富んだ商業の発達、人口の回復、および農業経営の変化という四つの大きな要因の共生的な相互作用から生じた。

1　地方の支配層への依存

荘園領主や国衙が平安時代後期に直面していた大きな問題は、労働力の不足、労働者の逃亡や引き抜きだった。その結果、労働者の逃亡や引き抜きを防ぐために、「鞭」で脅して仕事をさせていた荘園領主や国衙もしだいに「飴」を用いるようになったようだ。

荘園領主や国衙は地元の旧家の有力者を監督者にあたる名主《みょうしゅ》に指名するようになった。名主は租税の義務を負い、地域住民を組織したり、土地やその他の資源が最大限に活用されるように取り計らったり、外部の脅威に対して防御策を講じたりする権限を与えられていた。

しかし、名主は地元の人間であり、地元の支持と協力に頼らざるを得なかったので、上の荘園領主と下の近隣住民の間でうまく立ち回らなければならなかった。そして、地域住民の好意に依存しなければならない立場に置かれていたことで、名主は荘園領主と課税率の引き下げやその他の特別な調整を行なう交渉力を持つようになったようだ。名主の制度は上からの要求を地元で受け入れられる、したがって持続可能な範囲に抑えるのに役立つ方式だった。結果的に、この名主制度は地域社会が自治権を獲得する方向へ踏み出す第一歩となった。事実、名主という漢字はやがて「なぬし」と読まれ、村落の長を意味するようになるのである。

2　商業の発達

律令時代の後期に自立的な安定した地域社会を発達させた第二の要因は、支配層の支配が十分に及ばない交易地が出現したことである。

日本には何らかの形の交易が縄文時代から存在しており、弥生・古墳時代の数百年間に大きな発展を遂げた。しかし、律令時代の支配層は商取引をできる限り支配しようとして、地区や地方の序列化された官僚機構を通して、他の業務と共に、租税制度の中にその大部分を組み込んだのだ。

しかし、一〇〇〇年代後半までに租税制度は崩壊して、地方の農業生産量が再び増加すると、地方の市場と共に、起業的職人、商人、行商人などが現れた。こうした起業家の中には「座」と呼ばれる同業組合を組織するものもいた。こうした座は村人や村の長、地方の武士などの間に幅広い生産者と顧客の基盤を形成する役目を果たしたが、寺社や貴族から特権を得て、様々な営利活動を営んだ。

こうした商業活動は実用的な貨幣制度の出現によって活発化した。律令時代の初期にも貨幣は鋳造されていたが、銅が乏しくなるにつれ、銅の少ない貨幣に改鋳したので、八〇〇年代には信用を失った貨幣は流通しなくなっていった。しかし、一一世紀以降は経済の高度成長期を迎えた中国が日本との交易を再開すると、日本に貨幣を鋳造する新しい資源がもたらされた。

中国や朝鮮半島との交易は何世紀にもわたって、それなりに行なわれてはいたが、律令時代の支配層は、交易を自前の船で行なおうとさえしていたほど、用心深くそれを規制していた。この交易は支配層の需要に応えるためのもので、年に数隻の船が利用される程度に過ぎなかったようだ。しかし、日本からは様々な生産物が輸出され、中国の経済が発展するにつれて、博多だけでなく、瀬戸内海の港へ入る中国の交易船が増加の一途をたどり、一二〇〇年代には鎌倉にまでくるようになった。

　しかし、それまでに日本の交易船も増えていたことが一三世紀の中国の記録に残されている。

> 日本（倭）は極東の日が昇る所の近くにある。この国の木は極上の質で、何年にもわたって年輪を形成している。日本人は（通常は）五色の色の紙を製作し、蘭などの花の模様を金箔で付けるが、中国人は未だに敵わないほどの腕前である。その紙は主に写経に使われている。青銅の工芸品も中国のものより洗練されている。日本の交易船は北東風を利用して、一級品の金箔、金粉、装飾用の真珠、医薬用の真珠、水銀、鹿の角、ブクリョウサイ（*Dichrocephala integrifolia*：日本の南部に自生している薬草）から、二級品の硫黄、真珠貝、藺草《いぐさ》の蓆《むしろ》、マツ材、スギ材、ヒノキ材まで、様々な品物を我が国へ運んでくる。[*30]

　この記録が示しているように、日本の職人は金や鉄、錫、硫黄のような金属だけでなく、多様な動植物も利用して、様々な工芸品を製作していたのである。

　一方、中国は、主に支配層の需要を満たすものだが、香水、薬品、染料、装飾品、優雅な織物、意匠を凝らした陶器、書物、多様な珍品など、様々な品物を日本へ輸出した。[*31]一一〇〇年代には、中国の貨幣が輸入され始めると、瞬く間に一般大衆にとって最も貴重な輸入品になった。中国の貨幣はじきに日本国内でも流通するようになり、商業の発展を促進した。

3　人口の回復

　中央の権力が求心力を失い、経済活動が多様化していた一方で、病原菌の変化も日本の社会に影響を及ぼしていた。日本の人口は、一一世紀までにゆっくりと増加し始めた。それはおそらく、天然痘や麻疹のような伝染病に対する免疫を獲得したからだと思われる。人口の増加に伴い、農業の労働力も増え始め、生産性が高まった。水稲と共に、コムギ、ソバ、ダイズ、アワ、オオムギのような畑作物の栽培が増えた。[*32]荘園領主が収穫の一部を手にしたのは間違いないだろうが、村人の手元に十分な量が残り、一二世紀を通して人口の増加と地域の安定を維持できた。

一三世紀は天候が不順だったために、人口の増加は一時的に鈍ったようだ。[*33] このときの天候不順が作況に及ぼした影響は、特に東日本で大きかった。森林伐採や開墾が急速に進んで日が浅い東日本は、農作物が不順な天候の影響を受けやすかったのではないかと思われる。詳細はともかく、窮乏や飢餓は西日本まで広がっていったが、それは凶作がもたらしたもののようだ。しかし、その後は、第5章でみるように、人口は再び増加し始めた。

4　農業技術の進歩

平安時代後期に社会経済が活性化し、人口が増加した背景には、放棄されていた農地が再び耕作されるようになったことと、主に東日本でだが開墾が進んだことがあったようだ。しかし、農業技術の向上もそれを後押ししていた。農業技術の進歩は商取引を促進した一方で、生産者当たりや単位面積当たりの収穫量の増加をもたらしたからだ。このような変化は集約農業（二段階農業）の到来を予示している。

農業技術の向上は主に稲作と畑作に大きな影響を及ぼした。果樹園も増加したが、その主因は農業技術の進歩ではなく、広域にわたる柔軟な商取引の機構の出現だったようだ。この機構のおかげで、ほとんどの地域で果実、ナッツ、絹、茶のような換金作物の収穫量を増やすことができるようになった。

一方、耐寒性に優れたイネの品種が出現して、寒冷な地方でも稲作が可能になったようだ。特筆すべきは牧畜の発達とそれに関連した技術の進歩である。植え付けのために田畑を耕すときに、手で持てる大きさの犂《すき》を動物に引かせる耕作法だ。[*34] こうした犂には鉄の刃が取り付けられていたが、犂の溝は水田の下にある水を通さない硬い粘土層に達するほど深くないので、水田の耕作にも使用することができた。

当初は、犂を引かせる動物（ウシやウマ）の飼育もできる裕福な農家が行なっていたが、犂をこのように利用するようになったきっかけは労働力不足だったのかもしれない。効率の良さが明らかになるとともにその使用が広まった。

こうした犂の利用が広まった背景には、ウマの飼育が広まったこともあった。元は乗用や運送用として利用されていたが、しだいに荷車や農機具を引く牽引用にも使われるようになった。ウシも同じ目的で利用されていたが、律令時代の後期になると、引き具が農作業にも利用できるように改良された。

ウシやウマに引かせる犂が使えるようになると、耕せる田畑の面積も増え、水田に向いた土地では、灌漑システムの規模も拡大した。灌漑用水の必要量が増えたため、一二

冬コムギが実っている畑（1955 年、東京のすぐ北の地にて撮影）

世紀までには水を確保するために建設された貯水池や溜池の数も規模も大きくなった。

さらに、ウシやウマを農耕に利用するようになった結果、糞尿が溜まるようになったが、釜や炉、窯から出る灰などと共に肥料として再利用され、そのうち腐葉土も収集して田畑に撒かれるようになった。特に畿内周辺では、森林の伐採によって水田に供給されなくなってしまった栄養をこうした肥料で補ったのだ。これは、原理的には集約農業（二段階農業）の先駆けだった。

一方、瀬戸内海沿岸の低地では、秋に収穫を終えた水田で冬期作物を栽培する二毛作が始まり、その後の数百年間に各地に広まっていくことになる。

律令時代後期のできごとが環境に及ぼした影響

律令時代の初期は中央集権体制が揺らぎないものだったので、社会が生態系に及ぼした影響は、他のどの地域よりも畿内が大きかった。しかし、後期になると、中央集権体制が崩れて、人間活動が環境に及ぼす影響は各地に広がった。

後期の影響は初期ほど劇的なものではなかったようだが、記録が少ないので検証しにくいことはいうまでもない。ここでは、農業の回復、中央と地方の関係の変化、マイナーな都市化の二事例という、環境に著しい影響を及ぼしたと思われる三つの要因についてみてみよう。

農業の回復

成人が天然痘や麻疹に対する免疫を獲得したことで、農業の回復がもたらされた。疫病による小児の死亡率は依然として高かったが、小児の死亡は直接的に労働人口の激減をもたらすものではなく、律令時代の初期にみられた成人の高い死亡率に比べれば、経済や人口に及ぼす影響ははるかに小さかった。前述したように、支配層と生産者の関係が変わったことで、地元民が地元の問題を管理しやすくなったので、増加した労働力を持続可能な農業生産に投入できるようになった。

主に、労働力の有効性が向上したことによって、特に東日本では、再び農地の開発が推し進められた。しかし、こうした農地の拡大が環境に及ぼした影響はやや複雑だった。

全体的にみると、農地が拡大したことによって、在来の生態系を犠牲にして、人間と家畜や栽培植物、その寄生者（ネズミやイエバエなど）を支えるために利用される土地が拡大し、生態系に長期にわたる変化がもたらされたことは間違いない。そして、この農地開発に伴う浸食と下流域の堆積作用によって、西日本では何世紀にもわたって起きていたことだが、今度は関東平野と東北地方の沿岸平野で低地が拡大すると共に、河川や沿岸域の生物群系が変わってしまった。

しかし、このときの農業の発展が及ぼした影響は様々な要因によって抑えられていた。この時代に開墾された土地はほとんどが果樹園や放牧地として利用されたので、環境に及ぼした影響は他の農地よりもはるかに小さかった。一つには、果樹園も放牧地も多年生植物を利用するので、毎年土を掘り返す必要がないために、土壌が多年生植物の根茎によって保持され、浸食が起きにくいからだが、さらに、植物の一部がその場で朽ちて腐葉土になるので、土壌の安定性が増し、地力も維持されるからである。したがって、丘陵地斜面を開墾した果樹園や放牧地は「焼き畑農耕」や畑作と異なり、生態系や下流域を破壊するような影響を与えずに、人間の需要を満たしたのだ。

前述したように、耕作地もこうした被害を抑えるのに一役買っていた。例えば、丘陵斜面に造られた段々畑は水の流れを穏やかにして、土壌の移動を抑え、浸食を起きにくくしていた。また、水田の周囲に設けられた畔《あぜ》は、雨水や流去水の流れを食い止め、栄養や土壌を留めておく機能を果たしていた。さらに、農地開発によって「林縁」環境が創出され、動植物の多様性や個体数密度が高まった。

沿岸地域では、土砂の堆積作用によって海岸線の形がゆっくりと変化していたが、その過程で沖合の生物群系がしだいに入れ替わっていった。しかし、重大な損傷がもたらされた証拠はない。資料は極めて少ないが、漁労民はその生業を続けており、海洋資源の枯渇をもたらすことなく、新しい交易方法を利用して売り上げを伸ばしたのは明らかなようだ。

「塩田」の開発も沿岸地域の環境にほとんど影響を及ぼさなかったと思われる。塩はそれまでは海水を煮詰めて作られていた。しかし、平安の後期になると、おそらく燃料用の木材が不足してきたためと思われるが、水際の後背地（海辺の近く）に浅い沈殿池を作り、手桶で海水を汲み入れたり（揚げ浜式）、満潮のときに海水が流入するようにしたり（入浜式）して、沈殿池に海水を溜め、それを蒸発させて塩を作る塩田法が発達したのだ。大気中に湿気が含まれているために、海水が蒸発するまでには時間がかかるが、やがては池の底に塩が溜まるので、それをかき集め、袋に詰めて市場に出す方が、従来の塩製法よりも燃料と手間を大幅に節約できたのである。[*35]

中央と地方の関係の変化

平安後期に中央集権体制が崩れたにもかかわらず、律令

時代の土地利用が環境に及ぼした影響が他のどこの地域よりも畿内で顕著だったことに変わりはなかった。しかし、平安京やその周辺の人々の活動が環境に及ぼした影響が畿内に留まらなかったことも明らかだ。

複数の帝都を造営する慣例を改めたことや、都市建設が行き詰まったことで、森林の伐採規模が縮小したものの、燃料用の木材需要は依然として衰えず、また、火災による焼失などやむを得ない事情で建設事業も時折は行なわれたので、畿内周辺の森林は引き続き伐採されていたことが記録に残っている。[*36]

畿内では長年にわたり木材を大規模に伐採していたので、森林の樹種構成がゆっくりとではあるが、大きく変わってしまった。高価な針葉樹の豊かな森が至るところで落葉樹林や灌木林、アカマツの荒れ地に取って代わられてしまったのだ。二つの現象が如実に表しているように、律令時代の後期もこうした状況は依然として続いていた。

一つは、ヒラタケがマツタケに駆逐されてしまったことである。ヒラタケはそれまで何世紀にもわたって針葉樹林にふつうにみられていたが、湿度の高い日陰を好むために、比較的日当たりのよい乾燥した土壌のマツの浅い根に育つマツタケに一二〇〇年代までに取って代わられたのだ。[*37]

マツに覆われた丘陵地は、もともとあった森林が伐採されて乾燥化が進み、マツや灌木の藪しか育たない環境にな

ってしまった結果である。例えば、近江や大和地方には、かつては見事な針葉樹（スギやヒノキ）の原生林を大事にする知恵があったが、律令時代の後期には、薪や木炭（落葉低木林の産物）を称賛するようになってしまったのだ。そして、高木林が次々に灌木林へ姿を変えていくと、真の「森」と区別するために、原野という包括的な名称が使われるようになった。

森林の質の低下を反映するもう一つのできごとは、建築規格がしだいに変化したことである。節や変色、不揃いの木目のある質の劣った針葉樹の使用が増えると共に、屋敷や寺院のような建造物の規模が小さくなったのだ。

しかも、木材の伐採地が拡大したにもかかわらず、こうした状況になったのである。平安京で使用される木材は紀伊半島の南部、伊勢、四国の遠隔地、木曽川の上流域、広島付近、さらに遠方の九州から運ばれてくるものが増えた。その結果、当然のことながら、建築事業に必要な労働力や費用が増大しただけでなく工期も長引いた。

奈良市の東部にある東大寺の再建事業では、上質の木材が求められたことが数多くの記録に残されている。東大寺は七四〇年代に建立されたが、一一八〇年の戦乱で焼失した。[*38] 東大寺の大黒柱にかろうじて利用できる大木は一一八〇年代から一一九〇年代に山口県の佐波川上流にある原生林から運ばれてきたのだが、運び出されるまでには想像を絶する困難と膨大な費用を必要とした。その原生林で数多くの大木が伐採され、その中から選び出された数本の堅固な木が大きな困難を伴いながらも慎重に海まで運び出され、海路で畿内まで運搬されると、今度は建築現場まで陸路を牛車を連ねて運ばれていったのだ。

一方、動物相に目を転じると、日本ではシカ、イノシシ、クマは絶滅しなかったが、数百年にわたって困窮した農民が農地を放棄して逃亡し、糊口をしのぐために狩猟採集生活を営んでいたので、畿内周辺ではこうした野生動物の狩猟圧は繁殖能力を超えていただろうと思われる。少なくとも、都市で商取引される毛皮の量が減少したのは、殺生を禁止する仏教の教えによるのではなく、個体数が激減したからではないか。

都市化――鎌倉と平泉

律令時代の後期には、支配層の社会に長期にわたる変化が生じ、その結果新しい権力が台頭して環境に影響を及ぼした。代表的な例は権力の所在地として発展した平泉と鎌倉だろう。

1　平泉

平泉は一〇八〇年代に建設された町域で、「建造物は数十の寺社や屋敷を含め、数千戸」に上る。[*39]平泉の建設とその後の維持のために、現在の仙台平野の北端に沿って、岩手から南へ流れる北上川流域で大規模な森林伐採が行なわれた。北上川は両側にそびえる山地から流去水を仙台湾へ運び、湾に堆積物が溜まる。

　何千年にもわたる浸食作用と数百年に及ぶ農地開発によって、北上川は仙台平野を南へゆっくりと広げてきたが、律令時代の後期に急速に進んだ木材の伐採と開墾によって浸食作用が促進されて、畿内やその周辺の海岸平野と同様に、仙台平野の拡大も加速したと思われる。しかし、平泉は一一八〇年代に破壊されて、人口も分散してしまうが、そのおかげで、近隣の森林伐採の規模は縮小したと思われる。その結果、植物の成長や遷移の周期が正常に戻った森林も現れ、土壌が安定して、下流域への影響も減少に向かったかもしれない。しかし、仙台平野はウマの放牧地として利用されていたので、その後も木材を提供できるような森林は不足していた。一五〇〇年代に仙台地域を治めていた戦国大名の伊達政宗が森林保護政策をとったが、この大名はそうした政策をとった最初の領主に数えられている。[*40]

2 鎌倉

　環境に及ぼした影響に関しては、平泉よりも鎌倉についての方がより詳細な記録が残っている。源頼朝は政治の実権を握ると、鎌倉の地に、官吏、家臣、聖職者、庶民が利用する公共施設や政府の建物、住宅を建てるだけではなく、大寺院や神社の造営にも着手した。最盛期には鎌倉の人口は六万人余りを数え、平安京に次ぐ大都市になった。[*41]

　鎌倉の建設や大火の後の数回にわたる再建も含め、その維持のために、周辺地域の森林は大きな影響を受けた。[*42]建築用や燃料用の木材（後には木炭が増加する）は付近の森林だけでなく、伊豆半島や天竜川の下流域、さらに木曽地方からも調達されたからだ。

　こうした地域の木材の消費量は、前述したことだが、中国との交易が再開されたことによっても増大した。中国では何百年にもわたる木材の需要によって、森林が乱伐されてしまっていたので、高級な木材（特にスギやヒノキ）を日本で買い付け、中国へ運んで売っても採算がとれるようになっていたのだ。当初は、そうした木材を九州で買い付けていたが、一二〇〇年代には、鎌倉周辺の山林の所有者は中国の商人に大径木を売って利益を得るようになった。一二二〇年代までには、中国の商人は山林を所有している寺院とは別に幕府からも、交易船の四〇隻から五〇隻分に相当する木材を毎年買い付けるようになっていた。

　その後の数十年でこうした交易は拡大し、日本の交易船も中国へ木材を運ぶようになった。一三〇〇年頃の中国の記録にはこのように記されている。

（日本人は）高さが四一メートルから四四メートル、直径が一・二メートルに達するスギとヒノキをたくさん育てている。それを長方形の板に切り、大型の船に積んで、泉州へ売りにくる。泉州の人間が日本に行くことはめったにない。[*43]

輸出された木材は、鎌倉周辺で消費された木材の総量の一部に過ぎなかっただろうが、生態系に大きな負荷はかけていた。一二五〇年代までに鎌倉幕府は、木材の品質低下と薪や木炭の価格上昇に警戒心を抱いていた。幕府は規制に乗り出したが、木材の品質低下と供給量の減少に歯止めがかからなかった。つまり、生態系の変化と質の低下を招くような需要が継続していたのだ。特に伊豆半島をみると、このことがはっきりとわかるだろう。人の手が比較的入りやすかった常緑樹林（ヒノキ、スギ、マツ）の大部分は伐採されたのち、雑木林や灌木林になってしまい、その後もその状態が何百年も続いたからだ。

鎌倉周辺に関しては、森林の伐採や開墾、それに伴う浸食作用が下流域に及ぼした影響は明らかではないが、伊豆半島西部の沼津周辺のような沿岸低地を広げたのではないかと思われる。

＊＊＊

日本全体としては、律令時代後期の社会が環境に及ぼした影響は、基本的には弥生・古墳・律令時代初期の森林伐採と開拓が及ぼした影響の延長線上にある。その結果、地形や生物の多様性は長期にわたる影響を受けた。しかし、同じ律令時代でも、初期とは異なり、後期には再び人口が増加に転じ、社会組織やその他の要因の変化と相まって、その影響は一二五〇年以降に表れてくるが、日本を集約農業の社会へ向かわせることになる。

まとめ

六〇〇年から一二五〇年の時代は、当初は弥生・古墳時代を引き継ぐ形で展開した。人口は増加の一途をたどり、農地開発が進み、支配層は権力を強化していた。大陸との親密な関係も維持されて、移民の渡来も続き、大陸の文化や技術、社会制度が伝えられた。

こうした状況は、六〇〇年代後半に律令制の成立として結実した。ちなみに、律令制は畿内に都を置いた政権が生産者の支配と搾取を目的として綿密に構築した制度に基づく中央集権的政治体制である。

六六〇年代以降は、律令時代の支配層は大陸や朝鮮半島の争乱に巻き込まれるのを巧みに避けていた。しかし、それにもかかわらず、数十年もしないうちに、日本国内の諸問題が畿内の政権を揺るがし始めて、政権は弱体化の一途をたどり、歴史は新しい局面を迎える。

基本的には、畿内の政権は基盤とする生産者を搾取しすぎたように思われる。そして、このような結果をもたらした主因は、租税徴収の効率化を図るために整備・管理した交通、輸送、送信網そのものだった。物資や人間の移動を円滑に行なうために整備した交通網は、天然痘や麻疹のような疫病を免疫を持っていない一般の人々に広める役目も果たしてしまった。

疫病の蔓延によって感染率や成人の死亡率が高くなった上、過酷な租税や賦役、移民の激減、森林の乱伐と農地の乱開発がもたらした深刻な影響もあり、人民の苦難、人口の停滞や減少、農地の放棄や逃走が引き起こされた。その結果、農産物の生産が減少すると共に、労働力不足によって、輸送や建設、治安維持に支障をきたし、支配層の必需品の供給は減少の一途をたどった。

支配層の生活に不便が生じると、激しい政策論争が巻き起こり、内部の対立が深まった朝廷は政治的結束を失い、中央集権体制は崩れ始めた。そして、中央集権体制に代わって、地方分権体制が台頭してくるが、この新しい体制の方が有限な資源基盤に向いていたので、疫病に対する免疫

が獲得されるにしたがって、人口が回復し、放棄された農地が再び耕作されるようになった。

東日本で推し進められた入植や開墾、商人や職人の台頭、生産者と地域の支配層と中央の支配層の間に生まれた長期にわたる相互依存的な関係と相まって、こうした要因が新しい「中世」の支配体制をもたらしたのである。そして、この支配体制は集約農業の到来を特徴づける農業形態の変化の過程に順応しながらも、利益を受けていたのだ。

第5章
集約農耕社会前期
——一二五〇～一六五〇年

日本の前期農耕社会は七三〇年頃まで、一〇〇〇年以上にわたり長期的な成長を遂げてきた。しかし、律令制が成立すると、人口の停滞期に入り、多少の変動を伴いながら、一二〇〇年代の半ば頃まで続く。そして、後期農耕社会も一二〇〇年代の後半から一七〇〇年頃までは順調に成長を遂げるが、その後は、第6章でみるように、再び人口の停滞期に入り、一八〇〇年代の後半まで続く。

日本の農耕社会は成長と停滞をくり返したが、前期と後期には興味深い違いがみられる。弥生時代と古墳時代の支配層の規模は大きいものではなく、したがって、人民に課せられた租税も重いものではなかったので、前期農業が長期にわたって発展することができた。それと同様に、「中世」の支配層の権力は弱かったので、農業の集約化が進んだといえるだろう。長期にわたる人口の増加が七〇〇年代に止まってしまったのは、律令時代初期の支配層の強力な権力と、それによってもたらされた変化や諸問題が主な原因だったようだが、一五〇〇年代に台頭してきた支配層の強力な権力と政策は、農業の発展と人口の増加を一六〇〇年代の後半まで維持するどころか、加速したのだ。その後、人口の増加が止まったのは、支配層の影響ではなく、日本列島の環境収容力の限界に達したからである。

後期農耕社会の成長期（一二五〇〜一六五〇年）はおそらく日本史の中で最も複雑な時代だろう。支配層の政治にとっては、極度に秩序が乱れ、暴力と混乱の時期であり、一般社会にとっては、社会組織や慣習に軋轢や変化がかなり生じた時代だった。こうした事態は人口と生産物が引き続き増加したことで起きたが、一方、そうした状況をもたらしたのは農業の集約化に伴う社会や技術の変化だった。こうした社会の変遷を人知れずもたらした大本は地理的要因なので、日本の地理について簡単に述べておこう。

地理

第1章で述べたように、日本の国土や形、地形、天然資源、気候、外的関係は地史と地理的位置によって決定されているが、一方、こうした要因は日本列島の生態系や人間社会に大きな影響を及ぼしてきた。

一二五〇年から一六五〇年の間は、島国だったおかげで、日本は大陸のできごとに巻き込まれるのを最小限に食い止めながらも、西南部が朝鮮半島と中国東部に近かったので、幅広い社会的相互作用が存在してきた。[*1] 一方、北海道がサハリンと大陸に近かったことが、後にアイヌと呼ばれるようになるが、蝦夷《えぞ》の採集狩猟社会を維持するのに一役買っていた。蝦夷《えぞ》は東北地方の蝦夷《えみし》と同様に、交易やその他の交流を続けていたが、日本の農耕社会が北へ広まるのを妨げてきた。[*2]

日本列島は北海道を除くと、谷が深く切れ込んだ山地が国土の大部分を占めているので、農耕地の形や特性、集落の分布はそうした地形によって決定されていた。そして、温帯性の気候なので、農業事業は多様化を遂げることができた。

具体的に例を挙げると、瀬戸内海は交通の大動脈として、畿内の重要な社会的役割を維持するのに一役買っていた。[*3]畿内より東の地域では、中部山地が依然として西日本と東日本の往来を妨げる障壁になっていたので、当時の政治史が影響を受けた。温暖で雨の多い西日本と寒冷で乾燥した北日本の気候の違いが農業や社会の発展の仕方に違いをもたらしていた。

さらに、農耕民が広大な関東平野に初めて入植したとき、北部に申し分のない土地が広がっていることに明らかに気づいていた。[*4]関東平野でも、丘陵地と中小河川の間に集落が帯状に形成されたが、これは全国に共通してみられる集落の分布パターンを反映している。大きな河川の流域に広がる洪積平野は、甚大な被害をもたらす洪水に見舞われる危険があるが、中小の河川流域ならば、そうした洪水を避けられるからだ。一方、関東平野の中央部、特に南寄りの地域は長い年月にわたり散発的に噴火をくり返してきた富士山や浅間山がもたらした火山性の土壌に厚く覆われている。こうした地域は保水力のある粘土層が乏しいので、水田に適していなかっただけでなく、畑の地力を保つために、施肥が欠かせなかった。つまり、広大な関東平野が秘めていた農業生産力を発揮できるようになったのは集約農業に移行したからに他ならないのだ。

日本の地質学的遺産は、主に一五〇〇年代に登場した防備施設の位置や特性にどのような影響を及ぼしたのだろうか？　本章の終わりで詳しく取り上げるが、当時の大規模な城郭は優美に組まれた巨大な石垣や胸墻《きょうしょう》を備えていた。しかし、石は化学的組成にもよるが、加工するのが極めて難しいものが多い。当時、あれほど大きな石を大量に切り出して加工することができたのは、比較的加工しやすい堆積岩や火山性の凝灰岩（タフ）が手に入りやすかったからではないだろうか。さらに、加工しやすい石の産地の所在が、城を築く場所を決める要因になったのではないかと思われる。

支配層——政治的混乱と再統一（一二五〇～一六五〇年）

この時代の政治的混乱は、①比較的安定していた政治体制が崩壊した両頭政治の末期（一二五〇～一三三〇年）、②様々な政治の安定化策が水泡に帰した混乱の時期（一三三〇〜一五五〇年)、③これまでにない安定した社会が築かれた統合期(一五五〇〜一六五〇年)の三つの時期に分けて検討できる。

両頭政治の末期(一二五〇〜一三三〇年)

鎌倉幕府は当初から治安維持や監視役として全国に配置した御家人と呼ばれる家臣に頼る綱渡りの統治を行なっていた。しかし、世代を経るうちに、こうした家臣は権力を持つようになり、鎌倉幕府に対する忠義を失って、この制度は崩壊し始めるが、一二七四年と一二八一年の二度にわたる元寇によって、状況は悪化の一途をたどる。日本侵攻を企てた元の軍隊を撃退した後も、十分な恩賞をもらえずに警備にあたらせられた武士たちが幕府に対する不満を募らせたからだ。[*5]

一方、天皇の即位をめぐり激しい争いが生じた一二七二年以降、鎌倉幕府は朝廷や公家と友好的な関係を維持することが難しくなる。幕府は天皇を交互に即位させる方針を立て、両派をなだめようとしたが、この融和策が火に油を注ぐ結果になってしまったのだ。

一般の社会では頻発する不作やそれに伴う飢餓や病気、財政的逼迫によって民衆の不満を募らせ、租税徴収などの支配層の要求に対する抗議、農民の逃亡、悪党と呼ばれる無法者の集団の出現、朝鮮半島の沿岸にまで及んだ海賊行為など、その不満は様々な形で噴出した。こうした無秩序な風潮が広まるにつれて、幕府の御家人とそれを通じた地方の統制力は急速に弱まっていった。

一三〇〇年代の初めには、九州と東北地方の武将は公然と高度な自治を行なっていた。さらに、新興宗教が、巧妙な政治工作や露骨な反体制的行動によって、信者や物質的基盤の確保を図っていた。一三二〇年までには、こうした社会に高まっていた緊張や不満を巧みに利用できる人物が現れれば、反乱がいつ起きてもおかしくない状態になっていた。

戦乱の時代(一三三〇〜一五五〇年)

律令時代から続くいにしえの都である平安京は、一三二〇年のはるか以前から物理的に劣化していただけでなく、政治の実権も失っていた。しかし、歴史の皮肉を示す好例といえるが、うわべだけの敬意を表してのことか、未練がましい気取りからなのか、京よりもはるかに仰々しい「京都」という名前で知られるようにもなっていた。一三二〇年代に、並外れて野心的な後醍醐天皇(一二八八〜一三三九年)は精力的に信奉者を集め、朝廷の政権を復活させて京都を真の帝都にするために、一三三〇年代の初めに倒幕を企てる。

一方、鎌倉幕府の血気盛んな若い官吏だった足利尊氏（一三〇五〜五八年）は後醍醐天皇の倒幕運動に乗じて、幕府に反旗を翻すと、自身の権力を追い求め始める。尊氏は朝廷や公家、寺社の利権を認めるかたわら、家臣を通して統治するという鎌倉幕府の制度をおおむね踏襲した新しい幕府を京都の室町に開こうとしたのだ。

しかし、尊氏には当初から対抗する勢力が存在していたために、数十年にわたり散発的に戦乱が勃発して、社会の混乱が続く。皇位継承をめぐって対立する二皇統のいずれかの名の下に挙兵がくり返される戦乱の世が五〇年余り続いたのだ。一方の皇統は新しい幕府、室町幕府の傀儡と化して、京都に朝廷を開き（北朝）、もう一方の皇統の後醍醐天皇とその継承者（南朝）は奈良（元の平城京）の南方にある吉野山中に留まり、律令制の創設者のような真の権力と権威を取り戻すことを目指していた。

その後、室町幕府第三代将軍の足利義満（一三五八〜一四〇八年）が一三九二年に北朝と南朝の和解に成功して、京都にほとんど権力のない単一の朝廷が再建される。義満が南北朝の合一に成功したのは、基本的には幕府に仕えた家臣が領地のほとんどを統治するようになり、吉野の南朝は経済的・軍事的基盤を失ってしまっていたからだ。

ただ、この足利政権による統治は決して完璧なものではなく、短命に終わることになる。幕府による九州の支配も関東の支配も確かなものではなかった上に、その間にある領地もほとんどが、幕府に日和見的な忠義を尽くすだけの「大名」の支配下に置かれていたからだ。食料や生活必需品を生産していた人民を実際に支配していた「国人《こくじん》」と呼ばれる土着の有力武士を動かす力を持っていたのは大名だけだったので、幕府はこうした大名に頼らざるを得なかったのである。

一方、こうした国人は、対抗する国人や農民の一揆に脅かされることが頻繁に起こっていたので、大名と主従関係を結んでいた。農民は租税の納付や賦役を拒否したり、一揆を起こしたりして、国人の地位を危うくすることがあったのだ。

一四〇〇年代になると、農民や職人、下級武士たちの組織が大名、貴族、僧侶、神官などの支配層や一握りの富裕層と親しい金貸しが課す重い負担に対して激しい抵抗を示すようになった。大名や国人などは経済的基盤の維持や強化を図るために、互いの領地や村（農村）の奪い合いや略奪をくり返すようになり、権力構造全体が揺らぎ始める。

一四六七年に京都市内で大名間の対立から大規模な戦闘が勃発した。「応仁の乱」と呼ばれるこの内乱は散発的に一〇年余り続き、すでに精彩を欠いていた京都は壮麗な寺社や邸宅などを含めて灰燼《かいじん》と化した。[*6]

戦火を交えていた武士たちは、窮乏した皇室や公家、僧侶を残して、焦土と化した京都から各地の領地へ引き揚げ、さらに戦闘をくり広げた。「下剋上」と呼ばれる乱世の社会風潮の中で、各地の武士団は勢力の拡大を目指し、上の者を倒してのし上がっていったのである。

こうした無政府状態の中で、浄土真宗と法華宗に代表される新しい仏教の宗教派が軍事力と人を動員できる教えのおかげで、勢力を伸ばしていた。[*7] 一方、有能な大名や幸運に恵まれた大名は、領地の支配を確立していった。一五〇〇年代の後半までに、後で詳しく述べるように、こうした大名の一部が家臣と生産者の支配を確実にして、昔日の律令国家に代わる平和な統一国家の再建を志したのである。

再統一の時代（一五五〇～一六五〇年）

一五五〇年代以後の政治統合の過程は、古墳時代後期の律令制に結実した過程になぞらえることができるだろう。いずれの場合も、地域の支配者集団が権力闘争をくり広げ、地の利、統率力、幸運に恵まれた支配者集団が覇者となった。軍事力や策略を駆使して、野心的な集団が対抗する集団を徐々に支配下に置きながら、勢力を拡大し、中央集権的な支配体制を確立したのだ。権力の頂点に立った支配者集団は「飴」と「鞭」を巧みに使い分けて、支配下に置い

た従者集団に協力させていた。前期農耕時代の支配機構は律令制として知られるが、後期農耕時代のそれは一般に幕藩体制と呼ばれている。

後期農耕時代の政治統合の過程は、各地域の大名が領地の支配を確立した一五七〇年頃までの時期、有力な大名が覇権を争っていた一六〇〇年頃までの時期、一六〇〇年以降の恒久的な秩序をもたらした立て直しの時期に分けて検証できる。

1　地方の安定化

領地の安定化は教訓を活かした例とみることができる。特に一四二〇年代以後は、後述するように、農民、職人、商人、下級武士のような下層階級が支配層の統治をくり返し妨げ、しだいに自治権を拡大していく。[*8] 一五〇〇年代の初めまでには、下層階級の協力を取り付けるために下層の人たちの便宜を図る必要があることに気づいた武将が増えたようだ。下層階級の便宜を図ることによって、戦国時代の大名は外部の略奪者から農民の生産基盤を守るために、動員できる兵力を増やすことができるようになった。一五〇〇年代の中頃までには、九州南部から東北地方までのほぼ全域にこうした比較的安定した大名が現れた。

2　天下統一

一五五〇年以降は新しい軍事技術が開発されたので、戦争の火力や危険性が高まり、戦の規模や政治的野望が増大することになった。特に、火縄銃やその少し後に登場した小型の大砲のような火器の出現によって、攻撃力が高まったために、戦法や戦術が変化しただけでなく、堅固な砦が築かれるようにもなった[*9]。少数の騎馬兵ではなく、火縄銃、矛や槍などを装備した密集歩兵が運用されるようになり、大規模な城郭が築かれるようになったのである。その結果、戦争の費用と規模が増大し、戦国大名にとって領地の拡大と生産性の向上が急務となった。

一五七〇年代までには、数名の有力大名が天下統一を目指して覇権を争う状況になっていた。戦の規模は拡大の一途をたどるが、一六〇〇年に全国の大名を巻き込んだ覇権争いに終止符が打たれる[*10]。この年の秋に、ほとんどが打算的な同盟ではあったが、主に東日本の大名から成る東軍と西日本の大名から成る西軍が、濃尾平野の西端にある関ヶ原で会戦して、東軍が西軍を下し、東軍を率いた徳川家康（一五四二～一六一六年）が覇権を握ったのだ[*11]。

関ヶ原の戦いで勝利を収めた徳川家康は江戸（現在の東京）に新しい幕府を開いた。このときも、権力はないものの、朝廷と公家は京都で文化的な生活を送ることが保障されることになった[*12]。

3　日常生活の回復

関ヶ原の戦い以後に訪れた平和は、基本的には幕藩体制という秩序として日常化された停戦協定だった。幕藩体制は、律令制と比べて実際にも、論理的にも、中央集権の方式ではなかったが、全国の生産資源をより効率よく支配する地盤に基づいていた。したがって、物質的な生産量が律令時代をはるかに上回っていることを考えると、律令時代の支配層の中で贅沢の限りを尽くした者をも凌ぐ規模の贅沢をすることができた。しかも、支配層のそうした奢侈を可能にしただけでなく、民衆にもおそらくかつてないほど高い生活水準と安心感がもたらされた。

血で血を洗う戦いをくり返した武士が平和を守る規律正しい武士に変貌を遂げた過程にはいくつかの側面があった。一六五〇年頃には、無能な大名や非協力的な大名は移封され、不満を持つ武士やキリスト教を信仰している武士は弾圧された。治安の維持を条件に、領地の支配を認められた大名は二〇〇名余りいたが、そうした大名は幕府に恭順の意を示す見返りに、権威と安全が保障されていた。さらに、大陸の商人（一五五〇年代以降は数名のヨーロッパ人も含まれる）との交易を許可する一方で、外交関係は幕藩体制を揺さぶりかねないキリスト教の影響を封じるために、規制されていた。

おそらく最も重要と思われるのは、戦乱のない時代が続くうちに、幕府も大名も軍備を縮小し、武士たちはしだいに役人や庶民になったことだろう。多くの藩士は田舎に住んでいたが、しだいに藩主の城下町に定住するように命じられるようになった。城下町の方が藩士を管理しやすい上に、行政官や警察官、護衛官として利用することができたからだ。すべてが高度に階層化された全国の社会体制の中にうまく収まるが、この社会体制が備えている分類の明瞭さと天皇から庶民に至るまでほとんどの人を階層分けできる機能は特筆に値する。

この軍縮の過程は特に興味深い。律令時代の場合と根本的に異なるにもかかわらず、よく似ているからだ。第4章で述べたように、律令初期の支配層は必要に応じて人民を徴兵し、食料を徴集して歩兵を維持していた。この方式は悲惨な結果に終わり、結局は自滅して、従者を伴う騎馬兵の小部隊に取って代わられてしまった。騎馬兵の方が維持費がかからず、戦闘能力も高かったからだ。しかし、この編成は指揮系統にうまくなじまず、数十年で中央の手に負えなくなり、結局は律令制の崩壊において中心的な役割を果たすことになる。

この二回目の政治統合の時代にも、歩兵が現れて、大名たちはその維持に苦労する。しかし、一六〇〇年に平和を取り戻してからは、大名は軍備の縮小に取りかかり、大勢の槍兵やマスケット銃兵を、刀で武装した騎馬兵と従者の歩兵で構成された小規模な常備軍に置き換え始める。

この軍縮によって、大名たちの戦闘能力は大幅に削がれたが、残った軍備の管理は大名の手にゆだねられた。また、軍縮によって領地支配のコストも削減できたので、生産者に課せられた主な負担を減らすことにもなった。さらに、数多くの壮健な男子が兵役から解放されて、他の仕事に従事できるようになった。当時起きていた技術革新を考えると、こうした男子たちは故郷の村や城下町、あるいはその他の急速に発展していた都市で生産活動に携わることができただろう。

一六五〇年までには、社会体制の立て直し作業はほとんど完了し、戦乱はおおむね年寄りの記憶に残る遠い過去のできごとになり、社会には民衆が生産活動に従事する平時の日常生活が戻ってきた。

生産者人口――規模と複雑さの増加

人間も他の生物と同様に、数が増加するためには、利用できる食物などの必要な資源の供給量が増加する（あるいは、極端な場合は体の大きさが小さくなるか、いずれかの条件を満たす）ことが必要になる。人間はたいてい、陸産・海産の資源の供給源を拡大したり、単位面積当たりの生産量を増やしたりして、人口を増加させている。一二五〇年から一六五〇年の時期は日本では両方の方策がとられた。

しかし、この時期の日本の人口と増加率を推定するのはほとんど不可能である。当時の混乱した社会状況を考えると、人口の調査が行なわれたとはとても思えないし、行なわれたとしても、記録が残っているとは思えないからだ。さらに、いかに慎重に推定を行なっても、前提にした条件によって、推定値は大きく異なる可能性があるからだ。とはいえ、飢餓に見舞われた一二〇〇年代は六〇〇万人前後で推移し、一三〇〇年代になってようやく増加に転じたと思われる。さらに、一四五〇年までには一〇〇〇万人前後、一六〇〇年までには少なくとも一五〇〇万人に達し、一七〇〇年頃までにはおよそ三〇〇〇万人に急増したと推定している研究者もいる。[*13]

かなりの誤差があったとしても、この数字は律令制以後の人口の動向に大きな変化が生じたことを示しており、それに見合った食料の供給量の変化を伴っていた。第3章で述べたように、前期農業が営まれていた弥生・古墳時代の一〇〇〇年間は、収穫量の増加はほとんどが新たな開墾によってもたらされたものだった。後期農業が営まれていた一六五〇年までの数百年間も、特に東北地方と九州の南部ではあるが、確かに開墾が引き続き行なわれていた。しかし、全体的な収穫量の増加とそれに伴う人口の増加は、主に農業技術の進歩により単位面積当たりの収穫量が大幅に増加したことでもたらされたようだ。

しかし、農業技術の発達について検証を行なう前に、技術の利用を促した要因（人間と感染症の関係、支配層と生産者の関係、生産者の組織と営み）についてみてみる必要がある。前者の二つの要因に関しては詳しく述べる必要はないが、後者については詳細な考察が必要である。

人間と感染症の関係

平安後期に獲得されるようになった疫病に対する免疫は、後期農業が営まれていた数百年間に全国に広まった。[*14]それ以前の数百年にわたり全国に疫病を広めていた人間の移動の仕方が変わったわけではないが、死亡率の高い新種の病原体が現れることはまれになったようだ。その結果、天然痘や麻疹が時折発生することはあったが、罹《かか》るのは主に子どもだった。

インフルエンザウイルスは簡単に変異するので、時折、大流行が起きた。また、一五一二年頃には梅毒が報告され、特に最初の数十年は死亡者も出た。しかし、住環境や食事が改善されたおかげで、様々な伝染病による死亡率は問題になるほど高くはなかったので、人口が右肩上がりの増加をする妨げにはならなかった。

支配層と生産者の関係

「中世」の上位者（支配層）と下位者（生産者）の関係で重要な点は、まず上位者の力が弱まり、下位者の力が強くなったことだ。第二の点は、権力と特権の階層制が著しく複雑で無秩序になった結果、政治、経済、宗教、文化を問わず、支配層にも下位の生産者にも適切に結びついていない中間的な役割区分の層が多くなったことである。

支配層の弱体化は平安後期にすでに予見されていたが、先述した政治的混乱がもたらした副産物だった。

支配層とその従者の武士は依然として民衆を殺害することも、傷害を負わせることも、虐待や嫌がらせをすることもできたし、実際に行なってもいた。しかし、支配層の権力構造はたいてい安定していなかったので、秩序立ったやり方で生産者から租税を徴収することも、安全を保証することで生産者の信頼を得ることもできなかったのだ。

こうした力関係の変化で一番利益を得たのは、商人、海賊、共同体の長などの役割を果たしていた恵まれた庶民だった。とはいえ、総じてみれば、生産者全体の自立性が高まり、支配層と有利な取引を行なうことができるようになったといえる。こうした状況は支配層に生じた秩序の混乱だけでなく、都市と地方とを問わず、民衆の問題を処理する組織としきたりが変化したことも反映している。

生産者の組織と営み

集約農業の技術の普及を促した組織と営みは密接に関連し合っているが、識字率の上昇、貨幣経済の出現、新興宗教の台頭、高度に組織化された大規模な村落の出現など、そのいくつかの側面を識別できる。

1　識字率

この時代の目立たないが重要なできごとは、特に口頭で自己の正当性を主張し、必要とあれば実力行使も辞さない場合には、文書で個人の利益を図ることが広く認められるようになったことだ。地方の様々な指導者の識字率が高まり、読み書きのできる者が請願書、訴状、書簡、商取引の文書などを代書する職に就くようになった。

争議において文書が利用された好例は、一二七五年に紀伊地方北部にある阿弖河荘《あてがわのしょう》の荘民が領主に宛てた訴状だ。領主はその荘園の木材を必要としていた大寺院だったが、地頭は荘民が他の仕事を優先して、木材の伐採作業を怠っていると主張した。しかし、荘民はその窮状を訴状において以下のように述べている。

阿テ河ノ上村百姓ラツヽシテ言上
ヲンサイモクノコト、アルイワチトウノキヤウシヤウ、アルイワチカフトマウシ、カクノコトクノ人フヲ、チトウノカタエセメツカワレ候ヘハ、ヲマヒマ候ワス候。ソノ、コリ、ワツカニモレノコリテ候人フヲ、サイモクノヤマイタシエ、イテタテ候エハ、テウマウ（逃亡）ノアト（跡）ノムキマケ（麦蒔）ト候テ、ヲイモトシ（追戻）候イヌ。ヲレラ（俺ら）カコノムキマカヌモノナラハ、メコトモ（妻子ども）ヲヲイコメ（追込）、ミヽヲキリ、ハナヲソキ、カミヲキリテ、アマニナシテ、ナワホタシヲウチテ、サエナマント候ウテ、セメセンカウセラレ候アイタ、ヲンサイモクイヨイヨ、ヲソナワリ候イヌ。ソノウエ百姓ノサイケイチウ、チトウトノエコホチトリ候イヌ。

（阿弖河の上村百姓ら、慎んで言上します。領主に納めるべき材木のことについて、地頭が様々な仕事を私たち農民にさせようとするので、材木を切り出しに行く時間がありません。私たちが村に残ったわずかな人手で材木を切り出しに行こうとすると、地頭は「逃亡した百姓の畑に麦を蒔け。さもなければ、おまえらの妻や子どもたちを捕らえて牢に入れ、耳を切り、鼻を削ぎ、髪を切って尼のようにし、縄で縛って拷問するぞ」と脅すので、材木の納入はますます遅れてしまいます。さらに、地頭は逃亡した百姓の家のうち一つを壊したのです[*15]。）

被害者の陳述に加えて、こうした文書があれば、支配層へ異議申し立てを行ない、横暴な施政を抑えられたかもしれない。時と共に、町や大規模な農村が増えるにつれて、読み書き能力を身につけて、自身や仲間の利益を図る生産者が増えた。

2　貨幣経済

第4章で述べたように、律令時代の後期に貨幣経済の発達は予見されていた。従来の租税制度が破綻した後は、当座しのぎの食料供給制度が発達して、地方と都市の間の物流を担っていたが、こうした制度はしだいに整理されていき、残ったものは定期的に開かれる市場や、上意下達ではなく相互の利益に基づいて、支配層と取引を行なう職人や商人の集団として機能するようになった。

貨幣経済の発達はこの時期に盛んになった中国との貿易によって加速された。中国貿易によって日本国内の商業の長期的な発展を醸成した貨幣がもたらされたからだ。しかし、貨幣の役割は現代の産業社会に暮らしている我々が考えているほど自明ではないので、中国の貨幣がいかにしてそのような重要な役割を果たしたのかについて述べておく必要があるだろう。

貨幣はじつは油断ならない代物なのだ。我々が貨幣を使うのは、一つには持ち運びやすく、代替性が極めて高いからであるが、その有用性は信用、つまり、安定した購買力を維持する能力にもかかっている。そして、その能力は単独または共同で機能する二つの主要な要因に基づいている。

金貨や銀貨のような貨幣が価値を保つことができるのは、比較的希少で、その希少性を失わない原料でできており、その原料の供給が過剰になった場合は余分に製造し、極端に不足しているときには、流通量が多く別の用途でも使える素材も混ぜて作られているからと思われる。あるいは、貨幣は紙幣のように、供給が安定した社会政治体制によって、購買力、したがって信用が維持されるように調節されているので、価値を保つことができるのかもしれない。

律令時代の後期は貨幣の信用が保てたとはいいがたい時期だった。第4章で述べたように、政権が比較的安定していた律令時代の初期に発行された良質の金貨でさえ、大した信用を得られず、その購買力も後に悪貨を鋳造したために失われて、結局は流通しなくなってしまった。そうした苦い経験をしたにもかかわらず、貿易商が輸入した外国の政府が鋳造した銅貨が信用を得られたのは驚くべきことだと思われる。

律令時代の後期に貨幣が流通したのは、一つには社会が混乱していたので、物々交換を行なうことが困難だっただけでなく、支払いを約束する取り決めも当てにならなかったからではないかと思われる。商取引が崩壊しかけていた租税制度に取って代わるためには、何らかの信頼できる交換機構が不可欠で、貨幣はその機能を果たしたのだ。

中国の貨幣は国内の贋金《にせがね》造りが複製を始めた後でも価値を保っていたので、その機能を果たすことができたのである。この貨幣は宋王朝のものだったので、特別に高級感や信頼性が醸し出されていたのかもしれない。一方、中国では銅の鉱床が枯渇し始めていたので、貨幣の輸出が禁止されることになった。[*16] しかし、それにもかかわらず、日本の高級木材やその他の貴重品を輸入したい中国の商人たちは必要な硬貨を入手すると、日本へ輸出して、購入品の少なくとも一部はそれで支払っていた。さらに、日本では国内外の商取引が活況を呈しており、貨幣の密輸が後を絶たなかったにもかかわらず、希少性が失われなかったので、貨幣の価値と需要は低下しなかった。

当時は政治体制が不安定になっていたために、中国から輸入された銅貨に取って代われるほど信頼性の高い貨幣を国内で製造できなかったので、中国銅貨の価値が失われなかったといえるのではないか。現に一五〇〇年代の後半に政治体制が立て直されると、国内で貨幣が製造されるようになり、中国産の貨幣はまもなく流通しなくなった。

外国貿易は商業活動全体のほんの一部に過ぎないが、その推移をみると、この時代の経済発展の規模を推し量ることができる。[*17] 律令時代の外国貿易では、年に数隻の船が行き来する程度に過ぎなかったが、一四〇〇年代までには、日本と大陸の間を日本の船と外国の船が数十隻、数百隻行き来するようになっていた。

さらに、貿易は規模だけではなく、多様性も増している。貨幣以外の輸入品は相変わらず支配層の消費財だったが、支配層の規模が大きく多様になるにつれて、輸入品の種類も増えた。さらに重要なことは、第4章で述べたように、かつては金粉と絹が輸出の主力商品だったが、一二〇〇年代までには、木材だけでなく、支配層向けの様々な工芸品や珍品も輸出されるようになった。その後の数百年の間に、輸出品は多様化の一途をたどり、刀などの製品、銅や硫黄、金のような原料、ウマなども数多く輸出されている。最後に、外国貿易の拡大を示す興味深い事例として、琉球諸島や九州にもたらされた東南アジア起源の品物が朝鮮半島に再輸出されていたことも記しておこう。

このように貿易の規模と内容が変化すると、それに伴って貿易制度も変化した。律令全盛時代には政府が外国貿易を統制していたが、一三〇〇年代までには日本と大陸の商人たちがほとんど規制を受けずに行なっていた。日本の商人は主に寺院や大名などの支配層の代理人として貿易に携わっていたが、中世も時代が下るにつれて、自立して貿易を営むようになり、中には海賊行為を働く者すら出てきた。外国貿易は商人や職人の組織の出現を促しもしたが、その台頭を反映していた。こうした商工業者の団体は成長するにつれて、都市でも地方でも商取引に大きな影響力を及ぼすようになった。

都市生活については、古い租税制度の多くが、しだいに商業的食料供給活動に取って代わられた。商人が行なう売買、輸送、保管の活動が輸送網の拡大だけでなく、港町や交易所の発展に拍車をかけた。そして、商人の得た利益は、律令時代のような現物による租税を補ったり、取って代わったりして、政治的支配層（寺社、大名、幕府）の現金化された租税の収入源になったのだ。

一五〇〇年代までには、商人や職人などの「座」と呼ばれる同業者組合（例えば、京都には米屋、酒造業者、絹織物職人、金貸しの座などがあった）が地区の長となることが多くなり、大規模な町では行政官の役割も果たした。また、戦国大名が覇権を争っていた一六世紀後半には、商人たちは協力している支配者の官吏や軍隊、城下町やその他の統治施設に必需品を供給するのに重要な役割を果たした。

地方の状況に関しては、商人の活動の最も知られている側面は、金貸しと時折、債務者（農民、荷馬引き、地方の武士など）が高利貸しに対して起こした組織的な抗議行動だったかもしれない。[18] しかし、長期的にみれば、便利な売買の手段をもたらすことにおいて商人と職人が果たした役割の方が重要である。

例えば、一二〇〇年代から一三〇〇年代に全国各地で定期的に市《いち》が立つようになった（通常は一月に三回だったが、後に回数が増えた）。市では地元の生産者がダイズ、ゴマの種、サヤインゲン、米、オオムギのような食料品を売ったり、行商人が持ってくる「灯油、紙、包丁、鉄の鍬、鮮魚、塩、織物」のような商品と交換したりした。[19] こうした市の登場で、生産者が農産物を売ることができるようになったので、持続可能な農業生産を促され、集約農業の発展が醸成されたのである。

このような商業化の傾向は他の分野の一次生産にもみられた。[20] 漁業も発展を続けて、海産物は地元で定期的に開かれる市だけでなく、全国で発展していた交易町や港町でも売買されるようになった。このように都市の消費者人口が増加すると、果実、ナッツ、ベリーや狩猟動物のような「野生の」食料品を採集していた人々にとっても、市場の利用価値が高まった。また、海塩の生産者や、鉄や金銀などの鉱物の増大する需要を満たすために、砂鉄など原料を加工する職人も市場を利用する機会に恵まれた。

3　宗教の動向

仏教の新興宗派の台頭は、識字率の上昇と貨幣経済の発展がもたらしたとも、その逆ともいえる。こうした新興宗教は既成の支配層ではなく、民衆を対象にしており、地方の団体を組織化する役割を果たした。各宗派は教義の名の下に布教活動を推し進めたが、地域や地方で既成の権力に楯突くこともできるような利益団体を組織する社会的役割を果たした。町でも村でも隆盛を極め、活動が混乱や暴力をもたらすことも珍しくはなかったが、最終的には、既成の支配体制の崩壊を加速させ、社会の中間層や下層に新しい秩序をもたらす社会的空間を生み出した。

注目すべきもう一つの宗教の動向は、「神道」として知られている長い伝統を持つ土着宗教に根ざした各地の神社の社会的な役割がはっきりとみて取れるようになったことだ。こうした神社の多くは地域社会の中核としての機能を果たして、寄り合いや祝い事、儀式を行なう場所として利用され、地域組織の基盤や共同体意識を象徴する存在となった。神社は社会的結束に強固な基盤をもたらし、村落の精力的な活動に（神に仕えているどころか、守ってさえいるという）正当な根拠を与えて、組織化された村落の発展にとりわけ重要な役割を果たしたのだ。

4　農村

政治的混乱、疫病の流行、識字率の上昇、商業の発展、宗教の興隆はすべて、組織化された自治的な農村の発達を後押しした。

中央集権的支配体制が崩壊して、社会が混乱状態に陥ったことで、村民は新たに共同体の自治と自衛の機構を構築する必要に迫られた。中央権力の弱体化によって、散発的、局地的とはいえ、くり返し勃発する争乱で、過酷な負担を負わされることもあったのは確かだが、租税という資源の流出が減ったので、農村の発展は加速された。

農村の活力の維持に疫病に対する免疫力が一役買っていたのはいうまでもないが、識字率が上がったことで、村人は自分たちの利益を図れるようになった。一方、商工業が盛んになったことで、農民たちは農産物を市場で売って、鉄器やその他の有用な物資を手に入れることができるようになった。分派した仏教や地元の氏神とを問わず、宗教団体は地域の組織の一形態と地域の結束を固める基盤をもたらした。

一二〇〇年代以降は、こうした要因に後押しされて、最初は争乱が頻発していた畿内で、後には周辺の地域で、村人たちは地域の指導者と共に、共同体の自治と自衛の機構を構築し始めた。「惣《そう》」と呼ばれる大規模な村の方が小規模な村よりも略奪者を撃退しやすかったので、伝統的な住居が散在する集落や小規模な集落は、何十戸もの家屋が密集する村落にしだいに変わっていった。一五〇〇年代には、こうした村落は「社会制度の基本単位」だったと、述べている研究者もいる。[*21]

農村を脅かした略奪者には様々な人間がいたが、主流は、いうまでもなく、略奪にくる野武士と、租税を収奪する徴税吏だった。そして、この両者に加えて情け容赦ない借金取りが現れた。貨幣経済が発達するにつれて、特に畿内では高利貸しと債務者が増加し、不作の年には債務者は借金の返済が困難になった。一四二〇年代になると、京都周辺では借金の取り立てに対する組織された村民の抵抗が激しさを増し、一四二八年には京都の裕福な金貸し（主に酒屋）に対して債務免除を求める武力蜂起を起こした。その後、こうした実力行使が頻発することになるが、この武装蜂起をみて、愕然とした者がこう記している。

> 村の百姓が一揆を起こした。「徳政令」（債務の破棄）を求めて、酒屋の家屋や土蔵、寺院を壊している。百姓らは欲しいものを何でも略奪し、借金した額の現金を奪っている。……これは日本で起きた百姓一揆の初めての事例だ。[*22]

金貸しは腹立たしいにしても、略奪にくる武士は人を殺すこともあったので、村人たちにとって略奪集団は頭痛の種だった。特に、畿内では周囲に堅牢な門を備えた土塀を巡らし、さらに、その周りに堀を設けて、灌漑用水を引き込む村が増えた。また、刀や槍のような武器なども自衛手段として用いられた。

　自分たちの村を自主的に管理運営するようになった村人たちは、その方が自分たちの利益が増えることに気づき始めた。自衛だけでなく、開墾や規模の大きい複雑な灌漑システムの建設や維持管理、森林のような共有の資源の管理も協力すればできることを学んだのだ。さらに、土地や水資源の利用が拡大するにつれて、利害関係を持つ村の数が増えたが、組織化された惣村は、資源利用に関して村同士の合意形成を図る仕組みや、必要な場合には、強引な近隣の村から自分たちの利益を守る手段を備えていた。

　村内部の協力を促した一つの要因は、特に畿内に当てはまるが、村の住民の間に「平等主義」を醸成してきた農業習慣の長期にわたる風潮だった。一五〇〇年代までには、畿内の単位面積当たりの農業生産高が向上したので、一ヘクタールの農地があれば、一家族が暮らすことができるようになっていた。一ヘクタールの農地を耕すには家族全員の労働力を必要としたので、開墾を行なったのはそれだけの農地を持っていない世帯であり、それだけの農地を所有している世帯はもう開墾を行なわなくなった。その結果、

各世帯がほぼ同じ広さの農地を所有するようになり、生活水準も世帯間に差がみられなくなった。[*23]

　一言で述べると、内部の結束が固い大規模な村落が出現した背景には社会の経済的発展があった。結局、このときになって、こうした農村が出現したのは、農民は田畑まで歩いて行かれる距離に暮らす必要があるという単純な理由で、集約農業の技術的発達を待たなければならなかったからである。農業生産高を上げることによってのみ、防御しやすい大規模な村落で暮らせる人口を増やすことができるからである。

農業技術の動向

　律令時代の後期になると、集約農業の技術が発達し始めた。具体例を挙げれば、ウシやウマに犁を引かせて田畑を耕し、その糞尿を肥料として利用するようになったのだ。また、灌漑システムも改良が進み、水田の二毛作が瀬戸内海沿岸で始められた。

　集約農業の基本的な技術は一二五〇年までには、主に畿内でだが、小規模ながら利用されていた。それから四〇〇年の間に日本全国に伝播したが、その背景には前述したような社会的状況があったのだ。さらに、一二五〇年以降、

こうした基本的な技術に様々な改良が加えられたが、いくつかの技術革新は特筆に値する。以下、肥料の使用、灌漑用水の管理、注目に値する新作物の栽培という三つの側面から検証してみよう。

肥料について

中世には、田畑に施される肥料の量が増加の一途をたどった。肥料の利用を促した一つの要因は休耕地がなくなったことだ。人口が増加して、労働力不足が解消されると、放棄農地や使用されていなかった耕地が再び耕作されるようになった。しかし、こうした農地は耕作が行なわれると、「雑草」が生えて朽ちるという自然の営みが失われてしまうので、くり返し作物を育てるためには、肥料を施して地力を保たなければならないのだ。

ただ、肥料は施せばそれでいいというものではない。第3章で簡単に述べたが、植物の根が生物由来の肥料を利用できるのは、細菌などの微生物がその肥料を分解して、根が吸収できる化学物質に変えてくれるからだ。

この処理は田畑でも、その他の場所でも行なうことができる。新鮮な植物質を田畑の土に混ぜると、それを植物が利用できる栄養に変換する過程が始まり、数週間後にできあがるが、微生物は動物の腸内、腐葉土や堆肥の中、水田に流入する水が途中で浸透する森林土壌やその水の中でも、こうした分解作業を行なう。肥料が作物の根に届いたとき、比較的速やかに吸収されるのは、こうした「予備的処理」がなされているからなのだ。

夏作物は、畑と水田とを問わず、予備処理がなされた肥料でも、そうでないものでも収穫量を増やすことができた。しかし、中世に農業の発展に寄与したのは、堆肥、灰、腐葉土のような予備処理がなされた肥料の使用だった。なぜなら、二毛作はすぐに吸収できる肥料を必要としたからだ。

こうした二毛作では、稲作と秋の収穫のために水を抜いた水田を利用した冬作物の栽培が行なわれていた。イネの収穫が終了した水田は、肥料を施して耕し、冬作物の種まきが行なわれた。冬作物は根を出すが、冬の厳寒期にはほとんど成長せず、日が伸びて気温が上がり、降水量も増える春になると、発芽して一気に成長する。そして、冬作物の収穫を終えると、再び肥料を施して耕し、水を張って、田植えを行なうのである。一五五〇年までには、日本の中西部では水田の四分の一で二毛作が行なわれていたと思われる。[*24]

二毛作の大部分は、少なくとも一回は成長の速い菜園用野菜だったと思われるが（水田ではない土地、二毛作か三毛作が可能な畑で行われた）、二度目に栽培する作物（冬作物）は、ダイズ、エンドウ、インゲン、ソラマメのよう

夏用トウモロコシの若い苗の間で二毛作の冬コムギを収穫する農婦（1955 年、東京のすぐ北にて撮影）

冬コムギを収穫した後に栽培した夏用作物のキュウリに支柱を立てる農夫（1962 年、東京の南西部にて撮影）

なマメ科植物が多かった。[*25] こうしたマメ科植物は収穫量が多かっただけでなく、課税されても最小限ですむため、生産者にとっては魅力的な作物だったのである。さらに、あまり気づかれていないことだが、豆類には窒素を固定する根粒菌を持っているという利点がある。こうした根粒は収穫後は畑の土中で朽ちて、窒素を放出するので、次に栽培する夏作物がそれを利用して成長することができるのだ。

灌漑用水の管理

中世に田畑の面積が拡大したが、これは主に、東北地方や九州南部のような開発が遅れていた地域で開墾が進んだからである。畿内周辺のすでに開発が進んでいた地域では、新田開発を行なおうとすると、長大な水路と大規模な貯水池を備えた複雑な灌漑システムを構築する必要があった。

大河川の流域では、かつては、洪水が時折発生するので開墾計画が断念されていたが、開墾が進むにつれて、農地がそこに近づいていった。しかし、惣村や、一五〇〇年以降は領地の生産量の増大を図ろうとする戦国大名は洪水を防ぐような大規模な堤防を河川沿いに築くようになった。また、ついでに川の流れを良くするために、岩や瓦礫を取り除いたのではないかと思われる。

大河川の洪積平野を安全な農地に変えるのに一役買った

新機軸は「田均し」である。この技術は平らな水田や浸食に強く水を失いにくい畑を作るために、長いこと使われてきたものだが、洪積平野の利用度を高めるために応用された。農地の一部の土を別の一部に積み上げて、それぞれの場所を均し、低い方は水田として、高い方は畑として利用したのだ。さらに、こうすることで、例年にない干ばつや降雨、洪水の被害を減らすこともできた。

治水技術が向上しただけでなく、河川の水を利用する新しい方法も開発された。大陸で使われていた水車を改良して、利用するようになったのだ。一つのタイプは水の流れで水車が回り、水車に斜めに取り付けられた水受けに入った水を上に運び、その水を堤防を越えて近くの用水路につながっている落とし樋《ひ》に空ける仕組みになっていた。もう一つのタイプは人が水車の車軸のペダルを踏んで、傾斜した鎖に取り付けられた水受けに川の水を汲ませると、その水を堤防を越えて、用水路へ運ばせる仕組みなっていた。

特筆すべき新作物

最後に、新しく現れた二種類の作物について触れておこう。一つは一一〇〇年以降に大陸から伝えられた占城稲《せんじょうとう》として知られている水稲の品種である。[*26] 東南アジア産の長粒のインディカ米だが、干ばつや洪水だけでなく、病気や虫害にも強い品種である。したがって、この品種は開墾されて日が浅い水田や洪水が起きやすい河川流域の水田に適していた。

さらに、長粒米は短粒のジャポニカ米と比べると、味が劣るために、支配層に重んじられなかったので、占城稲の生産者は租税が比較的軽かったのではないかと思われる。したがって、市場価格はジャポニカ米より多少低くても、妥協せざるを得なかっただろう。いずれにせよ、占城稲の利点は大きかったので、一四〇〇年までには全国で栽培されるようになった。そして、一七〇〇年代に入ってもまだ広い地域で栽培されていたが、この時代になると、農村社会が安定してきたので、ジャポニカ米も汎用米として十分な収穫量が確保されるようになっていた。

新たに栽培されるようになったもう一つの作物はワタである。支配層は何百年にもわたって、絹の衣服を着ていたが、庶民は硬くて断熱性に劣る麻や苧の服を着ていたので、手ごろな値段でもっと質の良い布に対する大きな需要があったのだ。ワタは一三〇〇年代の後半に朝鮮半島で栽培されていたが、綿織物が日本にも入ってきたのである。ワタの栽培は一四〇〇年代に九州に伝えられ、その後一〇〇年から二〇〇年の間に気候の許す限り東へ広がっていった。ワタの栽培は大量の肥料を必要としたが、その頃までには集約的な農法が普及していたので、ワタの栽培に支障をきたすことはなかった。綿織物の輸入は一五〇〇年代の後半まで続いたが、それ以後の三〇〇年間は国内生産で需要を賄うようになった。[*27]

技術の変化が社会と環境に及ぼした影響

一二五〇年から一六五〇年の時代には様々な発展がみられたが、特に人口の増加、それを支えた農業の発展や他の技術革新、生活水準の（全階層とはいい難いが）全般的な向上、社会の複雑化、政治軍事的混乱が生態系や人間と生態系の関係に様々な面で大きな影響を及ぼした。

明らかに、第3章と第4章で述べた影響が拡大・強化されたのは、人間の影響がかつてない規模で全国に及んだからである。さらに、人間の活動が生態系に影響を及ぼす仕方と人間が生態系にもたらされた変化に反応する仕方に新しい変化が生じた。

こうした問題は、森林伐採の影響、農業の集約化の影響、狩猟・鉱業・漁業の発達の影響という三つの一般的な問題の観点から検証できる。

森林伐採の影響

森林伐採が社会と環境に及ぼす影響はその目的や技術、規模による。中世の日本の木こりは伐採するだけ伐採して、損傷を与えた周囲の生態系は自力で再生させていた。しかし、第6章でみるように、幕藩体制の江戸時代になると、収奪的な木材伐採から、（畑で作物を栽培するように）伐採後に植林を行ない、必要な木を育てる「営林」へしだいに変わっていった。中世に集約農業に移行することが律令後期の状況から予見されたように、江戸時代の営林への移行も、中世の後期に行なわれるようになった森林管理から予見されることだった。

植林が行なわれるようになったのは、自然の再生を待っていたのでは木材需要を満たすことができなくなったからなのは明らかだ。木材不足は建築様式の変更、切り出しが困難な場所での伐採の増加、森林管理の発達などにみて取れる。明白な事実や木材不足を深刻化させた長期にわたる要因、森林を恒久的に他の土地利用に変えてしまった開墾の問題について、順次みていこう。

1　木材伐採と支配層の建築様式

律令時代に行なわれた木材の伐採が主に畿内の都の需要を満たすためだったのはいうまでもないが、一二五〇年以降も畿内が木材の一大消費地域だったことに変わりはなかった。しかし、一三〇〇年から一五〇〇年の時代は発展を遂げていた商業都市だけでなく、大名や寺院も木材の需要を全国に広めた。

木材の需要を増大させたもう一つの要因は戦乱と一揆である。膨大な数の砦、寺院、屋敷などの建造物が放火や偶発的な失火で焼失したからだ。焼失した建物を再建することがいかに大変な事業だったか、一四四〇年代に再建された京都の壮大な東福寺と南禅寺の例でよくわかる。

一四四二年に東福寺を再建するために、荷馬六〇〇〇頭分の美濃の木材を長良川から陸路で琵琶湖へ運搬して、そこから筏に組んで町まで運んだ。五年後には、南禅寺の仏殿を再建するために、八頭のウマに引かせた荷車一〇〇〇台分の美濃と飛騨の木材を長良川から琵琶湖を経由して京都へ運んだ。[*28]

放火は建材の需要を急増させただけでなく、数多くの野火を引き起こし、町や村などの集落周辺にみられる灌木林や乾燥した丘陵地に燃え広がると、木材や薪の供給源になる森も焼失させた。

建造物の再建や薪などの需要によって追い打ちがかかろ

うがかかるまいが、日本の森林、特に本州中部の森林は中世の間に次々と伐採されていった。環境に及んだ影響は基本的には第4章で述べた状況に拍車がかかったものだった。つまり、伐採された原生林は灌木や生育の速い樹種に取って代わられた。主に薪や小規模な建築用の木材として若い林に対する需要も続いていたので、スギやヒノキのような高価な樹種がほとんど再生できず、落葉樹とアカマツの小規模な混交林に取って代わられる針葉樹林が後を絶たなかった。

森林の樹種構成が変化したことで、木材不足が深刻化すると共に、価格の高騰や品質の低下といった問題が発生した。こうした問題を反映した最も顕著な例は建築革新だろう。

木材不足に対する対応策の一つは、前述したような「規模の小型化」である。律令全盛時代には支配層の建築物は大きな木材の骨組みで支えられ、目に触れる床や壁、扉には木が使われていた。しかし、中世の時代になると、木材不足が最も深刻だった畿内の建築物から、こうした造りは姿を消し始めた。建物の規模が縮小すると共に、高級材の代わりに他の素材を使うようになったのだ。

具体的に述べると、木目の美しい真っすぐな大木が手に入りにくくなったので、柱の規模を縮小したり、高級材のベニヤで表面を覆った合成材の柱を使用したりせざるを得なくなったのだ。さらに、木目の美しい床板の価格が高騰したり、入手が困難になったりしたため、高級材で床を張る代わりに、質の劣る床板を張り、その上に畳を敷くようになった。畳は、現在の標準サイズは厚さが五センチ、縦と横がそれぞれおよそ二メートルと一メートルで、弾力性のある大きなマットで、藁をしっかり縛って作った畳床を、藺草《いぐさ》の茎を編んだ薄くきれいな表面の畳表で包んだものだ。

また、壁は板張りの代わりに、漆喰が用いられるようになった。漆喰壁は、竹などを格子状に編んだ下地を使い、そこに泥を塗り、最後に魅力的な仕上げを施す方法だ。さらに、部屋の仕切りには木の引き戸ではなく、襖《ふすま》が使用された。襖は、細い木材でできた木枠に布やボール紙のような材を張り付けた軽くて魅力的な引き戸である。そして、屋外に面した優雅な羽目板の扉は、障子に取って代わられた。障子は、繊細な木枠に半透明の紙を張り付けてできた優雅な引き戸である。障子の外側には、夜間の防犯や悪天候に備えて、雨戸《あまど》が取り付けられた。雨戸は粗野な板の引き戸で、使わないときは、戸袋というポケット状の部分に引き込んでみえなくすることができる。その結果、書院造と呼ばれる建築様式が誕生し、茶の湯と結びついて、典型的な「和風」建築とみなされるようになった。

書院造が普及するにつれて、貴重な針葉樹の大木に対する需要は減少したが、生態系に別の負担がかかるようになった。

畳や紙製の襖は火がつきやすく、清掃しにくかったので、調理や暖房に囲炉裏を使うのは、火の粉や煙が出るために危険なだけでなく、厄介でもあった。上層階級は何百年にもわたって、火の粉も煙もほとんど出ない木炭を使っていたが、中世に台頭してきた武士や商人の中間層が木炭を買うだけの財力がつくと、木炭の使用が普及して、囲炉裏が火鉢や焜炉《こんろ》に取って代わられた。[*29]

しかし、木炭の使用が普及した結果、森林にかかる負担が増した。竈や囲炉裏はどんな木片でも燃料として利用できたが、木炭は堅木の無垢材から作る必要がある。さらに、木炭を作る過程で木材に備わっている加熱力の一部が失われてしまうので、木炭に適した樹種が限られているだけでなく、森林の単位面積当たりの利用できる有効熱量が薪よりも少ない。

書院造の普及は堅木の消費量を増加させただけでなく、漆喰壁に適した粘土や襖や障子に使用する紙などの素材の原料となる植物の需要も高めた。生態系に及ぼした影響で、おそらく最も重要だと思われるのは畳の使用で、藁のような素材と、イネと同じように水田で栽培できる湿地性のイグサの需要が急増したことだろう。畳は新種類の作物だけでなく、利用できる低地に対する新たな需要も生み出したのだ。

上層階級が低級な木材で間に合わせることを学んでいるうちにも、木材と薪の需要は増え続けた。特に、一五五〇年以降は戦法の変化や戦国大名の覇権争いによって、大規模な城の建設が相次ぎ、全国で木材に対する需要が激増し、その需要の規模は律令全盛時代の需要をはるかに上回った。この築城ブームは一六〇〇年代に入っても続き、東北地方の北部から九州の南部まで全国各地に二〇〇余りの城下町が建設された。

木材不足は築城にも反映されていた。瓦や漆喰、ベニヤで隠されていたが、規模の小さい質の劣る木材が木造部の大部分を占めていたのだ。しかし、それにもかかわらず、一〇〇年も経たないうちに、この築城ラッシュで、全国の人の手が入れる山林に残っていた高級木材はほとんど使い尽くされてしまった。

築城が環境に及ぼした影響の大きさを考えると、大名の城について、もう少し述べておいた方がいいだろう。こうした城は古墳時代の大古墳に匹敵する権力と威信を象徴するものだが、規模は律令全盛時代に造営された最大の屋敷や寺院を凌いだ。城には大量の木材が使われただけでなく、後述するように、石材もかつてない規模で使用され、環境に及ぼした影響は計り知れない。

こうした築城にみられる戦国大名の野望の甚だしい例は、天下統一を果たした豊臣秀吉（一五三六〜一五九八年）である。秀吉は巨大な城郭を築いただけでなく、京都の栄華の再興も目指し、自分の業績を飾るために方広寺という大寺院を創建したのだ。

寺院の棟木は重い瓦屋根を支える要の木材であると同時に、その材質次第で優雅にも安っぽくもみえる部分だった。そこで、秀吉は美しい巨木を求めていたが、一五八六年に東海地方の大名で、秀吉と便宜的に同盟を結んでいた徳川家康がその木を献上する任を引き受けることになった。

木こりたちは長いこと探し求めた末にようやく、富士山の麓で規模、質共に条件を満たす木を発見した。その木を切り倒して、二五メートルほどの長さに切ると、川を利用して慎重に駿河湾まで運んだ。駿河湾からは大阪まで船で曳航し、そこから京都までは淀川を遡った。この伐採事業には、三カ月にわたり賦役の労働者が延べ五万人動員され、金一〇〇〇両が費やされた。[*30]

しかし、この寺院は不運にも、完成した数年後に地震に見舞われて倒壊してしまった。秀吉の家督を継いだ秀頼が再興したが、棟木に利用できる木が九州の南部でみつかるまでに三年の月日を要したという。日本の森林はすでにいにしえの栄華を支える力を失っていたようである。

2　木材運搬の問題

木材の乱伐は森林の樹種構成に変化をもたらしただけではなく、他にも環境に関わる複雑な状況を引き起こした。中央山地を流れる木曽川や天竜川とその支流沿いに深く入り込むにつれて、山腹は険しさを増し、木材の切り出しに要する費用や作業の困難が増大したために、木材の運搬に技術革新がもたらされた。

急峻な山腹から木材を切り出すときは、頑丈な車地（巻き上げ機）を使った。一方、麓の集材所まで距離がある場合は、集材場所まで丸太を並べて滑り台を作り、伐採した木材を滑らせて運んだ。

また、従来は荷車に積んで長距離を牛馬に運ばせていたが、しだいに河川を利用するようになった。急峻で段差の多い河川の上流域では、計画的に壊せる一連のダムを木材で造り、慎重に並べた丸太で貯水池が満たされると、ダムを壊して丸太を次の貯水池まで流すという作業を、河川が丸太を浮かべられるところまでくり返したのだ。

丸太が浮かぶところでは、伐採した木材を川の流れに乗せて下流へ流し、便利な場所で引き上げていた。陸揚げされた木材は、東福寺や南禅寺の再建の事例で紹介したように、荷車に積んで牛馬に運ばせた。一方、木材集積場が海岸に近い場合は、天竜川流域の木材を鎌倉や中国へ輸送した事例のように、船が利用された。

しかし、川の流れに乗せて流す運搬方法に問題がないわけではなかった。盗難の被害に遭ったり、岸に打ち上げられたり、突然の出水に見舞われて海まで流されたりして、木材の損失が馬鹿にならなかったのだ。そこで、一六〇〇年頃からは、監視しながらまとめて流すようになっただけではなく、丸太を筏に組み、筏師によって集積場所まで運ばれるようにもなった。

こうした木材伐採はどの段階も浸食作用に拍車をかけたので、浸食でもたらされた川床の堆積物が増え、河川流域の低地が洪水に見舞われる頻度が高まった。さらに、そうした泥などの堆積物が海へ運ばれると、海浜の湿地や海岸線、沖合漁業に長期に及ぶ変化をもたらした。

また、川床に泥が堆積したことで、河川を利用した木材の運搬にも支障をきたした。川床の石やその他の障害物を取り除く目的もあったが、この問題に対処するために、川の浚渫《しゅんせつ》だけでなく、場所によっては、川の流路の変更や直線化の工事も行なわれた。こうした事業は膨大な労働力を必要としたが、一五〇〇年代の後期以降は頻繁に行なわれるようになった。周辺の低地の開墾も促されたので、二重に価値があったのである。

3　森林管理へ向けて

良質な木材が乏しくなるにつれて、入手が困難になっただけでなく、価格も高騰したので、森林の利用者は森林の保護と再生事業に取り組み始めた。律令全盛時代にも畿内周辺で乱伐の結果が明白になっていたので、朝廷は乱伐を禁じる勅令を発していたが、これといった成果は上がらなかったようだ。寺院も領地の森林保護を試みたが、効果はほとんどなかった。

一五〇〇年代に領地の強化を図っていた戦国大名は領内の森林保護に取り組み始めた。その草分け的存在は、小田原に根拠地を置き、伊豆半島を含む鎌倉周辺を支配していた後北条氏だった。第4章で述べたように、伊豆半島の森林は鎌倉幕府とその施設を維持するために数世紀にわたって収奪されていたので、針葉樹林はほとんど失われてしまい、落葉樹の低木と大きな竹の混交林に取って代わられていた。後北条氏は竹林に敵の攻撃に対する防柵としての価値と、竹に商品としての価値を認めていたので、竹林と竹の両方を管理する手段を講じたのである。森林の利用を規制するために森林管理者を任命して、職務を執行する権限を与えたのだ。

主に本州中部以西だが、他の戦国大名も森林の管理と保護の政策をとり始めた。木材確保の目的もあったが、領地の統治に支障をきたす下流域の洪水被害を抑えるためでもあった。そして、一六〇〇年代以降は、第6章で詳しく述べるが、森林管理の風潮はしだいに強まっていく。

さらに、森林管理には森林再生事業の萌芽がみられた。湿った土に枝を挿すと、比較的よく根付くスギの挿し木の事例だが、植林が行なわれたことを示す律令時代の記録が少数ながら残されている。しかし、継続的に植林が行なわれていたことを示す証拠がみられるのは、領主に任命された森林管理者が挿し枝によってスギの植林を行ない始めた一五〇〇年代になってからである。植林が行なわれたのは、朝廷に長年にわたり木材を供給していた京都の北部にある北山以外では、九州や四国の少数の森林に過ぎなかった。[*31] だが一六〇〇年代に入ると、このような植林事業がしだいに一般的になっていった。

つまり、伐採しやすい丘陵地の木を切り尽くしてしまうと、伐採作業が困難になり、費用がかさむだけではなく、環境に及ぼす影響も大きくなる山地の奥へ伐採地が移動していった。そして、こうした状況に対応して、建築様式や木材の運搬手段に変化が生じた後に、やがて森林の管理や再生の取り組みが始まったのである。

4　農地開発

第4章で述べたように、建築や燃料用の木材伐採は農地の開発につながることが多かった。農地の開発によって、在来の生物群集を支えていた環境は、人間とその協力者を支える環境へ完全に変わってしまった。さらに、木材の伐採と同様に、多少の浸食と下流域に種々の問題がもたらされた。

中世の時代は、焼き畑に利用されることが多かったが、丘陵地の開墾が進んだ。こうした耕作地はたいてい一、二年作物を栽培すると、放棄され、数カ月のうちに浸食作用で土壌に含まれていた栄養分が失われてしまった。こうした放棄農地が再び大木を支えられるようになるまでには、植物の遷移が何世代にもわたってくり返される必要があるので、極めて長い時間がかかった。

農業の集約化が及ぼす影響

森林から農地へ目を向けてみると、前述した農業の集約化については、肥料利用の普及と灌漑システムの拡大という二つの側面が環境に最も重要な影響を及ぼした。

1　肥料——厩肥と植物性堆肥

肥料の使用は、「第二段階」の集約農業の主要な要因だが、厩肥か植物性堆肥かによって、生態系に及ぼした影響が異なった。

厩肥（主に牛馬の畜糞）は動物の消化器の中で「前処理」がなされているために、植物が栄養を吸収しやすいので、二毛作には特に貴重なものだった。しかし、食物が消化されるということは摂取された食物（ここでは主にイネ科草本や牧草）の大部分が代謝の過程で消費されてしまうことである。つまり、厩肥に残っているのは、栄養分の一部に過ぎないのだ。したがって、牧草を堆肥として利用した場合に作物が吸収する栄養分を厩肥で賄おうとすると、牧草地の面積を大幅に増やす必要が生じるのだ。つまり、手間が省けて栄養の吸収率が高く、手間がかからない肥料の利点は、在来の森林群集の生息地を奪うことによってもたらされたのである。

とはいえ、日本の牧畜をヨーロッパなどと比べてみれば、家畜や厩肥の環境に及ぼす影響が小さかった要因がわかるだろう。一つは、日本ではウシやウマは乗り物や牽引に使うのが主な目的で、最終的に人の食料になった可能性はあるものの、肉牛や乳牛として飼育されていたのではなかったことだ。したがって、家畜の総数も牧草地の面積も、牧畜の盛んな国や地域よりもずっと少なかった。

もっと重要なこととして、ヒツジやヤギが飼われていなかった。ウシやウマはイネ科草本や広葉草本を選択的に食べるが、ヒツジ、特にヤギの食草は種類が極めて多く、放牧地を丸裸にするほど何でも食べるので、放牧地が浸食や乾燥の危険に晒されてしまう。このように、厩肥の利用は効率は悪かったが、日本では、集約的な牧畜（特にヤギやヒツジ）をしなかったため、それによる環境破壊を免れたのである。

一方、植物性堆肥の主成分は森林の下層植生、落枝落葉、収穫後の残滓だったので、直接土にすき込んで朽ちさせたり、焼却灰にしたりして使用した。農業の集約化は、休耕地の常時使用、開墾による農地の拡大、施肥を行なう田畑の増加、二毛作や肥料を大量に必要とする綿栽培の普及と相まって、植物性堆肥に対する需要の激増をもたらし、環境に大きな影響を及ぼした。

問題点を具体的に説明すると、植物性堆肥の利用が適度ならば、樹木や成長が遅い植物は犠牲になるにしても、イネ科草本や広葉草本の成長は促進される。つまり、生物相は変わるが、下流域に影響が及ぶことはほとんどない。しかし、利用の度を超すと甚大な影響を及ぼす。土壌表面の植生がしだいに失われて、浸食が起こりやすくなり、土壌は湿気と肥沃さを失うことになる。

律令時代には、こうした状況は畿内周辺に「禿山」をもたらしたが、農業の集約化が進んだ中世には、土地開発の急増、薪の使用や植物性堆肥利用の増加で、瀬戸内海周辺や東海地方、その他の地域の人口密度の高いところでも、畿内周辺でみられたような禿山が出現した。

禿山が増加すると、様々な問題が生じた。例えば、生物系の変化や生物量の減少、水田の灌漑に利用する流去水の栄養価の低下が著しくなったり、干ばつの影響を受けやすくなったり、豪雨による鉄砲水の量が増大し、浸食や下流の土砂の堆積、下流域を見舞う洪水の被害の規模が拡大したりしたのだ。

2　灌漑システムの拡大

灌漑システムの拡大は生態系に影響を及ぼした。例えば、洪積平野を農地に変える後押しをした点では、森林に覆われた日本列島を長期にわたり地形による二分化をする大きな一歩になった。つまり列島を、人間が居住する低地および河川流域と、在来の動植物が生息する山地の二つの領域に分けたのである。山地のかなりの部分が森林に占められているが、それは自然の混交林ではなくて植林地であり、現在でもこの二大区分は変わらない。

一方、灌漑システムの増加と拡大によって、夏季に使用する水を溜めておく池や、水田へ水を引く様々な規模の用水路が築かれ、これは河川の水が人工的な水系へと変えられたことを意味する。

しかし、灌漑システムの拡大が河川の下流域に及ぼした影響の方が、こうした土地利用の変化よりも複雑だった。こうした灌漑システムで取水された河川は、取水地点より下流の水量が減ってしまったのだ。梅雨が明けると、降水量が少なくなるので、取水によって水位が下がった川床のあちらこちらで植物が育つようになった。一方、川床に育

った植物によって土壌が固定されるようになったために、土砂が堆積しやすくなり、河川内に浅瀬や小島が形成されるようになった。こうした河川は台風や豪雨、雪解け水や梅雨などで増水しても水の勢いだけでは川床の堆積物が押し流されないので、水が堤防を越えて周囲にあふれ出やすくなったのである。

河川の浚渫は洪水を防ぐために必要だったが、同時に、木材の運搬に支障をきたす堆積物を取り除く目的にも適っていた。そこで、村人や戦国大名（主に一五五〇年代以降）は河川の改修や洪水防止のために、農閑期に計画的に浚渫工事や堤防建設を進め、所期の目的を達成することができた。

さらに、この時代に灌漑システムの増強で河川の流路が変化し、その結果もう一つの変化がみられた。良質の大径材が手に入りにくくなったために、前述した畳や襖、障子が書院造に用いられるようになったように、水田地帯の下流で安定した水流を維持するのが困難になったために、特に京都では、貴族階級の観賞用庭園の造園法に変化が生じたといえるかもしれない。律令全盛時代の支配層の庭園には優雅な池や小川が配され、上品な橋、手入れの行き届いた島や植え込みが設えてあった。しかし中世には、日本庭園を代表する石庭が新たに登場した。砂で水を表現した石庭では、様々な大きさの岩や石、草木を配して海の風景が

表された。

その他の影響

この時代で環境に最も大きな影響を及ぼした人間の活動は、木材の伐採と開墾および農業の集約化だったが、城郭の石垣、採鉱、狩猟、製塩、漁業、海岸線の変化にも注意すべきものがある。

1　城郭の石垣

特に一五五〇年以降の数十年に当てはまるが、森林伐採を加速させた主因は木材を大量に消費した築城だったが、城郭の石造部の建設も規模や性質は不明ながら、環境に影響を及ぼした。

律令全盛時代以来、石材は建築物の土台に使われてきたが、その規模は大したものでなかっただけでなく、一〇〇〇年の間、変化がなかった。律令制が衰退し、中世の乱世

熊本城の見上げんばかりの石垣（熊本市、1963 年）

長崎県島原市に残る武家屋敷の石垣（1963 年）

になると、砦の建設が盛んになったが、そのほとんどの部分が木造だった。しかし、一五〇〇年以降になると、防御工事を施した寺院の中に、堡塁《ほうるい》に石垣を利用するものが現れ始めた。[*32] 城郭の防御手段として巨大な石垣が登場し、標準的な軍事技術として定着したのは、戦法が変わり始めた一五五〇年以降のことだった。

　こうした城郭は防御しやすい山地の基盤岩の露出部や丘陵地などの張り出し部分に築かれているものもあった。しかし一番一般的だったのは、更新世の氷河期に形成された洪積層の隆起した段丘上に築かれているものだった。農地の広がる平野や河川流域を見渡すことができる上に、労働力や物資の入手と輸送が比較的しやすく、守りやすい場所だったからだ。

　しかし、そうした利点もさることながら、最も重視された点は、段丘の堆積土は（生産力が低く、礫が多いこともあったが）、平らな場所や稜堡に要求される急斜面を必要に応じて比較的容易に造成できることだった。しかし、段丘は土壌が表出したり、攪乱されたりすると、浸食されやすくなるので、雨や流去水から段丘を守る必要が生じた。城壁に石垣が利用されるようになったのは、こうした問題に対処するためだったのだ。

　当時はモルタルがなかったので、石を一つひとつ組んで城壁を築いたが、地震で石が緩まないように、城壁を傾斜させて、石を段丘斜面に持たせかけた。さらに、石積みの石と石の隙間から段丘の土壌が徐々に流出するのを防ぐために、段丘斜面と城壁の間に小石や岩砕の分厚い層を設けた。

この石垣は耐久性に極めて優れていることがわかり、その後の数十年は戦乱を勝ち抜いた戦国大名は城壁や天守閣を増築するときに、同じ工法を用いていた。つまり、土を盛り上げ、突き固めて土台を造り、その表面を小石の層で覆い、その外側に石を組んで城壁を築いたのである。

こうした石垣を築くために、城郭の大きさにもよるが、三〇センチメートル四方かそれ以上の石が数千個から数万個と、土砂の流出防止用にそれと同量の小石や砕石が使用された。

このような大事業が環境に影響を及ぼさないわけがない。築城に使われた木材が森林に負わせた負担については前述したが、この負担は、労働力の維持や鉄器の鍛造、城の屋根瓦を焼くためなどに燃料として使用された木材によって、さらに増えたのだ。しかし、実際にどれだけの石材が使われ、それがどこから切り出されたのか、またその運搬やそれが生態系にどのような影響を及ぼしたのかとなると、満足な答えをみつけるのはおそらく不可能だと思われる。したがって、これから述べることは推測に過ぎない。石垣に組まれた石には、石切り場から切り出して形を整えた石と、

摩耗した石の二つのタイプがあった。ちなみに、後者の多くは河川に由来するもので、ほとんど整形する必要がなかったろうと思われる。

石が切り出されれば、その場所の環境が破壊されただろうことはいうまでもない。さらに、切り出された巨石の運搬も周辺の生態系に大きな影響を及ぼしたと思われる。しかし、採石作業が終わってしまえば、植物がゆっくりとではあるが、採石場に再生するだろう。

一方、河川に由来する石の大きなものは上流域から、中小のものは下流域から集められたと思われるが、いずれの石も洪水で運ばれてきたものである。石を取り出す作業で川床の土や砂も一緒に剝がされてしまったと思われるので、下流に堆積する土砂が増えただろう。段丘の斜面と石垣の間に詰めた小石の多くも川床から採られたものと思われるが、その作業でも川床の土砂が剝がされただろう。作業のやり方にもよるが、浸食や堆積や河川の氾濫といった問題を悪化させた可能性はぬぐえない。その一方、こうした作業は、洪水の防止や木材の運搬効率を高めるために行なわれていた河川の浚渫や直線化に一役買ったかもしれない。

岩石の運搬も環境に影響を及ぼしただろう。石切り場や城郭の位置にもよるが、切り出された石は主に河川や海を利用して船や筏で運ばれた。石切り場から船や筏までと、そこから築城現場までの運搬には、牛馬、荷車、そりやこ

ろ、人力が利用された。こうした石の運搬は木材の場合と同様に、周辺の植生に損傷を与えただけでなく、土壌も崩したので、浸食や堆積作用を加速させた。しかし、運搬作業も終わってしまえば、環境がひどく損なわれた地域でもしだいに植生が回復しただろう。

　このように、城郭の石垣建設が河川に与えた影響は長短があったといえるかもしれない。石垣建設の責任者がどれだけ環境に対する配慮をしたか、その度合いにもよるが、木材の伐採や開墾が引き起こした環境破壊の規模を大きくした可能性がある一方で、河川から岩や石を取り除いたことで河川の流れが良くなり、環境の改善に一役買った可能性もあるからだ。

2　鉱業と狩猟

　中世には鉱石の採掘量が主に鉄や金銀において大幅に増加した。しかし、一六〇〇年代までは、前述した出雲の砂鉄のように、地表近くにある鉱物層を砂鉱採鉱していたようである。したがって、この時代の鉱業は、産業時代のような深い立坑、木材の大量消費、膨大な鉱滓や廃棄物とは無縁だった。それでも、少なくとも採鉱が行なわれている間は、周辺の河川や森林の環境が破壊されたのは確かだし、廃坑になった後も、傷が癒えるのに少なくとも数十年はかかっただろう。

　狩猟も森林の動物相に悪影響を与えたが、シカやイノシシなどの猟獣の捕獲数はよくわかっていない。前述したような仏教の新興宗教の活動が生産者層に広まったので、殺生や肉食を禁ずる仏教の教えが浸透していた可能性がある。[*33]こうした風潮によって、食肉市場が縮小し、猟師が職業として成り立たなくなったことも考えられる。しかし、当時の争乱で居住地を追われた者の中には、森に逃げ込んだ者もあり、その多くは生活のために狩猟や罠猟を行なっていたとみて疑いない。成熟した森が減少し、灌木林や林縁、牧草地や畑が増えるという生息環境の変化で、シカやイノシシなどの野生動物が増えたのか、減ったのかは不明だが、いずれにしても、この時代は社会の発展に伴って、森林の動物相が被った悪影響はさほどひどくなったようには思われない。

3　製塩、漁業、海岸線の変化

　沿岸の塩田で行なわれていた製塩については第4章で述べたが、こうした揚げ浜式などの製塩の発展が周辺の生物相に与えた影響は極めて小さいものだったようだ。さらに、海水を煮詰めるのではなく、自然蒸発させるので、燃料の消費を減少させた。

　中世のこの時代には、海洋と内水面で規模の大きな漁業も発展した。[*34]後者の内水面漁業（河川や湖沼で行う漁業）

は特に琵琶湖が有名だった。

琵琶湖の漁業を発展させた要因は三つあった。琵琶湖は大きな湖なので、魚の個体数と種類が多かったこと、近くに京都という大きな市場があったこと、琵琶湖は畿内とその東と北の地域を結ぶ主要な交通路なので、漁師が人や物資を運搬する船頭としても収入が得られたことがその主要因として挙げられる。琵琶湖沿岸の村民は、こうした利点を活かして漁業を発展させた。漁網や簗《やな》で魚を捕り、それを加工して市場へ出荷したのだ。

漁村が発達したのは、特に瀬戸内海や伊勢湾、また琵琶湖経由で到達できた日本海側の若狭湾など、市場へのアクセスのよい地域の沿岸だった。漁民は投網や簗を使用して、沿岸域で漁を行なった。また、貝類や海藻を採集して加工も行なったが、沖合まで漁に出なかったようなので、沿岸の生物相に多少影響を及ぼしたに過ぎなかったと考えてよいだろう。

海岸線に関しては、上流域で浸食された土砂などが河口付近に堆積するので、河口付近の海岸線は変化し続けていた。こうした堆積物は木材の伐採や開墾、建設事業が盛んな河川の河口付近で特に顕著だった。一五〇〇年代までには、こうした場所は仙台平野、関東平野の霞ケ浦周辺、濃尾平野の木曽・長良川の河口、瀬戸内海沿岸、北九州の博多沿岸など、全国でみられるようになった。

海岸線の変化の時期を推定できる指標は極めて少ないが、畿内の海岸に一つ残っている。それは住吉神社である。住吉神社は、危険な航海中の船乗りに神の加護を祈るためと陸標も兼ねた建造物で、紀元四〇〇年頃に大阪湾を見下ろす上町《うえまち》台地に造営された。しかし、時代が下ると共に、大和川と淀川が運んできた土砂で台地の北東側にある大阪湾が埋まり、浜辺が西へ伸びていったために、今日では神社の位置は一〇キロメートルほど内陸になってしまった。海岸に至る一部の陸地は産業時代に行なわれた大阪港の建設に伴う埋め立てによるが、それを差し引いても、一五〇〇年代までには神社はすでに海岸からかなり東に位置していた。

こうした海岸線の変化は、徐々に沿岸の湿地やその生物群集を移動させた。しかし、台風や大量の土砂の堆積を除けば、海岸線の変化は海洋生態系を破壊するようなことはなかったようだ。それどころか、栄養の流入という恩恵に浴した生物種もいた。

まとめ

一六五〇年頃までの四〇〇年間は、日本が様々な発展や成長を経験した時代だった。しかし、同時に複雑な時代で

漁業と商業を支えていた九州北西部の平戸の港町（1963 年）

もあった。こうした特徴は、支配階級と社会全体、およびそれを支えた農業や科学技術、そして人間と生態系の相互作用において特に顕著にみられた。

旧来の律令体制がしだいに崩壊していくにつれて、職業武士などがくり返し社会秩序を取り戻そうとするようになった。一時的に成功した場合もあったが、一五〇〇年代の後半までは、諸大名を抑えて覇権を主張できるほどの実力者は生まれなかった。最後にこの戦いを制して、一六〇〇年代の初めに天下統一を成し遂げたのは徳川家だったが、敗者にも十分に権益を認める形で、社会の立て直しを図ったので、それ以後は危険を冒してまで覇権を争う者は現れなくなった。

律令時代の支配者層（帝都に在住する数千人の公家、聖職者、上級の官吏）は底辺の狭いとがった階層ピラミッドの頂点を成していた。一方、幕藩体制の支配層は、底辺がもっと広く、頂点もそれほどとがっていないピラミッドの頂点を占めていた。幕藩時代の支配層は、京都などに在住する権力を持たない公家と上層の聖職者が数百人、大都市の江戸に居住する将軍と官吏や家臣が数千人、各領地内に築かれた城下町に数十から数百名の官吏や家臣と共に居住する大名が二〇〇名余り、全国の都市にいた下位の武士や豪商たちが数千人であった。

これほどの規模の支配層が存在できたのは、生産者層が律令全盛時代の六〇〇万人から一七〇〇年までには三〇〇〇万人に増加していたからである。この人口増加は、社会にとって恐れるべき三要素である飢饉と疫病と戦乱が減ったことを反映している。一六〇〇年までの三〇〇年は戦乱が後を絶たなかったが、一五〇〇年代の後半まではその規模は小さく、頻度も高くはなかった。その結果、人口に与えた影響はさほど大きなものではなかった。疫病による死亡率も減少していた。死亡率の高かった疫病が蔓延しなくなっただけでなく、死亡する者もほとんど子どもに限られたからだ。飢饉が起こることも少なくなった。支配層の租税徴収力が弱まったこともあるが、農業改革のおかげで、食料の生産力が高まると共に、少々の天候不順では凶作にならなくなったからだ。

こうして、中世、主に一三〇〇年以降に、生産者層が大幅に増加することになったが、支配層一人当たりの生産性が大幅に向上しなかったら、この人口増だけでは幕藩体制時代の大規模な支配層を支えることはできなかっただろう。

この生産性の向上が可能だったのは、輸送機関が整備され、商取引の制度が設けられたことで、生産者と消費者がかつてないほど密接に結びつけられたからである。そして、生産性の向上に伴って、「商人階級」と呼ばれる様々な中間業者が台頭し、商取引を円滑に行なうために複雑な金融制度を作り上げた。

いうまでもなく、こうした社会経済的変化を促したのは、集約農業をもたらした様々な技術の進歩だった。一方、そうした技術の進歩に弾みがついたのは、河川管理や海運業のような分野における技術革新だったのである。

一つの種の利益は他の種を犠牲にして得られることは生態学の常識だが、開墾や木材の伐採のような自然を収奪する行為が増加したために、日本列島の生物組成が一段と変化した。人間が利用する土地が増えるにつれて、その他の生物が利用できる土地が減少の一途をたどったのだ。おそらく一番有名な例は、建築材として最も珍重された樹種(とりわけスギやヒノキ)が激減して、他の樹種に取って代わられたり、潤いを失った「禿山」に変わってしまった地域が増えたことだろう。

しかし、こうした変化はそれに留まらなかった。変化の連鎖で河川の流れや海岸線にも変化が及んだのだ。さらに、人間の行動にも影響が及び、森林や河川の管理だけでなく、建築様式や暖房の方法にも変化が生じた。そして、やがては、第6章でみるように、資源の共有と管理システム、森林再生事業、社会の限りある資源基盤を広げて維持する他の革新的な手段を成立させることになったのである。

第6章 集約農耕社会後期
——一六五〇～一八九〇年

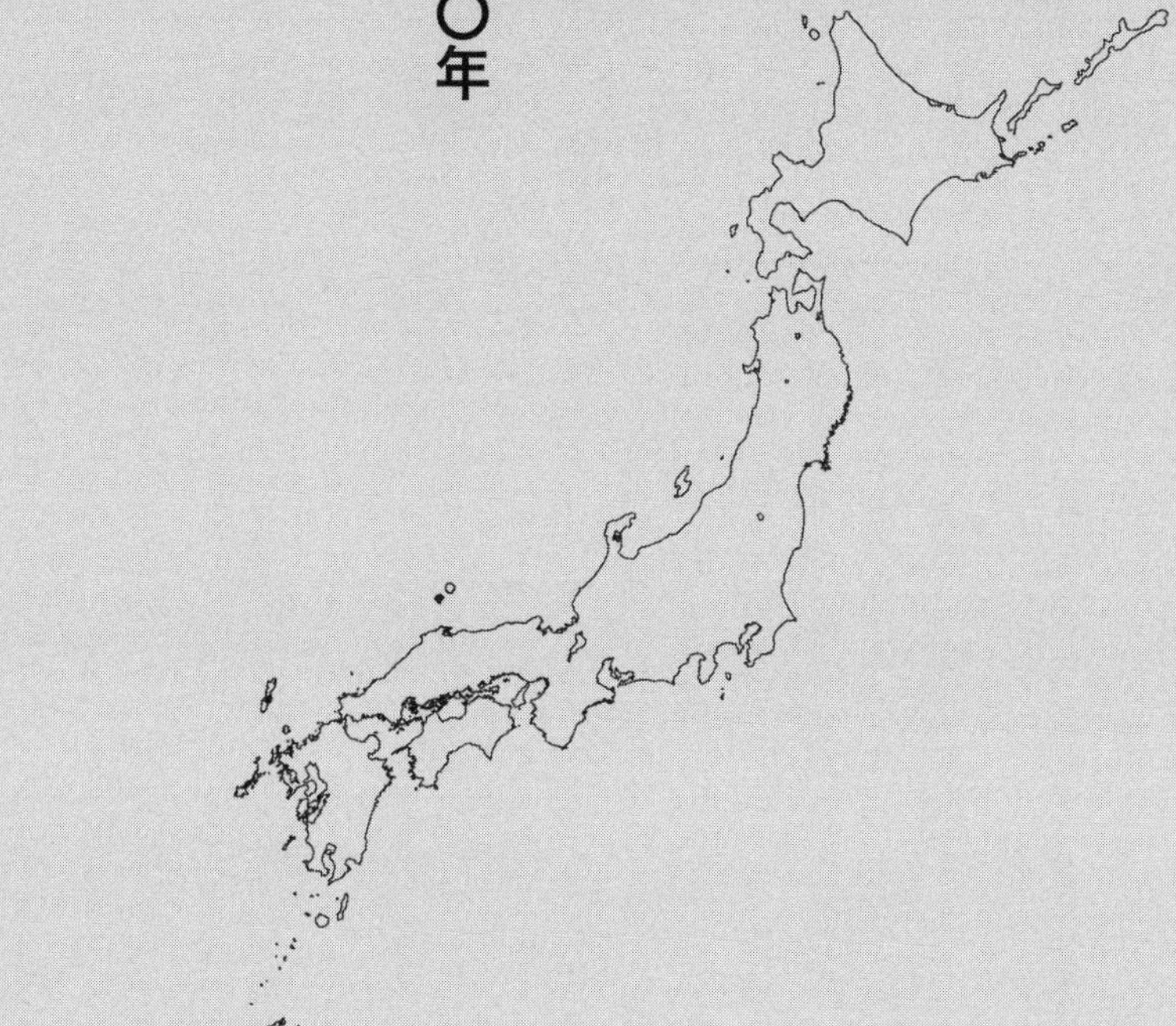

一六五〇年から一八九〇年の間は、みかけ上はすばらしい時代のようだった。[*1] 中世が混乱と無秩序の時代だったので、それと対照的に安定と秩序の時代のようにみえるからだ。しかし、実際は、それ以前の数世紀を彷彿させる複雑な妥協やきわどい勢力の均衡、艱難辛苦《かんなんしんく》、根本的な大変動に満ちていた時代だったことが豊富な記録からわかる。

大まかにみると、この時代には大きな変化が二つみられた。一つは、一七〇〇年以前の社会経済が急成長を遂げていた時代から、一八〇〇年代の中頃まで続いた安定の時代へと困難を伴いながらも移行したことだ。基本的には、この移行は日本列島の生態学的限界に対する適応である。列島の生態系は集約農業社会の成長をこれ以上支えることができなくなっていたのだ。

この移行は社会の構造や関係に様々な変化をもたらしただけでなく、特に木材の伐採や開墾の激減と鉱業や漁業の変化など、人間と生態系の関係にも変化を引き起こした。

人口が安定し、政治的秩序が回復した中でも、その後も引き続き、社会全体に様々な変化が起きた。農村と都会の関係や、村落内の階層関係も変化し続けた。農習慣もゆっくりと変化したが、森林の管理に著しい変化がみられた。この変化は二〇世紀の基本的動向を予示するものでもあった。鉱業と漁業にみられた変化の中には、工業化の先駆けとみなせるものもあった。そして、こうした傾向の背景には民衆の識字率の向上があったが、識字率の向上も工業化を醸成したとみなせるだろう。

一八〇〇年代の中頃にもう一つの大きな変化が生じた。その移行の過程で、幕藩体制が外国の圧力で一気に崩壊したのだ。幕藩体制の崩壊は、農業が伝播した二五〇〇年前以降、例をみないほど劇的に日本の社会を変えることになる。すなわち産業社会へ移行させたのである。しかも、一〇〇〇年以上かけてゆっくりと進んだ狩猟採集社会から農耕社会への移行とは異なり、先進産業社会へ移行するまで、第7章と第8章でみるように、一〇〇年とかかっていないのだ。

一八六〇年以降はこうした外圧で外国の社会との外交関係、国内の政治・経済・社会の構造や科学技術の利用も根本的に変わり始めた。一方、こうした状況の変化に伴い、生態系に対する収奪が多様化すると共に規模が拡大して、人口の増加が可能となり、環境に影響を及ぼすようになった。一八九〇年代までには、こうした変化は日本の支配層に国際関係で新時代を開く力を与えたが、社会経済の広範囲に影響を及ぼしていた。

このように状況は複雑だったが、幕藩体制時代の支配層に起きたできごとの点から検証してみよう。それは、民衆の状況が変わりつつあることと、人間と生態系の関係に関わる科学技術の動向の観点である。こうした様々なできごとが環境に及ぼした影響については、最後のまとめで簡単に要約することにする。

支配層——安定した政治、崩壊、方向転換

一六五〇年から一八五〇年の二世紀はそれ以前の三世紀と比べて、驚くほど政治が安定した時代だった。支配層の内部では、幕藩体制に内在していた限界や、人口が増加から安定へ移行したことに伴う社会経済的困難、一〇〇〇年近く前に律令制を行き詰まらせた困難にもかかわらず、安定が保たれていた。

しかし、一九世紀には、世界の他地域では、政治経済の混乱が激しさを増しながら衝突し合い、日本の支配階級の内部にかつてない政治的緊張を生み出していた。[2] こうした政治的緊張は、一八六七年から一八六八年に起きた武力による幕藩体制の解体と、天皇を名目上の中心に据えた新政府の成立をもたらした。この新政府のリーダーたちは、中央集権体制を固めると共に、欧米列強に対抗するために、欧米の制度・文物・科学技術の導入に着手し、一八九〇年までにはそれを成し遂げたようである。

したがって、一六五〇年から一八九〇年の二〇〇年余りにわたる支配層の政治は、幕藩体制とその限界、一七九〇年から一八六〇年の欧米列強の脅威とその影響、一八六〇年から一八九〇年の大変革の三つの点から検証できるだろう。

幕藩体制とその限界

第5章で述べたように、幕藩体制は一六〇〇年の関ヶ原の戦いで覇権を握った東軍の徳川家と、敗れた西軍の大名の間に結ばれた事実上の休戦協定である。この協定が長続きしたのは、基本的には、大名同士が和解して、この協定を維持する方が武力を行使して協定を改めるよりも利点があると認めていたからである。

幕藩体制は律令制よりもはるかに複雑で、正式な世襲制の身分制度を必要とした。公家や聖職者は整然と格付けされ、大名は将軍家との関係の親疎による分類（親藩、譜代、外様）の他にも、領地の規模による分類がなされていた。大名以下の下級武士は地位、収入、職分によって分類されていたが、民衆も同様に身分や職業によって、農民、職人、商人に分けられていた。

幕藩体制には、徳川将軍家が中央集権化によって大名の権限を奪わない代わりに、大名も徳川幕府打倒を企てないという暗黙の了解が当初からあった。一六〇〇年代に数名の大名が領地を没収されたり、地元の利益を図って小規模

な政治工作や駆け引きが行なわれたりもしたが、この暗黙の合意が破られることはなかった。

この合意の中で制度化されて、おそらく最も有名になったものは「参勤交代」だろう。[*3] 大名は原則として一年交代で江戸と領地に居住し、妻子は江戸に人質として住まわせることが定められたのである。

この基本合意があれば、江戸幕府は幕藩体制を揺るがしかねない反逆行為に対処することができた。藩主が問題を起こしたり、無能だったりした場合、家老に圧力をかけ、継承者に家督を相続させて隠居させたり、政策を是正させたりすることもできた。同様に、大名も家臣の行動を律することができたが、律する義務も負わされており、この関係は階層の下部まで続いていた。また、幕府によって江戸に公布された法令は、しだいに諸藩の城下町でも採用されたり、手本にされたりするようになった。その結果、一八〇〇年代までには、政治的には極めて細分化されており、詳細は異なっていたものの、全国に高度に画一化された生活の規則や習慣が広まることになった。

幕藩体制も政治体制のご多分に洩れず、支配層内部の派閥争いや、下層階級の困窮や不満といった問題だけでなく、財政難にもくり返し直面した。特に一七三〇年代や一七八〇年代、一八三〇年代には、並外れた異常気象による不作に伴い飢饉が起こり、こうした問題が悪化した。

しかし、こうした歴史に残る飢饉が起こるはるか以前から、幕藩体制には自然災害や人災によって重圧がかかっていた。例えば、詳細は後述するが、一六三〇年の深刻な飢饉に引き続いて、一六五七年には江戸が大火に見舞われ、その後の数十年間は全国的に地震やその他の災害が頻発した。

一七〇三年には「日本史上最大」といわれている地震が関東南部を襲い、被災者は三八万人に上ると推定されているが、この地震で発生した大火災で江戸の町はほとんど焼失し、江戸だけでなく、関東一円の町や村の住民に再建の重圧がのしかかった。それからわずか四年後には、富士山が大噴火を起こして、関東地方に火山灰を一〇センチメートルも降らせたので、家屋が押しつぶされる、河川がせき止められる、農地が使えなくなるなどの被害が出て、幕府は新たに財政的な負担や厄介な問題に直面することになった。[*4]

こうした災害は、社会に新たに大きな負担を負わせる一方で、経済の高度成長を終わらせ、慢性的な財政難と緊縮政策の時代をもたらすことになった。大名の従者の人数や家臣の俸給が減らされ、奢侈が戒められると共に、建設事業は簡素化されたり、取りやめになったりした。

しかし、この時代には、武士階級（将軍や大名の家臣）は日本の人口のわずか五%を占めるだけになっていた上に、そのうちの半分は、予備役として、ささやかな俸給で召し抱えられていたのだ。俸給を減らされたこうした下級武士たちは生活難に直面し、教師や職人など、他の仕事で収入を補わざるを得なくなった。

下級武士たちの困窮は深刻なものだったが、幕藩体制を打ち崩そうとはしなかった。幕藩体制が崩壊したのは一七九〇年以降の数十年に欧米列強の脅威がかつてないほど高まったからだ。

欧米列強の脅威（一七九〇〜一八六〇年）

第5章で触れたように、江戸幕府は一六〇〇年代の初めに鎖国体制を整えた。日本の辺境支配を確実にするために、九州南部の薩摩藩に琉球の管理を、朝鮮半島に面した海峡に位置する対馬藩に朝鮮半島との外交関係を、北海道南西部の松前藩に蝦夷の管理を担当させ、その見返りとして、各藩には担当地域の交易を独占する権利が与えられていた。オランダと中国の交易は長崎に限定し、幕府が直轄した。[*5] 時折、緊張が高まったり、衝突が起きたりはしたが、一八〇〇年頃までは、こうした取り決めに支障をきたすことはなかったようである。

しかし、一八〇〇年までには西欧列強がアジア諸国を植民地化して、土地や資源を自国の利益を図るために利用していた。日本は西欧からみると、地球の裏側に当たる「極東」に位置していたために、一六〇〇年代の初めに鎖国を始めて以後、西欧列強の圧力が及んだ最後の地域であった。

西欧列強の脅威が初めて現実のものとなったのは、オランダと長崎におけるその交易の地位を巻き込んだナポレオン戦争の副産物としてだった。特に危機感を抱かせたのは、脅威が南の九州と北の蝦夷地（北海道・千島・サハリン）の両方から挟み撃ちにする形をとった（と思われた）ことだ。一七九六年から一八一〇年代にかけて、蝦夷地の交易、入植者の土地やその他の権益を求めてきたのはロシア人だった。そして、一八〇〇年から一八一八年にかけて、琉球諸島の場合もあったが、主に長崎で脅威となったのはイギリス人だった。

北の蝦夷地では爆撃、放火、略奪といった暴力的な事件が何度か起き、南の九州では必需品の補給を強要されたが、幕府はそれでもヨーロッパ人の交易はそれまでと同様に長崎に限定すると主張することができた。しかし、不要な軋轢は避けたかったので、沿岸の藩の大名には、外国船に対して、緊急の場合には必需品の提供を行なうように秘密裏に指示を出していた。

こうした問題はしばらくの間は鎮静化したようにみえたが、一八二〇年代に再び幕府を悩ますようになった。欧米の捕鯨船が日本沿岸の各地に現れ、必需品の補給や援助を求めたり、時には強要したりするようになったのだ。産業化の段階に入った欧米諸国の数百隻に上る捕鯨船団が鯨油を求めて、北太平洋にやってきていたのである。大西洋のクジラはほとんど捕り尽くされてしまったので、南米を回って太平洋を横断し、クジラが豊富なアリューシャン・千島列島付近の海域まではるばる危険な航海をしても割に合うようになっていたからだ。[*6]

捕鯨船が時折やってきて、必需品の補給や援助を求めることは厄介な問題になった。長崎以外の来航禁止令に反する行為だっただけでなく、地元の人々や奉行を動揺させた。さらに、その頃唱えられ始めていた、外国人を日本の脅威とみなす尊王攘夷論に油を注いだ面もあった。

戦国大名が覇権を争っていた頃だが、一六〇〇年までの数十年間は、仏教の特定宗派の信徒は、領地の秩序を乱す手に負えない脅威だとみなされていた。その後、キリスト教の宣教師とキリスト教に改宗した信徒は、強い信仰心とイベリア半島の軍事力との結びつきから危険視されるようになった。しかし、一六六〇年代までには、こうした強固な信徒衆は禁圧されていった。

それから一世紀以上経って、一七九〇年代から一八一〇年代に外国と衝突が起きたとき、かつての反体制的な宗教活動の恐怖が息を吹き返した。このとき、一〇〇年余り前から発達してきた「国学」の学者も、当時の文化の中で日本に固有な文化と中国に固有な文化を区別することの重要性を唱えた。[*7]

何世紀も前から、支配層は日本と中国や朝鮮の社会の間には、少なくとも言語的に、違いがあることを認識していた。特に中国の文物を称賛する人物も中にはいたが、全員というわけではなかった。中世、特に幕藩体制の江戸時代に商業や流通網が発達し、識字率が高まるにつれて、非日本的な「他のもの」に対する認識が、支配層とその周辺に広まった。[*8]いうまでもないが、この認識は一五〇〇年代後半のヨーロッパ人の渡来や長崎に居住するオランダ商人の存在によって深まった。

支配層の「彼我」の認識に関して、一七〇六年に儒学者で教育家でもあった貝原益軒《かいばらえきけん》が的確に述べている。

> 我が日本は気候の穏やかさ、土壌の肥沃さ、民度、資源の豊かさで他の国に勝っている。しかし、多くの人々はこうした事実に気づいていない。……我々は「ありがたみをわからずに、豊かな草を貪り食っている虫けら」のようだ。[*9]

特に一八〇〇年代に、捕鯨船員のような外国人の渡来がもたらす危険性を説明するために、こうした民族の独自性や民族意識が利用された。

当時の状況では、「彼我」の認識はすでに確立されていたこともあり、キリスト教やその信者が幕藩体制にとって脅威であるというそれまでの考え方を超え、よそ者を十把一絡げにして、日本民族の根幹を脅かす「外国」とか「異国」の脅威と呼ぶようになるのは時間の問題だった。[*10] こうした見方は国学と同様に、民族的自意識の萌芽だった。また、意識的に民衆を「国事」に関わらせようとした点で、産業社会を予示するものといえるだろう。

一八三〇年代は、飢饉が起きて国内が困窮し、対外問題の関心が薄れたが、一八四〇年代には紛う方なき軍事的脅威として再び注目を浴びるようになった。そのきっかけになったできごとは第一次アヘン戦争と呼ばれている清代の中国に対する英仏の攻撃だった。その結果、英仏の強大な海軍には、大国の中国でも勝てないことが白日の下に晒され、中国はヨーロッパの商人が売りつけるアヘンを受け入れざるを得なくなったのだ。西欧列強は日本にも大きな譲歩を要求するだろうという報告に接した江戸幕府は、防衛力の強化を図る一方で、暫定的に懐柔策をとることを考慮した。しかし、西欧列強は他の地域の問題で忙しくなり、一八五三年までは、幕府の懸念していたことが現実のものになることはなかった。

幕府の懸念を現実化したのは、ヨーロッパ人ではなく、アメリカ人だった。アメリカ人は幕府が交易と外交政策を

要求通りに受け入れなければ、江戸を砲撃して、将軍の居城もろとも町を破壊すると、軍事力に物をいわせて脅したのだ。中国のできごとが記憶に新しい上に、勝算がまったくないことがわかっていたので、幕府は譲歩した。一八五四年から一八五八年の間に結んだ一連の条約で、江戸幕府は二〇〇年にわたって堅持してきた鎖国政策を放棄した。[*11] 新たに結ばれたこうした条約により、アメリカ人とヨーロッパ人は数カ所の港で交易する権利や公使館を維持する権利、日本の貿易関税を制限する権利を手にしただけでなく、日本国内の旅行やキリスト教の信仰、治外法権も認めさせた。

いうまでもなく、こうした譲歩は国内、特に民族意識に目覚めた国学の信奉者の間に、激しい怒りを呼び起こした。一八五七年以降は、民族意識や道徳的怒り、政治的日和見主義が列強との武力衝突や国内の困窮と相互に交錯し合って、幕府と倒幕派の両者の考え方を根本的に変えてしまう政治的混乱の時代が一〇年ほど続くことになった。

政治的変革（一八六〇～九〇年）

一八五七年以降は幕府も倒幕派も、どちらが勝っても外国貿易を琉球、長崎、対馬、蝦夷に限定する幕藩体制を維持するのではなく、欧米の軍事力や経済力に対抗できる体

制に変革する必要があることに気づき始めた。そこで、この新体制を誰が構築して、必要な政策をいかに実行するかということが大きな争点となった。

両者の上層部ではこのような暗黙の了解がなされたが、その合意を実行に移すのはことさら困難を極めた。未知の領域とかつてないほど紛糾した事態に直面していたからだ。

一八六〇年代の初めまでには、政治の主導権争いはお馴染みのパターンと、また初めてのパターンの両方を呈していた。論客はしだいに「東」の佐幕派と「西」の倒幕派というお馴染みの二大陣営に分かれていった。しかし、大名の多くは慎重に調停役を務めたり、巻き込まれないように距離を置いたりしていた。ある意味では、このときの争いは一六〇〇年の関ヶ原の蒸し返しといえるが、もっと広い意味では、皇室の利益の代弁者を自任する陣営が、昔から東西に分かれて争ってきたその一形態に過ぎない。

もう一つのお馴染みのパターンは、上位者が下位者の意見に耳を傾けていることである。中世の政治は下層階級の不満の爆発をもたらし、そうした不満に前向きに応えた戦国大名が、一五〇〇年代に安定した政権を築いた。一八六〇年代にも同様に、幕府も倒幕派も安定した政権を維持するためには、下位者(このときは主に下級武士)の怒りを収める必要があったのだ。

しかし、このときの不満は中世のものとは異なっていた。

社会不安をもたらしたのは国内の問題ではなく、欧米列強という外圧だったのだ。[*12] そして、国学に触発された民族意識は「尊王攘夷」というスローガンの形で高まり、倒幕運動の活動家の間で人気を博した。尊王攘夷を唱える下級武士層は、最近渡来した欧米列強を追い払い、日本民族を象徴する役割を果たしていると思われる天皇を、曖昧さが残されたままでも、とにかく正当な地位に復帰させることを目指していた。

この民族的帰属意識から新しく芽生えた尊王攘夷思想を利用して、幕府に反旗を翻したのが西軍(九州南部の薩摩藩と本州西端の山口県にあたる長州藩の間に結ばれた薩長同盟)だったのは驚くにはあたらない。薩長のリーダーたちは幕府の鎖国政策がすでに行き詰まっていることは十分に承知していたかもしれないが、倒幕を正当化するために、欧米列強に対する幕府の軟弱外交を政治的に利用できることにも気づいていた。[*13]

この憤慨したそぶりはとても役に立った。尊王攘夷思想が薩長のリーダーたちに十分な兵力と戦意の高揚をもたらしてくれたからだ。そのおかげで、一八六七年から一八六八年に畿内から東北地方に至る地域でくり広げられた激しい戦いで東日本勢を打ち負かすことができた。しかし、その結果、東西のわだかまりの長い歴史に残酷な一章が新たに付け加えられてしまった。

とはいえ、薩長同盟は勝利を収めたものの、難題に直面した。尊王攘夷派の急先鋒が大阪で外国人を襲撃して、攘夷思想を実行に移してしまったのである。それに対して、外国の当局は謝罪と処罰を要求した。ここで新しい指導者たちは、自身たちの最も熱烈な支持者の側に立つべきか、それとも幕府と同じように、外国人の要求を受け入れるべきか、苦しい選択を迫られることになったのだ。新政府の指導者たちは後者を選択して、惨事を避けた。しかし、その結果、支持者の中に恨みを持つ人間がかなり出ることになった。それから一〇年ほどはその余波で政治がひどく複雑になったが、新政府は欧米列強に対抗し、やがては日本の主権を回復するために不可欠な科学技術を身につけながら、新体制を維持するために、政治改革に取り組んだ。[*14]

薩長の指導者たちは尊王攘夷思想から「攘夷」の部分を切り捨てたが、その結果、求心力をこれ以上失わないようにするために、「尊王」の部分にしがみつかざるを得なくなった。そこで、当初は京都を根拠地にして、数カ月後に、年号を明るい治世の幕開けに相応しい「明治」に変更した。[*15]

しかし、新政府はこの頃にはすでに政治の根拠地を地理に明るい江戸に移すことに決めていた。江戸は一八六六年にたび重なる火災に見舞われたにもかかわらず、京都とは異なり、港湾施設が整い、威容を誇る城郭とその付近には瀟洒な庁舎や住宅施設があったからだが、[*16]さらに、江戸を根拠地にするということは、徳川幕府を倒した紛れもない証になるだけでなく、江戸は「東軍」の中に捲土重来を期す者がいても、そうした動きを監視するのに適してもいたからである。新政府は江戸に皇室の威光が備わるように、江戸を律令時代の先例を思い起こさせる「東京」（東の都）と改名し、一六歳になったばかりの天皇を新しい首都に移すと、江戸城を新しい皇居にしたのだ。

新政府の指導者たちはできるだけ多くの支持者をつなぎ止めると共に、増やすためにも、天皇の近くに身を置いていた。また、西欧列強国には様々な権力の要素が備わっているようにみえたので、新政府が構想している将来を実現するためにも、天皇制が果たす役割を重視するようになった。

新政府が目指していた将来像は、幕藩体制（江戸時代）の封建制度とは対照的な概念の郡県制であり、それは律令時代のような中央集権的政治を具現する体制だった。[*17]新政府は政権をとってから数カ月の間、律令制の復活を試みたが、実際にはうまくいかず、変更に変更を重ねて、しだいに効果的に統合された郡県制を編み出していった。この政治構造は形式上は皇室を中心としているが、実際は皇室ではなく、高級官僚によって支配されていた。

こうした官僚は、県政府を統轄する県令（のちの県知事）の任命や統轄を行なう中央省庁の長官だった。一方、県政府は行政区の行政官、ひいては町や村を統轄した。この命令系統はその後、秩序の維持や新しい政策の推進、新しい測量や人口調査の実施、税の徴収を円滑に行なうために利用された。

　こうした統治機構の基本的な再構成の一環として、新政府は一八七〇年代に藩をすべて廃止した。大名たちには立派な身分や称号、俸給を与えて、律令風というか、当時の西洋風の貴族に生まれ変わらせ、不満を収めた。また、武士に設けられていた数種類の階級も廃止すると共に、世襲制の俸給も名ばかりのものに減らして、多くの者を新政府の軍隊や警察、あるいは文官として行政機関に雇い入れた。こうした武士階層には、「平民」として一括りにされた民衆と区別するために、「士族」という名誉上の称号を与えた。

　当然のことながら、このような大変革は新たな混乱や社会不安をもたらしたので、明治政府はそれを収めるために、新体制を正当化する尊王思想を強化した。この方策の重要な側面は、皇室を称え、「国家」のイデオロギーの中心としての皇室の役割を強め、皇室の威光を新政府に結びつける施策を増やすことだった。この数世紀の間に、日本古来の神道の宗教的風習がイデオロギー的重要性を増してきていたので、当時のヨーロッパ諸国の政府のいずれにも劣らない強固な「教会と国家」のような結びつきを新政府にもたらすために、神道の風習を「純化」して精緻にし、新政府にしっかり結びつけたのである。さらに、御所、墓地、神社は整備され、教育制度が整えられるにつれて、皇室の輝かしい遺産、勤皇の美徳を教えるのに利用された。

　その頃には、新政府は世襲武士を産業時代の「国軍」に代えるために、徴兵制を導入し、海軍だけでなく、陸軍にも新しい武器の装備を進めて、軍隊の近代化にも着手していた。さらに、軍事教練も勤皇思想を広めるために利用した。

　明治政府は時代に合わなくなった「攘夷」に代えて、新しいスローガンを掲げた。一つは、芽生え始めていた自国に対する誇りを利用した「富国強兵」という、江戸時代の儒学者が広めた中国伝来の用語だった。[*18] このスローガンは新政府の税制や徴兵制を正当化するのに一役買っただけでなく、藩や地方、村、階級や家柄などに対する帰属意識ではなく、「日本人」としての民族的な帰属意識を育むのにも役立った。

　もう一つのスローガンは、「攘夷」の否定を前向きにとらえようとした「文明開化」である。実際には、国民の英知、すなわち、日本の力や栄誉を高めるものを西洋から数多く学べるという意味合いを含んでいた。明治の元勲の一人、伊藤博文がその政策の目的を以下のように述べている。

　西洋の工業技術を素早く身につけて、日本の弱点を補うこと。西洋を手本にして、国内に造船、鉄道、電信、鉱山、建造物など、あらゆる機械施設を建設し、啓蒙という概念を日本に一足飛びに導入すること。[19]

「文明開化」は新しい生活様式や欧米への海外留学を促し、欧米の専門家の雇用と様々な西洋の習慣の採用、学校教育に費やされる時間と費用を正当化するのに大いに役立つスローガンだった。

一八八〇年代の末に、明治政府は政治体制の大変革をやり遂げた。実質的には、新体制の基本原則と制度の確立を宣言したものだが、一八八九年に天皇が新憲法を正式に公布したのだ。[20]これらの制度の中には、新たに誕生した貴族から選出された上院と少数の有産階級の有権者から選ばれた下院からなる二院制の国会も含まれ、最初の選挙は一八九〇年に予定されていた。

また、一八九〇年に天皇は国民教化を目的とした教育勅語を発布した。儒教と勤皇家の理念に基づいて、すべての国民に道徳的な行動、学習、法律の遵守を求め、「天地開《かい》闢《びゃく》から続く皇位」を守るべく、「緊急事態があれば、勇気をもって国に尽くすべし」と記されていた。[21]農耕社会における理想的な民衆像が、政治に無関心で生産性と和を重んじることだったのに対して、産業社会における理想的国民像は、国民は皆「国家」の同等な一員だと無邪気に信じて政府を積極的に支持すること、という新しい理念が取って代わったのが明らかである。

生産者人口——増加、安定低迷、変動

二〇〇〜三〇〇年にわたる安定した時代は一八〇〇年代に入ると終わりを告げ、支配層にとっては、かつてないほど急激な社会経済的、地政学的再構成や方向転換をもたらす混乱と激動の時代が数十年にわたって続いた。

その他の民にとっては、変動の表れ方はかなり違っていた。定量的にみると、数十年にわたり続いた人口の急増が、一七〇〇年頃を境に二〇〇年近い低迷期に入る。[22]総人口は明らかではないが、それ以前の数百年よりは格段に記録が残っている。第5章で述べたように、一六〇〇年頃には一五〇〇万人ほどだった人口が、一七〇〇年頃までには三〇〇〇万人近くに増えている。それ以後、人口の増加が止まったのは、西日本で穏やかに続いていた人口の増加が東北地方の人口の大幅減で相殺されてしまったからだ。同様に、都市の人口も一六〇〇年代に増加期を迎えるが、その後は比較的長い変動期に入る。商業都市では増加または安定していたが、多くの藩の都市や町では減少していたのだ。

明治政府は一八七二年に最初の人口調査を行なっており、

その調査結果では三三〇〇万人余りだった。これが日本の総人口を特定するために行なわれた最初の人口調査であった。江戸時代にも、一七二〇年代以降は頻繁に人口調査が行なわれたが、課税目的だったので、調査されたのは民衆の人口で、支配層やその従者は意図的に調査から外されていた。さらに、小さな子どもも死亡率が非常に高かったので、通常は調査の対象にされることはなかった。[*23]したがって、一七二一年から一八四六年の人口は二六〇〇万人から二七〇〇万人の間で上下していたが、五〇〇〇万人から六〇〇〇万人ほどが前述のような理由で除かれていたと思われるので、実際の総人口は三一〇〇万人から三三〇〇万人に上り、明治の初期とほぼ同じだったのではないかと、現在の人口学者は推定している。

　しかし、一八七〇年頃から日本の人口は増加に転じ、その増加は工業化に伴って加速し始めた。最初に最も著しい人口の増加がみられたのは、政府が入植を推し進めた北海道と、東京の人口が急速に増加すると共に、活況を呈していた絹製品の貿易により内陸部の人口が増加した東日本だった。[*24]

　幕藩時代における人口の変動は、人口の九〇%にあたる生産者層の生活に生じた質的変化を反映している。[*25]それでは、民衆の生活に生じたこうした変化を、人間と病原体の関係、支配層と生産者の関係、および生産者の組織と慣行

という三つの一般的な側面から検証してみよう。

人間と病原体の関係

　この時代の疫病の傾向は基本的には中世の延長だった。特に、麻疹や天然痘、インフルエンザが猛威を振るい、天然痘は多くの子どもの命を奪い続けた。

　それ以前と同様に、都市や大きな町は人口密度が高く、人々の動きが活発だったので、たびたび疫病の流行を引き起こしていた。一七〇〇年までには、総人口の二〇%以上が一年の少なくとも一時期を都市で生活していたので、全体的な人口の動向に与えた都市の影響は田舎よりも大きかった。

　いうまでもないが、こうした疫病の死亡率は、不作や飢饉の年には高くなった。栄養不良になると、病気に対する抵抗力が落ちるからでもあるが、飢饉に見舞われた人々が助けを求めて都会へ出てきて、病原体を運んでしまったからだ。一七〇〇年代は飢饉が頻発しただけでなく、深刻さも増したので、疫病はそれまでに鈍っていた人口の増加を止める役割を果たしたのである。

　一方、赤痢はもとから日本に知られていた伝染病だったが、特に一七〇〇年以降は流行する範囲が広がった。流行が拡大したのは作物の肥料に人糞による下肥《しもごえ》を使用するこ

とが大幅に増えたからではないかと思われる。もしそうならば、何とも皮肉なことだった。都市では人糞を集めていたが、日本を訪れたヨーロッパ人に日本の都市はヨーロッパの都市よりも際立って清潔だと褒められた一因になったからだ。また、大きな人口を支えられる農業の生産力を維持するのに重要な役割を果たしていた下肥が、その一方で死亡率を上げるのに一役買っていた可能性があったのも皮肉なことである。いうまでもないが、最近では、下肥の処理技術が向上したので、病原体をまき散らす危険性はほとんどなくなった。

　新しい伝染病では、発疹チフスが一七八三年に流行している。一八二二年にはコレラがもたらされ、それ以降、猛威を振るい、多数の死者が出た。さらに、一八五〇年代に欧米列強と条約が締結された後は、日本にやって来る外国人が増加し、腺ペストももたらされ、この腺ペストとチフスやコレラが「一八五〇年代の後半と一八六〇年代に大流行した」[*26]。その後、工場生産が発展し始めると、結核が産業時代の病気の先頭を切って、主に埃の舞いやすい綿花工場の従業員の間に広まった。しかし、結核が社会に大きな影響を与えるようになったのは一八九〇年以後である。

　一方、人間と病原体の関係に科学的に介入する産業時代の医学の萌芽が明治以前にすでに表れていた。この新しい医学は蘭学の一分野として始められたものである。蘭学は長崎に在住していたオランダ人を通じて発展してきたものだが、一七〇〇年代の後半までには、少数の熱心な学者や医者が西洋医学を学んでいた。そして、一八〇〇年代に入ると、こうした新しい医学知識を応用するようになった。特に、天然痘の流行を予防するためにワクチンを使い始めた[*27]。

　しかし、専門知識を社会に応用するのは、前述したように、民族意識が高揚しつつある時代だったこともあって、困難だった。それよりも一〇〇年前には、八代将軍徳川吉宗（在位一七一六～一七四五年）が西洋医学やその他の西洋学術を奨励したが、一八〇〇年代に入ると、幕府の重臣たちは売国奴の汚名を着せられるのを避けるために、西洋に関する事柄から距離を置こうとした。特筆に値するのは、アヘン戦争が終わり、危機感が和らいでいた一八四九年に、全国各地の医者が多くの大名の支持を得て、（主に大名やその家臣の子どもと思われるが）子どもたちにエドワード・ジェンナーの開発したワクチン（牛痘）を接種したことだろう。幕府の上級官吏もそれに賛意を示したが、幕府からは正式な支持が得られず、ワクチンの接種が正式に承認されたのはそれから十年も経ってからのことだった[*28]。

　いずれにしても、こうした予防接種で得られる人口変動に対する影響がはっきりと認められるようになるまでには数十年はかかると思われる。しかし、明治政府は一八九〇年までに、西洋医学の研究と利用を文明開化政策の重要な柱と位置付け、西洋医学は広く受け入れられるようになっていた。

実際、西洋医学は緒に就いたばかりの日本の工業化に伴う最も厄介な病気の一つを予防するのに役に立ったのである。一八八〇年代には、「消耗病」といって、罹るとしだいに衰弱し、貧血やしびれを起こし、最悪の場合には死亡する病が、鉱山労働者や繊維工場の従業員、兵士の間で、憂慮するほど急増したことが報告されている。一八八五年の軍隊の報告によれば、一八七八年から一八八五年の間にこのような症状がみられた兵士は六万九二二四人に上り、そのうちの一六五五人が死亡した。[*29] 一八九〇年代に全粒穀類を含む食事に変えると、病状が改善されることがわかり、やがて、この病気は病原体が原因ではなく、チアミン（ビタミンB_1）不足によって起こる脚気《かっけ》と診断された。

かつては田舎で暮らして、玄米やその他の全粒穀類を様々な野菜と共に食べていた民衆は、雇用された先では寮のような環境で生活を送っていた。そこでは、「高所得層向け」の白米を出されていたが、全粒穀類や肉類、豆類、ナッツ類のようなチアミン（ビタミンB_1）を豊富に含む食物が不足していたのだ。その結果、健康な人たちが、しだいに不健康になってしまったのである。しかし、問題の原因が特定されたことで、食事が改善され、労働者たちは雇

用者にとって重要な生産性を取り戻すようになった。

支配層と生産者の関係

日本では、経済と農業が数百年にわたって変化し、生産者層の多様性が増してその組織も複雑になった。その結果、中世には、支配層の生産者に対する支配力が弱まったことは第5章で述べた通りだ。しかし、一五〇〇年代に戦国大名がその弱体化を覆した。民衆の活力を利用する確実な方法を編み出し、その結果、幕藩体制を創成して支配できるようになったからだ。

江戸幕府は、支配層だけでなく民衆も含めた正式な階層制を確立し、その支配体制に儒教思想の衣をまとわせた。「士農工商」と呼ばれる身分制度だが、支配層を生産者である農民層に密接に結びつけることを意図し、職人や商人などの加工業者は農民より低い地位に置いた。

いうまでもないが、各身分には富める者や貧しい者、教養のある者や無教養な者など様々な人間が含まれていた。しかし、最高位の武士（支配層）と最下位の商人をイデオロギー的に峻別するこの身分制度のおかげで、武士階級は数十年前に自分たちの台頭に力を貸してくれた商人と距離を置くことができたかもしれない。

この四種類の身分に含まれない人々には、京都の朝廷に

属する公家、各地に在住する聖職者、各種の芸人、また穢多や世襲でない追放者などがいた。[*30] 士農工商の身分から外れたこうした人々を法令で統制しようとする試みはあったが実際には不十分で、特に後者は、重要だが人のやりたがらない清掃や死体処理のような仕事を行なったので、時代が下ると共に増えていった。

一六五〇年以降の二世紀間は、次に述べるように、生産者層に複雑な変化が生じたにもかかわらず、支配層はその優位性を保っていた。一七〇〇年代と一八〇〇年代には百姓一揆や打毀《うちこわし》が頻発するようになったが、幕府の支配体制が揺らがなかったのは、それを武力で鎮圧できたからである。[*31] さらに、豪商や地方の大名主のような、幕政の脅威になりそうな生産者層の便宜を図って利用するという、中世以来の慣習も続けていたからでもある。基本的に、そうした生産者層を都市と田舎の民衆の地元リーダーとして権力構造の中に重ね合わせることによって、利用しようとしたのだ。

しかしながら、この戦略は代償を伴った。下級武士が平和時に俸給をもらえる仕事を奪う働きをしただけでなく、支配層以外の所に富の蓄積を許すことになったからだ。国学や尊王攘夷運動の支持者の大部分が下級武士だったのは、俸給をもらえる仕事を下位の身分の人々に奪われてしまったことで、生活が苦しくなり、恨みを持っていたからではないかと考えられる。尊王攘夷思想に傾倒した民衆もいたが、前述したように、一八六〇年代に幕藩体制を崩壊させるのにあずかって力があったのは武士である。[*32]

明治政府が一八七〇年代から一八八〇年代に革新的な政策を推し進めていたとき、民衆よりもはるかに大きな難題を突き付けていたのは不満を抱いた武士たちだった。この不満は当時の変化が武士たちの生活に民衆、特に田舎の人たちの暮らしに対してよりもはるかに大きな混乱をもたらしたことを反映していた。

明治政府の目標に適う新しい事業に積極的に乗り出した商人や、新しい機会を求めて田舎から都会へ出てきた者がいたのは事実だが、田舎の住民のほとんどは田舎に留まっていた。一七〇〇年に田舎に暮らしていた人は人口の八〇%前後を占めていたが、一八七〇年もその割合は変わっていなかった。その後、徐々に下がり始めたが、六〇%前後まで低下したのは一九二〇年になってからだった。[*33]「疾風怒濤」の時代を経験しただけでなく、新政府による税制改革やその他の政策の変革で、貧しい村民の負担が重くなったり、小作人に落ちぶれた者が増えたり、怒りや不安が噴出する事態が起きたりしたにもかかわらず、一八九〇年以前は田舎の人々の暮らしに大きな変化は生じなかったといっても差し支えないだろう。

生産者の組織と慣行

第5章で、農業技術の発展を詳しくみていく前に、識字率、宗教活動、商業、村落の観点から生産者の状況を検証した。この四つの要因と「都市」が一六五〇年から一八九〇年の時期を検証するのに役に立つと思われるが、これから述べるように、こうした要因が果たした役割は中世の時代とは少々異なっている。[*34]

1　識字率

中世には読み書きのできる人が支配層以外にも現れ始めたが、一六〇〇年代の初めに読み書きができた人は公家や聖職者、中層以上の武士階級、特に中部日本の都市の商人や村名主に限られ、人口の五〜一〇%に過ぎなかっただろう。[*35]

しかし、一八〇〇年代の中頃までには、男子の四〇%、女子の一〇%が藩校や寺子屋などに通い、読み書きやその他の技能を学んでいたと推定されている。そして、明治政府の制度改革の結果、一八九〇年までには、就学年齢の男子の七〇%、女子の三五%が尋常小学校に入学して、読み書きの基礎教育を受けていた。

明治時代の学校教育と識字率の向上は政府が「文明開化」政策を推し進めた結果である。それに比べると、江戸時代に学校教育とそれに伴う識字率の向上をもたらした原動力は簡単には説明できない。一七〇〇年頃に後期農耕社会の成長・発展が止まったので、そうした社会の変化に対する反応だったのではないか。こうした変化で支配層は財政が逼迫し、生産者層はくり返し困窮に見舞われたので、民衆は読み書き能力を身につけることが貧困から抜け出す手段になるのではないかと考えるようになったのかもしれない。

当時の学者たちは儒教を極めて役に立つ思想と考えていた。[*36] これは、美的な喜びを得たり、深遠さを楽しんだりするのではなく、学問の実用性を重視した「実学」の考え方だった。特に、一七〇〇年以降は、実用的な知識を身につけたいという願望が二つの代表的な学問に対する関心を高めた。

一つは、医学や天文学、また一八〇〇年代には軍事技術を中心とした「蘭学」だった。[*37] もう一つは、こちらの方が重視されたが、中国と朝鮮の学問（朱子学）である。[*38] こうした学問から得られた知識で重視されたのは農業に関するもので、「農書」または「地方書《じかたしょ》」と呼ばれる農政の手引書が編纂された。

特に一六九七年以降は日本語の農書が出版されて、普及するようになった。一七〇〇年代も時代が下るにしたがって、地方を巡回する学者や地域の指導者が農業の生産性を高めるために、こうした農書を利用したので、広く用いられるようになった。農書は正しい行ないや勤勉などの事項に多くの紙面が割かれていたが、最適な耕耘《こううん》法や畜産、樹木栽培に関する実用的な情報も豊富に載っていた。

こうした実学書が普及したのは当時、印刷技術が発達していた上に、学校教育が普及していたからである。

印刷技術が発達する以前は書物は手書きされ、複製に当たっては写本が行なわれていた。一六〇〇年頃、朝鮮とヨーロッパで発明された移動可能な印刷機が日本にもたらされ、支配層が数年間利用していたが、まもなく普及したのは木版印刷だった。木版印刷は文字と挿絵を組み合わせやすいので、文字を読める人から読めない人まで様々な読者を対象にすることができたからだと思われる。

木版を使うと、何十部も印刷できるだけでなく、原版を保存しておき、必要に応じて再び利用することもできた。木版印刷によって、書物が飛躍的に手に入りやすくなり、一七〇〇年代までには日本に印刷産業が確立していた。京都の出版社が最も知名度が高かったが、出版社は全国各地にあった。

印刷された書物でも富裕層以外には高嶺の花だったが、一七〇〇年代には貸本業が発展したので、文字が読めさえすれば、誰でも書物に接することができるようになった。[*39]

実学の普及に一役買ったもう一つの要因は、前述した高い就学率である。支配層は「文武」に長けていることが道徳的義務であるという考えに基づいて、将軍や藩主は学校を設立して家臣の教育に力を入れていたのである。

さらに、武士以外の支配階級のために学校を経営していた学者や寺院があった。最初は、幕府も藩主も民衆には正規の教育は必要ないと考えていたが、一七〇〇年代になると、民衆の間に都市でも田舎でも学校教育が広まり始めた。裕福な商人や村民から始まり、やがて都市の職人や自作農も子どもを学校へ通わせるようになったのだ。

民衆の学校教育には、困窮した民衆の暴動に直面した支配層が実学だけでなく道徳教育の手段に利用しようとしたことによって発展した一面もある。しかし、民衆の教育に多大な貢献をしたのは、全国各地で初歩的な読み書きそろばんを教えた「寺子屋」や、学者が個人的に経営していた「私塾」だった。[*40]私塾と寺子屋は識字率を上げ、農業、医学、財政などの実用的な分野の知識を広めるのに重要な教育施設となった。ちなみに、私塾は数十軒だったが、寺子屋は数千軒に上った。

一八三一年に関東東部の首長の息子が教育の価値について以下のように述べている。

> 様々な技能を身につけているのは宝を持っているようなものである。こうした技能を伸ばせば、生涯生活

に困ることはない。つまり、学問は豊かな暮らしをもたらしてくれる種である。……親は子どもに金銭を残すよりも、基礎的な読み書き能力を授けてやる方が賢い。*41

一八〇〇年代中頃の数値が示すように識字率は高かった。民衆の多くは学校に通っていなかったが、必要な技能は家庭や丁稚《でっち》奉公などをしている先で学んだためである。それが可能だったのは、読み書きができ、読み書きを教えられる雇い主や知り合いがいたからだ。

2　宗教活動

中世の混乱期には、宗教組織が政治的に大きな役割を果たしていたが、さらに、律令時代とは異なり、支配層だけでなく、都市や農村の民衆の間でも大きな役割を果たしていた。

しかし、一六六〇年代までには、問題を起こしていた宗教組織はいずれも自治権を奪われてしまった。その後、一八九〇年までは宗教組織は為政者の統治に従っていた。自給自足の修道院的な共同体や巡礼地の役割を果たしていた大寺院を除けば、宗教は主に家庭や地元の事柄に関わるだけになっていた。地方の寺院は当てがわれた土地から上がる収入や寄進、檀家のお布施などで賄われ、葬儀や法事な

どに関わるだけになってしまった。*42

社会政治的には、宗教（少なくとも哲学的思想）は主に知的勢力として機能していた。その役割が顕著に表れたのは、一七〇〇年代から一八〇〇年代に興隆し、日本人の民族意識を体現した国学運動である。宗教的信念は国学という形で一九世紀の政治を形成するのに一役買った。国学は蘭学の研究とその利用を難しくし、一八六〇年代には尊王攘夷運動の拠り所となった。薩長の指導者は一八六八年に攘夷を否定してからは、尊王姿勢を一段と強め、その後の数十年は洋学が興隆したが、それに拮抗する民族意識も根強い力を失わず、一八九〇年までにはできあがりつつあった新しい社会政治体制と教育制度の中に深く組み込まれるようになった。

3　商業

第5章で述べたように、一五〇〇年から一五七〇年頃の戦国大名の統合時代に、有力大名は物資の供給業務の組織化や建設事業の統轄、貨幣の鋳造などに商人の協力がもたらす利点に気づいていた。その後、江戸幕府は商慣習の全国的な規格化に着手した。そのために、通貨制度の統一や、貨幣と金銀地金の重さと品質の統制、度量衡制度の整備を行なった。

とりわけ重要な政策は（律令時代にも前例があったが）、

全国的な道路網の整備と維持だった。道路網は軍隊の配備や年貢の輸送を円滑に行なうために整備されたのだが、のちには大名の参勤交代によって利用された。そして流通が発達するにつれ、道路網は経済の成長にとって重要な要因にもなった。都市間の往来を容易にし、やがては大勢の人が全国各地へ巡礼や物見遊山に出かけられるようになった[*43]。

幕府は街道沿いに宿駅を設けて、宿泊の便を図った。また、関税障壁を取り除いたり、飛脚制度を設けたりする一方で、沿岸の海運業の振興を図ると共に、港湾や運河の建設、河川の浚渫事業を推し進めた。

平和の回復と相まって、こうした商業の振興策は一六〇〇年代にもたらされた経済の高度成長を支えるのに一役買った。これから述べるように、このことは都市中心部の発展や総人口の増加だけでなく、正規のコネクションのある旧世代の商人と競争して、数十年で取って代わった起業家的な商人が急増したことにもはっきりと表れている。こうした新興商人たちはしだいに商《あきな》いを発展させ、全国的な商取引の主役になった。こうした商人の重要性は都市でとりわけ明らかだった。都市では、支配層が関わる区域や事柄を除き、共同体の生活は主に商家の組織された団体によって統轄されていたからだ。商人たちは公式の了承を得て、暴力的な衝突を避けるように、支配層の利益に十分に配慮して問題の処理に当たっていた。例えば、しかるべき敬意

を払い、依頼に応じて「融資」を行なった。

こうした経済の発展は採鉱技術の進歩によって促された。この技術革新によって、貴金属の供給量が劇的に増加し、国内の商業の発展だけでなく、特権階級に贅沢品をもたらした外国貿易も促されたのだ。こうした輸入品の多くは金銀貨で支払われ、品物を輸出して中国の貨幣を輸入していた以前の貿易と反対になったのである。

しかし、一七〇〇年の少し前に、金銀が掘り尽くされてしまい、金銀地金の不足は深刻な経済問題をもたらし始めた。そこで、幕府は金銀の輸出を禁止する一方で、輸入していた品物を国内で生産することを奨励して、金銀貨の流出を食い止めようとした。

その結果、外国貿易の規模は徐々に縮小して、一七〇〇年代の後半までには、不法な貿易は続いてはいたものの、対馬経由で朝鮮と行なわれていた公式の貿易はほとんどが終わりを迎えた。一方、蝦夷地のアイヌとの交易や、アイヌを通して行なわれた大陸との交易は続いていた。しかし、毛皮や鳥類のような支配層が使用する儀式用の品物に過ぎなかったので、アイヌ側には重大な問題をもたらしたが、国内の経済に及ぼした影響は極めて小さかった[*44]。

貿易規模の縮小が最も著しかったのはオランダと中国貿易である。最盛期の一六八五年から一六九〇年には長崎に入港する中国や東南アジアの船舶が年間一〇〇隻を超えて

いたが、一七〇〇年代の初めには三〇隻、一七三五年以降は一〇隻を数えるだけになっていた。しかも、対馬で引き続き行なわれていた貿易と同様に、「非公式」なものだった。[＊45]こうした不法な貿易が行なわれていたものの、幕府は金銀の流出を食い止めることにおおむね成功した。しかし、一七〇〇年代までには国内の経済が飛躍的に発展し、貨幣化も著しく進んだので、正貨の不足は慢性的な問題になっていた。

そこで、幕府は一七三〇年代に金銀の合金や銅、さらには鉄で貨幣を鋳造しただけでなく、紙幣も発行して、平価の切り下げを行なった。さらに、一七六〇年代以降は銅を輸出して金銀を輸入し始めた。年に産出される銅の半分が中国に、五分の一から六分の一がオランダに輸出された。[＊46]こうした対応は決して満足のいくものではなかったが、とりあえず経済は機能し、商売に支障をきたした商家はほとんど出なかった。

日本経済は一七〇〇年頃に成長時代の終わりを迎え、そうした変化の一面として、鉱山の産出量の減少や外国貿易の縮小、平価の切り下げを経験した。経済の成長が減速するにつれて、利益集団間の緊張が高まった。一八世紀も時代が下るにつれて、幕府や諸藩は問題の改善を図ろうとして、商取引の規制を強め、さらに、財政難を解消するために、商人から税を徴収する口実を考え出した。そして、農

村の生産性も維持できると期待して、都市に対する圧力を弱めるために、主に都市へ出てきた人たちを故郷の村へ帰すことで、民衆の移動を規制しようとした。[＊47]

前述したような不作や困窮に見舞われた一八四〇年までの一世紀は多くの人にとって苦難の時代だった。それにもかかわらず、経済は外国の圧力で幕藩体制が崩壊するまでは、大きな変化が生じることなく機能し続けていた。一八五〇年代に欧米列強と一連の条約が締結され、一八六〇年代に政権が交代してからは、国内の商取引と外国との商取引は根本的に変わり始めた。

国内経済は一八七〇年代と一八八〇年代にしだいに変化の速度を速めた。採鉱技術が進歩し、造船所の規模の拡大や新規建設が相次ぎ、鉱石の加工処理や、織物や金属製品などの生産を行なうために様々な規模の工場が建設された。鉄道の敷設、電柱の設置、レンガや鉄筋コンクリートの建造物や橋梁の建設が始まり、石炭動力の蒸気船やその他の蒸気力による道具が使われ始めた。[＊48]

こうしたできごとは、外国貿易の拡大、特に生糸の輸出と機械の輸入の急増と共に、日本が工業化の緒に就いたことを如実に示している。しかし、一八九〇年までの数十年間は、日本の貿易は実質的には植民地貿易だった。幕府が締結させられた不平等な条約に従って行なわれていただけではなく、原料の輸出と完成品の輸入だったからである。[＊49]

つまり、日本は外国が利用する資源基盤の一翼を担っていたのだ。

　しかし、一八九〇年頃を境に貿易品目が変わり始める。一つには、日本の人口が再び増加に転じ、国内の余剰農産物がほとんど消費されるようになり、現在のような食料輸入国になる道を歩み始めたからだ。さらに、一八九〇年代には、国内で原料のほとんどを消費するほどの工場や工業施設が建設されたからでもある。その結果、日本は完成品を輸出できるようになり、地球規模の資源基盤に深く根ざした先進工業国の仲間入りを果たしたのだ。

4　都市

　日本の都市中心部は一六五〇年から一〇〇〇年以上も遡ることができる。弥生後期と古墳時代に政治の中心地として初めて現れ、律令時代の広大な帝都に発展した。商業都市が発展し始めたのは、もっと後の前期農耕社会から後期農耕社会への移行期である。

　その後、主に一五五〇年から一六五〇年の間だが、都市建設の大きな波が起こり、全国に戦国大名の拠点である城下町が出現した。最終的に、全部で二〇〇余りになったが、中でも大きな領地を領有する戦国大名の八〇余りの町には、中心に壮大な城郭が築かれ、城郭の周りには家臣の屋敷をはじめとして、民衆の住居や蔵、商店が軒を連ねていた。


　しかし、一六五〇年までにはこうした戦国大名の城下町は、交通機関・手段の改善に伴って発展してきた小さな商業の町が付け加えられたり、それに取って代わられたりした。さらに、沿岸や河川の港町や街道沿いの町が新たに生まれたり、発展したりした。こうした町は、倉庫や荷物の積み替え地点としてだけでなく、職人の生産拠点や周辺地域の生産者の市場としても機能した。

　一七〇〇年頃には、こうした大名の城下町や商業都市には人口の一五％から二〇％に相当する四〇〇万から六〇〇万人の人が住んでいた。この人数はそれより七〇〇年から八〇〇年前の九〇〇年から一〇〇〇年頃の総人口におおむね匹敵する。

　当時の都市生活を詳細に検証するために、まず初めに基本的な供給システム、次いで江戸と大阪の事例、最後に経済的変化が都市の活力を奪った過程をみてみよう。

●都市の供給システム

　都市は生活必需品を外部に依存しているので、人間の生活には脆弱な場所であることや、律令時代の支配層は帝都の供給を確保するために、班田収授法を施行していたことを第4章でみてきた。

　律令時代には、全国の土地は天皇に属し、天皇は平和を維持し、土地の使用権と年貢の義務を定めた法の施行責任者として歴代の将軍を任命するというのが基本概念であった。幕藩体制の創立者たちは、この概念を復活させて、都市の供給を確保しようとした。この権威付けの見返りに、幕府は皇室に特権を担保した。歴代の将軍は服従の見返りに、大名に領地の使用権を保証した。さらに、この制度は、大名の下にいて年貢や労役の義務を負う百姓に至るまで、社会階層の上から下まで到達していた。

　この使用権制度は、支配層の武士が商人を通じて必需品や贅沢品と交換することができる米やその他の品物による租税や金をもたらし、江戸、京都、大阪の三大都市をはじめとして、諸藩の城下町などが維持されていた。

　いうまでもないが、都市へ物資を運び込むということは、廃棄物の処理を行なわなければならないことを意味した。律令時代には、都市の廃棄物は埋めたり、投棄したり、川に流したりしていた。美的には問題があったが、都市の規模がさほど大きくなかったことや、廃棄物が生物によって分解される有機物だったことを考えると、こうした処理方法で十分に対応できただろうと思われる。

　江戸時代になると、都市の廃棄物の処理に大きな変化が生じた。有機廃棄物（生ゴミと下肥）は農業用肥料として大きな市場価値を有するようになったのだ。その結果の一面として、下肥を集めて肥料として利用する習慣で赤痢が広まった可能性がある。しかし、一七〇〇年以降は、肥料取引によって、都市の大量の廃棄物が利益を生み出すようになったので、河川に投棄されることがほとんどなくなっただけでなく、町中にごみが溜まることもなくなり、美観が改善され、都市人口の大幅な増加を促した。

　都市の廃棄物が肥料として再利用されていたので、大きな港湾都市の周辺海域の漁業が衰退を免れたのかもしれない。代表的な例は江戸（のちの東京）湾であろう。多摩川などの河川や沿岸地帯は豊かな魚介類や海藻を育み、江戸市民の食料源としてだけでなく、内陸部の産物の交換にも利用されていた。

●江戸と大阪

　前述したように、江戸時代の三大都市は江戸と京都と大阪だった。[*50]

　律令時代初期の全盛期には、京都（平安京時代）の人口は一〇万人前後に上ったと思われるが、それ以降はそれを下回っていた。一四〇〇年代の後半までには、京都は公家が集まっていた上京と、商人が多い南の下京の二区域からなる小さな地域に縮小していた。しかし、一五七〇年以降は、京都の人口は大名の庇護を受けて急増し、一六五〇年までには四〇万人を数えるまでになった。しかし、大阪が一七〇〇年代の後半までに四〇万から五〇万人の人口を擁するまでに発展したこともあって、その後は、再び人口が減少に転じた。一方、江戸は一六〇〇年には三万人程度だったと思われる人口が一〇〇万人を軽く超えるまでに増加していた。[*51]

この三大都市が一八世紀に遂げた並外れた発展は、主に参勤交代制が法で定められたことによって維持されていた。参勤交代によって、全国から人や財貨がもたらされたからだ。しかし、一六〇〇年代の後半までには、農業拡大の時代が終わり、支配層の年貢収入が増加しなくなって、全国の城下町は人口が減少に転じ、華やかさに陰りが出始めていた。大阪や江戸の人口も後を追うように減少に転じ、大阪は一八六〇年までには三二万人、江戸は一八六〇年代に六〇万人まで激減した。

江戸（今日の東京の下町）の台頭は特筆に値する。都市としてはおよそとんでもない場所に築かれたからだ。[*52] 城郭の建築場所としては、理に適っていた。城郭は東側に江戸湾を見渡せる低い丘の上に築かれていたが、広い塩性湿地によって、水軍の攻撃から守られていた。北と南は河川という自然の障壁で守られ、西側の平坦地は丘の上の塔から監視できた。しかし、こうした地形の土地に町を築くということは、町が発展するためには、貴重な農地になり得る西の地域を利用しない限り、丘を崩して湿地を埋め立て、川には橋を渡す必要がある。

江戸の町の建設は膨大な労働力を駆使してくり返し行なわれ、その作業は、労働者の動員と維持、川筋の変更、架橋、湿地の埋め立て、運河の浚渫、埠頭や街路、城郭や屋敷、街区の建設と多岐にわたった。しかし、江戸の町が大きくなるにつれて、水不足という重大な問題が持ち上がった。低地で掘った井戸からは塩水が出てきたし、周辺の河川には泥や砂利が上流から流れてきていた。

水不足の問題に対処するために、幕府は疎水の建設に着手した。一六〇〇年代の初めに江戸城から一二キロメートルほど西にある井《い》の頭《かしら》の池から取水するために、市中まで水路を掘り、江戸城に近づくと、木の幹をくり抜いた導管をつなげて暗渠《あんきょ》にし、城の付近でその本管からいくつもの支管を枝分かれさせて、各出口まで水を運んだ。しかし、一六五〇年までには、これでも足りなくなり、さらに大規模な疎水建設が始められた。およそ三五キロメートル西の多摩川の上流からきれいな水を江戸市中に大量に取り入れるために、地形に沿って延々と水路を築いたのである。市内に配水する木製の導管は三六六二本に上ったことが記録に残っている。[*53]

この玉川上水と呼ばれる疎水は今日でも高速道路や街路の脇を流れているが、当時の江戸を世界最大の人口を誇る都市に発展させるのに一役買ったのである。土木工学の偉業ではあったが、脆弱なシステムでもあった。特に、一七〇三年の大地震で大きな被害を被り、水の供給が再開されるまでに、大規模な復旧工事が必要だった。[54]

一方、大阪は、幕藩体制の江戸時代が始まったときは、典型的な政治の中心地であった。人口の大部分を武士が占める城下町で、中央に築かれた壮大な城郭から城代が日本の中西部を監視していた。しかし、一六三〇年代に参勤交代が制度として確立すると、運河が発達し、瀬戸内海の東端と淀川河口に位置していた大阪は西日本の大名にとって、運輸と倉庫の中心地になった。[55]

最初は、大名たちは大阪や京都の屋敷だけでなく、江戸の屋敷を維持するのに必要な米やその他の物資の輸送や保管、売買を御用達の商人に委託していた。しかし、年月が経つうちに、大名の必需品の供給は独立した組織を持つ商人が請け負うようになった。大阪は職人や労働者が人口の大半を占めていたが、一七〇〇年までには、商人優位の町になったようだ。こうした人々を雇い入れ、市政の大部分を運営したのは商人で、認可された問屋は四五〇〇余りに上った。[56]

その結果、大阪は城下町から日本を代表する商業の中心地へ変貌を遂げ、日本の工業化で大きな役割を果たす下地が作られたのである。

●都市の衰退

諸藩の城下町は、一七〇〇年代には、すでに規模の縮小や経済活動の低下に直面しており、その影響が大都市にも及び始めた。都市の衰退化に特に大きな影響を及ぼしたのは、二つの要因（生物学的要因と経済的要因）があったようだ。

生物学的要因は都市住民の低い出生率である。出生率が低迷していたのは、前述したように、都市では天然痘などの疫病の流行が後を絶たず、感染した幼児や子どもの死亡率が極めて高かっただけでなく、都市住民の性比が偏っていたからでもある。都市の労働者階級の大部分は農閑期に田舎から出稼ぎに来た男子だった。

このような生物学的制約があったので、都市は仕事を求めて農村から入ってくる人々に依存していたが、こうした人たちは都市に流行っていた疫病に対して免疫を持っていない可能性が高かった。そして、江戸時代の後半には、職人の仕事が地方へ移るという経済的要因によるところが大きかったのだが、地方から上京してくる人も少なくなった。[57]

江戸時代の初めは、職人の技能や職人に必要な読み書きの能力を持つ人はたいてい都市にいたので、職人は都市で都市の支配層向けの製品を生産していた。しかし、時代が下るにつれて、支配層は年貢の収入の低下に伴い、都市の消費者層を維持する能力がしだいに低下し、当てにならなくなってきた。一方、各地で小さな町が栄えるようになり、識字率が向上し、富は商人や村の裕福な地主に蓄積される

伐採地付近の製材所。葛飾北斎（1760 ～ 1849 年）の木版画。「富嶽三十六景」より（著者所蔵）

ようになった。こうした社会的な変化と相まって、職人の市場が支配層や支配層が住んでいる都市から離れていくようになったのである。

職人は消費者市場の変化に加えて、後背地にあたる地方で生産することに経済的利点があることにも気づいた。一つには、識字率が向上するにつれて、農村の人たちが職人の仕事を行なったり、監督したりすることができるようになっていたことが挙げられる。その結果、かつては農閑期に都市へ出稼ぎにきた村人たちが村に留まって、賃金は低くても、自分自身にとって実質的な利益がある内職をできるようになった。

さらに、職人の仕事には、酒や醤油、綿や紙の生産のように、原料を都市の仕事場へ運ぶよりも、原料の供給地付近で生産を行ない、完成品を市場へ運ぶ方が経済的なものが多かった。都市近辺の原料の供給源が枯渇し、原料の入手先が遠方になった場合は特にそうだった。

結局、江戸時代の後半には、都市で行なわれていた仕事が地方へ移るにつれて、都市は民衆の人口を維持できなくなったのである。こうした状況は、一八七〇年以降に明治政府の政策によって、都市を中心とした新しい社会の目標や科学技術が導入されるまで変わることはなかった。地方の人々を再び都市へ引き付ける強力な求心力は、新政府の政策によって新たに作り出されたのだ。さらに、前述した

屋根板を積み重ねる者や板材に加工する者がみえる東京北東部の木場。竹材が貯蔵されているのもわかる。葛飾北斎の木版画。「富嶽三十六景」の１つ（著者所蔵）

赤痢や結核が流行したにもかかわらず、産業化時代の医学と公衆衛生が普及したおかげで安全性が増し、都市の人口が増加に転じた。

5　農村

第5章でみたように、村民は中世の時代に、特に畿内では、政治的混乱の犠牲になった。しかし、集約農業技術の進歩に伴い、収穫量が増加して村落の規模が拡大すると共に、社会の組織も複雑になり、外部の脅威に対する防衛体制も整い、共同体としての村の資源や興隆しつつあった商業経済を有効に利用できるようになった。

　こうした状況は全国の村落でみられるようになり、幕藩体制が崩壊するまで続いたが、その間に注目に値する変化がいくつかあった。[*58] 一六〇〇年には、大名が家臣を城下町に定住させたので、村民は村を自分たちで運営できるようになると共に、平和が回復したことで、それ以前の世代が耐え忍んできた幾多の虐待から解放された。しかし、今度は制度化された厳しい支配を受けるようにもなった。

　村民の支配は幕藩体制の下で、名主に至るまで藩主である大名に任命された者の階層を通じて行なわれていた。土地使用権という概念を利用した幕府と諸藩は農地の分配や収穫量とそれに伴う年貢の徴収量の推定を行なうために、土地の測量に着手した。

一六〇〇年代にはこうした土地の測量は毎年行なわれ、年貢（予想収量の四〇～五〇％）を作物（特に米）の生育状況に合わせて調整していた。支配層は新田の年貢負担率を低く設定して、新田の収量が上がると共に、年貢の負担率を上げる政策をとり、新田開発を奨励した。

一七世紀の間は、干拓事業も行なわれていた。その結果、耕作技術の改良と相まって、総収量が増加し、人口の増加が維持された。この頃増加していた人口の少なくとも八〇％は村民が占めていたので、村落の規模が大きくなっただけではなく、新しい村もでき、一七〇〇年代には村落の数は六万三〇〇〇に上ったと推定されている。[*59] 一七二〇年頃、村の形成と発展の過程をある村長が簡潔に記している。

> 豊かな土地にひと家族かふた家族が住み着き、住まいの周りを耕して畑にしたのが村の始まりである。やがて、新しい家族が加わり、新しい家が建てられて、谷底や沼地のような人が手を付けていなかった土地が埋め立てられたり、排水溝や堤が築かれたりして、空き地がなくなるまで農地の開発が行なわれるのだ。[*60]

一七〇〇年頃には、こうした村落の形成と拡大は全国で見られなくなっていた。一方、一七〇〇年までには、前述した状況（武士の城下町居住と村落の支配強化）は村落の増加や規模の拡大と相まって、大地主による村落支配を大幅に弱め、小規模地主を増加させていた。

農業が発展した時代に独立した小地主が急増したが、一七〇〇年代に減少に転じた。干拓できる土地がなくなった上に、河川の維持などの負担がのしかかってきたので、小地主の経済状態が悪化したからだ。収量を上げる方策は問題を先送りしただけで、時代が下るにつれて、土地を放棄する小地主や、裕福な隣人と折衝して使用権を譲渡し、小作人になる小地主が増えた。[*61]

一八六〇年代までには、農民の半数ぐらいが小作人か部分的に小作をする者になっていた。[*62] そして、その後の数十年間も小作人が増加して、農民の七〇％を占めるまでになり、小作人が耕作する農地の割合は一八七三年に二七％、一八九〇年代までには四〇％を超えた。[*63] こうした貧しい村人の多くは種もみや肥料などの必需品の支払いに充てる資金を地主に貸してもらっていたので、地主に常に借金をしていた。

この村民の再階層化は、村落社会に過酷な影響を及ぼしていたが、二つの要因によってそれは緩和された。一つは、一七〇〇年までには幕府が年毎行なっていた土地の測量をほとんど取りやめたことである。耕作可能な土地がほとんど開発されてしまったので、調査費用の方が高くつくようになったからだ。その結果、村人が新たに開墾したり、既存の農地の収量を増やしたりできれば、その増収分はほぼ村に残った。それどころか、江戸時代の初めには、収量の五〇%から六〇%を年貢として徴収されたが、一八〇〇年代の中頃までには三〇%から三五%までに減っていたと、推定している研究者もいる。[64]

もう一つは、農業の集約化が進むにつれて、役畜の利用や仕事の段取りだけでなく、灌漑用水や森林、落葉落枝などの肥料資源の利用に関しても、村人たちは相互の依存度が高くなったことである。特に、複雑で立て込んだスケジュールに従って作業を進める必要がある二毛作や手仕事では、村人の間の協力が不可欠になった。[65]したがって、村の支配層には貧しい隣人に、特に困窮しているときには、援助の手を差し伸べるもっともな理由があったのだ。こうして村には「講」という互助組織ができ、村落間にも協力体制が整えられて、互いに助け合うようになった。窮乏のときには、支配層に年貢の免除を請願したり、抗議運動を組織したりすることもあった。[66]

こうした地方の社会組織を支えるのに一役買っていたのは、勤勉を美徳とみなす農村の価値観だった。一七六〇年に山国の信濃の村長が人の義務としてこう述べている。

> 何よりもまず「家業」を守るべし。……祖先が遺してくれた財産と田畑を減らすべからず、そして、すべてにおいて質素を旨とすべし。[67]

いうまでもないが、小作人や小地主よりも、地主の方が守りやすい助言だ。

小作人や小地主は、窮乏に対して他の方法でも対処しようとした。前述した出稼ぎや村で内職を行なっただけでなく、子どもを奉公に出し、避妊や間引きによって、家族が増えないようにもした。

この産児制限は様々な影響をもたらした。総人口の安定化に一役買っただけでなく、女性の死亡率を下げたようである。一七〇〇年代後半の日本人の平均寿命は三〇歳と推測されているが、一八八〇年頃までには男性と女性の平均寿命がそれぞれ四二・八歳と四四・三歳に伸びているからだ。さらに、妊娠と子育てに取られる時間が減ったので、女性に他の仕事をする余裕ができ、生糸紡ぎのような手仕事が農村に広まると、働き手として女性を当てにできるようになった。[68]その結果、小地主層は、特別に家計の支出を増やすことなく、世帯の生産性（と収入）を上げることができるようになった。

時代の変化に対するこうした対応は江戸時代の終わりまで引き続いて行なわれ、その結果、全国の村落はいずれも読み書きのできる少数の裕福な指導者層と副業も行ない糊口をしのぐ大多数の小作人や小地主で構成されるようになった。

　小作人が増加したり、副業や産児制限への依存が長期にわたり続いた結果、政治にも影響が出た。貧しい下層の村人が、特に不作や飢饉のときには、互助の精神にもかかわらず、小作料を徴収する村の指導者層を逆恨みするようになったのだ。その結果、生活難から社会的な抗議行動を起こすときには、支配層ではなく、地元の富裕層を標的にすることが多く、都市の商人や藩主を攻撃することは極めてまれだった。

　一八一五年に幕府の上級官吏がこうした状況を的確に分析している。

> 百姓一揆は人数が多いというだけで、心配するには及ばない。また、村の長や下級役人に恨みを抱いて一揆を起こしても、大したことにはならない。しかし、飢饉が起きて、餓死に瀕した民衆が座して死を待つよりは決起する方を選び、裕福な家や米屋を襲い始めたら、対処しなければならない。一揆は藩主の政治が悪い場合に、最も激しくなる。藩主を諸悪の根源とみなすからだ。さらに、重い年貢や賦役、債務などを課した横暴な政治が長く続いて、不満が募っていると、こうした一揆は最悪になる。[69]

　この分析が示しているように、一八〇〇年代までには、民衆に過大な負担を負わせると、現体制の脅威になりかねないことを支配層も認識していた。しかし、実際には、そうはならなかった。前述したように、幕藩体制を崩壊させたのは幕府の外交政策に対する武士階級の不満だったからだ。

　その後、一八九〇年までの数十年間は農村の生活に大きな変化は生じていない。[70] 政治、貿易、科学技術、支配層の文化に生じた変化が村人に及ぼした影響が徐々に強くなったのは、二、三の例外を除けば、工業化が村人の暮らしに影響を与え始めた一八九〇年以降のことだった。

科学技術の動向[71]

　これまでの章では、古墳時代以降の採鉱や律令・中世・築城の各時代の建築様式に言及したが、取り上げた科学技術は主に農業に関連したものだった。集約農業時代の末には、農業に加えて、鉱業や林業、漁業の分野における技術革新も特筆に値する。江戸時代の成長期と安定期や、産業社会へ向けて大きく舵を切った明治時代にそれぞれ役割を果たしたからだ。

鉱山開発

これまで本書でみてきた採鉱は主に鉄、銅、金、銀の金属だった。江戸時代に金属採鉱に顕著な変化がいくつか生じたが、中でも注目に値するのは、石炭の採掘が始められたことだ。

1 金属採鉱

鉄などの金属採鉱は少なくとも古墳時代まで遡るが、その方法は、対象となる金属を含む砂の堆積物を採る砂鉱採鉱だった。地中の浅いところに埋没している場合もあったが、砂鉱はたいてい河床やその付近に堆積していた。

砂鉱採鉱を行なう場合は、流路を迂回させ、河床の下にある岩石層に達するまで砂を掘る。そして、岩石層の割れ目や裂け目に挟まった砂の中に、海砂利くらい小さな金が見つかるという記述が一六〇〇年代の初めにみられる。[*72]

こうした砂鉱採鉱は立坑方式のような複雑な掘削作業を必要としなかった。

一六〇〇年代まではこのような地表や地表付近の堆積層で採鉱が行なわれていた。しかし、その後の数十年は、地中深くまで坑道を掘って、金属を含む砂や鉱床を求めるようになった。鉱山労働者は掘り進みながら、工具を用いて手作業で鉱床の中から鉱石を取り出し、背負った籠に入れて地上まで運び出した。坑道が深くなるにつれて、染み出す水を排出する方法や換気をよくするために手動式の換気扇を考案した。[*73]

鉱床が見つかるにつれて、採掘量も増加した。銀山が佐渡島で一五二〇年代に、九州で一五九〇年代に、今日の神戸市の北で一六一〇年代に発見された。金は貴重だったので、一六〇〇年代に河床の砂鉱採鉱が北海道でも行なわれるようになり、アイヌの居住地域にまで入り込んだために、漁場に深刻な被害を与えた。[*74]

一五九〇年代に関東地方の北東部で、また一六一〇年に北西部で新たに銅山が見つかった。その後の一世紀の間に、東北地方から四国・九州までの広い地域で鉱山が発見されている。一七〇三年の公文書には二四三カ所の銅山で採鉱が行なわれていたことが記されている。そして、一七〇八年から一八四三年の間で最も産出量が多かった銅山は東北地方と四国だった。[*75]

一六〇〇年代の初めに、採鉱技術の進歩と鉱山の新たな発見により、（一時的なものではあったが）世界的に有名な金銀のラッシュが起き、一六三〇年頃まで続いた。一六六〇年代以降は、前述したように、金銀塊が不足して、経済に様々な問題がもたらされたが、採鉱技術にそれ以上の進歩がみられなかったため、産出量は減少の一途をたどった。

一方、銅は一六九〇年代に入るまで産出量が増え続け、一七〇〇年代の後半になっても維持されて、鉄も一八〇〇年代まで枯渇することはなかったので、金銀に代わって、様々な用途に利用された。[*76] しかし、一八〇〇年代に幕府や藩が沿岸警備のために大砲を鋳造し始めたので、鉄も需要を満たすことができなくなった。

そのはるか前から、日本の社会では、採鉱に伴い下流の環境が破壊されるという大きな問題が生じていた。江戸時代以前に行なわれていた砂鉱採鉱は河川の流れを妨げたり、下流の漁業に被害をもたらしたりしたことはあったが、比較的問題は少なかったようだ。それは、採鉱の規模が小さかっただけでなく、鉱石から多くの化学物質がすでに溶出してしまっていたので、鉱石を取り出し加工処理する過程で廃棄物が大量に出ることもなかったからだ。しかし、新しい立坑方式が導入されると、採掘の規模が急速に拡大すると共に、鉱石の採掘や製錬過程で生じる廃棄物の量も増大して、大気汚染や水質汚染がひどくなった。

日本は地形が険しい上に、降水量が季節によって大きく異なるので、鉱山から出る廃水が大量に下の谷間の河川流域にある田畑に流れ込み、そこからさらに沿岸平野や漁業が営まれている湾に流入することがあった。汚染物質が増えるにつれて、飲み水や灌漑用水が汚染され、その結果、

米が汚染され、さらに、魚や沿岸の様々な海生生物の命が奪われた。[*77]

こうした集約的鉱業がじきに社会問題に発展したのも驚くことではない。早くも一六四〇年代に、鉱山の汚染が社会問題化している。例えば、関東地方の北東部にある銅山が周辺の農地に大きな被害をもたらしたために、農民の一揆が起こり、閉山になっている。また、東北地方の金山も汚染物質が水田に被害を及ぼしたために閉鎖されることになった。

それ以降は鉄や硫黄の鉱山も問題になることはあったが、金銀の産出量が減少したので、一揆を引き起こしたのは主に銅山から出る有毒な廃水と製錬所から出る有害なガスだった。[*78] 一七〇〇年代までには、金属採鉱がもたらす被害がよく知られるようになったので、近隣で鉱山が開かれるのに対して村人が抗議運動を起こす地域もでてきた。しかし、幕府は将来を予示するように、幕府が必要とする金属を提供してくれる鉱山業者の後押しをした。そして、被害がでたときには、閉山や採掘方法の変更が求められることもあったが、たいていは不満を鎮めるために、農民に補償金が支払われた。それでも、こうした問題とそれに対する抗議は、幕藩体制が崩壊した後になっても続いていた。

深刻化する資源の不足と野放しの汚染問題という遺産を明治政府が引き継いだことを考えると、一八六〇年代以降、

1870年代以降の鉱物の産出量

年	金（トロイオンス）	銀（トロイオンス）	銅（ロングトン）	石炭（ロングトン）
1874	3,129	87,890	2,078.5	204,864
1884	8,630	736,321	8,758.3	1,123,330
1894	25,260	2,328,131	9,622.5	4,214,253
1904	132,814	1,977,756	31,653.0	10,619,026

※1トロイオンスは約31グラム、1ロングトンは約1,016キログラム

採鉱技術の改善が明治政府の政権強化の重要な側面になったのも頷ける。政府は欧米の専門家を雇い、一八七〇年代には強制給気、蒸気排水ポンプ、発破用の爆薬、鉱石を大量に運び出す巻き上げ機のような新技術を導入した。

その結果、上の表にみる通り、鉱物の産出量は驚くほど増加した。[*79]

一八六八年以降は、鉄の産出量も、金銀や石炭と同様にかつてないほど増加した。参考までに、江戸時代の銅の産出量を挙げると、一六八〇年から一七〇〇年の最盛期には年間五二〇〇ロングトンを超えたが、一七〇〇年代の後半までには二五〇〇ロングトン、一八〇〇年代中頃までには一〇〇〇ロングトンに減少していた。[*80]

いうまでもないが、産出量の大幅増加は汚染規模の拡大を伴い、それに対する抗議運動が活発化した。一八七〇年代から八〇年代には、伊豆半島や名古屋近辺、四国北西部、九州東部の金属鉱山が下流域に被害をもたらし、大小様々な抗議運動が起きた。しかし、最もひどい被害をもたらしたのは、一八九〇年までに日本の銅の四分の一を産出していた関東北西部の足尾銅山だった。

足尾銅山は一六一〇年に発見されていたが、江戸時代は産出量がさほど多くなかったので、渡良瀬川の下流域に深刻な問題はほとんどなかった。しかし、一八七〇年代に新しい深部の工法と工業用の製錬技術が導入されると、燃料

用木材の消費や廃棄物が急増したので、一八八〇年までには鉱山と周囲の禿山から流出する廃水が下流域を汚染していた。ヒ素や重金属、硫酸銅が河川漁業に甚大な被害をもたらし、あふれた水が水田を汚染して稲作ができなくなっただけでなく、村人が健康を害し、村は壊滅的な打撃を受けた。一八九〇年頃には、足尾銅山は汚染物質に怒った農民の抗議デモの行列で東京までが脅かされ、産業時代に入った日本の最初の重大な環境汚染問題と化していた。[*81]

2　石炭鉱業

金属の採鉱に生じたこうした変化に加えて、一六五〇年以降に鉱業にはもう一つ大きな発展がみられた。石炭採掘の始まりである。

何世紀にもわたって、様々な用途のために、木の枝を窯で嫌気的条件で蒸し焼きにして木炭が生産されてきた。しかし、大規模な開墾とそれに伴う人口の増加、建築用と燃料用木材の大量消費で、一六〇〇年代の後半までには、比較的手が入りやすい森林は切り尽くされ、建築用木材や燃料用木材の需要を満たすことができなくなっていた。そこで、他の燃料に対する需要と市場が生まれた。

一四六九年に、福岡県大牟田市の有明海に面した三池の前浜で、農民が地上付近でみられる石炭層を発見した。[*82]後に、九州の他の地域でも石炭層が発見されたが、ほとんど利用されなかったようだ。しかし、一六〇〇年代に、燃料用木材が不足するようになるにつれて、おそらく外国人の助言を受けたからだろうと思われるが、こうした石炭層の近くに住む村人が石炭を掘り出して使い始めた。いずれにしても、一七〇〇年以降には、こうした石炭の利用は四国から少なくとも名古屋付近まで広まった。この瀝青炭《れきせいたん》は、主に製塩、製陶、サトウキビの加工の過程で燃料として利用された。

しかし、この石炭の利用は当初から多くの問題を抱えていた。採掘の過程で、下流域の水田を汚染する廃棄物や廃水が出たので、村人たちは汚染を防止するための河川整備に追われた。一七八〇年代までには、汚染問題で九州では抗議運動が起き、藩主は問題の炭鉱を調査して、閉鎖させた炭鉱もあった。

石炭を燃やすときに出る煙と灰も、多くの地域で問題になった。煙や灰が周辺地域の作物に被害をもたらしたり、労働者の健康を害したりしたからだ。一八三〇年代に、一揆を起こした広島付近の村人が以下のように述べている。

> 煤や煙がイネ、コムギ、ダイズ、アズキ、ササゲ、ソバ、茶などの穂や葉にこびりついて、ベトベトした煙で汚れ、不作のときのように、しおれたり、実りが悪くなったりした。[*83]

石炭の使用者も好んで使っているわけではなく、仕方なく使っていた。前述した社会的問題を別にしても、石炭には薪に劣る点があったからだ。例えば、最も多用されたのは製塩だったと思われるが、製塩業者は昔のように、松の方を好んでいた。松の方が火力が弱いので、細かな白い塩の結晶が得られるのに対し、石炭はたとえ瀝青炭でも、火力が強いので、結晶が大きい上に不揃いで濁り、食卓塩として売れず、量産の食品加工用に低価格で売らざるを得ないからだ。

石炭は採掘と利用の両方に問題や欠点があっただけでなく、それに対する抗議行動も引き起こしたが、薪が常に不足していたので、石炭の消費量は増加の一途をたどった。一八二〇年代までには、年間の石炭産出量は一五万ロングトンに上っていた。こうした石炭利用の経験は、前出の表が示すように、明治維新後の日本が化石燃料を基盤とする産業社会へ移行する地ならしをしたのだ。

しかし、当然のことながら、明治時代の石炭産出量の驚くべき増加は、炭鉱と石炭の利用場所で汚染やその他の被害をもたらした。最も深刻な問題を起こしたのは、三池炭鉱や長崎湾の入口近くにある高島炭鉱である。例えば、高島では「地盤沈下、家屋の傾斜、井戸涸れ、漁獲量の減少」などの問題が引き起こされたので、一八八二年に村民が炭鉱の閉鎖を請願している。*84 それから数十年で、こうした問題が増加することになる。

林業

第4章で述べたように、都市建設やその維持に伴うかつてない建設ブームや燃料消費で、律令時代の初めに畿内の森林が乱伐されて、環境が深刻な影響を受けた。しかしその深刻さにもかかわらず、その影響も、一六五〇年までの一世紀に起きた建設ブームと、人口増加に伴う全国規模の森林伐採と開墾がもたらした影響に比べたら、大したものではなかったように思える。ここでは、一六五〇年から一八九〇年の林業を最初の状況、森林伐採に対する前期と後期の反応、一八六〇年以降の状況に分けて検証してみよう。

1　最初の状況

一六五〇年までの一世紀に行なわれた木材伐採の影響は広範囲に及んだ。伐採される木材が多様化しただけでなく、伐採面積も拡大し、農業の発展過程とも深く関わっていたからだ。

伐採される木材が多様化したのは、スギとヒノキが支配層に好まれたのは相変わらずとはいえ木材が様々な用途に使われるようになり、様々な種類や大きさの木材が市場で取引されたからである。さらに、人口の急増や冶金、製陶、瓦焼き、製塩の発展に伴い、調理や暖房用の薪だけでなく、燃料用木材の需要も急速に拡大していた。

あらゆる種類の木材が利用され、全国から集められた。輸送技術の進歩、支配層の権力の強化、商人の組織力によって、それが可能になったのだ。国内の人が行かれるところならどこからでも、どんなに大きな木材でも建設現場へ輸送することができるようになった。例えば、江戸や京都、大阪の建築業者は北海道を除く全国から木材を調達していた。

北海道には江戸時代になっても森林が豊富に残っていたが、そこはアイヌ民族がまだ占有しており、政治的な理由で、材木商の立ち入りは禁止されていた。それでも、一七〇〇年代以降になると、あちらこちらで違法な伐採が行なわれるようになった。[*85]

こうして、人の手が入る場所ならば、どこでも木材の伐採が行なわれた。さらに、こうした木材の伐採に伴って農地開発が進められたので、極めて肥沃な森林の多くが失われたり、再生ができなくなってしまったりした。木材の伐採は、緩やかな丘陵地の斜面林や大きな河川に近い森林が農地に開発されて失われる第一歩に過ぎなかった。さらに、一旦丘陵地の開墾が行なわれると、階段状に畑を作って斜面を上っていくので、段々畑が空に向かってそびえる、目を奪うような景色が生まれる。その上、困窮した農民は段々畑が作れない急斜面や通常の利用に不便な場所では焼き畑を行なった。

農地が増えるにつれて、肥料の需要も増えた。伐採されて日が浅く耕作できない場所は、有機肥料の重要な供給地になった。そうした場所には、肥料に利用できるイネ科や広葉の草本、その他の丈の低い植物が生え始めるからだ。肥料や小さな植物の供給源として、こうした場所に大きな木本が生えないように管理することは農民の利益になった。その結果、若木が生えたとしても、鎌で刈り取られてしまった。

このように森林が徹底的に開発されたので、一六五〇年までには北海道を除き、人が手を付けられる場所には建築用の木材はほとんど残っていなかった。大径木が残っていたのは、内陸の山地の急斜面や、運搬に利用できる水路や道路から遠く離れた地域だけだった。その結果、日本列島は浸食や荒廃地の急増、下流域の水害といった問題に直面することになった。

一六五七年の一月初旬に、江戸城のすぐ北にある本妙寺で火災が発生し、折からの乾燥した寒風に煽られて、火の手は瞬く間に四方八方に広がり、三日間燃え続けた。世に名高い「明暦の大火」だが、多数の大名屋敷、江戸城の主要な建物、三〇〇に及ぶ寺社、六〇カ所の橋梁、九〇〇〇軒の米蔵、町人の家屋が密集する五〇〇カ所に上る町など、

九州中部の山麓斜面に作られた棚田（1963 年）

江戸市街の大半を焼き尽くして、ようやく鎮火した。当時の江戸には五〇万人の人が住んでいたが、焼死者はその二〇%以上に上った。[*86] ちなみに、世界的に知られるロンドン大火が起きたのはこの九年後のことだった。

この大火は江戸時代に起きた最悪の都市災害だったと思われるが、日本の木材不足の深刻さを赤裸々に暴き出した。例えば、建築資材の提供を求めた幕府の要請に対して、諸大名からは要請された資材はもう手に入らないという弁解がましい返事がくり返しなされたのである。そして、再建事業が始まったが、建築資材の質が落ちただけでなく、建物の規模も小さくなった。よく知られているように、江戸城の巨大な天守閣は幕府の権力と威光を示す際立った象徴だったが、再建されなかった。

火元の寺院は江戸市街の中心近くにあった数十の寺の一つだった。住居の密度を減らし、幕府の建物を増やし、火の元を取り除くために、幕府はすべての寺院を江戸城の外堀の外へ移転させることにした。[*87]

それよりも重要なのは、高い地位を象徴するだけでなく、耐久性に優れ、延焼を防ぐ役目も果たしていたので、律令時代以来、支配層に広く利用されてきた瓦屋根が、江戸の町が再建されたとき、禁止されたことである。瓦屋根が禁止されたのは、当時使われていた瓦が第4章で述べた本瓦だったからだ。

本瓦の使用を禁止した理由はいくつかあるが、本瓦の屋根は粘土だけでなく、他の原料の消費量も多かったことがまず挙げられる。粘土が少ないところでは、水田の硬盤層が利用されることもあったので、水田が損なわれて稲作に支障をきたした。さらに、本瓦は分厚いので、焼くときに、ただでさえ不足している燃料用木材を大量に消費した。その上、本瓦と粘土の層は分厚い野地板とそれを支える丈夫な垂木などの骨組み、つまり、もう手に入らない大径木の木材を必要としたのだ。

瓦屋根を禁止した理由はともかく、板や茅葺きの屋根で再建された江戸の町は今まで以上に火事が広がりやすくなったので、それ以降の数十年は火事はくり返し起こる問題となった。幕藩社会の江戸の町は環境収容力を超えてしまったようである。

しかしながら、科学技術の発展で、一次的な救済がもたらされた。一七〇〇年までには、わずかな重なりで組み合わせることができる薄くて平らな桟瓦《さんがわら》という新しい瓦が開発されたので、軽い屋根が作れようになった。一七二〇年代以降は幕府は江戸のあらゆる建築物に桟瓦の使用を推奨したので、火災の問題は改善され始めた。

2　初期の対応

第5章で述べたように、大名が森林の管理や再生に取り組み始めたのは一五〇〇年代だが、本格化したのは一六〇〇年代である。

森林伐採に対する初期の対応は、軍事的必要性と木材や薪にする都市の需要によって引き起こされたのだが、一六〇〇年代に入り、森林伐採が進むにつれて、伐採地の下流にある村落で憂慮すべき問題が頻発するようになった。問題の核心は、森林が伐採されて裸になった丘陵地が河川を埋め、灌漑施設や田畑を台無しにし、時には村落自体を水没させる浸食や洪水、土砂の堆積をもたらすことだった。こうした状況は支配層の食料供給だけでなく、地元の人々の暮らしや社会の安定を脅かした。したがって、支配者である幕府が全国的な森林伐採の問題に対処し始めたとき、重点が置かれたのは「生産的林業」ではなく、いわゆる「保安的林業」だった。[*88]

当時の儒学用語では「治山治水」といわれていた保安林の制度は、下流域の農地を洪水や土砂の堆積から守るために、樹木の生い茂った安定した丘陵地とよどみなく流れる河川の維持を目指したが、効果的な方策を実施するのが極めて困難だということがわかった。

いうまでもないが、森林の問題が一筋縄でいかないのは、基本的には人間の収奪に生物量の回復が追いつかないからだ。しかし、問題を複雑にしているのは、求める森林の生産物が集団によって異なり、各集団の求めるものが相容れないことなのだ。村人が植物性の肥料や飼料、薪や小規模の建築用として求めていたのは、下層植生（イネ科や広葉の草本、低木）だったが、支配層が求めていたのは大径木の木材であった。こうした生物学的に相容れない需要を両立させるには、利用を制限する一方で、多様な用途に対応できる柔軟な森林の管理体制を構築することが不可欠だった。

一七〇〇年代になると、「互助」組織に後押しされて、こうした複雑な森林の管理体制がしだいにできあがってきた。しかし、このような森林の管理が可能になったのは、単に土地開発を進めるのが困難になったからだ。森林が農地に開発されなくなると、その境界は法的にも生物学的にも安定し、規制下で、多様な利用をすることが制度的に確立した。

3　後期の対応

こうした保安林制度によって、農村の環境が安定したので、村人は比較的整然と資源を管理することができるようになった。しかし、保安林制度は木材の増産にはほとんど役に立たなかった。木材生産という点では、森林の自然再生に支障をきたすような指定地域の利用を規制することによって、森林の再生を図るに留まった。

木材の総生産量が増加し始めたのは、一九世紀に入って

植林事業が行なわれるようになってからのことだった。植林を行なうことで、それまでは典型的な収奪行為だった木材の伐採が、需要の高い樹種が望まれる商品を生み出せるように、他の樹種を犠牲にして育成する「農業的な」営みに進化したのだ。

前述した「農書」は樹木の育成法にかなりの紙面を割いているが、育成林業はその「農書」に基づいていた。こうした農書は一六〇〇年代の後半に出版され始めて、一七〇〇年代に急速に普及したが、実生《みしょう》や挿し木の育成、植林地の管理、輪伐の原則など、森林の維持や修復、利用に関する情報が豊富に記載されていた。

一七〇〇年代には村人の識字率も向上して、村人が持続可能な多目的利用に対応した共有林の管理方法を理解するようになるにつれて、労力と時間を要する育成林業が行なわれ始めた。こうした林業が最も普及したのは中部日本だったが、初歩的な形では各地で行なわれるようになった。

例えば、伐採後は自然再生にほとんど任せていた東北地方の津軽でも、林業者が入念に手入れを行なう利点を以下のように記している。

> 林業の技術は稲作や畑作物の栽培とは異なる。洪水、干ばつ、霜や雪から守ってやる必要はないかもしれないが、植林後、一〇年ほどは通常の世話が欠かせない。

しかし、それだけの世話をしてやれば、森はその恩恵が孫子の代にまで及ぶ宝の山になる。まことに、林業者冥利に尽きる。[*89]

森林育成の重要性が認識されるようになった結果、一八〇〇年代には木材生産量が緩やかではあるが、増加に転じ、森林の状態も改善されてきた。

4　一八六〇年以降の状況[*90]

その後、日本は欧米列強の外圧を受けて、混乱期を迎える。一八六〇年代に防衛施設の建設が急増すると、木材の消費量が増え始め、下流域の被害も再び大きくなった。一八七〇年代には森林伐採が主に二つの理由で加速した。一つは単純な理由で、木材の需要が急増したからである。新しい技術が用いられるようになると、造船、港湾、橋梁、電柱、鉄道の枕木、鉱山の施設、工場の建物などに木材が利用された。こうした木材の利用は伐採技術の変化、特に横挽き鋸《のこ》と製材鋸の利用によって拍車がかかったのだ。

もう一つの理由はもっと複雑だが、一八七〇年代の初めに明治政府が旧来の土地の利用権制度を廃止したからである。林地を含めて、すべての土地は所有や譲渡が可能な不動産とみなし、私有地には推定市場価格に基づいて、課税するという方針を示したのだ。一八七一年に「官民」分離

という単純な二分割案が作られたが、この案に対して全国各地で抗議の声が上がった。多くの土地、特に林地が様々な用途に利用されていたからだ。そこで、一八七二年に政府は「共有地」という第三のカテゴリーを設けた。このカテゴリーには地元の共同体が管理し、様々な利用者が多様な用途に利用できる土地が含まれることになった。

しかし、この修正案でも不満は収まらなかった。領民も許可を得て利用してきた林地の多くが公式に大名の領地として記録されるので、自動的に「官林」に分類されてしまったからだ。反対にもかかわらず、政府は修正案を押し通し、土地の所有権を設定することを決定すると、全国で土地の測量と所有者の確定を行なう計画に着手した。

農地は境界や使用権のほとんどが確定していたので、土地の測量は迅速に進み、一八八一年には完了した。一方、林地は境界が明らかでないだけでなく、使用権も複雑に絡み合っていたので、測量が終わるまでに数十年かかった。しかも、その間、北海道から九州に至るまで、村人たちは生計に不可欠な林地の旧来の使用権を失うのではないかという不安におののいていたのだ。

使用権を有する樹木や育んできた樹木などの森林の生産物を取られまいとして、全国の村人たちは政府に規制される前に、そうした樹木を伐採して売り始めた。政府は木材用の林地として価値のないと思われるものは村落に委ねる

方針でいたので、村人たちは破壊して無価値になった林地は地元の村で管理できるようになると期待して、林地の放火や盗木を積極的に行なったのである。

　このときの森林破壊の規模は驚くべきものだった。政府の林業報告書には一八七八年から一八八七年の十年間に被害を受けた年間の樹木数が以下のように記載されている。[*91]

被害を受けた官林の樹木数（一八七八〜八七年）

放火……五三七万三五四五
不法伐採……一八二万六七八三
自然災害……二〇一万九五七

　これをみると、強風、雪害、落雷などの自然災害による樹木の被害は人間がもたらした被害の三分の一以下であることがわかる。最大の被害をもたらしたのは放火だが、土地開発の手段や木材用の林地としての価値を失わせる手段として用いられたのだ。さらに、不法伐採は木材や薪を手に入れるためや、林地の価値を下げるために行なわれたものだった。

　このように、様々な要因で森林の状態が驚くべき速度で悪化している間にも、明治政府はヨーロッパ林業の研究を含む森林に関係した他の計画に取り組んでいた。しかし、調査官は、医学、採鉱、輸送などの科学技術の分野とは異

なり、日本の従来の林学の「最適な方法」は日常の技術において、新しい時代におおむね相応しいことに気がついた。

なおかつ、ヨーロッパ林業、特にヨーロッパ随一だったドイツ林業の研究で、二つの貴重なことを学ぶことができた。日本の育林法が「科学的」、したがって最新式で、奨励に値するものだったことと、政府は国民の公益を最大化するために、森林再生事業で主導的な役割を担えることだった。一八九〇年頃には、それまでの二〇〇年の間に現れた育林技術を活かしたり、改良したりする過程で、この「新しい」森林管理観は定着し始めていた。このように新しい命を吹き込まれた日本の育林技術は全国で用いられるようになり、第7章で詳説するように、それからの数十年の間に日本の森林は以前もたらされた被害から回復して、再生を始めたのである。

漁業

　日本の漁業の歴史は長い。狩猟採集文化の一部を成し、「農業的」漁業の兆しが表れた一七〇〇年頃まで、採集型の営みとして機能していた。[*92]
　前期農業の時代には、人口が増加するにつれて、漁業の規模も拡大していた。舟が大型化し、釣り針や釣り糸、網などの用具も改良された。しかし、漁業の発展は制約を受

けていた。海産物の供給量は季節によって変動するので予測が難しいだけでなく、魚を食べるのは祝宴などの特別なときが多かったので、需要が安定していなかったからだ。

　そのため、漁業者たちは、貯蔵や運搬に対応できるような干し魚や塩漬けの加工法を開発して、供給の安定化を図り、徐々に市場の不規則性を克服した。さらに、こうした加工技術のおかげで、魚だけでなく、海藻や貝類、海生哺乳類などの海産物も利用することができるようになった。中世に商業が発達してくると、漁業者の市場も拡大した。

　一六〇〇年代の初めに、江戸幕府が国を統制する規則を発布したとき、幕府は律令時代の土地の使用権と同じ原則を沿岸海域に適用した。そこで、沿岸の共同体で土地の測量が行なわれたとき、陸地だけでなく、沖合の海域も境界が定められ、住民は年貢や労役の見返りに、沿岸海域の使用権を認められた。しかし、魚は動き回るし、海上の境界を明確に見分けるのは難しいために、一六〇〇年代には村の内部や村同士で頻繁に諍いが起き、訴訟や調停がくり返されたので、林地利用の場合と同様に、海を共同で利用する様々な方式が生まれた。

　一七世紀の成長期に漁村も発展した。しかし、一七〇〇年代に社会全体が陸上の生産量の安定期に移行し始めると、沿岸漁業の生産規模を急激に拡大させるできごとがいくつか起きた。

　最も重要なのは、森林伐採、土地開墾、農業生産量の増加で植物性肥料が恒常的な不足状態に陥っていたときに、乾燥させた魚を粉状化した魚粉が肥料として高く売れることに漁師が気づいたことである。そうした魚粉から得られる収入はさほど多くはなかったが、漁師にとって確実な市場であった。食用として高く売れない魚でも、肥料として利用することができた。さらに、海運や商業基盤が十分に整っていたので、漁師が手広く魚粉を売ることができた。

　魚粉の需要は著しく高まった。魚粉は栄養価が高いので、肥料を大量に必要とする二種類の商業作物（ワタとタバコ）にとって最適の肥料になったからだ。ワタはその頃までには栽培作物として普及し、絶え間のない需要があり、タバコは外国から移入されて日が浅かったが、西日本の栽培が特に好調だった。一八世紀にはワタやタバコなどの作物用の魚粉肥料は漁業の主要な生産物となり、膨大な量のイワシなどの魚が消費されていた。

　じつは、魚粉はどんな種類の魚でも作れたので、漁船の数を増やしたり、大型化したりしても割に合ったために、五〇人も乗れるような大型漁船が建造されるようになった。巨大な魚網を張って、様々な方法で魚を追い込み、捕獲した。捕獲した魚は食用として売れるものを選び出すと、残りはまとめて肥料用に加工された。

　もう一つの主要なできごとは捕鯨である。海岸に打ち上げられたクジラを回収して利用することは昔から行なわれていたが、真の捕鯨が行なわれるようになったのは一五〇〇年代であった。当初は、銛を打ち込んでクジラを補殺する小規模な捕鯨だったが、一六〇〇年代になると、クジラ（特にザトウクジラやセミクジラ）を網の中に追い込むと、銛を打ち込み、岸まで引いていき、そこで加工するようになった。脂肪から鯨油を採っただけでなく、肉は食用として市場に出された。

一七〇〇年代の中頃には、鯨油に新たな需要が生まれた。一七三二年から一七三三年に西日本では大発生したウンカによって、作物が壊滅的な被害を受けて飢饉が起きたのだが、その後、鯨油に防虫効果があることがわかったからだ。そして、脂肪だけでなく、鯨油を採るために粉状化された骨も防虫効果があった。

鯨油の市場が確立されると、沿岸の商人は何百人もの人を乗せた捕鯨船団を展開させた。捕鯨船団は回遊しているクジラを岸辺へ追い込み、網で捕獲すると、殺し、加工して市場へ出荷した。マストを備えた大型の外洋船で捕鯨を行なっていた当時の欧米と比べると、こうした沿岸海域の捕鯨は規模が小さく、操業地域も限られていた。しかし、外洋の捕鯨に利用できる技術と組織がすでに存在していたことを意味する。実際、日本周辺の海で日本が大型の捕鯨船で欧米と捕鯨競争を行なうようになるまでに、明治政府による一八六〇年代の社会的変革から数年しかかからなかった。[*93]

一七〇〇年代には、内水面漁業者がナマズ、淡水エビなどの食用魚類だけでなく、コイの養殖も始めた。[*94] こうした養殖の規模はさほど大きくなかったが、同じ頃林業で植林が始まったように、漁業のあり方も収奪から育成へ移行し始めたことを示している。

江戸時代の後期までには、漁業は日本人にとって重要なものになっていた。魚介類が直接、食料源になっただけでなく、農作物の肥料不足を補うことによっても、食料の供給に役立っていたからだ。一八〇〇年代までには、魚粉は日本の人口を養う農業生産のかなりの部分を支えていた。

農業

農業形態の前期から後期への移行は、おおむね中世の時代に完了していた。江戸時代には村人たちの識字率も向上して、農書が手引きとして使われるようになり、後期農業の主要な技術（肥料の使用、二毛作、作物の多様化、灌漑施設の複雑化）が広く用いられていた。さらに、こうした技術は注目に値する新しい習慣によって補われていた。

一六〇〇年代の農業の著しい発展は大規模な開墾に基づいていた。[*95] 例えば、大名は大勢の賦役労働者を動員して、河川の浚渫、堅牢な堤防や高度な灌漑施設の建設、広い洪積平野の新田開発を行なった。また、全国各地の村では森林を切り開いて農地の開発が進められ、最後には、一〇平方メートルにも満たない木立まで伐採されたのだ。

この時代の大規模な開墾は利益ばかりでなく、損失ももたらした。一六〇〇年代の後期には低地の残っていた土地が開墾されていたが、肥料の不足と森林の使用権をめぐる争いが深刻さを増していた。こうした状況の結果、共同体の協力や罰則を伴う規制によって支えられた森林の多目的利用体制の構築がもたらされた。

一方、開墾や木材の運搬を容易にするために行なわれたものもあるが、河川の改修により、河川が豪雨や雪解けによる急激な増水に弱くなった。堤防が築かれた河川は水のはけ口を失ってしまったので、土砂の堆積を避けることが絶対に必要になった。その結果、村人たちは洪水の被害に遭わないために、河川の浚渫、瓦礫の除去、堤防の維持管理という骨の折れる仕事を行なわなければならなくなった。

全国で大規模な開墾が進められていたときに、新しいできごとが農業に変化をもたらした。中でも注目に値するのは、新しい肥料と作物の導入である。さらに、東北地方ではオオカミと野犬の間に狂犬病が流行したことで、事態が紛糾することになった。

1 新しい肥料

前述したように、新しい肥料の一つは魚粉であった。もう一つは醤油、酒、植物油などを生産するときに出る廃棄物を含む人間の有機廃棄物だが、最も量が多く、役に立ったのは下肥であった。

「前処理された」下肥は栄養価が高い上に、植物がすぐに取り込めるので、肥料として価値が特に高かった。その結果、需要がとても大きかった。江戸時代の初めは、都市の住民は金を払って排泄物を処分してもらわなければならなかったが、一七〇〇年代までには排泄物を引き取って利用者へ届ける商売は大きな発展を遂げていた。

下肥の取引で利益を得ていたのは、農民よりも中間業者だっただろう。関東では、少なくとも一八〇〇年代は、肥料は農民の最大の支出になっていたからだ。「作物から得られる総収入のじつに七〇％を占めていた」[*96]という。しかし、肥料の経済的収益がどのように配分されるにしても、肥料は農業生産量の長期的な増加をもたらすのに重要な役割を果たした。例えば、反当たりの米の収量は一六〇〇年代から一八〇〇年代の間におよそ二倍になっている。[*97]その結果、食物作物からワタのような非食物作物へ栽培を切り替える農民が現れても、食料の総生産量が相対的に減少することはなかった。

とはいえ、新しい肥料がすべての農民に同じように利益

東京近郊（北部）のキャベツ畑で草取りと下肥の施肥を行なっている農家の婦人（1955年）

をもたらしたわけではなかった。商業的廃棄物や下肥はほとんどが都市から出されただけでなく、運搬もしにくいものだったので、江戸から出された廃棄物の一部は海路で京都周辺の農家へ運ばれたが、そうした廃棄物が手に入ったのは主に都市周辺の農民だった。同様に、魚粉は沿岸地域で生産され、船で運搬されることが多かったので、海岸や大きな河川、沿岸の都市に近い農民が利用しやすかった。その結果、こうした地の利のない内陸の農民には、主に付近の森で手に入る肥料や自分たちの家から出る廃棄物以外に肥料として利用できるものがなかった。

そして、貧しい農民、特に小作人はこうした市場で取引される肥料は高くつくので、地元で手に入る資源に頼り続けることになり、その結果、さらに多くの森が失われて荒れ果てることになった。一八八八年に、政府が全国の土地使用調査を完了したとき、「草地」に分類される土地が耕作面積の三分の一に相当する一三三万八〇〇〇ヘクタール余りに上ることがわかった。草地に該当するのは、家畜の飼料ともなるが、主に肥料として利用されている様々な野草やその他の丈の低い植物に覆われている土地だった。[*98]

2　新しい作物

しかし、広い低地や輸送経路の近くで耕作する農民にとっては、新しい肥料は大きな恵みだった。肥料のおかげで、二毛作を行なうことだけでなく、大量の肥料を必要とする商業用の高価な作物を栽培することも可能になったからだ。

そうした商業作物として、南日本、特に畿内で栽培され、主に衣服の素材に使われたワタ[99]と九州南部からゆっくりと広がっていったタバコはすでに紹介した通りである。さらに、タバコよりも重要な商業作物は九州南部で栽培が始まり、一七三〇年代以降は南日本の広い地域で栽培されるようになったサトウキビである。

もう一つは、医薬品として珍重された東アジア産のチョウセンニンジンである。日本では一七三〇年代以降に栽培されるようになった。銀の流出を防ぐために、朝鮮半島からの輸入を減らす一助として、幕府がチョウセンニンジンの栽培を奨励したのである。さらに、絹の生産と、それに伴い桑畑も大幅に増加した。幕府は中国から輸入される絹織物に代わるような質の高い国産品の開発も奨励していたからだ。

いうまでもなく、日本でも絹の生産は少なくとも弥生後期には始まっていたので、目新しいものではなかったが、絹織物の輸入は依然として続いていた。江戸時代には技術も進歩して、絹産業は大きく成長していたが、高品質の絹糸や絹布の生産に必要な高度な技術の習得が難しく、中国産の絹織物の方が国産品よりも優れていると考えられていたからだ。

技術を向上させるのは簡単なことではなかった。クワを栽培する土地と建物に蚕棚に使う空間があるのは農家だった。農民はクワを栽培して、その葉を収穫し、それをカイコガ（*Bombyx mori*）の幼虫に与えた。カイコガは五齢幼虫になると、絹糸を吐いて繭を作り、その中でさなぎになって、羽化の準備をする。

農家で生産されたこうした繭は壊れやすいので、遠くまで輸送することができず、生糸を紡ぐのはその近所に限られていた[100]。したがって、最高品質の中国産絹織物に対抗できる絹製品を国内で生産するためには、農民が高品質の生糸を紡ぐ設備を整え、技能を身につける必要があった。

一方、それだけのことをする見返りは十分にあった。例えば、繭から糸を紡ぐ基本的な作業は家族で行なうことができたし、農閑期を利用すれば、機織りも手がけることができたからだ。

さらに、絹の生産には農地を使う必要がないので、作物栽培を犠牲にすることもなかった。一八〇〇年代の初めに出版されたある農書にはこのように記されている。

> 養蚕が社会にもたらす直接の利益は、河川沿いや沿岸、山地などの利用されていない土地でクワを栽培し、絹糸を紡ぎ、織ることができることだ。いうまでもないが、絹織物を輸出すれば、国は栄えて、人々の暮らし

は豊かになる。これを「富国」という。[*101]

その結果、一七〇〇年代と一八〇〇年代に、識字率の向上と「農書」の専門知識の普及を反映して、養蚕業に必要な能力がしだいに広まった。絹の生産量が増加するにつれて、絹製品の輸入が減り、一八五〇年代までには、日本の絹の品質は著しく向上していたので、不平等条約の改正が行なわれると、絹はすぐに日本のドル箱になった。

しかしながら、海外から注文が殺到したために、品質管理が行き届かなくなり、かなり質の劣った絹糸が輸出されてしまうこともあった。その結果、一八七〇年代に厳しい基準が設けられ、新しい設備や技術が導入されて普及したので、品質が向上し、輸出は一九〇〇年代になっても好調だった。[*102]

絹ほどの脚光を浴びることはなかったが、チョウセンニンジンやサトウキビ、タバコよりも重要だったのは、一七二〇年代までには琉球諸島から九州を経て西日本でも栽培されていたサツマイモである。一七三〇年代の飢饉の際にサツマイモのおかげで餓死を免れた村落がいくつかあったことから、その後、日本全国で栽培されるようになったのだが、サツマイモは特に貴重な作物であることがわかった。開けていれば、狭い土地でも育ち、不順な気候にも耐え、害虫や病気などの脅威から守られている土の中に食用に適した栄養豊かな塊茎ができるからだ。

こうした作物は農業が人口の分布状況だけでなく、地域の気候にも合った作物を発達させたことを示している。気候の変動や、関東地方に甚大な被害をもたらした富士山の噴火（一七〇七年）や浅間山の噴火（一七八三年）にもかかわらず、日本が三〇〇〇万人の人口を維持できたのは、前述した社会の変革に加えて、こうした農作物の多様化を実現した農業技術の進歩があったからである。

しかし、すべての地域が順調だったわけではなかった。西日本では緩やかな人口の増加を維持していたが、東北地方では大幅な減少がみられた。こうした状況は農業の変化と直接関連している。

こうした作物（特にワタ、サトウキビ、チョウセンニンジン、クワ）の栽培が促されたのは、幕府（特に将軍徳川吉宗）が銀の流出を防止するために、輸入を減らして代替製品を国内で生産することを奨励したからである。しかし、奨励された作物は南国のものが多かったので、東北地方の農業は幕府の振興策の恩恵にあずかれなかったのである。

一方、政治の安定に伴い、稲作も変化した。中世の時代に一般的だった長粒の占城稲に代わって、短粒で味がよいジャポニカ米が栽培されるようになったのだ。ジャポニカ米は温暖な気候に適していたので、この変化も西日本の農業に有利に働いた。

農業の集約化の重要な側面は二毛作が普及したことだ。いうまでもなく、二毛作は温暖な西日本の方が向いていたが、西日本でも、水田を冬作物用の乾田に変えるのが難しいために、二毛作ができない地域がたくさんあった。例えば、一八八四年に畿内以西の地域で二毛作が行なわれたのはおよそ四五％で、東北地方では一五％に過ぎなかった。[*103]

江戸時代に東北地方では人口が減少したにもかかわらず、西日本で人口を維持できたのは、西日本の農業生産量が増加したからである。そして、日本が一八七〇年以降に産業社会に移行し始めたとき、新たな人口の増加を促したのも農業生産量の増加だった。

3 東北地方の困窮

東北地方と北海道は気候が寒冷なので、西日本と比べると、もともと農業には問題が多かったが、江戸時代には、オオカミや野犬に流行した狂犬病に起因する野生動物の個体数の変化によって、問題が悪化した。[*104]

日本のオオカミはシベリア起源だが、おそらく列島にやってきたのは人間よりずっと早かったのではないか。そして、シカやイノシシなどの草食動物と比較的安定した捕食者・被食者の関係を保っていたと思われる。しかし、人間の人口が増えるにつれて、人間と家畜化されたイヌがオオカミの獲物や生息地を脅かす競争相手になった。紀元七〇〇年以前に、両者がどの程度共存できていたのかは不明である。しかし、律令時代には、天然痘などの疫病が流行すると、人間の遺体があちこちに放置されたので、オオカミが人里に出てきてそれを漁るようになり、人間が襲われる事件がたまに起きた。とはいえ、オオカミに関する世論から判断する限り、律令時代も中世の時代も、一般民衆はオオカミに対して強い敵意を抱いてはいなかったようだ。

しかし、一六〇〇年代の後期に開墾が進むと、オオカミはかつてないストレスを受け、人間や家畜を襲うことが多くなった。一七三〇年代になると、イヌ、アナグマ、キツネ、オオカミが異常な行動をとったり、手当たり次第に人や動物にかみついたりする事例が報告されるようになった。こうした報告をみると、大陸から持ち込まれたと思われる狂犬病が野犬に広まり、飼い犬にも感染した個体が出たのではないかと推測される。[*105]

生息数がまだ多かった東北地方のオオカミの間に狂犬病が広まると、人間やイヌが襲われることが急増し、駆除されるようになった。狂犬病の流行と駆除によって、オオカミは激減してしまった。しかし、オオカミが減ると、オオカミが捕食していたシカやイノシシ、カモシカが急増し、採食行動が活発化した。一七〇〇年代の中頃までには、人間を恐れなくなり、庭先や農地、特に人里から離れた山間地の畑に出てきて、ダイズなどの作物に食害をもたらしていた。柵で囲ったり、罠を仕掛けたり、番人を置いたりすれば、作物を守ることはできたが、労力や費用が大きな負担になった。その結果、江戸時代後期の東北地方では、不安定な気候に加えて、捕食者と被食者の個体数のバランスが崩れたことにより、生活の困窮に拍車がかかった。

その後、一八七〇年代に明治政府が農業やその他の開発を行なうために、北海道の「開拓」を推し進めたが、その際に北海道のオオカミにも狂犬病が持ち込まれた。一方、毛皮をとるためにシカの銃猟が行なわれ、一八八〇年までには北海道のシカの個体数は激減していた。その結果、食料不足に直面したオオカミは健康な個体と狂犬病に感染した個体とを問わず、家畜、特に新しく始められた牧場のウマや、時には人間も襲うようになった。

アメリカ人の専門家から助言を受けて、オオカミの駆除には輸入されたストリキニーネ入りの毒餌が用いられた。駆除効果が極めて高かったので、本州以南でも利用され、日本のオオカミは一九〇五年頃までには絶滅してしまった。一言で述べると、狂犬病の流行によって捕食者と被食者のバランスが崩れたために、人間の生活に問題が生じたが、銃と毒という「近代技術」を駆使して害獣を駆除する、いわば生態系の犠牲をもってこれを解決し、農業生産量の増加を持続させようとしたのだ。

まとめ

一六五〇年から一八九〇年の時期は人間と生態系の関係に様々な変化がみられた。さらに、この時期には人口に関する顕著な分岐点が二つみられた。後期農耕社会の増加期から安定期への移行と、産業化の開始に伴う安定期の終焉である。

一七〇〇年前後の数十年間に人口が安定化したことは、資源の消費量、科学技術、社会組織を考えると、当時の日本列島が三〇〇〇万人以上の人口を支えることはできなかったことを示していた。日本が環境収容力の限界に達していたことは、①食料供給が天候不順のような環境変動の影響をもろに受けていたこと、②社会的ストレスを示す兆候が数多く表れ、社会体制を維持する機構が複雑化していたこと、③人口の増加を抑えるために望ましくない方法が用いられたこと、④支配層が強いられていた厳しい制約などから明らかである。

具体的にいえば、北海道を除き、人間の利用できる土地がほとんど開発されてしまったので、人口の増加が頭打ちになったのである。基本的には、一七〇〇年には低地が人間とその協力者を、山地が在来の生態系の残りを支えていた。そして、低地をそこまで有効に利用できたのは、複雑な社会的な管理と労働集約的な河川の維持を続けていたからだった。

さらに、その頃までには山地も可能な限り利用されていた。薪や飼料、肥料の原料が町や村の周辺の森林から収奪されたために、森林の荒廃が進み、乾燥した荒地や禿山が全国に出現して、森林の使用を制限する複雑な制度が設けられるようになった。つまり、森林はそのまま放置したのでは、人間の需要に応えることができなくなってしまったのだ。

木材の供給が需要を満たすことができなくなったことも、こうした状況を如実に示している。深刻な木材不足に直面した幕府や諸藩は森林の保護と再生に取り組まざるを得なくなり、一七〇〇年代の後期までには植林事業が行なわれるようになった。森林の利用が収奪型から育成型へ移行し始めたのである。

農業の栽培技術を林業に応用した経験は、漁業でも活かされた。江戸時代には、農業技術はコイなどの淡水魚の養殖に用いられたに過ぎなかったようだが、将来の漁業を予示するものだった。

さらに興味深いことに、幕藩体制下の江戸時代の社会は、枯渇した資源の代用を二つの形態で行なった点で将来の産業社会の兆しをみせている。産業社会は基本的に、①主要なエネルギー源として化石燃料を使用していることと、②地球全体を資源基盤とみなしていることの二つの点で、農耕社会とは異なっている。

江戸時代には薪に代わって、石炭がいくつかの産業の分野で用いられ始めたが、一八七〇年代以降は新たな需要の誕生と採鉱技術の進歩で、石炭の産出量が急増した。地球規模の資源基盤に関しては、漁業が装備の許す限り沖合まで操業域を拡大し、植物性肥料に代わる魚粉肥料の供給量を大幅に増やした。江戸幕府の領地とみなされていなかった北海道（渡島《おしま》半島より東の地域）のほとんど手のつけられていない資源の開発は、資源基盤を広げる手段だったといえるかもしれない[*106]。

一八〇〇年代に欧米列強の脅威が高まるにつれて、主に軍事目的のために工業技術が利用されるようになった。しかし、一八七〇年以降は、産業社会を特徴づけるあらゆる社会的、技術的変革のために新しい技術が用いられ始めた。その結果、一八九〇年までには国の内外の生態系との関係だけでなく、国民の日常生活が変化を遂げていた。

第7章
帝国主義下の産業社会
——一八九〇〜一九四五年

人間と環境の関係は、狩猟採集社会、農耕社会、産業社会の三段階を経て歴史的に発展してきた。前述したように、各段階は時間的に明確に区切れるものではないだけでなく、成長期や安定期のような下位の段階も含まれている。

序章で述べたように、産業社会と農耕社会は、二つの基本的な特徴と数多くの二次的要因によって区別ができる。基本的に、産業社会は狩猟採集社会や農耕社会が利用していた地元の資源ではなく、地球規模の資源基盤に立脚している。さらに、狩猟採集社会と農耕社会は生きた生物相から引き出せるエネルギーにほとんど依存して生活を維持しているが、産業社会は可能な限り生きた生物群系からエネルギーを引き出す上、さらに、何千万年にもわたって蓄積されてきた化石燃料や水力、風力、太陽光、原子力のような他のエネルギー源も利用する。

こうした基本的な特徴を念頭に置いて、「国事」、社会や経済の発展、技術革新に示されている一八九〇年以降の数十年間の歴史を、そうしたできごとが環境に及ぼした影響と共にみてみよう。しかし、その前に、予備的な事柄をみておくことは無駄ではないだろう。一つは、序章で指摘したことだが、産業社会が環境に及ぼした影響を検討する手段として「民族国家」が適切でないことである。もう一つは、どの産業社会にもみられる特徴だが、日本の場合には特に顕著に思える人間の「詰め込みと積み上げ」である。

他にも二つあるが、それは、日本の産業社会を取り上げている第7章と第8章で使う用語と年代に関するものだ。

日本の産業時代を読み解く予備知識

地球規模の資源基盤

日本の産業社会も国外の生態系にかつてない影響を及ぼしてきた。誰の目にも明らかだと思われるのは、遠洋漁業による乱獲で、世界の海洋生態系を破壊していることだろう。さらに、国際貿易で取引されているあらゆる品目は、その輸送方法と相まって、生産地と利用場所の両方の生態系に様々な影響を与えている。

したがって、産業時代を迎えた日本の環境史を適切に理解するためには、日本の地球規模の資源基盤が環境に及ぼす影響を評価することが必要だといえるだろう。しかし、困ったことに、こうした資源基盤と影響の評価を極めて困難にしている要因がいくつかある。

一つは、社会と社会が複雑な相互作用を及ぼし合っているので、例えば、日本という一国の役割だけをえり分けることは事実上不可能だからだ。もう一つは、世界貿易の規模が途方もなく大きくなってしまったので、たとえ情報が十分に得られたとしても、取引の内容を分析して、日本の責任を特定することは手に負える作業ではないからでもある。したがって、資源基盤に関する環境史は簡単に触れるだけにしておく。しかし、第8章でみるように、この資源基盤が、主に原料の資源と完成品の市場として日本経済史の主要な部分になったのは、二〇世紀後半だけである。本章で論じる時代（一八九〇～一九四五年）には、この資源基盤は経済を穏やかに成長させる要因に過ぎなかった。

「詰め込み・積み上げ」状態について

　外国へ出かけた日本人は、特にアメリカの郊外で、空間の「無駄使い」に驚くことが多いようだ。空間の無駄使いという考え方は、特に一九四五年以降に日本の産業化で用いられた主要な方法の一つを反映している。

　狩猟採集社会と農耕社会は、ほとんどの人が一つの平面を仕事や生活の空間として共同で使用する「平屋（建て）」社会だが、一方の産業社会は高度に多層化された社会である。科学技術が発展したおかげで建設が可能になった大規模な多層建造物に人々が「詰め込まれ、積み上げられている」のだ。

　この積み上げは、超高層ビル、高層のマンションやオフィスビル、工場、地下鉄、高架鉄道、多層の橋梁や高速道

路、上空を飛ぶ航空機にみられる。同様に、詰め込みも、工場、オフィス、講堂、兵舎、寮、刑務所、教室、スタジアムなど人々が集う場所ではどこでもみられる。

　しかし、この詰め込みと積み上げは、一見すると空間を節約しているようにみえるが、肝心な点でそうではないのだ。確かに人間は物理的には詰め込まれ、積み上げられているが、生きるためには（少なくともこれまでのところは）旧来の平屋社会の農地や森林が供給してくれる酸素や水、食物、衣服など物質や様々な生活の便益に依存しているのだ。その結果、この旧式の世界は「アリ塚のアリ」のように密集して暮らしている人々の需要を満たすために、何とかしてこうした生活必需品を生み出さなければならないのである（確かに、「多層的な」遠洋漁業は少なくとも数十年にわたり、産業社会を維持するのに一役買ってきたが、その将来は問題に満ちている）。

　日本の場合、詰め込みと積み上げは特に重要だった。第6章で述べたように、産業社会に移行する前に、人の居住や利用に適した低地は（北海道を除き）ほとんど利用し尽くされていたからだ。しかし、産業社会は単位面積当たりの人口収容力を高めることができるので、日本は国土が狭いにもかかわらず、人口を大幅に増加させることができた。国土自体はほとんど増えていないが、大勢の追加人員を非常に小さな面積の土地に詰め込むことができるからだ。

文京シビックセンターから望む新宿の高層ビル群と富士山

いうまでもないが、問題はすでに利用されている平屋社会の供給基盤で、どうやってこの増加した人口を養うかということである。そのために、これまではこの供給基盤の収奪を強化してきた。しかし、地球規模の資源基盤が問題の解決に大いに役立つことがわかった。それをいかに確保するかという問題は、特に日本が大日本帝国という帝国主義的産業主義を標榜した時代には、緊張をはらんだ厳しい問題だった。

気の滅入る話はさておき、ここで、年代決定と用語の問題に目を向けてみよう。

一八九〇年を開始年とすることについて

地球規模の資源基盤と化石燃料の使用という「基本的な特徴」に基づけば、一八九〇年よりずっと前から、産業社会の「兆し」や始まりがみられていたといえる。

資源基盤に関しては、長年にわたりユーラシアと贅沢品の貿易が行なわれていたこと、江戸時代に商業活動が北海道のアイヌの居住地域まで拡大したこと、漁業活動が当時の技術が許す限り沖合の海域まで広がったことを前述した。しかし、ユーラシアの貿易や北海道の商業活動は、規模も国内に及ぼした影響もさほど大きなものではなかったので、日本と世界の関係に関する日本人の認識に大きな変化をもたらすことはなかった。したがって、こうした活動は日本と大陸の間で長年にわたり行なわれていた贅沢品の貿易や、蝦夷《えみし》などの狩猟採集民の領域へ農耕民の倭人が行なっていた進出の継続とみなすのが最も理に適っているように思われる。いうまでもないが、一八六〇年代以降は日本と欧米の貿易が拡大し、北海道の農地開発が進み、こうした関係は変化する。しかし、一八九〇年代以前には、こうした変化で大きな影響が及んでいたのは日本の社会の一部に過ぎなかった。

　海洋漁業は江戸時代には沿岸域に限られており、一八六〇年代以降でも、状況はほとんど変わらなかった。沿岸漁業で事足りていたし、大型の帆船や蒸気船を購入して遠洋漁業を行なうのは膨大な費用がかかったからだ。しかし、一八九〇年代以降になると、工場や鉱山（その後は、頻発する石油流出事故）による水質汚染や乱獲のために、沿岸漁業が衰退の一途をたどり、遠洋漁業の気運が高まった。こうした状況の中で、日本は産業時代の遠洋漁業による収奪に積極的に乗り出したのである。

　化石燃料の消費問題に目を向けると、第6章で述べたように、日本は一六〇〇年代から地表近くで採掘される石炭を利用していたが、消費量はその後も大きく増加することはなかった。一八六〇年代以前は、こうした石炭の利用範囲も限られていたので、問題があったにもかかわらず、産業の発展に伴う技術革新の幅広い過程を伴わなかった。また、一八七〇年代から八〇年代に採炭が急増して、技術的な変化を促したが、その影響（鉱山事故や環境汚染、日常生活の新しい習慣）は目立つほどではなかった。つまり、一八九〇年代以前には、産業社会に不可欠な「化石燃料」としての石炭の利用は、日本に社会全体を変えてしまうほどの大きな影響を及ぼさなかった。ちなみに、石油や天然ガスが利用されるようになったのは、それから何十年も後のことである。

　さらに、その他のいくつかの点からも、一八九〇年代は日本が産業社会に移行した時期といえる。例えば、一八五〇年代に欧米列強から押し付けられた条約の改正を果たし、「列強」と法的に対等な外交関係を樹立したのが九〇年代だった。また、明治政府が欧米列強と同様の外交政策をとる自信をつけたのも九〇年代である。つまり、地球規模の資源基盤を確保するためには軍事力の使用も辞さない「帝国主義」の段階に入ったのだ。一方、この戦略は国民に大きな負担をかけ、かつてないほど世間の関心を引いた。その結果、国民の目を「国事」に向けさせ、当事者意識を持たせるのに一役買った。

　一八九〇年代には、日本は外国貿易においても、産業社会の基本的特性を示し始めた。つまり、原料を輸出して完成品を輸入するという「植民地的な」明治初期の貿易形態から、原料を輸入して、工場で生産された製品を輸出するという「帝国主義的な」貿易形態に移行し始めたのだ。

時代カテゴリーとしての「帝国主義時代の産業主義」

産業社会の段階として、「帝国の産業主義」には環境の下位相のいずれも（成長も安定も）含められないのは明らかだ。一九四五年の敗戦で日本の国土は焦土と化し、産業の成長は振り出しに戻ったが、それは一時的なもので、戦後の復興期に「起業家的な産業主義」という形で復活した。

しかし、同じ産業主義でも、帝国の場合と商業的な場合の相違は、前期農業（粗放農業）と後期農業（集約農業）の相違になぞらえることができるかもしれない。どちらも、生産力の劣る、規模の小さい、技術的に単純な初期の段階から、生産力も規模も増大した後期の段階に移行している。そして、後期段階の産業の特徴は、ジェットエンジン、原子力、超大型タンカー、電子機器、化学薬品、医薬品といった高度な科学技術を利用している点である。

他の点でも、一九四五年で区切るのは理に適っている。誰の目にも明らかだろうと思われるが、一九四五年は日本が一時的とはいえ、史上最大の心的外傷となる国家の崩壊に直面した年だった。さらに、帝国の産業主義と起業家的産業主義の違いが示すように、産業の発展をもたらす組織

的な原動力に顕著な変化が生じた年でもあった。基本的には、政府の「富国」政策による産業の振興が、起業家的な民間の実業家によって推進された産業の発展に取って代わられることになるのだ。その結果、地球規模の資源基盤を確保する手段として政治的帝国を使うという戦略は、起業家的な駆け引きを手段にするという戦略に取って代わられたのである。

実際はこの帝国の産業主義と起業家的産業主義の相違はみかけほど明確ではない。どの産業社会でも、政界と財界は密接に結びついている。両者とも相手の協力なしにはやっていけないからだ。しかし、両者の勢力の均衡はいずれかに偏ることがあるので、その活動を正当化するレトリックはその均衡を反映するだろう。

日本の場合は、一九四五年まで明治時代の政治的指導者とその後継者が優位な地位を保っていた。そして、日本の業績は「帝国」の美徳と偉業の「民族的」見地から称えられた。一九四五年以降は、第8章でみるように、経済界が政府の協力を得て、経済の復興と繁栄に寄与した。この協力によって、日本の主要産業は世界的な企業に発展し、その業績は開けた「自由企業」や生得的な民族的美徳（献身や勤勉、倹約など）という点から評価された。

「国家」対「支配層」

「支配層」や「生産者層」という用語を使って、これまで農耕社会について述べてきたが、この用語は適切だと思われる。それは、支配者の権力と身分は世襲され、民衆は支配する側からは完全に締め出されていたからだ。民衆に与えられた役割は「黙って働くこと」、つまり、お上の「慈悲」に感謝して、素直に年貢を納め、労役に従事することだった。

とはいえ、「支配層」と「生産者層」がいつの時代も固定されていたわけではない。支配層は、律令時代の比較的単純で世襲の支配階級から、高位の文官・武官や聖職者、豪商や知識階級を含む中世や江戸時代の複雑な支配層へと発展した。

同様に、律令時代の「生産者層」はほとんどが農民で、支配層の食料や必需品を生産するだけでなく、労役にも従事して、そうした物資を都市へ運んだり、道路や少数の特権階級が使う建造物の建設や維持を行なったりしていた。しかし、農業の集約化が進むと、生産者層が多様化して、漁師、船頭、大工、職人、商人、芸人など様々な業種の人も含まれるようになった。

このように支配層と生産者層が多様化するにつれて、富の分配の変動が大きくなった。こうした傾向は、「庶民」の中に比較的裕福な人が増え、「支配層」の中に比較的貧しい人の数が増加したことに如実に表れたが、それでも、江戸時代は身分制度で「上下関係」は維持されていた。

産業社会では、職務の種類が膨大になり、中間的な地位が生まれ、また社員の昇進や報酬の基準、様式などが多様化して複雑な企業組織ができたことで、身分の上下の区別は、ほとんどわからなくなった。「ブルーカラー」や「ホワイトカラー」という古めかしい名称があるが、それさえも、権力と特権の階層を明らかにするのと同様に覆い隠すことが多い。地球規模の資源基盤に依存した産業社会では、支配層と生産者層に代わり、民族的な「身内」と「他者」という新しい社会的二者関係が維持されるようになる。そして、「国家」はこの二者関係の制度化された表現と、それを表明する機構になる。[*1]

国家がこの役割を果たす理由はいくつかあるが、最もわかりやすい理由と思われるのは、産業技術の進歩によって、地球規模の資源基盤を確保するために利用する高度に複雑な軍備を大規模に整えることが可能になったことだ。しかし、こうした軍備は（少なくともロボット以前の時代には）、かつての「生産者層」だけが供給源になれるのだが、長期にわたって大量に供給されるいわゆる「砲弾の餌食（消耗品としての兵士）」を必要とする。こうした兵士に進んでなってくれる人を確保するために、産業社会の支配層は、帰属意識（「彼我」という二者関係の「我」）の基盤としての「愛国心」（国家に基づいた民族意識）を高揚した。

これほどわかりやすくはないが、産業社会の支配層がこの「民族的」自意識を軍人以外の国民の支持基盤として利用することもその理由である。農耕時代の支配層は仲間の貴族の支持を維持するために、エリート意識や支持の見返りを利用した。しかし、産業社会の興隆によって、自己のエリート意識と協力の概念が損なわれた。その複雑さのために、古い世襲の支配層が徐々に時代遅れになり、新たに権力と特権を手にした支配層が取って代わることになったからだ。こうした新しい支配層の地位は、富と縁故と身分の複雑で曖昧な組み合わせに基づいていた。

新しい「民族的」自意識は、新しい支配層が、出自にかかわりなく共有できる別の自意識をもたらした。この意識は新しい支配層だけでなく、旧来の支配層の残存者も取り込むことができた。しかし、それよりも重要なのは、旧来の「生産者階級」の後を継ぐ農村や産業社会の一般大衆にも居場所を与えたことである。つまり、民族主義は新しい社会の複雑な状況を乗り越えて、欧米に対抗して地球規模の資源基盤の利用を目指す支配層がその支持を社会全体から得やすくしたのだ。

この「民族的」自意識は産業社会に不可欠なようだが、世襲の支配層という旧来の概念を駆逐する一方で、農耕社会に昔からみられていたその他の形の自己意識に取って代わるのではなく、補うものであることを忘れてはならない。年齢、性別、家柄、社会的役割、共同体、階層や身分、宗教、地域によって規定されるような「自己意識」は存続している。それどころか、学校、職業、兵役、政党、政治的信条、「お上りさん（田舎っぺ）」や「都会のすれっからし」といった表現にみられる農村と都会の相違のような新しいタイプの自意識によって補われている。

こうした新旧様々なタイプの自意識の中で、特筆に値するのは地域的自意識である。この地域的自意識は東西の対立という二者関係として昔からみられていたが、薩長連合による倒幕（一八六八～六九年）によって再確認され、その後も消えることはなかった。[*2] それにもかかわらず、一八九〇年以降は、日本以外の産業社会の場合と同様に、こうした自意識はすべて、「国家」とそれが正当化する「民族的自己認識」という概念に政治的に従属させられた。

産業社会の支配層はこの「民族的」自意識を維持するために、主たるプロパガンダと洗脳をはじめ、様々な方法を利用している。例えば、「国歌」や愛国的な歌や話の利用、国旗掲揚などの儀式の奨励、「愛国的な記念碑」の建設・維持などを行なっている。さらに、学校教育を利用して、「適正な」価値観を植え付け、政治権威を利用して反政府的な行動をタブー視し、都合がいいと思われる場合には、言語、宗教団体、文化遺産、「人種」を、「民族」と同一視する。最も興味深いと思われるのは、一般大衆に自分たちも国政に参与し、国は権力と特権を持つ者だけでなく、大衆の利益も図っていると信じ込ませるために、「選挙」と「代議制」という制度を利用していることである。

さらに、こうしたやり方は、旧来の支配層と生産者という区分を超えて、そうした区分を地球規模の資源基盤をめぐる競争に役に立つ結束を「民族」にもたらす国家に基づいた新しい「彼我」という二者関係に取って代わらせる「社会動員」政策を成している。

日本では江戸時代に、知識階級に国レベルの「彼我」の意識が発達し始めていた。この意識は国学思想の中に表れていたが、一九世紀の中頃になると、欧米列強の圧力や国内の反応によって、見直され、強化された。[*3] 一八六八年以降は、新政府は様々なプロパガンダ手段を用いて、「我々日本人」という民族意識を高揚すると共に、「その民族」を統率する正当性を主張した。そして、一八八九年に大日本帝国憲法が制定されると、新政府は、この民族的独自性の制度化された表現として、また、日本を「近代化」して、地球規模の資源基盤を確保する政策に対する国民の支持を維持するのに役立つと思われる手段として、選挙制度と代議制の概念を利用した。

つまり、日本の産業化では、「国家」が中心的な役割を果たしたのである。そこで、日本の産業社会の社会経済的側面と、産業時代の科学技術が環境に及ぼした影響をみる前に、「国事」を検討してみよう。

国事――産業化と国家

一八九〇年から一九四五年の時代は、国内の問題（健康、教育、雇用など）に関する政策は、国民の日常生活にとって極めて重要な政治的問題だった。しかし、当時の国際政治の混乱と、日本が地球規模の資源基盤への依存を強めていたことを考えると、外交問題が最も重視される政策の領域となったことは少しも不思議ではない。[*4]

国内政治

一八七〇年代以降は、政治活動家は政策の実施のために、ロビー活動やアジテーション活動を行なう団体を組織した。そして、一八八九年に大日本帝国憲法が発布されると、こうした団体は政党を結成して、政府が実施すべき政策の促進や帝国議会の衆議院議員選挙の立候補者の擁立を行なった。その後は第二次世界大戦まで、衆議院は国民の中から公選された議員で構成された。政党は盛衰があり、政策は状況に応じて変化した。

　大日本帝国憲法に明記されているように、文武の官僚は総理大臣を長とする顧問の推挙に従い、天皇が任命した。その結果、総理大臣と衆議院の間で、常に権力闘争が生じていた。しかし、特に第一次世界大戦後だが、しだいに衆議院の影響力が強くなり、選挙権が拡大された。それから、一九三〇年代に入ると、世界恐慌で日本の社会も大打撃を受け、さらに、満州に対する無謀な軍事行動やその他の海外のできごとによって、日本の外交状況がひどく悪化して、政治の混迷が深まった。[*5] 一九三〇年代の後期までには、軍部は政策立案で主要な役割を果たすようになり、一九四五年まで続いた。[*6]

外交関係

　日本は欧米の帝国主義全盛期の副産物として偶然生まれた産業主義の時代に否応なしに引き込まれた。その経験が教えてくれたことは単純明快だった。世界は、勝者と敗者、帝国と植民地、「列強」とそれに利用される市場と資源の供給地から成り立っているということだった。

　明治政府は一八九〇年までにこの基本的な学習はすんでいたが、一八九〇年代になるまで、その知識を活かすことができないでいた。その後は三〇年近くの間、地球規模の資源基盤を確保するのに成功していた。しかし、その三〇年間の後には、悲惨な結末を迎えることになる二〇年が続く。[*7]

1　勝利の時代

　明治政府が最も関心を示した地域は朝鮮半島だった。地理的に近く、長年にわたり関係を持っていただけでなく、大陸進出の足掛かりとして利用もできるからだった。一八八〇年代に、日本が朝鮮と政治経済的関係を強め始めると、中国も日本や欧米列強が朝鮮半島を植民地化しないように、半島との関係強化を図った。中国の動きに脅威を感じた明治政府は中国を半島から追い出すために、一八九四年に軍事行動を起こす。この戦争に勝利した日本は中国と講和条約を結び、中国を朝鮮半島から撤退させただけでなく、多額の賠償金と台湾も手に入れた。[*8]

　アメリカ合衆国がフィリピンからスペインを追い出し、独立運動を鎮圧して、フィリピンを植民地にした二年後の一九〇〇年に、日本は再び列強としての地位を示す行動に出る。この年に中国で「不平等条約」を破棄して、列強を排斥しようとした義和団事件が起き、日本は欧米列強と協力して、この排外運動を鎮圧したのだ。日本の鎮圧行動が功を奏したので、不平等条約は改正されず、日本もその恩恵を受ける立場になった。その二年後に、日本は大英帝国と日英同盟を締結し、列強としての威信を高めると共に、迫ってくるように思われる問題に対して力強い味方を得た。[*9]

その問題とはロシア帝国だった。欧米列強の中では、ロシア帝国が当初から朝鮮半島や満州に最も強い関心を示し、一九〇〇年以降、日本はロシア帝国がその地域と関わりを深めていることに危機感を強めていた。外交交渉では意見の相違を解決することができず、一九〇四年から〇五年の間、両国は国力を損耗する過酷な戦争を続けた。膠着状態に陥った両国はアメリカの仲介によって講和会議を開催して、ロシア帝国は日本に樺太（サハリンの南半分）と千島列島（クリル諸島）を割譲すると共に、日本の朝鮮支配権を認め、南満州でロシア帝国が獲得していた権益をすべて日本に譲渡した。[*10]

こうした戦争の結果、日本はかなりの植民地を手に入れただけでなく、日本の実業家は中国に進出しやすくなった。一方、国力を消耗した日露戦争で、「砲弾の餌食」に大きく頼るだけでなく、莫大な財政支出を伴う産業時代の軍隊が庶民（ほとんどが村人だった）に大きな負担を強いることも浮き彫りにされた。平和なときでさえ、徴兵制は農村の大きな負担になった。働き手の若者を安い給金で兵役にとられてしまうからだ。一九〇三年の村の報告書にはこう記されている。

> 働き手を兵役にとられると、残された家族だけでは農作業に支障をきたす。さらに、徴兵された農家は人手不足で、収入が減るにもかかわらず、兵士一人当たり年に最低でも三〇円の小遣いを送らねばならない。農家にとって本当に大変なことだ。[*11]

特に八万一〇〇〇人余りの戦死者を出した日露戦争で愛する者を失った心痛やこうした負担による怒りや不満が、一九〇五年から〇六年に国内で爆発した。しかし、明治政府はこの混乱を乗り越えて、中国との貿易を拡大すると共に、台湾、朝鮮半島、南満州の開発を推し進めた。

大陸の人たちには、こうした活動を快く思った者はほとんどいなかった。特に朝鮮半島では、日本に抵抗する運動が続いたが、日本は一九一〇年に朝鮮王朝を廃して、正式に「併合」し、日本の支配下に置いた。日韓併合によって朝鮮半島国内の抵抗運動が終わったわけではなかったが、欧米列強は併合を認めた。日本がアメリカのフィリピン領有権を承認した見返りに、アメリカは日本の朝鮮半島領有を認め、イギリスと日本はインドと朝鮮半島の支配権を互いに認め合った。

そして、一九一四年にヨーロッパで列強が全面戦争に突入した。この戦争で、日本、特に海軍に新たな機会がもたらされたが、結局はヨーロッパの自ら招いた傷によって、日本の外交政策が成果を上げた基盤も破壊されてしまった。

新たな機会とは、日英同盟によってもたらされたものだった。日英同盟によって、日本が大英帝国の敵国のドイツに宣戦布告をして、中国と太平洋地域にドイツが領有する植民地を大英帝国や他の国に先駆けて占領する正当な理由が生まれたからだ。日本は中国の山東半島の青島《チンタオ》と西太平洋のドイツ領ミクロネシアの北部（赤道以南の部分はオーストラリアとニュージーランドが占領した）を獲得した。

一方、一九一七年に、ヨーロッパでは戦争がまだ続いていたが、ロシア帝国で革命が起きて、ソビエトが政権を掌握すると、ドイツと単独講和を結び、英仏との軍事協力から手を引いた。それに対して、連合国側は新しく誕生したソビエト連邦に二方面から侵攻を開始した。日本の軍部は政府をかつてないほど無視して、この侵攻に協力し、サハリンの北半分の獲得と満州・シベリアの支配領域の拡大を図ろうとした。しかし、その計画を実現させる前に、ヨーロッパの戦争が終結し、他の列強はソビエトから撤退した。

2 苦難の時代

一九一八年に第一次世界大戦が終わると、世界の外交情勢が変わった。アメリカ政府は旧来の帝国主義をあからさまに否定して、アメリカの国内とその「属領」を除き、国境の確定は「自決」を原則とすることを提唱した。この自決の原則に多少影響も受けたが、新しく発足した国際連盟で審議した結果、列強は中国が日本に青島の返還要求をすることを認めた。ちなみに、中国もドイツに宣戦布告をして国益を図ろうとしていた。その代わりに、日本にミクロネシア北部を「委任統治」する権限を与えた。

一方、日本軍は他の列強が撤退した後も、長いことシベリアに留まっていた。しかし、ソビエト政府はあくまでも妥協せず、結局、日本の軍部は一九二五年に撤退することに同意し、日本の野望は挫折した。

それまでに、他の問題で事態は混迷を深めていた。朝鮮半島では日本の統治に対する抵抗運動が続いていたし、国際連盟では、アメリカとオーストラリアの代表の説得工作が功を奏して、日本と中国が共同で提案していた人種差別撤廃案が却下されてしまった。アメリカの反移民政策や、特に一九二四年の日系移民排斥法案で、日米関係は険悪さを増した。「白人」だけが列強になれるという意図が一目瞭然だった。ある日本の解説者が以下のように述べている。

> 日本国の使命はアジアのリーダーになり、白人に奪われたアジア支配を取り戻して、白人が常に口にする正義と人道の本質を実践することによって白人に教えてやることだ。[*12]

しかし、「アジアのリーダー」になることは、口でいうほど簡単なことではなかった。[*13] 一九二〇年代の中頃になると、中国の政治統合が進展をみせ、一九二八年までには蔣介石という中国民族運動の指導者が国を統一し、日本の不当な南満州支配に異議を唱えていた。こうした状況によって、日本の軍部が受け継いできた領土拡大という重要な遺産が非難を受けやすくなり、それに伴い、一八九〇年以降に日本が収めてきた成功の歴史も同じ道をたどった。

一九二九年には、日本は「白人」の列強から拒絶され、ソ連に野望をくじかれた上に、中国の抵抗が激しさを増していた。こうした外交的敗北に加えて、世界恐慌によって社会や経済に深い傷がもたらされていた。

第一次世界大戦中は日本は好景気に恵まれた。戦争で忙しいヨーロッパ列強に代わって、日本が国内外の需要に応じていたからだ。しかし、一九一九年にこの戦時景気は終わりを告げ、日本は苦難の時代を迎える。特に、一九二三年には関東大地震が起きて、一七〇三年の元禄地震と比べれば被害は軽かったものの、一四万人余りに上る死者を含めて数百万人もの人々が被災した。[*14] 首都圏（東京と横浜）が壊滅的な被害を被ったので、日本の社会に深刻な影響が及んだ。

一九二九年一〇月にニューヨークの株式市場が暴落して大恐慌が引き起こされたが、それまでに日本経済は世界経済の中にしっかり組み込まれていたので、日本も一九三〇年以降は貿易の激減、失業の拡大、国民の困窮に見舞われた。政府は一九三〇年一月に日本を保護するために、金本位制に復帰する政策をとったが、かえって状況を悪化させてしまった。

この重大な時に、外交交渉がさらにもう一つ不満の種をもたらした。一九三〇年に、「太平洋の三大強国（日本、イギリス、アメリカ）」は無意味な海軍の軍拡競争を止めるために、海軍の規模に関する条約を締結したが、問題はその条約の内容だった。イギリスとアメリカは日本を大幅に上回る海軍力を保持できるようになったのだ。この条約は白人だけが列強として認められるさらなる証と受け取られた。

一方、一九三〇年から三一年に世界恐慌は深刻さを増し、多くの国で関税障壁や輸入制限などの経済的な自衛策が講じられるようになると、日本国内の困窮が深刻化する一方で、満州の日本支配に対する中国の脅威が増大して、軍部は軍事行動を検討するようになった。

一九三一年の秋（九月）、南満州の関東軍が日本政府の承認を得ずに軍事行動を起こし、まもなく全満州（インドのほぼ半分、または、英仏独を合わせたよりも広い地域）を占領した。その後、関東軍は一部の実業家と協力して、鉱業と重工業に基づく満州産業経済を築こうとした。しかし、日本が満州を占領したことで、中国で獲得した利権が脅威に晒されると考えた欧米列強がこの行動を非難したので、日本政府は一九三三年に国際連盟の脱退を宣言するに至った。

日本は連盟から脱退したことで、列強の中で孤立してしまった。外交の一筋の糸は一九二二年に失効した日英同盟に代わる同盟相手を日本政府が探し求めていたことだった。一九三六年の一一月に、国際共産党活動に対するソビエトの支持に対応して、日本はドイツとイタリアと「防共」協定を結んだ。[*15] 日米関係の緊張が高まる中、日本は一九四〇年の九月に「相互援助」を柱とする日独伊三国同盟に調印した。[*16]

日英同盟の場合と同様に、こうした協定は実際に物質的利益がもたらされたわけではなく、他者に敵意を抱かせるのが関の山だった。その結果、もっと多くのできごとが現地で起きていた。

最も重要なのは、日本が満州を占領したことで、中国の怒りが深まり、一九三〇年代は日中関係が悪化の一途をたどったことだ。関係の悪化に拍車がかかったのは、一つは中国の国力が伸張したからだが、もう一つは日本が中国の内部へ影響力を広げる行動を活発化させたからである。

そしてついに、一九三七年七月に北京郊外の盧溝橋で起きた小規模な「部隊同士」の衝突がまもなく全面的な日中間の戦争に発展した。その後は三年にわたり、日本軍は中国の北東部と沿岸部に支配を広げていった。しかし、中国政府が降伏を拒んだため、日本はさらに軍を進め、戦線が広がりすぎる状況になった。一九四〇年までには、終わりのみえない戦争の需要のために、日本国内で生活難と擾《じょう》乱《らん》が起きていた。

一方、ヨーロッパでは再び国家間の軋轢が激しくなり、世界情勢は混迷を深めていた。一九三九年九月にドイツがポーランドに侵攻したために、英仏両国がドイツに宣戦布告をした。その後、ドイツがヨーロッパの西部へ軍を進めたので、アメリカ政府は世界情勢を憂慮するようになった。アメリカ政府はこうした憂慮から、一九四〇年七月に大西洋と太平洋両方に展開できる「両洋」艦隊の建設を含む再軍備計画を発表した。

日本の中国支配が拡大したことで、イギリスやソ連だけでなく、アメリカも中国軍に物質的な支援を行なうようになった。こうした支援には、列強の権益が脅かされないように、日本の軍事行動を行き詰まらせる狙いがあったのだ。それに対して、日本は一九四〇年九月に、外国からの供給源を断ち切って中国を降伏させる一か八かの行動にでた。フランス領インドシナ（今日のベトナム北部）へ侵攻したのだ。この行動に対して、アメリカ政府は、くず鉄や鋼鉄の対日輸出を全面的に禁止する措置を講じた。戦争のためにヨーロッパ貿易が途絶えていたので、この措置は日本が長期にわたり戦争を遂行する能力を奪うものだった。

一九四一年の春まで、日本政府は中国に対するアメリカの支援は、ソ連のそれよりも大きな障害だとみなしていた。そこで、日本は北方領土を確保して、南方の資源を自由に利用できるようにするために、ソビエト政府と不可侵条約を締結し、同年七月にインドシナ南部に侵攻した。その結果、英米（とロンドンのオランダ亡命政府）は日本の資産を凍結し、石油の対日輸出を全面的に禁止した。

石油の供給を断たれた日本は、運命が決まったも同然だった。代替の供給源を確保するか、または中国から手を引いて、半世紀にわたる苦労を水泡に帰してしまうかという選択を迫られたのだ。必要な石油はオランダ領東インド（今日のインドネシア）にあったので、石油の備蓄が尽きないうちに、いかにしてその地域を掌握するかという点に議論が集中した。

議論の末に出た結論は、石油の備蓄が尽きる前に、必要な石油資源を確保するためには、一九四一年の末までに、英米軍を西太平洋から駆逐する必要があるというものだった。一九四一年一二月八日（アメリカ時間では一二月七日）に、日本はその行動に出た。その後の数カ月間は日本政府の思惑通りに事が運んだが、一九四二年の末までには旗色が悪くなっていた。一九四三年から四五年は各地で日本の敗退が相次ぎ、国内の主要都市が米軍の空襲で焼かれた上に、広島と長崎に原子爆弾が投下され、ソ連軍が北方から侵攻を始めた。一九四五年八月についに、天皇は「時宜を得ない誤った」計画に対して軍部を糾弾する権限を与えられ、敵国の降伏条件を受け入れることを政府に命じた。[*17]

こうして、東アジアと東南アジアの一般民衆に甚大な損害を与えた大日本帝国の産業主義の無謀な試みは悲惨な結末を迎えた。それに続く外交合意で、日本はすべての植民地を失い、破壊された故国は連合国の占領下に置かれた。当面の基本的な疑問は単純明快なように思われる。日本は自国の資源だけでやっていける農耕社会に戻ることになるのか？　または、人口稠密な産業社会を支えてくれる地球規模の資源基盤を再び確立する手立てが他にあるのか？

＊＊＊

ここで、帝国主義の勝利と悲劇の暗い話を終わりにする前に、日本の大日本帝国における産業時代がいずれは必ず破綻するような基本的な矛盾を抱えていた点をみてみよう。前述したように、産業社会が興隆するためには、一般民衆が「国事」に対する関心を強めること、つまり「民族的」自意識の高揚が必要である。中国や朝鮮の産業社会以前の長い歴史を考えると、中国と朝鮮が日本を中心とした帝国を形成して、産業社会化することは想像しがたい。やがては、一般民衆が「中華民族」や「朝鮮民族」としての自意識に目覚め、自分たちの民族名を被せた「国家」を要求するようになると思われるからだ。じつのところ、日本政府が「大東亜共栄圏」という構想を執拗に唱えたのは、こうした民族意識が高まるのを未然に防ぐためだったのではないかと思われる。[*18]つまり、一九四〇年代の惨事は、帝国主義の日本の産業化戦略が功を奏していたら実現したことを予示していたに過ぎなかったのかもしれない。

社会と経済

帝国主義の日本が地球規模の資源基盤を半世紀にわたり追い求めた苦労は結局は水泡に帰したが、その間に国内では産業化の様々な側面が発展していた。人口、商業と産業、都市と農村の社会の動向からこうした側面をみてみよう。

人口

一八九〇年から一九四五年にみられた人口の変化は規模もパターンも注目に値するので、その間の人口の増加規模、増加地域、増加の要因をみてみよう。

1　人口推計

江戸時代後期の人口は三一〇〇万人から三三〇〇万人と推定されているが、一八七〇年代の初めには三三〇〇万人を超え、一八九〇年までにはかつてない四〇〇〇万人に増加した。さらに、第一次世界大戦が勃発した年の一九一四年までには五〇〇〇万人を超え、日本とアメリカが戦争への道を歩み始めていた一九四〇年には、七〇〇〇万人を超えていた。そのときまでには、植民地や外国に暮らす日本人は三〇〇万人以上に上り、国内に住む外国人は、主に朝鮮人だったが、一〇〇万人以上を数えた。[*19]

日本の人口は増加率も増加規模もかつてないものだったが、地域差がみられた。しかし、地域差よりも重要だったのは、都市の商業と産業の発展を反映した農村から都市への著しい人口の移動である。

地域差に関しては、主要四島のうち、大都市がある本州で絶対数の増加が最も大きかった。一方、北海道は、アイヌ人の人口は一万八〇〇〇人ほどで安定していたが、人口の増加率が最も高かった。[*20]本州や九州、四国から移民が相次いだので、北海道の「倭人」の人口は、一九一三年には一八七三年の一一万一〇〇〇人から一五倍以上の一八〇万人へ激増し、その後も増え続けて、一九四〇年までには一九一三年の倍近い三三〇万人になった。[*21]それでも、北海道は面積が比較的大きいので、人口密度は本州や九州、一番小さい四国に比べても、はるかに低かった。

2 都市化

人口増加の地域差よりも重要なのは、農村から都会への人口の移動である。しかし、この移動には、全国的にみられた市町村の合併や近隣の都市への編入に起因する統計的なごまかしも含まれている。

例えば、東京は江戸から改称され、一八七一年に東京府になったのだが、元の江戸は武蔵野よりもずっと東の地域だけから成り立っていた。東京が発展して、飲料水の必要性が高まるにつれて、水の供給源である河川の水源域を管理することが重要になってきた。そこで、一八九三年に東京は武蔵野の南方と西方にある地域を収用して、多摩川を管轄下に置いた。こうして、東京の行政区域は大幅に拡大して、一〇〇〇メートルから二〇〇〇メートル級の山地が連なる森林に覆われた山岳地帯と共に、多数の小さな町や農村も含まれることになった。

こうした村の編入によって、農村で農業を営む人たちも都市住民に組み込まれたので、一八九三年には住民数が一万人を超える町に暮らしていたのは日本の総人口の一六％ほどに過ぎなかったが、一九二〇年までには三一・九％になり、一九四〇年には五〇・四％に達した[22]。

しかし、統計的ごまかしがあったとはいえ、農村から都

市へ移り住む現象はこの時代に現実に起こっており、それは工場労働者の急増にはっきり表れている[23]（左表）。

一方、農産物は、生産量自体はゆっくりと増加していたものの、国内総生産に占める割合は低下の一途をたどった。例えば、一八九〇年の四六％が一九二〇年までには三〇％、一九四〇年までには一九％に下がっている[24]。

また、都市化は地勢と無関係に起きていたわけではなかった。鉱山や製錬所の労働者はおおむね石炭や鉱石の産地の近くに居住し、製紙工場は森林地の近くに多かった。とりわけ都市の発展にとって重要な地理的要因は輸送の便だった。これは、険しい山地が国土の大部分を占める日本の地形を考えれば、港湾施設が特に貴重だったことを意味している。沖縄の那覇から北海道北部の稚内《わっかない》まで、産業時代に発展した都市はほとんどが沿岸の港湾都市だった[25]。

しかし、こうした沿岸の都市は全国に一様に分布してい

工場労働者の数

年	人数
1886	75,000
1900	387,000
1914	854,000
1919	1,777,000
1931	2,045,000

たわけではない。人口の増加や商業の発展が著しい地域は、東京から大阪に至る沿岸平野や大阪から北九州に至る瀬戸内海沿岸に集中していた。その他の地域では、良好な港に恵まれた都市が地域的な産業の中心地に発展した。

特に、東京は一八七二年の人口は五八万人余りだったが、一八九〇年頃に江戸時代の一〇〇万人まで回復し、一九〇五年には二〇〇万人を超えて、一九三五年には当時の北海道の人口の二倍を超える六七〇万人に達した。[*26] しかし、これを人口密度に換算すると、北海道は一平方キロメートル当たり三八人だが、東京は同じ面積に一万二〇〇〇人近くの人が詰め込まれていたことになる。

3　人口の増加要因

二世紀の間三二〇〇万人前後で一定していた日本の人口が六〇年で倍以上に増加したのはなぜだろうか？　公衆衛生の改善と食料生産の増加という二つの要因が考えられる。両者が相まって、日本人の寿命が伸び、健康な子どもを生むことができるようになったのだ。

●公衆衛生

ワクチン接種の普及や医療の進歩により、伝染病（特に天然痘）の死亡率が特に都市で減少した結果、江戸時代に引き続き一九〇〇年頃までは高かった都市の死亡率が、一

九三〇年代までには農村と同じくらいになった。[*27] 一八七〇年代から八〇年代に流行した脚気は食事の改善によって、すでに解決されていた。交通の発達や通信技術の進歩で、飢餓や栄養失調も減った。その結果、胎児や幼児、子どもの死亡率が低下したので、平均寿命が伸びた。一九二〇年代以前は、日本の女性は平均五人の子を産んでいた。江戸時代の平均寿命は三〇歳前後だったが、一九三五年までには四七歳に伸びていた。[*28]

注目に値するのは、産業化に伴う病気や怪我、死亡が急速に増加したにもかかわらず、このように死亡率が低下し、寿命が伸びる事態が起きたことだ。さらに、産業化の他にも、近代的な戦争が死傷者を増やす新たな要因になった。近代戦では、「砲弾の餌食」や一般市民の犠牲が最も著しくなり、特に第二次世界大戦では、アメリカ軍の焼夷弾や原子爆弾が大量の都市住民の命を奪う残虐な兵器であることが示された。こうした産業化に伴う病気や怪我、死亡が増加したのは残酷なことだったが、それにもかかわらず、出生率と生存率が上昇することで相殺され、人口はむしろ増え続けたのである。

●食料の供給量

人口が持続して増加できるようになったのは、公衆衛生の改善のおかげであるのはいうまでもないが、さらに食料

の供給量がそれに見合うように増大したからでもある。後から考えると、これは驚くべきことのように思われる。江戸時代の後半までには、北海道を除いて、耕作に適した低地はほとんど開発されてしまい、もう耕作できる土地が残っていなかったからだ。開拓できる「未踏の地」や、入植する「辺境の地」はなかったのである。人口密度の高い大陸から海で隔てられた島国だったので、近くの受け入れてくれる国へ簡単に移住できるわけでもなかった。

山地が大部分を占める島国という厳しい制約の中で、日本が食料の供給量を持続的に増加させることができたのは二つの要因がある。それは、単位面積当たりの生産量を増加させたことと、新たに地球規模の資源基盤を手に入れたことである。

一八九〇年代以前は日本は自給自足できていた。明治の初めの頃は食料の輸出入は茶を除けば、食料総生産量や消費量のごくわずかな部分を占めていたに過ぎなかっただけでなく、輸出が輸入を上回っていたのだ。つまり、一八六〇年代から一八九〇年代は増加する人口を養った上に、輸出する分がでるほど十分に足りていたのである。

しかし、一八九〇年代になって、国内の食料生産量が人口の増加に追いつかなくなる。輸出と輸入のバランスが崩れ、米の輸入量が急速に増え始める。第一次世界大戦が勃発した頃には、年に四五万トンの米が輸入されるようになり、そのうちの六〇%近くは植民地の朝鮮と台湾で生産されていた。その後も、輸入量は増加の一途をたどり、一九三〇年代の初めまでには年間の輸入量は一五〇万トンに達し、朝鮮と台湾からの輸入は九〇%近くを占めるようになった。[*29]

一九一四年以前は食料の自給率は九八%近かったが、一九三五年までには八二%に下がり、不足の分(一八%)は植民地から輸入していた。[*30] さらに、「国内」の食料生産も実際には輸入された肥料に依存しており、その依存度は年々高まっていった。つまり、国内で生産された食料は、地球規模の資源基盤から得られた栄養分で補給していたのである。

国内の食料生産の真の増加についてもう少し詳しくみてみよう。一九一八年までは、増産の一部は、土地利用の効率化による結果だった。乳製品や牛肉の生産、新しい果樹栽培の導入によって、それまでは使われていなかった土地や有効に利用されていなかった土地を活用できるようになったのだ。また、北海道では開拓が進み、一八九〇年には約四五〇〇平方キロだった農地が一九二〇年には約七三四〇平方キロに拡大し、その後も増え続けた。[*31]

しかし、国内の食料生産を向上させたもっと重要な要因は、農業技術の進歩だった。例えば、耐寒性に優れた米の品種が開発されたことで、北海道でも稲作が可能になり、一八九〇年には約二〇平方キロだった水田が一九二〇年には約八二〇平方キロに増加した。[*32] こうした畑や水田の増加で、北海道の農地は日本の農地のおよそ一五％を占めるようになった。

国内の農業生産の増加は、いくつかの要因が組み合わさってもたらされた。一つは政府や地主の圧力（納税や小作料の支払い）だが、もう一つは、新技術を利用すれば収量の増加が図れるという認識が深まったことだ。この認識は教育の普及に伴い、「科学」を「進歩」のカギとみなす考え方が国民に浸透したことを反映していた。これは、第6章で述べた明治初期の「文明開化」を反映した風潮だった。[*33] 一九〇八年に、富士山の東山麓にある村の村長がこう述べている。

本村にこの委員会を設ける主な目的は、納税の義務を確実に果たすためである。納税能力が経済活動から生まれることは明らかなので、農業の生産性を高めるために、米の品種をいくつか試験する田を設けて、塩水選により、種子の選択を促すつもりである。また、副業を促進するために、クワの収量増加法に関する講習を行なうことも考えている。こうした方法によって、ぜひとも農業生産の向上を実現してもらいたい。[*34]

反当たりの収量は、種子の品種改良に加えて、種子と収穫物の貯蔵や輸送の技術改良、水田の配置や管理の継続的な改善によって増加していた。しかし、中でも一番重要な要因は、肥料の集約的な使用であり、その使用量は一九一二年から一九三九年の間に三倍にも増えていた。[*35]

こうした要因によって、農業総生産額の五〇％を維持していた米の年間生産が、一八八〇年の四三五万トンから一八九〇年代の中頃には六〇〇万トン、一九三〇年までには九〇〇万トンに増加した。このように米と他の食料の生産量が倍増したことが日本の人口の急増をもたらした大きな要因だったのは明らかだ。

最も注目に値すると思われるのは、農業人口がほとんど変わっていないのにもかかわらず、こうした生産量の増加が成し遂げられたことだ。一九四〇年までの数十年間、農民人口はおよそ五五〇万世帯（一四〇〇万人から一六〇〇万人）で推移していたのである。[*36] つまり、一八八〇年に年間一人当たり三〇〇キロを生産していた農民が、一九三〇年までには一人当たり六〇〇キロを生産していたことになる。

このように国内の農業生産が向上した証拠があるといっても、それを支えた市販肥料の使用が増加したことは、いくつかの点で、地球規模の資源基盤に対する日本の依存が強まっていたことを示している。一つは、日本が獲得した植民地から原料を輸入していたことだ。例えば、満州のダイズ産業から出た廃棄物が肥料用に加工されて、日本へ運ばれていた。また、日本は第一次世界大戦時にドイツ領のミクロネシア北部を占領したが、それによって、はるか昔から海鳥の集団繁殖地になっていた島々が手に入ったので、そこに大量に堆積していたリンを豊富に含むグアノを肥料の原料として利用していた。[*37]

二つ目は、主に北海道周辺の海域だが、遠洋漁業が食料だけでなく、肥料用魚粉の重要な供給源になったことだ。当時の状況を簡単に述べると、一八七三年に江戸時代の「使用権」制度が廃止されたとき、河川と沿岸の漁業者は漁業資源を配分するための新しい指針を策定する必要に迫られた。しかし、消費者の需要は落ち込むどころか、増加していたので、諍いをしている暇はなく、漁獲量を維持しなくてはならなかった。しだいに養殖を行なうようにはなったが、市場の魅力があったにもかかわらず、大して発展したようにはみえない。養殖の出だしが鈍かったのは、通常の漁ほどもうからなかったからだと思われる。汚染問題についてはこれから詳しく述べるが、後になると、産業廃水による水質汚染で水を差されてしまったのだ。

第一次世界大戦以前には、日本の海洋漁業は依然として沿岸海域に大きく依存していた。しかし、産業汚染と乱獲によって、こうした沿岸海域の漁場が失われていくにつれて、外洋で使える大型船で遠洋漁業が行なわれるようになった。一九三〇年までには漁獲高は三〇〇万トンに達し、一九三八年には遠洋漁業の漁獲高が三八％を占めるようになっていた。[*38] 沿岸漁業から遠洋漁業へ転換したことで、肥料用魚粉の生産量を増やすことができた。太平洋はグアノと魚粉肥料の供給源として、日本の農業で重要な役割を果たすようになったのである。

遠洋漁業は肥料原料だけでなく、食料ももたらしたのはいうまでもないが、その点でも、地球規模の資源基盤に対する日本の依存は大きくなっていた。例えば、海産物の九〇％が国内で消費され、残りの一〇％は輸出されたが、他の魚介類の輸入は全体としてこの輸出を上回っていた。

＊＊＊

一九二〇～三〇年代には、農村に依存度の高い都市住民が増加して、食料自給率は低下し、高出生率と人口の急増、また失業や生活難などという、いくつか根本的な問題が起きていた。そして、「手狭」になった国土に人口があふれる「人口問題」が盛んに議論されるようになった。対応策や、逆に帝国主義と強国の論理が支配する世界で活用する方法に関して議論が噴出したのだ。

当時の包括的な論議から引き出された一つの対処法は、

自主的産児制限だった。一方、経済の「成長」を解決策に挙げる者もいた。さらに、西欧列強が行なっていたからでもあるが、最良の解決策として、移民を提唱する者もいた。（特にアメリカとオーストラリアがアジア人移民を排斥する政策を正式に表明した以降は、）植民地に移民させるのが日本の国益に最も適うと論じられるようになり[*39]、一九二〇年代と三〇年代は満州への移民が急増したことを反映して、この移民策が幅広い支持を得た。しかし、一九四五年以降は、人口制限に関する議論と行動は一変する。

商業と産業

産業時代に日本の都市人口が急増したのは、公衆衛生が改善され、食料の供給量が増大したからである。

さらに、人口が持続的に増加したのは、いうまでもなく、それに見合った雇用の増加が生じたからだが、雇用の増加は工業生産の急速な拡大によってもたらされた。一方、工業生産の拡大には、持続的な生産と製品の販売に欠かせない天然資源と、信頼できる市場を提供してくれる地球規模の資源基盤が不可欠だった[*40]。そこで、日本と地球規模の資源基盤を結びつけていた外国貿易とこの資源基盤が支えていた産業活動をみてみよう。

1　外国貿易

前述した領土拡大は、地球規模の資源基盤の少なくとも一部分を確保するための手段だった。その資源基盤を利用する主要な機構は、外国貿易だった。一八九〇年までの数十年間に、外国貿易はしだいに発展してきたが、その後も、貿易は規模も内容も著しい変化を遂げた。また、輸送手段にも際立った変化がみられた。

規模は驚くほど拡大している。例えば、一八九三年には一億七四〇〇万円だった貿易総額が一九一三年には九倍近い一五億円に、一九三六年には、第一次世界大戦後の不況とその後に起きた大恐慌にもかかわらず、四倍を超える七二億円に増大しているのだ[*41]。

貿易内容の方も、原材料を輸出して、完成品を輸入するという「植民地型」から、原料を輸入して完成品を輸出するという「先進工業国型」に進化を遂げた。しかし、こうした変化には一長一短があった。

一八九〇年代以前は、絹糸、茶や他の食料品、石炭、銅などの原料を輸出して、船舶や機械を含む様々な完成品や数十人のお雇い外国人を輸入していた。輸出の主力品目だった絹糸は中部日本に散在していた農村の農家や小規模な工場で生産されていたが、一八七〇年代に群馬県富岡の養蚕が盛んな地に新しく建設された製糸場は後の大規模な繊維産業を予見させた[*42]。

日本一海上の交通量が多い名古屋港（愛知県）

絹は市場価値が高かったので、絹糸生産は急速に伸び、一八九〇年代には日本の輸出総額の四二％を占めるまでになった。その後も、絹生産は一八九四年から一九一四年の間に三倍になるほど順調に伸び続けていたが、外国貿易自体が急成長を遂げたために、貿易に占める割合はしだいに減少して、第一次世界大戦で市場が崩壊する前には三三％になっていた。

第一次世界大戦後から一九二〇年代まで、クワの栽培と養蚕は拡大し続け、代替品としてレーヨンという新素材が開発されたにもかかわらず、絹が重要な輸出品目であることに変わりはなかった。しかし、大恐慌で世界中の絹糸市場が崩壊すると、輸出が減少して、養蚕は急速に落ち込み、以後回復することはなかった。[*43] 関東地方の西部や北部の丘陵地帯の農村が特に深刻だったが、打撃を受けた農村は広い地域に及んだ。[*44]

一八九〇年代以来、ゆっくりと絹に取って代わっていった輸出品目は綿製品や他の様々な工業製品だった。綿糸の紡績工場の生産が急速に拡大したことで、綿製品が輸出の主力商品として絹製品に取って代わっただけではなく、急速に拡大する貿易輸出の中で繊維製品の大きな割合を占めていた。例えば、一九三六年には、絹糸の輸出は皆無に近くなっていたが、綿織物は輸出総額の五八％を占めていたのである。[*45]

しかし、こうした大規模な綿織物の輸出はいいこと尽くめではなかった。日本の「国際収支」にとって、茶や絹ほど利点がなかっただけでなく、農村の人たちにも利益をもたらさなかったのだ。

国際収支の問題が生じたのは、茶と絹は国内の原料でまかなえたが、綿花は国内の生産量では急増する綿工場の需要を満たすことがまったくできなかったために、原料の綿花を輸入に依存するようになったからだ。輸入品に占める工業製品と第一次産品の割合が拮抗していた一九一四年までには、輸入品の方が国内産よりも安いことも手伝って、綿花は第一次産品の六五％を占める最大の輸入品目になり、その後も輸入は増加の一途をたどった。[*46]

綿花の輸入が増大するにつれて、綿製品の輸出純益が減少したが、それよりもはっきりわかる社会的影響は、農民が被った二つの大きな打撃である。一つは、粗糖の輸入によって国内の砂糖生産が壊滅したのと同様に、綿花の輸入で貴重な地方の産業が損なわれたために、農家が綿花の栽培をやめて、他の収益率の低い土地利用に代えざるを得なくなったことだ。もう一つは、生活に困った農家は、娘たちを他所へ働きに出すことでその窮状を解決しようとすることが多いが、綿産業がその働き手の受け皿になったことである。こうした工場は賃金が安い上に、結核に感染する危険性が極めて高かった。工場主にメリットがあっても、

農民にとっていいことはほとんどなかったのだ。

海運業の変化も注目に値する。いうまでもないが、日本が地球規模の資源と市場を利用するためには、海上の輸送機関が不可欠だった。外国の船ではなくて、自国の船で物資を輸送すれば、貿易収支を改善することができるだけでなく、日本が「植民地」から「列強」の仲間入りを果たしたことを示す一助にもなった。

江戸時代には、海外貿易はほとんどが（外国人が運行する）外国船で行なわれていた。しかし、一八六〇年代から九〇年代には、ほとんどが外国の造船所で生産された船舶とはいえ、日本政府も商人も大型の船舶（政府は艦船、商人は貨物船）を所有するようになった。

当時、帆船は、より高価で技術的に複雑な蒸気船に急速に取って代わられつつあった時代で、木造船に代わって鉄製の船が登場し始めていた。こうした技術革新への適応は、費用のかかる複雑なことだった。その結果、一八九四年に日本が所有していた蒸気船はわずか一六九隻を数えただけでなく、そのほとんどが外国製で、外国貿易の八％を担っていたに過ぎなかった。

しかし、一九一三年までには日本船籍の蒸気船の数は一五一四隻に増加し、外国貿易の五〇％を担うようになっていた。その数はその後も増加の一途をたどっただけでなく、新造船はほとんどが日本で建造されたものになった。一九

三〇年代の中頃までには、急拡大する植民地貿易のほとんどと、他の外国貿易の七〇%を行なうようになった。[*47]

2　国内産業

一九四〇年までの数十年間に日本では多様な新しい産業が興った。中でも、繊維産業、造船業、鉄鋼産業、金属鉱山と炭鉱は、石油生産や発電、鉄道網の整備と共に、特に注目に値する。

●繊維産業

絹と綿製品は日本の最も重要な輸出品だったが、国内の経済にとっても重要だった。一八八八年から一九三八年の半世紀の間、繊維生産は国内の総工場生産の四分の一から三分の一を占めていた。[*48] そして、繊維産業は金属や化学のような他の産業よりも労働力を必要としたので、農業に次いで大きな雇用を生み出していた。大恐慌が起こり、海外の市場が縮小し、一九三〇年代の後半に重工業が発展すると、その割合は急速に減少するが、一九三〇年までは、じつに工場労働者の五〇%を占めていた。[*49]

繊維産業は工場労働者のほとんどが若い女性だった主要産業として、「水商売」を除き、類をみない役割を果たした。[*50] こうした若い女工たちが、繭から絹糸を巻き取る製糸のほとんどを農村の小規模な工場で行なっていた。また、第一次世界大戦以前は、若い女性（ほとんどが一二歳から二〇歳）が綿糸を紡いで織る工場労働者の七〇%以上を占めていた。もっと広くみると、繊維産業が都市経済で主要な役割を果たしていたことは、大規模な民間産業全体の従業員の大部分が女性だったことを意味していた。[*51] しかし、その後、重工業が発展するにつれて、工場労働者に占める女性の割合は減少し、一九三〇年代の後半までには男性が優位を占めるようになった。[*52]

●造船業

一八九五年以降、日本の商船の数が急増したのは、近代的な造船業が発展したことを反映していた。江戸時代には、船の大きさは幕府によって規制されていたので、沿岸航行用の船舶しか建造できなかった。一八五〇年代以降は大型の船舶も建造されるようになったが、しばらくの間は外洋航行用の船舶は外国から購入されていた。

しかし、日本の造船所もしだいに規模が拡大し、蒸気船も建造できるようになった。[*53] 特に一八九〇年代以降は、最新式の軍艦や輸送船の需要拡大によって、造船業の発展に拍車がかかった。特に大阪周辺には商船用の造船所が、また広島県の呉《くれ》市と神奈川県の横須賀市には海軍の造船所ができた。一九三〇年代までには日本の造船技術は欧米列強と肩を並べるまでになった。

●鉄鋼産業

日本には製鉄の長い歴史があるが、一八〇〇年代には、その技術はヨーロッパの基準からみると、時代遅れになっていた。一八九〇年代に、鉄鋼の軍需や民需が増大すると共に、鉄製の船舶が登場したのを踏まえて、政府は一八九六年に最新式の製鉄所を建設し始めた。最初の製鉄所は、九州北部の洞海湾を望む八幡《やはた》に設立された。この場所が選ばれたのは石炭と鉄の産地に比較的近い上に、瀬戸内海と大陸へ行きやすかったからだ。八幡製鉄所は一九〇一年に操業を始め、一九一三年までには主に銑鉄を年間五〇万トン以上生産して、日本の銑鉄と鋼鉄の総需要の三分の一を賄っていた。[*54]

その後、八幡やその他の製鉄所は鋼鉄の生産を拡大し続け、一九一三年から一九三六年の間に生産量は一八倍に増え、国内の生産量は四五〇万トンに達した。一九一三年には日本は鋼鉄需要の七〇%を輸入で賄っていたが、鋼鉄の総消費量が大幅に増加したにもかかわらず、一九三〇年までには三〇%かそれ以下に減少していた。[*55]

●金属鉱山と炭鉱

銑鉄と鋼鉄や他の必要な金属を生産するためには、鉱石とそれを製錬するための燃料が不可欠だった。金属鉱山と炭鉱はこうした原料を提供していた。

日本国内の鉄鉱石は、鉄鉱山の産出量が著しく増加したのにもかかわらず、全然足りなかった。一九〇〇年の鉱石の産出量は二万八九〇〇トンだったが、一九三〇年までには八倍以上の二四万六〇〇〇トンになった。その一〇年後には、中国では戦争が泥沼化していたが、危険をものともしない鉱山労働者の断固とした決意によって、鉄鉱石の産出量は一一二万三〇〇〇トンに急増した。

しかし、鉄鉱石の消費量が産出量をはるかに上回る速さで増加したので、一九三〇年までには植民地や他の地域からの輸入が二二六万一〇〇〇トンに上り、その後も増加し続け一九四〇年までには倍以上の五一二万九〇〇〇トンに達した。[*56]産業の目覚ましい発展は地球規模の資源基盤に対する日本の依存度を高めただけだった。

鉄鉱石の需要の伸びが産出量の増加を上回るという基本的な状況は、鉱業全体にいえることだった。一八七〇年代から九〇年代に銅や他の金属鉱山の近代化が図られたが、その結果、特に銅山が深刻な環境問題を引き起こした。しかし、産業の発展を支えるためには金属が必要だったので、銅の産出量は一八九四年に二万トンだったものが、一九一三年までに六万六五〇〇トン、一九三六年には七万八〇〇〇トンに増加した。また、銅は最初は貴重な輸出品だったものの、しだいに国内の需要が伸びるにつれて、輸出から輸入へ変わっていった。一九一三年には、年間の実質輸出量は四万トンだったが、一九三六年までには輸入が輸出を四万トンほど上回るようになった。[*57]

石炭は主に九州と北海道で発見されていたが、左の表にみるように、産出量は右肩上がりに増加していった。

しかし、これほど著しい増加にもかかわらず、需要の伸びにまったく追いつけなかった。

日本は地史的に若いので、ほとんどが瀝青炭なために、無煙炭のような高温を出すことができなかった。その結果、基本的な産業用の需要を満たすことができず、数十年の間は無煙炭や他の産物を輸入するために、大量の瀝青炭を輸出していた。

一九一三年まで、石炭の輸出は輸入を大幅に上回っていたが、軍需の急増で輸入の方が大きくなった。それ以降は、

石炭の産出量（1874〜1940年）[*58]

年	トン
1874	208,142
1894	4,281,681
1913	21,000,000
1930	31,375,000
1940	56,313,000

国内産の石炭の消費量が増加の一途をたどると共に、輸入量も急増した。一九三〇年代も輸入は増え続け、一九四〇年までにはほぼ倍増して五〇〇万トン（日本の石炭総需要の九%）に達した。しかも、この輸入の急増は、国策で国内生産が大幅に増加していたにもかかわらず、生じたものだ。

●石油生産と発電

石炭の産出量、輸入量、消費量がすべて増加していた一方で、新しい技術が開発されて、他の種類の化石燃料に対する需要も生まれた。最も重要なのは、特に一九二〇年代から三〇年代に自動車、船舶、航空機、戦車などに内燃機関が使用されるようになったことだ。例えば、日本の自動車の登録数は一九一七年には三八五六台だったが、一九三七年までには一二万八七三五台（ほとんどがトラックやバス）に大幅に増加している。[*59]

こうした自動車に利用された石油の一部は、主に能登半島より北の日本海沿岸で発見された油井《ゆせい》や天然ガス井で産出されたものだが、需要が国内生産を大幅に上回ったので、一九三二年には需要の八〇%を輸入に頼っていた。さらに、「国内産」と記録された石油のうち、四〇%近くは樺太産だった。一九三〇年代は国内の原油生産はほとんど増えず、輸入量が増加の一途をたどり、ほぼ四倍になった。[*60]

石炭と石油の消費がこれほど急増していたにもかかわらず、日本の化石燃料に対する需要は衰えることはなかった。一八八〇年代の後半に火力発電が始まり、一九一〇年までには最初の小規模な水力発電所が稼働していた。その後、路面電車が馬車に取って代わり、工場、事務所、店舗、家庭で電灯やモーターなどが利用されるようになると、電気の消費量が増加し始める。特に、第一次世界大戦以降は電化が急速に進み、一九一九年から三七年の間に発電量は六倍以上に増大した。一九三〇年代の中頃までには、八九％の家庭が電気を利用することができるようになり、日本は世界有数の電化が進んだ社会を実現した[*61]。

　火力発電から水力発電に移行するために、河川のダム建設が進められて、大規模な発電所が稼働することになった。一九三六年までには電力消費量の七五％が水力発電で賄われるようになり、火力発電は水量不足のときの補助手段になった。

●鉄道網

　いうまでもないが、鉱業、製造業、流通の維持や発展には適切な交通機関が欠かせない。律令時代の支配層や江戸幕府が社会体制を維持するために、街道や海路の整備が不可欠だと考えたように、明治時代の官民の指導者たちは産物物資の輸送や人々の移動のために、鉱山、港湾、工場な

どを結びつける最新の交通手段が必要だと考えた。

　明治時代とそれ以前の交通機関の違いは規模だけでなく、基本的な技術だった。鉄道は新しい街道として、一八七〇年代以降、敷設が進められた[*62]。江戸時代は都市間の往来に車輪つきの乗り物を利用することは禁じられていたので、鉄道の及ぼした影響は特に劇的だった。江戸時代には物資の運搬は、船や筏、ウマや担ぎ人夫によって行なわれ、担ぎ籠を利用していた上層の支配階級を除き、人々の移動手段は船やウマ、徒歩だった。そのため、鉄道の登場により人々がかつてないほど移動しやすくなり、二〇世紀の社会経済的変化が醸成された。

　鉄道を敷設するために、土地の買い上げや「収用」、地均し、トンネルや鉄橋の建設が行なわれた。一八九五年までには、日本の鉄道の総延長は三二〇〇キロメートルを超えたが、そのほとんどは民間企業によって敷設、運行されていた。その後も鉄道の敷設は急ピッチで進められ、一九〇四年までには青森と下関が幹線で結ばれて、総延長は七二〇〇キロメートルに達した。

　日露戦争によって、部隊の配備や物資の供給に鉄道網が不可欠なことが明らかになった。そこで、一九〇六年に政府は杜撰《ずさん》な工事や維持管理、接続や連絡の悪さの問題を解決するために、主要都市間の全線を含めて、八〇〇〇キロメートル余りの鉄道を国有化した[*63]。

その後も、全国で政府と民間企業による鉄道建設が続き、一九三〇年代までには総延長は三倍以上に伸びた。さらに、一九三〇年代の後半には、関門海峡の下にトンネルを掘って、本州と九州をつなぐ工事が始まり、海で隔てられた主要四島を科学技術を用いてつなぐ最初の一歩が踏み出された。

都市と農村の社会

商業と産業が著しい発展を遂げると、人口の増加や都市化が起こり、それは政府の財政を支える大黒柱にもなった。一八八五年には土地税が政府の税収の八二%を占めていたが、一九二〇年までには主に商業活動に関連した税に取って代わられ、一〇%に減少した。[*64] さらに、産業化によって都市と農村の社会に大きな変化がもたらされた。

この変化を考察する前に、第4章で律令時代の都市の興隆を取り上げたときに、単純な「都市と農村」という二者関係は誤解を招きやすいと述べたことを思い出してほしい。「都市」にも「農村」の特徴が数多く残っているだけでなく、都市は農村がなければ存続できないからである。日本が産業化を遂げても、こうした都市と農村の関係は基本的には変わっていないが、その一方で、産業化に伴う急激な技術的、制度的変化は都市社会を作り変えて、産業化以前より

も農村社会との違いが鮮明になった。そこで、一八九〇年から一九四五年の間に都市と農村の社会がどのような変化を遂げたか、みていくことにしよう。

1　都市社会

産業化に伴い急速に発展した都市の社会で最も目を引くと思われるのは、新しく台頭してきた「財閥」として知られる産業界の支配層だろう。こうした財閥の中で最大のものは三井、住友、三菱だろう。三井と住友は江戸時代の起業家的事業から発展した財閥である。一方の三菱は薩長連合の明治政府の樹立者によって設立された。こうした独占的巨大企業集団は、政府の機関や高官と持ちつ持たれつの関係の維持を図りながら、金融、商業、製造工業、鉱業、海運など、幅広い経済活動を行なっていた。

こうした巨大企業では膨大な数の事務員と管理職の「ホワイトカラー」、工場労働者などの「ブルーカラー」が働いていた。しかし、生産性と収益を最大にするために機械に頼っていたので、巨大企業の割には、雇用していたのは都市の労働人口のほんの一部に過ぎなかった。

その結果、都市労働者の大部分は財閥以外の場所で職を得ていた。政府、マスメディア、発展を遂げていた教育や医療機関が多くの人を雇用していたが、都市の雇用の大部分は小企業が創出していた。[*65]

財閥の企業は高度な技術を要する仕事をこなしていたので、熟練労働者を必要とし、給与体系はそうした労働者の希少性を反映していた。しかし、その他の都市労働者に関しては、人口が急増しているので労働力に事欠かない上に、小企業の多くは経営が不安定なために、賃金は低く、労働条件も厳しかった。

　一八九〇年代以前にも、過酷な労働条件は都市労働者の不満を生んでいた。不満の程度は景気の変動に伴って変わったが、一般的には工業生産量が増加すると、不満も高まった。鉱山や工場などの仕事場で頻発する環境汚染、中毒や死傷事故と、低賃金と長時間労働の問題が重なって、初期の労働運動が生まれた。それが、一八九〇年代から一九〇〇年代に拡大し始め、労働者のリーダーや代弁者は、工場法の制定を求める運動をくり広げた。一方、労働組合員と非組合員によるストライキがくり返し行なわれ、時には冷酷な雇用者が暴力を振るわれることもあった。最も有名なストライキは、一九〇七年に足尾銅山の操業に反対して行なわれたものである。

　経営者は労働運動の防止を図ったが、経営者が用いた一つの手法は労働者に「愛国的日本人」としての社会的義務を思い起こさせることだった。一九一一年にある絹糸工場主がその手法を端的に述べている。

> このように働かずに、家でぶらぶらしていたら、日本の国は貧しくなるだけだ。だから、国のために一生懸命に働くのだ。そうすれば、日本を一等国にすることができるのだ。[*66]

　こうした愛国的な美辞麗句で、劣悪な労働環境で単純労働に従事する低賃金労働者が心を動かされたとも思われないが、彼らはともかく働いた。

　頻発する労働争議で、一九一一年にようやく政府は産業界の反対を押し切って、非力ではあるが、労働時間と児童就労の規制を意図した工場法を制定した。特に、一九一六年に発効した法律は、雇用者側に有利な多少の除外条項が設けられてはいるが、児童の就業年齢を一二歳以上、一日の最大労働時間を一二時間と定めている。[*67]とはいえ、この中途半端な改革では多くの労働問題に対処できず、労働争議が増加の一途をたどったために、産業界の根強い反対に遭いながらも、政府は一九二〇年代には工場法を強化した。しかし、一九三〇年代に日本の外交状況が悪化するにつれて、政府は労働者の要求よりも、人件費を抑えて生産高を最大化するためには、労使間の「和」が必要であるという経営者の意見に耳を傾けるようになった。

2 農村社会[68]

農村社会については、二つの側面が注目に値する。一つは、帝国主義日本には新しい顕著な特徴（社会経済の急成長と都市化、技術革新、地球規模の資源基盤への移行）がみられるにもかかわらず、都市社会が依然として農村に大きく依存していたことである。農村は未だに食料やそれ以外の産物、人の供給源だったのだ。もう一つは、領土拡張政策をとった国の道筋と軌を一にして、農村の住民は繁栄と幸運に恵まれた後、苦境や逆境に見舞われる道をたどったことだ。

●都市の依存について

前述したように、米の輸入は著しく増加したが、一九四〇年になっても食料のほとんどは国内で生産されていた。一部は農村で消費されていたが、労働時間当たりの農業生産性が高まるにつれて、市場に出荷される割合が増えた。例えば、一九二〇年頃は七七％余りだったが、一九三〇年代の中頃には八五％に増加している。[69]

医療の発達で都市住民の死亡率が下がった後でも、都市人口の増加は依然として農村からの流入によってもたらされていた。例えば、第一次世界大戦前は非農業労働人口の増加分の八〇％が農村からの流入だった。一九二〇年代から三〇年代には四〇％に減少したが、このときまでには、

農村から流入した人口は都市人口の半分以上を占めていた。それでもさらに、年に一〇万人から二五万人の農民が村を出て、農業以外の仕事に就く状況が続いた。[70]

これほど高い離農率が維持されたのは、出生率と幼児の生存率が上昇し、農業の労働生産性が向上し続けていたからである。労働人口は男女合わせておよそ一五〇〇万人が確保されており、その労働によって、一八九〇年には四〇〇〇万人に達した人口を養い、一九四〇年には七〇〇〇万人の食料需要の八〇％を賄うことができたのも生産性が向上したからだ。しかも、その間に一人当たりの食料消費率は上昇を続けていたのである。

食料以外にも様々な生産物が、農村から都市へ供給されていた。江戸時代の後期には職人が織物、木製品、紙製品、陶器などの製造場所を都市から農村へ移した。その結果、多くの農村では農閑期に副業が行なえるようになり、世帯の収入を増やすことができた。

農村では、帝国主義の時代を通じて、農閑期にこうした副業が行なわれていただけでなく、副業の重要性は年々増していったのだ。一八九〇年にはこうした副業から得る収入は、地域による違いはあるが、世帯の総収入の一一％から二一％を占めていた。一九二〇年代の初めまでには三〇％に達したが、収入の増加をもたらした最も大きな要因は養蚕業の発達である。[71]

●農村社会の変化

集約農業の普及と都市の雇用機会の増加と相まって、農村で副業が盛んに行なわれるようになったことで、人口が安定している農村は都市へ労働力を供給し続けることができ、都市の人口は急増した。

こうした副業の普及は、農村社会を変える主因ともなった。農村で労働力不足が生じたからである。その結果、年間の労働時間も増えたが、一八八〇年代から一九二〇年の間に農村の賃金が倍になったのだ。[*72] そして、労働者を雇うよりは土地を賃貸した方が利益が上がることに気がついた大地主が土地の賃貸を始めたので、一八七〇年代には二八％に過ぎなかった小作地が一九一〇年までには四五％に上昇し、第二次世界大戦後まで維持されていた。[*73] このように雇用の機会と世帯の収入が増えたおかげで、一九二〇年までの三〇年間は「農村経済の黄金時代」だったと述べている研究者もいる。[*74]

こうした物質的な利益には、政治や社会的要因も関わっていた。一つは、農村の人口は総人口の大部分を占めていたので、農村の利益（主に地主の利益だが）は国会で十分に代弁されており、価格統制や関税率などに関する政府の政策は農村の利益に適っていた。もう一つは、こうした状況が恩恵をもたらしたのは主に地主だったかもしれないが、共有資源や相互扶助という江戸時代の遺産を継承した農村の社会基盤は「黄金時代」にもほとんど損なわれていなかったため、政府の政策がもたらした恩恵が小作人にも及んだのである。

しかし、一九二〇年代から三〇年代に日本の外交政策が行き詰まり始めると、農村の状況も悪化の一途をたどった。こうなることは第一次世界大戦以前から予見されていたが、現実のものとなったのは一九三〇年頃になってからだった。

こうした状況の悪化をもたらした要因はいくつか挙げられる。農村経済の変化に応じて、小作人も地主も新しい慣習を取り入れたので、農村内の社会的関係が変化し、共同体の結束が弱まった。そして、もっと広い社会経済的変化が、政府の農業政策に大きな変化をもたらした。一九二〇年代には、こうした要因によって農村の社会状況は一変して厳しさを増したのである。

幕藩体制の江戸時代には、小作人や貧しい村人たちは地主を少なくとも窮乏の時期には、冷酷な搾取者だとみなしがちだったが、同時に温情主義や相互扶助の風習もあったことを思い出してほしい。しかし、この小作人と地主の緊張状態は解消されたわけではなく、一九〇五年以降は小作人たちは組合を組織するという新しい手法を駆使して、地主の権力に対抗し始めた。時代が下るにつれ、小作人組合の数は増加し、小作料やその他の問題をめぐって地主を相手に訴訟を起こすことが多くなった。

一九一七年までには小作人組合は一七三団体を数えていたが、小作人組合と地主の訴訟が本当に急増したのは、第一次世界大戦後に経済の崩壊が起きてからである。しかも、訴訟が頻発したのは主に関東から瀬戸内海に至るまでの日本の中部域で、絹市場の混乱で大きな打撃を受けたからだった。小作人組合は一九二一年までには六八一団体に上っていたが、一九二七年には四五八二団体に急増し、組合員は三六万五三三一人（小作人の九・六％）に達した。[*75] その後は、経済や政治の状況に応じて、組合の数は四〇〇〇から五〇〇〇団体で推移した。

各地の小作人組合を統一するために、一九二二年に日本農民組合が結成された。一四支部と二五三人の組合員で発足したのだが、各地の小作人組合を組み入れながら、急速に成長し、一九二六年には九五七支部と七万二七九四人の組合員を擁するようになった。こうした「最下層階級の団結」を見せつけられて、地主も組織を作ったので、従来は一地域の個人対個人の緊張関係であったものが全国規模の抗争の性格を帯びてきた。[*76] この対立は訴訟件数に表れている。

例えば、一九二〇年には四〇〇件余りだった小作人訴訟が増加の一途をたどって、一九三七年には六〇〇〇件を超えた。[*77] さらに、こうした訴訟は最初は関東以西の地域で起きていたが、しだいに東北地方へ広がっていった。東北地方では、地主制度が根強く残っていただけでなく、収穫量が天候の影響を受けやすく、都市の副業も少なかったので、農村の困窮は深刻化しがちだったからだ。[*78]

このように小作人と地主の関係が悪化したのは、地主の志向が根本的に変わったからでもある。農村の賃金が上昇したことで、一九一〇年以前から土地を小作人に賃貸する地主が増え始めていたが、一九一〇年以降、小作料が上がらない状況が続いていた。小作料は上がらないが、賃金は上昇し続けていたので、特に関東以西の地域では、地主が都市へ投資し始めたのだ。その結果、投資先の事業を監督するために都市へ出ていく地主が多くなり、こうした不在地主は故郷の村人との心のつながりが希薄になった。

第一次世界大戦以降は、地主と小作人の軋轢や疎遠はいくつかの要因によってさらに強まった。最も大きな要因は、大戦終了後に生じた経済の崩壊と一九一八年に全国各地の都市に波及した米騒動によって、政府の農業政策が転換されたことである。輸入米に対して国内産の米価を維持して、地主や農民を保護するのではなく、米価を引き下げて、輸入を促進する政策をとったのだ。いうまでもないが、この農民を犠牲にする政策への転換ができたのは、都市人口の増加によって、都市の有権者の影響力が大きくなっていたからである。

この政策転換で、地主はさらに都市へと関心と投資を向けることになった。その結果、貧しい農民は市場や天候の変動の影響を受けやすくなったために、小作人組合を結成して訴訟を起こすようになった。

農作業と副業とを問わず、農村の労働の収益力を低下させる賃金形態に改定されたことによって、農村の困窮はますます深刻になった。前述したように、農村の賃金は十分に上昇していたところで、一九一八年に経済が崩壊したが、その後一九二〇年代に回復して、わずかではあるが上昇に転じていた。しかし、そのときに大恐慌が起きたので、賃金は急速に下がり、一九三〇年代の後半になるまで一九二〇年代の水準に戻ることはなかった。この現象は特に東京より北や西の養蚕地域が著しかった。一方、都市の賃金は第一次世界大戦以前は農村のそれと同じくらいだったのだが、一九二〇年以降は農村の賃金をはるかに凌ぐ勢いで上昇したので、農村から都市に出ていく労働者が増え、農村の購買力は低下していった。[*79]

一九二二年に相原村（今日の神奈川県相模原市）の地主である村長が村の状況を述べているが、その記述にこの賃金格差の影響が如実に表されている。[*80]

> 昨今の低賃金で、近傍の橋本や相原の小作人の多くは農業を諦めて、土地を返上している。こうした状況では、新しく土地を借りてくれる小作人もいないので、将来は放棄農地が増えるのは想像に難くない。工場や鉄道で働けば、月に七〇円から八〇円稼ぐことができるし、農場に勤めに出れば、年に二五〇円から三〇〇円稼ぐこともできる。それで、小作人が減って、農業が振るわなくなり、農民は惨めなありさまを呈している。こうした厳しい状況は一年や二年で解消できるものではないだろう。

その二年後に、この村長は村人を惹きつける都市の高賃金のことを再び嘆いている。都市の仕事は「さほどきつい肉体労働ではないので、誰もが都市に働きにいく」と、述べた後で、次のように続けている。

> 誰よりもつらい思いをしているのは地主だ。この春、私のところへたくさんの田畑が返還された。みんな森に還っていくだろう。来年の春はもっと悪くなりそうだ。

この村長は、放棄農地が森林になれば、いずれはわずかの人件費で収益の上がる木材を生み出せるということに気づいたが、実際の収入をもたらすまでには何十年もかかるだろう。

村長の愚痴でわかるように、小作人が困ると、地主も困ることになるのだ。こうした窮状は絹市場が崩壊した一九二九年以降に山場を迎えた。地方で絹糸紡績工場を経営していたのは在地地主がほとんどだったので、市場が崩壊すると、収入源を失った。さらに、カイコ繭の販売や工場での労働から収入が得られなくなると、小作人は小作料を支払うことができなくなった。その結果、地主は絹の販売収益も小作料もどちらも入らなくなったのである。[*81]

地主が経済的に不安定だったのは、主にほとんどが小地主だったからだ。一九三〇年代には農業に従事していない地主は一〇〇万人いたが、その九〇%以上は所有していた土地が五ヘクタール以下だった。また、土地の一部を賃貸していた自作農は一二八万人いたが、その九八%近くも所有している土地は五ヘクタール以下だった。[*82]その結果、市場が大きく変動すると、小作人ほどではないにしても、生活が苦しくなりかねなかったのだ。

こうした農村不況によって、一九四〇年までには農村の社会構造や相互扶助制度が崩れ始めていた。特に関東以西の地域では、多くの地主が農村を離れてしまったので、多くの土地が零細の自作農や小作人の手に残された。後者はたいてい〇・五から二・〇ヘクタールの田畑を耕作していたが、狭い農地が長いこと好まれていたのは、家族が時間のあるときに、耕すことができる大きさだったからである。[*83]

しかし、一九四〇年までには、男たちが徴兵に取られた期間や家を離れて農業よりも賃金のよい仕事をしている間は、こうした小さな田畑の仕事は老人や主婦によって行なわれていた。[*84]少ない人手でこうした農作業をこなせたのは、灌漑用ポンプ、脱穀機や精米機のような省力化技術が普及したからでもあった。後ほど、産業時代の工業技術が環境に与えた影響を論じるときに述べるが、こうした機械の使用は一九二〇年代から三〇年代に急増した。

農業の機械化が急速に進んだのは、二つの要因による。一つは、農村の社会は一九三〇年代の初めに大恐慌で大きな打撃を受けたが、一九三五年以降は主に都市の産業が回復して、労働者と農産物に対する需要が増加した結果、農村の経済も回復し始めたことである。つまり、壮健な働き手が再び村から出稼ぎに行き、収入が増えたことで、農村では新しい機械を購入する必要性が生じると共に、購入資金が確保できたのだ。もう一つは、特に一九三七年以降だが、「砲弾の餌食」の需要が増し、息子たちが徴兵に取られた後、失われた労働力を埋めるために機械を導入したことだ。

このときの機械化は一見すると、急速に進んだようにみえるが、じつはそうではなかった。一九四〇年代の初めには、新しい機械を購入できたのは関東以西の農村の一部に過ぎなかった。零細農家はこうした機械を買うことができず、たいていは比較的裕福な地主や農業協同組合などが購入していた。[85]機械は複数の農家が共同で利用していたことが多かっただけでなく、機械でできる仕事の多くは依然として手作業で行なわれていた。

　しかし、一九四〇年以降は農村に逆風が吹き始める。化学肥料と農業機械の燃料は、一九三〇年代後半の農業生産になくてはならないものだったが、軍需によって手に入らなくなったのだ。しかも、兵役や工場労働に多くの村人が取られてしまったので、天然肥料を集めたり、機械の代わりに農作業を行なう人手が足りなくなり、耕作されずに放置された田畑は五〇万ヘクタール余りにも上った。[86]特に一九四二年以降には、農業の生産量は激減し、一九四五年には一九三八年から四〇年の生産高の半分にまで落ち込んでしまった。

　一九四〇年までには、悲惨な戦争で状況が逆転する以前から、政府に奨励されて、新しいタイプの地方組織がいくつか活動を始めていた。こうした組織は、旧来の地主と小作人の相互扶助制度を、小作人組合や協同組合、政府のエクステンションサービスという新しい形態に取って代わらせた。つまり、一九四〇年までには、農地の多くは不在地主が所有していたが、幕藩体制の時代の村組織の制度はほとんどなくなったのだ。新しい制度を通して、都市の市場と取引する小自作農が旧来の制度に取って代わったのである。

科学技術と環境

　狩猟採集社会や農耕社会の時代と比べると、産業社会の数十年間にみられた技術革新の速さと多様性や、それが環境にもたらした影響は驚異的である。[87]日本でもこうした影響の表れ方は、地理的要因の強い制約を受けていた。一七〇〇年代までは、日本列島では北海道を除き、低地はもっぱら人間を、山地は自然の生物群系を支えるという役割分担が確立していた。

　その結果、ほとんどの産業は低地で発展したので、その影響が及んだのは主に人間と栽培植物や家畜だった。

　しかし、野生生物が影響を受けた場合もあった。一九四五年までの数十年間は、鉱山開発や鉄道の敷設とそれに伴うトンネル建設によって、「未開発」の山間部で数多くの自然生態系が被害を被っただけではなく、水力発電所（ダム）の建設によって、野生生物の多い谷がいくつも水没した。様々な産業を設立して経営することで、河川や沿岸の生態系に深刻な影響が及んだ。特に北海道では木材産業が原生林を大規模に伐採したので、農民が低地の多くを農地に変えられるようになった。さらに、林業によって、列島各地の山地の多くも最終的には同齢単一種の植林地に変わ

新鶴子《しんつるこ》ダムから見た山形県尾花沢《おばなざわ》盆地

った。

このように山地にも様々な影響が及んだが、産業の発展が最も重くのしかかったのは、長年にわたり利用されてきた低地だった。鉱業、製造業、漁業、農業、林業の発展をみてみよう。

鉱業

金属鉱業と石炭鉱業は、第二次世界大戦の半世紀前に主要産業になっていた。鉱業の発展は、既存の鉱山の拡大や新しい鉱山の開発、坑道の掘削、採掘や鉱石の製錬の効率化への新技術の利用を伴った。

しかし、金属鉱山と石炭鉱山には基本的に異なる点があったので、環境に及ぼした影響も同一ではなかった。また、炭素化合物である石炭と無機物の金属鉱石は化学的に異なるだけでなく、産出される地層や場所もまったく異なっていた。

金属鉱石は主に山脈の基盤岩の薄層に存在するので、金属鉱山がもたらす環境問題は、坑道や他の構築物、燃料に利用する木材を鉱山付近の山で伐採したことによって引き起こされた下流域の洪水だった。こうした洪水は廃石やその化学物質を、人間の居住地域や利用地域まで押し流したからだ。さらに、粗鉱を利用可能な金属に変える製錬所はたいてい鉱山の近くに建設されたので、製錬所から排出された有毒ガスが近隣の地域に流れ込み、人間も含めて動植物に被害を及ぼした。

金属鉱山の中では、銅山が最も有毒だった。銅山から出る廃水や精錬所から排出されるガスには二酸化硫黄のような極めて有毒な化学物質が含まれており、周辺地域の農作物や家畜、自然植生や漁業に被害をもたらしただけでなく、人の健康も害したので、激しい抗議運動が起きた。例えば、瀬戸内海の四阪島《しさか》に製錬所があった四国北部の別子《べっし》銅山は環境に極めて深刻な影響を及ぼし、長期にわたる激しい抗議運動を引き起こした。[*88]

しかし、最も悪名高い銅山は関東北部にあった足尾銅山だろう。一八七〇年代から八〇年代に、廃石から出た有毒な廃水や、木材の伐採で山が裸地化して起きた洪水によって、渡良瀬川下流域の農村に大きな被害がもたらされたのだ。一八九〇年までには鉱山の有毒物質が渡良瀬川から利根川と江戸川に入り、東京に迫ってきたので、明治政府もついに等閑視できなくなった。一八九〇年代に渡良瀬の数千人に上る農民が東京で抗議デモを行なったが、軍隊によって鎮圧された。その頃には、政府も解決を図ろうとしてはいたが、被害地域の一部が復興して騒ぎが収まるまでに、激しい抗議運動が数十年も続いた。

一方、石炭層は特に九州では、すでに農地や居住地として使われている低地やその付近の地表近くに存在した。こうした石炭を採掘するためには、地表の下にトンネルを掘り、木材などを用いてトンネルを支えて、石炭層を取り出す必要があった。しかし、しだいに、時には突然に、地面が崩落したり、沈降したりして、表土や田畑の地取りが損なわれただけでなく、汚水が湧き出して田畑が汚染されることもあった。居住地域で地盤沈下が起こると、家屋が落ち込んだり、傾いたり、時には倒壊したりすることもあった。さらに、地下水の供給が途絶えたり、井戸水が汚染されたり、水が抜けたり、灌漑に支障をきたしたりもした。炭鉱の規模が大きくなるにつれて、こうした問題も深刻さを増し、一九二〇年代までには、被害と抗議運動がくり返し起こるようになった。

例えば、九州北部の八幡から二〇～三〇キロメートル南西にあった炭鉱が、河川のはしけと後には鉄道で八幡と結ばれて、採掘の規模が拡大し、一九二〇年までには、以下のような累積被害が報告されている。[*89]

> 耕作できなくなった水田が二〇〇ヘクタール、収量が五〇%以上減少した水田は二二〇ヘクタール、三〇%以上減少した水田は三二〇ヘクタール、住宅地の陥没は一八七四カ所、井戸の汚染と枯渇は三八四カ所、河川と池の枯渇が二五カ所、道路の陥没が一六カ所。

その四年後の福岡県全域に関する報告書には、石炭の採掘によって、「陥没の被害を受けた農地は四五〇〇ヘクタール、……炭鉱の廃水によって汚染された農地は一四〇〇ヘクタールに上る」と、記されている。農家一世帯当たりの農地を一・五ヘクタールと仮定すると、福岡県の四〇〇〇世帯の農家が田畑に被害を受けて、生活が脅かされたことになる。

　鉱山は周辺の地域や住民に被害を与えるだけでなく、鉱山労働者を危険に晒した。人里から遠く離れた地域で小規模に行なわれていた頃は、鉱山労働者の病気や負傷事故は社会問題になることもなかった。しかし、粉塵は鉱山に付き物だったので、特にダイナマイトと機械の使用で鉱石の採掘率が飛躍的に高まってからは、肺病（主に「鉱山病」と呼ばれた珪肺《けいはい》症）が鉱山に特有の病気となった。この肺病は鉱山の雇用が急速に拡大したことで、鉱山労働者の死傷事故と同様に増加の一途をたどった。ちなみに、鉱山労働者の数は一八八六年には三万六〇〇〇人だったが、一九〇〇年には一三万一〇〇〇人、一九一七年には四三万四〇〇〇人に増加し、一九四〇年にはおそらく五〇万人を超えていただろう。[*90]

　鉱山に付き物の粉塵と事故の問題以外にも、金属と石炭の鉱山では鉱山労働者がそれぞれ異なった健康上の危険性に晒されていた。金属鉱山では、主に銅やヒ素の化合物、鉛や二酸化硫黄などの産出される有毒物質が危険だったが、炭鉱では、炭塵が爆発しやすく、死亡事故につながるので危険だった。一九四五年までの数十年間は、毎年、炭塵の爆発事故で数十人から数百人の鉱山労働者が死亡していた。[*91]

製造業

　一九一四年以前は、工場がもたらした被害もたびたび報告されてはいたが、鉱山が環境の最たる汚染源だったようだ。しかし、第一次世界大戦時の好景気とそれに続く経済の発展で、その順位が入れ替わり、環境に被害をもたらす元凶としては工場の方が大きくなった。鉱山と同様に、工場も従業員だけでなく、生態系にも被害を及ぼした。大阪市にこの問題の典型的な例がみられたので、注目に値するだろう。

1　工場の従業員に及ぼした影響

　工場で従業員は病気にかかったり、事故で死傷したりすることがあった。一般的に病気の原因は工場の粉塵だった。最も有名な病気は結核で、一九一〇年頃から一九四五年の終戦後までの年間死亡率は、一〇万人当たり一八〇人から二〇〇人に上った。[*92] 結核にかかりやすいのは若い成人だったが、特に綿の製糸工場で働いていた女性が多かった。綿工場は埃が多かっただけでなく、そこで働いていた女性は若かった上に、病気に感染しやすい寮生活を送っていたからだ。

さらに、工場にも製糸工場、金属工場、マッチ工場、繊維工場、セメント工場、軍需工場、塗料工場、ガラス工場、造船所、ゴム工場、化学薬品工場、電池工場、製油所など多様なタイプがあったが、いずれの場合も労働者が結核の他にも様々な病気に感染したり、傷害を負ったりした。[*93] 一九四五年までの数十年の間に、工場の数と種類は増加してこうした産業汚染の発生率は上昇の一途をたどった。その間には、ときどき抗議運動が起きたり、（産業界の反対に遭いながらも）工員の危険性を低減する法令が施行されたり、また、詳細な医学的報告や治療もなされたりした。

2 生態系に及ぼした影響

製造業が環境に及ぼす影響は、鉱山とは基本的に異なる。工場は種類が多いので、排出される有毒ガスや廃液、廃棄物の種類が鉱山よりもはるかに多いからだ。

さらに、ほんどの鉱山は人里や海岸から比較的遠く離れた地域にあるが、工場は港湾施設の整った大都市やその付近にあることが多いのも理由に挙げられる。とはいえ、例外はある。例えば、一九〇八年に水俣《みなまた》市に建設された化学工場は熊本市から南へ六五キロメートルも離れていた。一九四五年以降に深刻な化学汚染を起こした悪名高い工場である。

工場は種類が多い上に、都市に近いので、鉱山よりも人間にはるかに多くの危険をもたらした。また、大半の工場は海岸に近かったので、その廃水が河口域や沿岸域の生態系にとりわけ深刻な影響を及ぼした。

さらに、都市の近くではまだ農業が行なわれていたので、農地に少なからぬ被害が及んだ。例えば、東京でも一九二九年には農地が二三・九％を占め、主に畑作が行なわれていた。一方、大阪は三三・六％が農地で、主に稲作が行なわれていた。[*94] こうした農地はその後、様々な理由で、しだいに都市化の波に飲み込まれていった。

工場が都市やその周辺に建設されたのは、工場経営者が求める工場建設の立地条件（輸送機関が整備され、原料の入手や製品の出荷が行ないやすく、豊富な労働力に恵まれた地域）を満たしたのが都市だったからである。とりわけ、大阪や東京の周辺に工場が集中しているので、産業の発展が大阪に及ぼした影響をみてみよう。

3 大阪の事例[*95]

江戸（現在の東京）は江戸幕府の所在地だったので、大阪よりも人口がはるかに多かったが、大阪は商業の中心地として、西日本と東日本を結びつけていた。一八六八年以降も商業の中心地であり続け、大阪圏で工業生産が最も伸びた。東京圏の産業の発展が大阪圏を上回り、大阪圏の労働人口と工業生産高を超えたのは一九三八年になってからだった。[*96]

大阪ではすでに一八八〇年代に環境汚染の問題が発生していた。[*97]それから数十年間の大きな問題は大気汚染で、住民と農作物の両方に被害がでた。その後は水質汚染の深刻さがしだいに増したが、一九一一年までは産業廃棄物よりも人間の排泄物の方が大きな汚染源だった。

しかし、工場の数は増加の一途をたどり、一九二五年には工場は一万五三八八を数え、従業員は二六万八七九四人に上った。工場の増加が促されたのは、大阪市が急速に拡大したからである。大阪市は周辺の町や村を併合すると共に、沿岸の浅海域を干拓して、一八八九年から一九二九年までに行政地区を一〇倍に拡大したので、農地も大幅に増加し、一八九〇年には五〇万人に満たなかった人口が、一九三〇年代には二〇〇万人を超えた。[*98]

一九二〇年代までに、工場がもたらした環境問題は住民の抗議運動を引き起こし、様々な改善策を生み出していた。しかし、それで問題が解決されたわけではなく、大阪の石炭の年間消費量は二六六万八〇〇〇トンに上り、二万一〇〇〇トンの炭塵が町を覆ったと、一九二八年に推定されている。こうした状況に対して、ある評論家は以下のように述べている。

煙と煤はこれ以上、大阪のシンボルであってはならない。この町から煙と煤を取り除く確実な方法は、世論を喚起することだ。今日の民主主義は、市民が政治の主導権をとることにかかっているからだ。[*99]

しかし、美徳を求める美辞麗句はほとんど顧みられず、大気と水質の汚染は悪化し続けた。例えば、一九三四年の調査結果では、大阪の人口は増加していたにもかかわらず、水質汚染の元凶は生活排水ではなく、工場廃液であることが示された。[*100]

水質汚染に対して、大阪市は一九二〇年代から三〇年代に飲料水の質を高めるために、上水処理場を建設し、さらに、一九三九年までには総延長が一二〇〇キロメートルに及ぶ下水道網を整備した。[*101]

一方、一九三〇年代までには、工場による地下水のくみ上げで地下水面が下がり、地盤沈下も起きていた。その結果、建物だけでなく、農地も被害を受けた。河川沿いや沿岸域では、工場やその他の施設が浸水する事態も起きた。ある研究者の言葉を借りると、一九三〇年代の後半までには、大阪の「運河や河川はごみや化学物質が満ち、大気は灰色にかすみ、健康を害するようになった。さらに、地面は地盤沈下のために、皺《しわ》が寄り、ひびが入った」[102]。

＊＊＊

鉱業と製造業が急速に発展したおかげで、財閥は利益を手にし、日本は帝国主義的列強の役割を演じられるようになった。しかし、一般大衆にとっては、いいこと尽くめではなかった。そして、生物の生態系は至るところで被害を被っていたが、とりわけ、河川と沿岸の漁業において顕著だった。

漁業

一九四五年に至る半世紀の間にみられた漁業の変遷を一言で述べると、沿岸漁業から遠洋漁業への移行であるが、その移行を推し進めたのは技術変革がもたらした乱獲と汚染だった。技術革新によって、沿岸の海洋資源の破壊と枯渇が進み、漁民は経済的にも人的にも危険を冒して、遠洋漁業を行なうか、廃業するかの選択を迫られたのだ。

技術の「改良」によって漁獲量が増え、その結果、海洋資源が枯渇した典型的な例は、北海道のニシン漁だろう[103]。江戸時代には、オホーツク海から北海道に沿って日本海へ南下するニシンの巨大な群れを組織的漁業によって毎年、

捕獲していた。水揚げされたニシンのほとんどは、魚粉肥料として中央の市場に出荷された。しかし、特に一八六〇年代以降が顕著だが、一八〇〇年代に大型の改良された枡網が使われるようになると、ニシンの漁獲量が飛躍的に増加して、一八七〇年代には年間の漁獲高が三倍の六〇万トンに達し、一八九〇年代には七〇万トンを超えた。

この漁獲量の拡大はニシンの枯渇をもたらした。一九〇二年以降は、ニシンの年間漁獲量は四五万トンに急減し、第一次世界大戦中は漁を強化したので、漁獲高は一時的に回復したが、一九二〇年代には不規則な変動をくり返しながら減少の一途をたどった。漁獲量が減ると、魚粉の生産費が上がり、一九三〇年代に人工肥料が開発されると、魚粉と競合するようになり、一九四〇年までには魚粉産業の奮闘の甲斐もなく、魚粉は市場から駆逐されてしまった。ニシンの漁獲高は第二次世界大戦中と戦後の復興期に一八七〇年代以前の水準に回復したが、一九五〇年代に再び減少に転じ、一九五八年を最後にニシン漁は幕を閉じた。

産業汚染が漁業に及ぼした影響についてみると、鉱山と工場の廃水は各地で河川の汚染を引き起こした[104]。一八七〇年代から八〇年代に、足尾銅山の廃水が渡良瀬川で魚の大量死を引き起こし、一八九〇年までには魚の生息できない川になった。さらに、一八九六年までには銅山足尾の廃水で死んだ魚や死にかけた魚が東京の江戸川でもみられるよ

うになった。

一八九〇年代以降は、他の河川でも魚の大量死が報告されるようになった。北海道では製紙工場の廃水が河川の最大の汚染源だったが、汚染が問題になったのは一九一〇年代以降のことである。北海道以外では鉱山と工場の廃水が数多くの河川で魚を汚染した。さらに、廃水が流れ込んだ河口域や湾では、漁民や消費者の関心の薄い様々な生物だけでなく、海水魚、貝類、海藻なども汚染されたのだ。[*105]

東京周辺の状況は、この問題の重要な事例として詳細な検証に値するだろう。江戸時代には、東京湾とそこに流れ込む多摩川などの河川は、魚介類や高級な海苔の宝庫として有名だった。こうした天然の海産物は漁業を支え、江戸の稠密な人口を養うと共に、京都や他の地域の支配層の需要にも応えていた。

しかし、一八七五年頃から横浜の新しい工場の廃水が東京湾に流れ込み始めて、沖合の海洋生物が死に始め、一九〇〇年頃には汚染が東京湾に広がった。東京周辺の汚染問題は悪名高い足尾銅山の鉱毒事件の陰に隠れて目立たない状態がさらに一〇年ほど続いたが、第一次世界大戦中に産業が急速に発展したために、東京周辺にさらに新しい工場が建ち始め、汚染問題が深刻化した。

特に、東京と横浜の間の川崎に新しい工場が立ち並び始めた。川崎が工場地帯になったのは、東京と横浜の中間の海沿いに位置するという立地条件に恵まれていたからでもあったが、それだけではなかった。両隣の大都市に飲み込まれてしまうのを恐れたのだろうと思われるが、一九一二年に町議会が川崎の町が生き残れるように、製造会社の誘致を決定し、工場の建設を促したのだ。誘致策は功を奏し、横浜や東京をはじめ、周辺の他の町も新たに工場を建設したり、既存の工場を拡張したりして、それから数十年のうちに、川崎は一大製造業の中心地に発展した。

一九二〇年代に、（少なくとも後から考えてみれば）予測できるこうした状況の影響が表れた。一九二〇年代から一九三〇年代に東京と川崎の間を流れる多摩川で、産業汚染のせいで魚の大量死がくり返し起こり、多摩川の漁業が衰退した。東京湾に注ぐ他の河川でもそれなりに魚の大量死が起きていたが、大きな打撃を受けたのは東京湾の漁業だった。

石油貯蔵施設や船舶の事故による石油の流出や工場の廃水で、当初、深刻な被害を受けたのは、川崎・横浜地域の河口域や沿岸の魚介類や海藻だった。しかし、一九二〇年代の中頃には、東京の様々な工場が排出した汚染物質による被害が東京湾の最奥部まで広がっただけでなく、その他の地域から出た汚染物質による被害が南の三浦半島沿いまで及んだ。

漁業協同組合などが被害に対して抗議を行ない、立法措置をとる様々な意思表示はときどきみられたが、その効果はほとんどなかったようだ。一九三〇年代に海流に乗って湾内を巡った汚染物質が南下して太平洋へ出たので、海洋生態系の破壊は拡大した。一九四〇年代までには、東京湾西部のかつては盛んだった漁業と海苔の養殖場が壊滅的な被害を受け、その後の数十年で、東京湾の生態系は汚染と干拓によって完膚なきまでに破壊されることになる。

農業

これまでに農業と環境の関係に関しては、二つの基本的な側面を論じてきた。一つは、生態学的要因（気候、地形、地理）が農業に及ぼした影響（作物の種類、栽培地域、栽培方法、収穫量）である。もう一つは、生物の分布、多様性、持続力の点で、農業が生態系に与えた影響である。

しかし、産業化に伴い、新たに重要な要因が加わった。それは、最終的には環境に複雑な影響を及ぼすことになるが、産業化と科学技術が農業に与える影響である。そこで、一八九〇年から一九四五年の農業に関しては、まずは農業が環境に与えた直接的な影響を検証し、その後で農業を介して産業化が環境に及ぼした間接的な影響をみてみよう。

1　農業の直接的な影響

この時代も農業の生態系に対する影響の及ぼし方は、それ以前の時代と変わりはなかった。集約化が進み、収穫量が増える一方で、在来の生態系に及ぼす影響も大きくなった。さらに、農業の三大部門（畜産、果樹栽培、稲作）に著しい発展がみられたが、北海道がとりわけ大きな影響を受けたので、詳しく取り上げる必要がある。

畜産で環境に一番大きな影響を及ぼしたのは酪農と肉牛産業の発展だったが、ウマの飼育も数十年の間は好調だった。

日本では、酪農と肉牛の飼育は新しい産業だったが、この時代に急速に発展した。ウシはそれまではほとんど利用されていなかった丘陵地や高地、林縁などで放牧することができたので、混交林だったところが過酷な環境に耐えられるイネ科草本の草地にしだいに変わっていった。冬期には牛舎に入れて飼料を与えることができたので、寒冷地でも酪農業が発展したのだ。牛舎に入れられている期間は、酪農家が刈り入れた飼料や購入した飼料を食べていたが、こうした飼料は輸入品を除いて、ほとんどが自然生態系を支える一翼を担っていた森林やそうした森林を開発した牧草地や干し草畑で収穫されたものだった。

ウマの飼育も酪農と同じことがいえる。ウマの飼育は騎兵用、牽引や荷運び用に昔から行なわれていたが、輸送技術の進歩に伴い、この数十年の間に急速に発展した。

果樹栽培では新しい品種が開発されたが、特に広まったのはリンゴの栽培だった。リンゴの木は柑橘類よりも耐寒性に優れているので、東北北部や北海道でも栽培することができ、在来の生物相を育んでいた丘陵地の多くが利用されるようになった。

果樹栽培にみられたもう一つの大きな変化は、海外の需要が非常に大きい生糸を産するカイコに食べさせるクワの栽培が盛んになったことである。特に関東以西の地域では、なだらかな丘陵地や山地の縁でクワの栽培が行なわれるようになった。いうまでもないが、そうした桑畑は自然植生を犠牲にして作られたのだ。

稲作の発展は、耐寒性に優れた作物、特にジャポニカ米の新しい品種の開発によって可能になった。新しい米の品種は、江戸時代の特に農書が普及した頃に、開発が進んだ。その後、一八九〇年以後の数十年の間に新しい「科学的」農業が普及すると、品種の数も増えた。こうした品種が開発されたおかげで、東北地方でも稲作を行なうことができるようになっただけでなく、北海道でさえも低地の伐採跡地を水田に利用できるようになった。

この時代は、北海道の「開拓」が日本列島の生態系に対する農業の最大の攻撃だった。一九四〇年までには、開拓によって二万平方キロメートルほどの原生林が農地に変えられたが、このときの開墾は日本のどの時代よりもはるかに速かった。その結果、北海道も低地が人間を、山地が野生生物を支えるという日本列島の基本的な特性を示すようになった。

2　農業を介した産業の間接的な影響

産業の発展は農業に影響を及ぼし、その結果、生態系にも影響を与えた。最も顕著な例は、工場の近くや下流域にある農地が汚染された大気や水によって、甚大な被害を受け、農地を他所へ移さざるを得なくなったことである。さらに、輸送技術が変化すると共に、新しい産業技術の農業での利用を介して、産業が生態系に影響を与えた。

●大気と水質汚染

汚染された大気や水は生物相に被害を及ぼしたが、主に被害を受けたのはすでに農地などに改変されていた低地だった。

工場から排出された様々な有毒ガスは風下の樹木などの植物を害したので、葉が枯れたり、花が落ちたりした。廃水による農地の汚染は、農地の中に新たに工場が建設された都市やその近郊で起きることが多かったが、田舎でも、製紙工場や金属鉱山の下流域、炭鉱の上の土地などで起きた。特に一九二〇年代から三〇年代には、こうした汚染に対して農民組織が抗議運動を起こし、政府や工場が多少は改善を図ろうとした。

最も深刻な農地の被害は、大阪や東京のような産業の中心地の近くで起こった。例えば、一九二〇年代から三〇年代に、東京の多摩川に排出された工場廃水で近くの水田が軒並み汚染されたので、一九四〇年までにはかつては豊かな稲作地帯だった川崎側の水田はほとんど放棄されてしまった。

工場の水利用によっても、農地は間接的に被害を受けた。大量の水を利用するようになったので、地下の帯水層から直接水をくみ上げて使う工場が増えたのだが、その結果、地下水面が下がって地盤沈下が生じ、田畑や農業用の水源が利用できなくなることもあった。

産業が農業にもたらしたこのような被害は生態系にも影響を及ぼした。一つは、使えなくなった農地が放棄されて、新たな農地開発を促したことだ。もう一つは、離農者が増えて、食料の輸入依存率が高まったことであるが、それはとりもなおさず、海外の生物群系を犠牲にして農地に改変された土地に依存することだった。

●輸送技術

鉄道の建設は生物相に直接的な影響を与えたが、鉄道馬車の普及はウマの放牧地や飼料の需要を高め、生態系に間接的な影響を及ぼした。

一八八五年から数十年の間に、馬車鉄道が各地の都市に敷設され、工場の生産量が増加するにつれて、製品を工場から駅や埠頭、市場へ荷車で運搬するウマの需要が大幅に高まったのである。[*106] 一方、陸軍でも騎兵用や大砲などの運搬用のウマの需要が増した。さらに、農業や林業でも、荷車やその他の新しい機具をウマに引かせるようになった。ガソリンや電動の輸送手段が普及するようになったのは一九二〇年代になってからのことで、それまではウマと飼料の需要が高かった。

●新しい農業技術

この時期に農業に取り入れられた新しい科学技術のうち、新型の肥料と機械、およびコンクリートの建造物について述べておく必要があるだろう。環境に大きな影響を及ぼしたからである。

肥料として、森林の落枝落葉、下肥やその他の生物廃棄物の他に、マリアナ諸島のグアノや満州の大豆粉が補助的に使われていたが、一九二〇年代に国内で生産された化学肥料がこうした天然の有機肥料に取って代わり始めた。

化学肥料が人気を博したのはいくつか理由がある。一つは、落枝落葉などの植物性肥料供給量は限られていたので、肥料ではなく、家畜の飼料に使われるようになったことだ。

二つ目は、下肥が少なくなってきたことが挙げられる。一八九〇年以降の数十年の間に、都市が発展するにつれて、地下の下水道網の整備が進み、以前は下肥として集められていた未処理の排泄物が近くの河川に放出されるようになり、やがては下水処理施設に集められるようになった。下水に含まれる産業廃棄物の量が増加の一途をたどっていたので、河川に排出された有毒な下水によって、下流域の生物群系は甚大な被害を受けた。その後、下水は下水処理施設で処理され、化学物質が取り除かれるようになったが、処理の工程で出た汚泥は肥料に利用できる代物ではなく、埋め立てに使われた。

さらに、化学肥料には大きな利点があった。土壌の中ですぐに効力を発揮するので、多毛作に向いているのだ。さらに、量産が進むにつれて、海外から運ばれてくるグアノや大豆粉と競争できる価格になった。そして、おそらく最も重要なことだと思われるが、施肥しやすいので、施肥にかかる時間を大幅に短縮できたのだ。その結果、一九三〇年代の中頃までには化学肥料は急速に普及し、一九四〇年までには、硝酸肥料とリン酸肥料の七〇%が工場で生産されるようになった。[*107]

しかし、化学肥料の普及は、新しい環境問題をもたらした。工場では原料を水に溶けて植物がすぐに利用することができる炭酸カリウム、リン酸塩、硝酸塩の形に加工するのだが、水に溶けやすいということは近隣の低地や河川の中に分散しやすいので、生態系に深刻な影響を及ぼす可能性があった。

肥料による変化よりも見た目に明らかなのは新しい農機具の利用だろう。次ページの表が示しているように、一九二〇年代から三〇年代にはこうした農機具の利用が急増し、生産性は着実に向上していった。

しかし、こうした農機具が普及することは、それを生産、販売、維持する工場や関連施設が増えることを意味し、こうした施設は野生生物の生息地を奪っただけでなく、様々な環境汚染物質を生み出した。さらに、こうした農機具はほとんどが、汚染物質を排出する精製所で生産されたガソリンを燃料として使用し、燃焼すれば有毒な排気ガスを大気中に放出した。一方、ガソリンではなく、電気を使う農機具もあったが、電気は緑豊かな山間の谷を生物にとってあまり価値のない貯水池に変えた発電所で生産されたものである。

そして、農機具ほどは目立たないが、注目すべきは農業でも利用価値の高いセメントがコンクリートに使用されるようになったことである。セメントは主に都市の建造物に使われていたが、堤防、灌漑用水の取水口、ダム、運河などの河川構造物にも使われるようになった。一九二〇年代から三〇年代に、都市近郊ではセメント工場が有毒な粉塵

1920～42年の農機具の利用件数*[108]

年	電動機	ガソリンエンジン	動力耕耘機	灌漑ポンプ	動力脱穀機	動力籾摺り機
1920	683	1,785	–	–	–	–
1927	11,603	39,406	–	17,413	29,820	–
1931	28,306	63,459	98	26,940	55,954	88,637
1937	66,718	125,583	537	44,189	128,620	117,738
1942	144,649	316,544	7,436	92,512	357,129	204,548

をまき散らし、周辺の植生が枯れたり、人々に健康被害をもたらしたりしたので、激しい抗議運動が起きた。しかし、セメントの利用は護岸など河川管理に大きな効果を発揮したので、農民は予期せぬ洪水で作物が失われる心配がなくなり、河川沿いの低地を最大限に活用することができるようになった。

季節的な洪水を食い止められるコンクリート建造物は、幅が広く、直線的で、極めて「不自然」な河床を生み出したので、一年の大半は生物がほとんど何も存在できないだけでなく、美観も著しく損ねた。環境的にもっと問題なのは、こうした河川の直線化は日本の河川の下流域によくみられる湿地を形成する自然な氾濫原を減少させ、その結果、在来の生態系を貧弱なものにしてしまったことだ。

要するに、産業化時代の農業は人間の支配を低地から山地へ広げ、いうまでもないが、その過程で生き残っていた生態系を犠牲にした。山地の生態系の破壊は林業の発展によってさらに拍車がかかった。

林業

帝国主義時代の日本の森林と林業は、農業に勝るとも劣らないすさまじく複雑な変化を経験した。こうした変化は木材需要の急増と森林管理法の変更（「使用権」から「土地の所有」への変更）によって、一八七〇年頃に生じ始めた。このとき、引き起こされた木材の乱伐は、木材に対する活発な需要と新しい伐採技術の登場によって、その後も数十年間続いた。

この根強い需要は、輸入が増えると遅まきながらも多少は緩和されることになった。しかし、需要の大部分は、依然として国内の木材で賄われていたので、乱伐は後を絶たず、森林の荒廃は急速に進んだ。一方、こうした状況が森林再生の長期計画の実施に拍車をかけ、一九二〇年代から三〇年代までには荒廃した山林は元に戻り始めていた。

こうした問題を検証してみる前に、森林の基本的な地理をもう一度確認しておこう。木材の伐採に決定的な影響を及ぼしたからだ。森林は一般に「山林」とか「原野」と呼ばれ、低地ではなく、山地に分布し、国土の八〇％余りを覆っていた。健全な山林は良質の木材になる立木から成ると考えられており、たいていは近くの集落から歩いていかれる便利な場所ではなく、基盤岩でできた急峻な山腹にあった。一方、健全な原野は多様な草本や低木から成り、主に農地のある平野に隣接した段丘や集落近くの低い丘陵地にみられた。乱伐で裸になり、浸食や乾燥化が進んで荒れ地になってしまった山林は「禿山」として知られていた。

ここでは、こうした林地の状況を土地の管理方式、関連技術の発展、乱伐の影響、再生過程の四つの視点から検証してみよう。

1　森林管理

一八七〇年代の初めに新政府は、古めかしい土地の利用権の慣例を「近代的な」所有権の原則に切り替えた。この政策は農地では一〇年も経たずに簡単に履行することができたが、林地では境界、したがって所有権の確定作業は困難を極めた。山林が膨大な数に上っただけでなく、そのほとんどが急峻な山腹にあった上、それまでに満足な測量が行なわれたことがなかったからだ。

しかも、ただでさえ困難な作業が、民衆の怒りや根強い抵抗、妨害行為でさらに困難になった。その結果、政策の施行は遅々として進まず、半世紀もかかった。しかし、一九二〇年代までには林地の測量はほぼ完了し、争議はほとんどが解決したり、棚上げにされたりした。

林地はその当時、二四万平方キロメートルあった。そのうちの三七％が「国有林（国と皇室の所有林）」、四四％が「私有林」、そして一八％が地域の共有林だった。[*109] 山林はほとんどが国の所有地で、原野はほとんどが共有地や私有地だった。

このように森林のタイプが二分されていたことは、農村と国（政府）の需要が異なっていたことを反映していた。農村社会は果樹園や放牧地や牧草地、畑作など様々に利用できる原野を必要とした。原野の植生はイネ科や広葉の草本、ササ藪やナラ、カシなどの雑木林だったので、農家の様々な需要（とりわけ飼料や肥料の原料）を満たしていた。

一方、政府は山林の大きな木材を必要としていた。そして、乱伐のために下流域で前例のない被害がでるようになると、政府は急峻な山腹の管理に着手して、洪水防止と持続的な森林再生ができるような計画の基礎を築き始めた。

2　木材の伐採技術

新しい技術のおかげで、木材の伐採や輸送、加工作業が格段に速くなった。新技術が導入されたのは、木を切り倒して材木の長さに切りそろえるために横挽き鋸の使用が許可された一八六八年だった。こうしたノコギリは一六〇〇年頃に使われていたが、静かにすばやく木を切り倒すことができるので、江戸時代には木材窃盗を防ぐために禁止されていたのだ。

一八七〇年頃に製材所が日本に紹介され、水力を利用した製材所が都市近郊や伐採地の麓に建設されるようになった。製材所の出現によって、木材の加工速度が劇的に上がっただけでなく、伐採地の近くで製材がすむので、その後の木材の輸送が容易になった。一九一〇年以降は製材所で電灯が使えるようになったので、特に日の短い冬期にも作業時間を長く取れるようになった。一九一〇年までには、

製材所で年間に加工される木材は八〇〇万から一〇〇〇万メートルに上っていた。[*110]

さらに、一八八六年にはパルプ工場も建設された。これまで和紙は様々な繊維質の素材で作られていたが、木質部が使われることはほとんどなかった。しかし、それ以降はパルプ材が製紙の原料として急速に使用されるようになり、山林に新たに大きな負担がかかった。例えば、一九一三年にはパルプ材の生産量は年間八万トンに上り、その後も増加の一途をたどった。[*111] パルプ材工場は上流の森林を消費しただけでなく、下流域の最大の汚染源にもなった。

一九〇七年に最初の合板工場が操業を開始した。この工場も木材の新しい使い道を作り出したので、森林に負担をかけた。さらに、パルプ材も合板も低品質の木材や小さな木が利用できるので、下流域に深刻な影響をもたらすことがわかっていたにもかかわらず、皆伐に拍車がかかった。

技術の進歩がみられたもう一つの主要な分野は、木材の輸送だった。しかし、この分野の進歩はゆっくりだった。強力な利益集団を脅かしたからだ。[*112] 江戸時代には木材は河川や海を利用して伐採地から市場へ運ばれていたが、この運搬には木こり、丸太を引く人、架台や急流落としを扱う人、筏師、船頭などの熟練者集団が関わっていた。一八七〇年代に鉄道の建設が始まると、こうした専門家集団は水運より鉄道の方が木材を速く、安く運べるので、自分たち

は仕事を奪われ、路頭に迷うことになるだろうと気づいた。

その結果、山地の鉄道敷設に対して組織的な抵抗を行なったので、鉄道が水運に取って代わり始めたのは、一九〇〇年以降だった。しかし、鉄道が木材の輸送手段になると、民間も政府も山地で森林鉄道やケーブルカーの建設を急ピッチで始めた。

時代が下るにつれて、製材所やその他の施設の規模と数は増大の一途をたどると共に、水力は蒸気エンジンに取って代わられ、蒸気エンジンは一九三〇年代までにはガソリンエンジンに変わった。その頃までには、伐採地から鉄道まで木材を乗せたそりを牽引する無限軌道式トラクターが輸入されていた。一九四〇年までには、伐採された木材を搬出して加工する技術はすっかり変わってしまい、伐採効率が飛躍的に向上した。

3　森林乱伐の影響

社会的圧力、木材製品に対する需要の増大や多様化、木材の搬出や加工の時間を短縮する技術といった要因の変化する組み合わせのおかげで、日本の山林は一九一〇年に至る数十年の間にひどい乱伐を経験した。その結果、北海道から九州まで、日本全国で木材不足が深刻化し、険しい山地で木材伐採を行なう必要性が高まると共に、土壌の浸食や下流域の被害が増大する一方で、木材製品の価格が右肩上がりに上昇した。*[113]

こうした状況によって、木材の輸入と山林の再生計画の策定が促されたのだ。一方、原野も荒廃したが、その後、しだいに復活した。

木材輸入の拡大は、木材に対する国内の高い需要と政府の領土拡張政策の成功によるものだった。地形的にみると、北海道の低地に広がっていた広大な原生林は収奪目的の新しい「植民地」とされた。厳密な法律用語でいえば、木材の最も重要な輸入源は、日本がロシア帝国から一九〇五年に獲得した樺太だった。

日本にとって、樺太は用途が広いモミやトウヒ類（エゾマツやトドマツ）の原生林の新しい供給源となった。特に一九二〇年代から三〇年代には、他の植民地や外国（主に北米）からも国内消費量の一〇％を超える木材が輸入されていたが、樺太からの輸入量は二〇％近かったのだ。*[114]しかし、第二次世界大戦で貿易が縮小し、貨物船が徴用されるようになると、木材の輸入はほとんど途絶えてしまった。そして、戦争が長引くと、木材需要は過熱した。戦時の需要を満たすために都市公園の樹木まで切り倒された。山林も全国で乱伐され、爆撃によって破壊された都市再建の槌音が響いた一九五〇年頃まで続いた。

一九四〇年以前の木材輸入の最盛期でさえも、輸入材は国内需要のせいぜい三分の一を満たしたに過ぎず、需要の大部分は国内の山林で賄われていた。そして、前述した新しい技術の導入は、これから述べる森林の再生事業と同じように、こうした林地に影響を及ぼしていた。

一方、原野に影響を及ぼしていたのは、前述した一八九〇年代以降の数十年に生じた変化だった。茶やクワ、リンゴの栽培、牧草地などが原野や林縁を徐々に侵食していったのだ。さらに、肥料の需要が高まったので、原野から植物性肥料の収奪が盛んに行なわれた。

しかし、一九二〇年代には施肥の手間が大幅に省けることから、輸入肥料（グアノ、魚粉、大豆粉）が植物性肥料に取って代わり始めた。その後、一九三〇年代に化学肥料が工場で生産されるようになると、原野の収奪圧力はさらに緩和された。一方、石炭やガソリンによって薪に対する需要も減少していった。その結果、原野は徐々に回復していったが、一九四〇年頃になると、戦時の物不足のために、食料や燃料、肥料の足しになるものは何でも原野から再び収奪され始めた。

4　森林の再生

第6章で述べたように、森林再生のための育成林業は農書の中にみられる「実学」として江戸時代に発展していたが、一八七〇年以降にヨーロッパで発展していた「科学的」林業からお墨付きをもらった。政府の林務官によって、山

林を中心に行なわれた「近代的」森林再生事業は、一八九〇年代に成果が表れ始めた。

それまでには、村人との争議が絶えなかったにもかかわらず、林地の測量は進捗をみていたので、政府は国有林の総合管理計画の策定に着手した。その計画には、育苗や植林とその維持管理の指針、林道、森林鉄道、治水ダムなどの建設、河川管理事業、木材伐採などの規制が盛り込まれていた。専門の林務官を養成して、監督にあたらせ、一九一〇年代以降は、日本の森林はこうした森林再生計画によって徐々に回復していった。

森林再生といっても、管理すべき森林の規模が広大だったので、その事業の多くは、自然の回復力や選択的な維持管理に頼って、混交林を再生させる方法に引き続き依存せざるを得なかった。しかし、時が経つにつれて、林地には需要の多い樹種（主にスギやヒノキ）が植えられるようになった。特定の樹種の苗木を植林して維持管理を行なったので、山林は多様な樹種や樹齢で構成された森林から、樹齢の揃った単一樹種のものに変わっていった。

こうした「不自然な」植林は生物の多様性を損なうものではあったが、森林そのものはおおむね回復に向かい、下流域の被害も減少し、一九三〇年代の後半までには、下流域に新たな問題をもたらさずに、木材の収量を増すことができるようになっていた。しかし、その後は、いうまでも

東北地方東部の低地の縁に広がる植林地（1955 年）

ないが、戦時中と終戦後の乱伐によって、国中の山林が荒廃してしまった。ただ、森林再生事業の効果はすでに明らかにされていたので、一九五〇年以降は日本は森林の再生と変化の複雑な新時代に入った。

まとめ

一八九〇年から一九四〇年は、日本にとって、これまでにない急激な変化が未曾有の規模で起きた時代だった。人口の増加率と規模、社会の複雑さ、人の移動性と都市への移住の規模、技術の多様化の規模と影響のどれ一つ取ってもいえる現象である。

農村と都市のバランスの点では、一九四〇年まではまだ「道半ば」だったが、集約農業の時代から産業社会の時代へ明らかに移行していた。その他の産業時代のエネルギー源とそれを利用できる技術だけでなく、化石燃料に対する依存度も高まっていた。そして、国内の資源基盤から地球規模の資源基盤を利用するようになっていた。

領土拡張政策は欧米など「列強国」に対抗して、海外の資源基盤を確保する手段としてとられたものだが、結局は甚大な犠牲を払って失敗に終わった。しかし、そのときまでには日本はこの戦略のせいで、国際社会に組み込まれてしまった。

これだけの規模と急激な変化が環境に大きな影響を及ぼしたとしても驚くにはあたらない。最も著しい影響は、ほぼ森林に覆われ、豊かな生物相を育んでいた北海道が他の主要三島に倣った場所に変わってしまったことである。こうして、低地は人間に占有され、在来の生態系は山地で命脈を保つことになったのだ。

一九三〇年代までには、日本列島全体が、山地の生物群系を含めて、集約的な大規模伐採と植林によって大幅に改変されてしまった。種子の自然分散により成り立っていた混交林が、同齢で単一種の針葉樹林になったのだ。低地は昔と同様に、人間に利用されていたが、その集約度は例のないレベルに達していた。農作物の反当たりの収量はかつてないほど増加し、その種類も多様化した。しかし、そのおかげで、激増した稠密な都市人口を支えることができたのだ。

こうした急激な発展と変化をもたらしたのは産業技術だったが、一方で、陸上の生物相に被害を及ぼした汚染物質やその他の副産物を生み出した。特に、河川の生物群系と沿岸の塩水生物群系に大きな変化をもたらし、多様性と活力が著しく失われた。沿岸漁業の衰退により、遠洋漁業の機運が醸成され、地球規模の資源基盤に対する依存を強める要因にもなった。

工業技術の普及は国内の環境だけでなく、地球規模の資源基盤にも影響を及ぼしたことは心に留めておく必要があるだろう。遠洋漁業が操業海域に及ぼした影響も検証すべきだが、本書の研究対象は日本列島なので、ここでは触れていない。同様に、海外の陸上資源から得られた物資の消費も日本の資源と同じような影響を与えていたが、本書の目的から大幅に逸脱するので、ここでは割愛した。

第8章 資本家中心の産業社会

——一九四五年〜現代

一九四五年の敗戦で、政治・軍事の国際舞台で大役を演じた日本の短い経験は終わりを告げた。しかし、それに続く数十年間の急速な経済の復興と成長によって、今度は経済の国際舞台で日本は脚光を浴びる存在になった。「政治・軍事」と「経済」という言葉が示しているように、一九四〇年代に日本が経験した歴史の大転換で、国内の権力構造の再構築も起きた。一九四五年以前は政界の支配層が産業界の支配層を支配していたが、敗戦後は、後者が外交政策と内政に大きな影響力を持つようになり、前者は経済的成功を利用して、国の内外における自らの威信を取り戻して維持することを図った。

戦後の数十年間に日本は世界経済で存在感を著しく増したので、一九八〇年代までの経済の急成長期と一九九〇年以降の急な減速期の日本社会の有様は、外国語、特に英語で発表された研究の大きな関心を引いた。[*1] ここでは、こうした豊富な研究の環境に関する文献に重点を置かなければならない。

人間の歴史を「俯瞰」すると、この時期の状況は前期と後期の農耕時代の「成長と停滞」のパターンを彷彿させる。前期と後期の農耕時代には、（歴史的記録から推測できるのだが、少なくとも支配層に関しては）人口の増加と社会経済の発展が数世紀にわたり続いた時代が、人口の停滞や減少と社会的なストレスの増大と順応の時代に取って代わ

られた。

ところで、より広い環境の観点からみると、人間に関する諸事は相変わらず列島の特性によって決定されていた。さらに、産業の発展によって様々な方法で人間に有害な汚染物質が生み出され続けた。ここでの究極の目的は、日本の社会の活動が国内の生態系（つまり国内の資源基盤）や国外の生態系（地球規模の資源基盤）に及ぼした影響を理解することである。しかし、日本が世界の生態系に及ぼした影響は他の工業国が与えた影響と複雑に絡み合っているので、おおまかな一般論をいくつか述べることしかできない。

「はじめに」で述べたように、生態系に与える人間の影響を決める主要な要因は、人口密度、一人当たりの物質消費量、そうした物質の供給に用いられる科学技術である。こうした要因によって次のような物事が影響を受ける。①「人工的空間量」（農業、建築物、高速道路、ゴルフ場、廃棄物処理場などに転換される空間の量）、②再生可能な資源（森林や漁業など）や、再生不能な資源（化石燃料や金属鉱石など）の残存量、③生態系が受ける被害の度合い（土壌や脆弱な種に様々な被害を与え、また他の種の繁殖を過剰に促すことによる持続可能な生態系のバランスの崩壊、気候変動による生物相の破壊、生物の活力を損なう可能性がある分散した建造物、高エネルギー伝送施設の建設、汚

染物質の排出など）である。

そこで、まず初めに一九四五年以降の社会経済史を概観し、その後で、環境に関連した問題（人口や物質消費、技術革新の動向）を少し詳しくみてみよう。こうした問題は鉱業、製造業、漁業、農業、林業に関わっているからだ。

社会経済史の概要

この数十年の歴史は一般的に三つの時期に分けられているが、それは理に適っている。[2] すなわち、日本が敗戦から復興して世界経済の活動に復帰した一九四五年から五五年の時期、日本が世界経済に残した足跡が最も顕著になると共に、国内の物質消費がかつてない規模に達した一方で、産業の発展と汚染の悪影響が最も明らかになった一九五五年から八五年の経済の高度成長期、経済の成長が著しく鈍り、歴史的「停滞期」に入った兆しが明白になった一九八五年から現在までの時期である。

復興期（一九四五〜五五年）

一九四五年から五五年は特に指導組織と政策に関して、終戦後の二年から三年は公衆衛生に関しての混乱と困難が、

最も注目に値すると思われる。一方、戦後のこの時期は一九五五年以降の数十年間よりも、社会経済的変化の規模と社会福祉の向上の点で、際立った特徴がいくつかあった。

1　戦後の復興と混乱

いうまでもないが、一九四五年から五五年の復興の規模は一九四四年から四五年の国難の規模に根ざしている。例えば、一九四七年から五二年の工業総生産は年に三〇％近く増加し、一九五〇年代を通じて急成長が続いた。[3] しかし、こうした経済成長は、一九五五年までに総生産と一般大衆の生活水準を戦前の状態に回復させたに過ぎなかった。

それでも、その成果は満足いくものだったようで、マスコミは戦後初めての公式の高度成長を、神話上の建国者にちなんで「神武景気」（特に一九五六年の夏から五七年の春）と呼んだ。[4] 日本が復活したのだ！

その喜びには裏付けがないわけではなかった。一九四五年以降の復興は経済の回復だけでなく、結核に限らず死亡率全般の低下、平均寿命が延びたこと、ベビーブームとそれに伴う人口の急増にも表れていた。

しかし、後から考えると業績と思えることも、その当時は気づかれていなかった。敗戦後の余波で、政治の混乱の方がはるかに目立っていたからだ。いうまでもないが、軍部とその政策は信用を失い、独裁的な権力と強い発言力と

政策を持った占領軍（主にアメリカ）の権威に取って代わられただけでなく、政党政治家と多くの省庁の官僚は未知の領域に直面していた。財閥は非難を受けて解体され、特に労働組合のような新しい勢力がかつてない影響力を持ち始めた。

帝国は夢と潰えて、商船船団は海の藻屑と化し、産業は壊滅状態にあった日本の指導者が直面した問題は、瓦礫と化した都市とインフラを再建し、江戸時代の二倍を超える人口を支えるために、最低限の生活必需品を確保する政策を実施することだった。どのような政策をとればよいか、本当のところは誰にもわからなかったが、降伏する前から様々な集団によって政策（互いに相容れないものも多かったが）の策定作業が始められており、一九四五年から五〇年の間に、政策のうちいくつかは実施され、功を奏したものもあった。[*5]

政策の策定が困難を伴ったのは折り合いがつかない事実が二つあったからだ。一つは、人口の規模を考えると、残っている都市の産業施設だけでは、国民の様々な需要を満たすのはいうまでもなく、最低限の生活必需品さえ確保できないことだった。したがって、大日本帝国に代わって地球規模の資源基盤を確保できる機構が必要だったのだ。

もう一つは、（さらに切実なことに）帝国が消滅して、輸出先の市場が失われた上に、輸入品の支払いをするための製品を生産することも、輸送することもできなくなったために、少なくとも短期的には、たとえ不十分でも、国内の資源基盤に依存せざるを得なくなったことである。

こうした基本的な矛盾があったので、政策を策定する政府は当面の基本的な問題を優先した。そこで、終戦直後は国内のエネルギー源を最大限に活かす政策がとられたが、そのエネルギーとは人間活動を維持するものと産業機械を動かす燃料だった。

2 エネルギー政策

人間の活動には十分な食料の供給が何にもまして必要だが、日本ではその九〇％が農業で、残りの一〇％が漁業で賄われていた。一九四五年から四六年の深刻な食料不足は海外からの救援物資で緩和され、その後は農業の生産高と漁業の漁獲高が増大した。一九五〇年までには農業は一九三〇年代中頃の生産高に回復し、一九五二年までにはそれを超えて、一九四五年の最低生産高を八五％あまり上回った。[*6] 一方、漁業も農業に続いて回復し、一九五〇年代の初めには戦前の漁獲高に達した。その後も、漁獲高は輸入の増加やその他の要因で減少に転じるまでの三〇年ほどの間は増加の一途をたどった。

戦後に農業生産を増大させることは容易ではなかった。耕作可能な土地がほとんど残っていなかったからだが、さらに、輸入肥料や魚粉肥料の入手が困難になっただけではなく、手近な森が乱伐されてしまっていたので、植物性肥料もほとんど手に入らなかったからだ。そこで、政府は化学肥料の生産量と使用量を増加させると共に、肥料の輸入を促進させることで、農業生産高の最大化を図った。こうした重点主義的な政策のおかげで、カリ肥料と窒素肥料は一九四九年までに、リン酸肥料は一九五〇年に戦前の使用量まで回復した。[*7]

しかし、一九四五年以降に人口が急増したために、一九三〇年代の生産高に回復しただけでは、足りなかった。その結果、食料の輸入は欠かせない状態が続いたどころか、価格、量、総消費量に占める割合は増大した。例えば、輸入された食料の量は一九五〇年には国民一人当たりの年間消費量の八%だったが、一九五五年までには一〇%を超えるようになった。[*8] 国内の生産量が増加したので、こうした輸入食料で増加する人口を十分に養えたが、そのことは国内の資源基盤が不十分なことを再認識させることにもなった。

産業の動力としてのエネルギー問題でも、政府は難しい選択に直面していた。山林はすでに乱伐されて木材は残っていなかったが、木材はどのみち産業の燃料としてはほとんど役に立たなかったので、選択肢には入らなかった。

さらに、知られていた石油田は大したものではなかった。一九五〇年代に行なわれた調査の結果（一時は楽観視されたが）、日本海沿岸の大陸棚に集中している国内の石油と天然ガスの埋蔵量は非常に限られたものだということがわかった。それから数年のうちに、原子力が長期的解決策として浮上するが、莫大な投資と海外のウラニウムが必要になるだけでなく、広島と長崎ではまだ放射能汚染が完全には取り除かれていなかったので、当時は現実的な選択肢ではなかった。

戦後、電力生産は急速に回復したので、いうまでもないが、電力は使用されていた（表8－1）。既存の設備の発電量を最大にすると共に、新たに発電所を建設して、発電量は一九五〇年までには一九四五年の二倍に達し、戦前を超えたが、一九五五年までには一九四五年の三倍近くまで増大した。[*9]

しかし、「国内」のエネルギー源として、電気には基本的問題があった。水力発電の推進派は日本が発電に利用できる急流に恵まれている点を力説していたが、一九五五年までに行なわれた綿密な調査の結果、最も最適な場所にはすでに水力発電所が建設されていることがわかったのだ。水力発電所を新設するためには、広大な農地を犠牲にするか、または山奥の河川をせき止めるかしかなかったが、こうした人里から遠く離れた山間の河川は近づきにくいだけでなく、建設費用がかさむ上に、水量の季節的な変動も激

表8－1　電力生産の推移（1930～2005年、単位：100万kW時）

年	総計	水力	火力	原子力
1930	15,773	13,431	2,346	–
1940	34,566	24,233	10,331	–
1945	21,900	20,752	1,148	–
1950	46,266	37,784	8,482	–
1955	65,248	48,509	16,739	–
1960	115,497	58,481	57,017	–
1965	190,250	75,201	115,024	25
1975	475,794	85,906	364,616	25,125
1985	671,952	87,948	423,164	159,578
1995	989,880	91,216	604,206	291,254
2005	1,157,112	86,350	761,826	304,755

出典：JSY、1961年、189～190頁、表94、95. JSY、1976年、277～278頁、表146、148. JSY、1985年、348～349頁、表7－1、7－3. JSY、2009年、346頁、表10－3.

しかった。

その結果、水力発電所ではなく、火力発電所が建設されることになった。一九五〇年代に火力発電所の建設が進められ、ほとんどの発電所で国内の石炭が利用された。しかし、石炭はじきに輸入された石油に取って代わられることになる。一九四七年以前は、石油の輸入量は微々たるものだったが、一九五〇年代の初めに六倍に増加し、一九五五年までには年間八五〇万キロリットルに達していた。戦前の最盛期の四倍に相当する量である。[*10] 結局は、電力消費量が増加して、日本のエネルギー自給率を高めるどころか、地球規模の資源基盤の必要性を裏付けただけであった。

国内の石油も輸入する大量の石油の支払いに充てる輸出品のどちらも不足していたので、戦後の政府は主要なエネルギー源を国内の石炭（ほとんどが瀝青炭）に求めざるを得なかった。しかし、第7章で述べたように、一九四五年までには炭鉱は乱開発されていた上に、石炭層は比較的に薄く、掘り出し面は長い坑道の奥にあり、しかも、その多くが沿岸の海面下にあった。その結果、採炭は大きな危険を伴っただけでなく、効率も極めて悪かったが、石炭は技術と財源があれば、大幅に増産が見込める国内の唯一のエネルギー源と思われた。

そこで、政府は主に鉄鋼の増産を図るために、石炭の生産を増やす措置を講じた。鉄鋼は産業の再建や食料の増産をもたらす農業機械の製造だけでなく、石油やその他の原料を輸入する財源を生み出す輸出品の生産にとってもなくてはならないものだったからだ。そして、この政策はある程度の成功を収めた。一九四六年の石炭の産出量は一九三〇年代後半の産出量の半分をはるかに下回っていたが、一九五五年までには倍に増えて、四二〇〇万トンになった。[*11]石炭の産出量に加え、鉄鋼やその他の生産量も増加したことによって、一九五五年までには鉱業や製造業の生産量が五倍以上に伸び、一九四五年以前の最盛期近くまで回復した。[*12]

3 復興の物語

日本は一九五五年までには国民を養い、経済を再建するに足る国内の資源基盤を再生して拡大することができた。しかし、このように目覚ましい復興を遂げたが、一九五〇年代後半にようやく苦労が報われるまでは、いばらの道だった。

一九四五年から四七年の間は、食料やその他の様々な生活必需品の不足、猛烈なインフレ、社会的大混乱に見舞われたが、国民は救援物資、狩猟採集、需要に応じてあちこちに生まれた闇市などで何とか切り抜けることができた。爆撃跡が埋められ、残骸が取り除かれて、都市の食料の供給機構が回復し、一九四八年の秋までに、都市に広くみられた栄養不良の問題はなくなった。セメントの生産が回復して（一九四六年から四九年の間に生産量は三倍以上に伸びた）、飾り気のないコンクリートの建物の建設が進み、都市住民の住居やオフィスとして、バラック（掘っ立て小屋）やその他の施設に取って代わった。鉄道や他のインフラもしだいに回復し、人々は都市に戻り始めた。

一九四七年以降、アメリカとソ連の間で「冷戦」の緊張が高まると、アメリカの対日政策が根本的に変わった。アメリカは新しい世界戦略の中で、日本を単純に罰して矯正すべき邪悪な敵ではなく、重要な同盟国とみなすようになったのである。この変化で、発展的な経済計画や貿易の急速な拡大（石油と機械の輸入増加）、産業の幅広い分野の急速な発展が促された。

それから、一九五〇年夏に朝鮮戦争が勃発して、日本の製品やサービスに対するアメリカ軍の需要が急に高まり、経済が発展し始めた。例えば、一九四九年と一九五三年の間に日本の「輸出」は二倍以上に増えたが、そのほとんどはアメリカ軍の「特需」と日本に駐留するアメリカ兵の個人消費によるものだった。[*13]

必要な外貨が新たに獲得できたので、原油の輸入が急増し、産業の回復に弾みをつけた。「朝鮮戦争の特需」のおかげで、商売は活況を呈し、「皮革、ゴム、繊維、鉄鋼、トラック、セメント、木材は軒並み売り上げを伸ばした」。[*14]

いうまでもないが、朝鮮戦争の特需はその場しのぎに過ぎず、長期的問題はまだ解決されていなかった。一九五二年四月二八日にサンフランシスコ講和条約が発効したことで、連合国の日本占領が終わり、日本は正式に自治権を取り戻したが、肝心な問題はまだ残っていた。つまり、自給率を最大化して、徐々に回復しつつある地球規模の資源基盤からの継続的な輸入を賄う財源をもたらす長期的な輸出を生み出すことだった。

要するに、一九五五年までには日本の社会は戦前の経済と社会福祉の水準まで回復していただけでなく、国の将来を国内資源に置こうという戦後の試みを放棄して、地球規模の資源基盤に依存する戦前の方針に回帰しつつあった。もっとも、戦前の資源基盤は一九世紀の欧米流の帝国主義に基づいていたが、戦後の資源基盤は産業資本家の活動の上に築かれていた。

経済の高度成長期（一九五五〜八五年）

一九五五年から一九八〇年代後半まで経済成長が続いたが、注目に値するのは、その驚異的な成長率と、利益が少数の特権階級ではなく、一般社会全体にもたらされたことである。実際、この時期は「成長は善である」という価値観を象徴するシンボルとなった。

しかし、その頃でもすべてがうまくいったわけではない。一つには、国民の消費が増加するにつれて、国内の資源基盤が不足し始めたからだ。人間のエネルギーになる食料も産業用のエネルギーも、その生産には輸入品に助けてもらう必要が増大したのだ。日本は必要な地球規模の資源基盤を回復するのに驚異的な成功を収めたが、一方、そうした資源基盤の不安定さに気づかされるできごとに遭遇して肝を冷やしてもきた。

もっと深刻な問題は、この成長期の驚異的な産業の発展で汚染問題が頻発したことである。こうした汚染によって、漁民や農民、工場の従業員など、様々な人々だけでなく、沿岸の生物群系に取り返しのつかない甚大な被害がもたらされたのだ。

経済の活力そのものが、一九八八年から八九年に大スキャンダルと金融崩壊をもたらすことになった支配層の腐敗と投機を醸成した。その結果、経済の高度成長は終焉を迎え、日本は社会経済の低迷期に入り、二〇一〇年以降も続いている。しかし、資源基盤と経済界による権力の濫用の問題に入る前に、社会経済の急激な発展を先にみてみよう。

1　経済の活力

日本の国内の資源基盤は不十分だとわかってきたので、産業生産は二つの重要な役目を果たす必要に迫られた。地

表8－2　外国貿易量（1948～2004年、単位：1,000トン）

年	輸出	輸入	年	輸出	輸入
1948	1,837	7,378	1980	83,853	612,992
1950	3,130	10,503	1985	94,307	603,684
1955	7,712	36,713	1990	85,062	712,494
1960	14,039	89,540	1995	116,636	771,892
1965	22,758	198,684	2000	131,482	808,168
1970	42,008	435,924	2004	177,764	830,166
1975	70,209	549,547			

出典：1948～55年はJSY、1961年、239頁、表136．1960～1980年はJSY、1985年、352頁、表10－11．1985～2005年はJSY、2007年、470頁、表15－10.

球規模資源基盤から輸入する物資の支払いをするために輸出品を生産するだけでなく、人口が増加し、物質的なニーズが増大したために国内需要が急増したので、それを満たすための物資とサービスを提供する必要もでてきた。その結果、製造業は海外の需要が伸びている品目について、高品質の製品を国の内外を問わず、競争力のある価格で生産しなくてはならなかったが、そのためには、生産の効率化を図るだけでなく、最新技術の習得や開発を行なうことが必要になった。[*15]

その苦労は十分に報われた。表8－2が示しているように、一九五五年の総輸出量は八〇〇万トンに満たなかったが、一九八五年には九四〇〇万トンを上回った。こうした輸出品には需要の高い消費財（家電製品、楽器、自動車など）と共に、工業用品（化学薬品、電動機械、精密機器など）が含まれ、売り上げは増加の一途をたどった。その結果、拡大する生産を支えていた輸入品（食料品、化石燃料、金属鉱石、木材など）の支払いに充てることができた。

当初は輸入品の支払いを輸出で賄うことができなかった。例えば、一九五五年は輸入が八九〇〇億円だったのに対して、輸出は七二四〇億円だった。しかし、一九六五年までには貿易収支は改善し、一九八〇年以降は一〇％から二〇％の貿易黒字が続いた。[*16]

こうした貿易黒字に支えられて、産業生産、特に消費財

表8－3　日本の人口（1895～2008年、単位：1,000人）

1895	41,557	1935	69,254	1965	99,209	2000	126,926
1905	46,620	1945	72,147	1975	111,940	2004	127,787
1915	52,752	1950	84,115	1985	121,049	2005	127,757
1925	59,737	1955	89,276	1990	123,611	2008	127,692

出典：JSY、2010年、34～35頁、表2－1.

表8－4　住居の広さ（1958～2008年）

年	A 1軒の部屋数	B 1軒の床面積(㎡)	C 部屋当たりの人数	D* 1人当たりの床面積(㎡)
1958	3.60	－	－	－
1963	3.82	72.52	1.16	16.37
1982	4.73	85.92	0.71	25.27
2003	4.77	94.85	0.56	35.52
2008	4.68	94.34	0.54	37.33

*D列はB列をA×Cで割った値。
出典：JSY、1985年、518頁、表15－4．JSY、2010年、577頁、表18－1.

の生産が一九五五年から八五年の間に一二倍に増加した。[*17]人口の方は、この三〇年間に八九三〇万人から一億二一〇〇万人に増加しただけなので（表8－3）、この消費財の伸びによって、国民一人当たりの消費が著しく拡大したことになる。

国民の生活水準が向上したことは健康の増進や寿命が伸びたことだけでなく、他の様々な指標（住環境の向上、消費財の消費や余暇活動の増加など）にも表れている（表8－4、8－5、8－6）。極端な例だが、表8－7が示しているように、一九五五年には一六万七〇〇〇台だった自家用車が一九八五年には二五八五万台になった。[*18]しかし、こうした華々しい物質的成功の陰には、憂慮すべき事態も起きていた。

2　当時の問題

ここで論じておかなければならない憂慮すべき問題は二つある。一つは、日本が予測しがたい地球規模資源基盤の変動の影響を受けやすくなったことで、もう一つは、経済の急成長によって経済界による権力の濫用に拍車がかかったことである。さらに、経済成長に伴って、労働者の怪我や病気、環境汚染というもっと由々しい問題も発生していた。

表8－5　住宅の畳数（1950～2008年、1人当たり）

1950	3.7	1980	8.4	1998	11.24
1955	3.8	1983	8.55	2003	12.17
1960	4.3	1988	9.55	2008	12.87
1970	6.1	1993	10.41		

出典：1950～80年はJSY、1985年、512頁、表15－1.
1983～2003年はJSY、2010年、579頁、表18－1.

表8－6　家財（1964～2004年、1,000軒当たり）

年	ベッド	エアコン	カメラ	車	洗濯機	洋服ダンス
1964	211	23	799	68	786	970
1979	759	643	1,238	670	1,054	1,480
2004	1,228	2,347	1,401	1,446	1,086	1,622

出典：JSY、1985年、544～545頁、表15－27.　JSY、2007年、620頁 、表19－11.

表8－7　登録自動車数と年間走行距離（1952～2008年）

年	自家用車 (単位：1,000台)	走行距離 (単位：100万km)	トラック (単位：1,000台)	トラック走行距離 (単位：100万km)
1952	90	1,766	419	4,034
1955	167	4,137	693	6,764
1960	441	8,725	1,322	17,445
1970	6,777	120,582	5,460	100,040
1985	25,848	275,557	8,306	146,533
1995	39,103	649,646	8,858	267,128
2004	42,776	698,232	7,280	248,728
2005	42,747	685,996	7,160	242,091
2006	42,229	677,354	7,014	241,849
2008	40,799	–	6,568	–

出典：JSY、1961年、215～216頁、表114、表115.　JSY、1985年、302頁、304頁、表8－5、表8－7.
JSY、2007年、386頁、388頁、表12－5、表12－7.　JSY、2010年、390頁、392頁、表12－5、表12－7.

●資源の問題

国外の資源が当てにならないことは日本にとって憂慮すべき問題だった。日本は必要なエネルギーのほとんどを輸入に依存していたからだ。したがって、エネルギーの安定供給が国民の日常生活にとって重要だった。しかし、この資源基盤は一九四五年以前の帝国主義時代とは異なり、政府が基本的には統制できない産業資本家の基盤に則っていた。それどころか、外国の政治や経済の支配層の意に従っていた。

化石燃料の海外依存の問題の方が、最終的には社会経済に深刻な影響を及ぼすが、特に不安を抱かせたのは食料供給の脆弱性だった。第7章で述べたように、日本は一八六〇年代以来、食料の輸出入を行なってきたが、一八九〇年代以降は輸入が輸出を上回るようになり、一九三〇年代の中頃までには、自給率は八〇%に低下した。残りの二〇%のほとんどは植民地から輸入されていたのだ。

敗戦と復興の混乱期を過ぎると、食料の輸入が再び増加し始めた。表8－8が示しているように、一九八〇年代の後半までには輸入の依存度が大幅に高まったので、一九五〇年代の後半には八〇%だったカロリーの自給率が五〇%近くまで下がっていた。[*19]

いうまでもないが、一世紀にわたって食料の自給率が下がったのは、基本的には人口が増加したからである。しかし、食料生産に利用される土地が減り続けたことの他に、食事の好みの変化や国民の身長や体重の増加も反映している。

戦後になって、新規に日本の食料の脆弱性を象徴するようになったのは「伝統的な」食料源である大豆だった。ダイズは醤油や味噌、豆腐のような基礎食品の原料である。ダイズは一九三〇年代には植民地から大量に輸入されていたが、戦後は外国、特にアメリカから輸入された。表8－9が示しているように、一九七〇年代までには、国内で消費されるダイズの九六%以上が輸入で賄われるようになった。[*20]

「ダイズ問題」は一九七三年に突然持ち上がった。アメリカのリチャード・ニクソン大統領は当時の厳しい政治情勢に対処するために、「ニクソン・ショック」として知られる一連の大胆な政策を打ち出した。その一つが日本向けダイズの輸出凍結だった。実際には、アメリカのダイズ生産者や販売業者の反対に遭って、禁輸はすぐに解除されたので、事なきを得た。しかし、一時的だったとはいえ、ダイズの禁輸は一九四一年にアメリカが行なった石油の禁輸を思い起こさせるのに十分で、ダイズを大量に輸入している日本は危機感を抱いた。ダイズの禁輸騒動はこうした「貿易報復」に対する日本の脆弱性を浮き彫りにした。

脆弱性といえば、化石燃料に関する方がはるかに深刻だ

表8－8　食料自給率（1960～2007年、国内生産の%）

年	カロリー	穀類	年	カロリー	穀類
1960	79	82	1990	48	30
1970	60	46	1995	43	30
1975	54	40	2000	40	28
1980	53	33	2005	40	28
1985	53	31	2007	40	28

出典：1960～90年はJSY、1995年、276頁、表6－73.　1995～2007年はJSY、2010年、282頁、表7－61.

表8－9　ダイズの供給量（1930～2006年、単位：1,000トン）

年	生産	輸入	年	生産	輸入
1930	343	672	1975	126	3,334
1940	354	527	1980	174	4,401
1945	267	930	1985	228	4,910
1950	217	311	1990	220	4,681
1955	376	808	2000	235	4,829
1960	426	1,128	2005	225	4,181
1970	126	3,244	2006	229	4,002

出典：1930～60年はJSY、1961年、201頁、表103.
1965～83年はJSY、1985年、160頁、表5―19、346頁、表10－7.
1980～90年はJSY、2007年、241頁、表7－15、464頁、表15－6.
2000～08年はJSY、2009年、243頁、表7－15、464頁、表15－6.

った。一九五〇年代の後半は産業の主要なエネルギー源はまだ国内の石炭だったが、エネルギーの自給率を最大化する政策は、すでに困難さを極めていた。政府は石炭にこだわっていたが、石炭層の特性と状態のために、炭鉱業の「文化」も手伝って、産出量を増やすのは危険と困難を伴っただけでなく、燃料としても効率があまりよくなかった。*21

主にこうした要因のために、石炭の産出量を増やす政策は結局は期待外れに終わった。一九四五年以前の最大産出量（五六〇〇万トン）まで回復することはできなかったのだ。一九六〇年にピークの五一〇〇万トンに達した後は減少の一途をたどって、一九七三年に二二〇〇万トン、一九八五年に一六〇〇万トン、二〇〇〇年に三一〇万トンに落ち込み、二〇〇五年までには採炭は実質的に幕を閉じた。*22

このように国内の産出量が大幅に減少したので、産業の石炭需要が増大するにつれて、輸入が劇的に増加した。例えば、一九五五年に国内で消費された石炭は四六〇〇万トンだったが、その九二％以上にあたる四四一〇万トンが国内の石炭で賄われていた。一方、一九八五年には消費量が著しく増加して一億一〇〇〇万トンを超えたが、国内の石炭はそのうちのわずか一五％に過ぎなかった。その後もこうした傾向は続き、二〇〇五年に消費された一億八〇八〇万トンの石炭はすべて輸入されたものだった。*23

消費量の増加率が石炭よりもはるかに大きかったのは原油である。日本は原油のほとんどすべてを輸入に依存しているが、消費量は一九五五年の一〇〇〇万キロリットルから一九七三年には三〇倍を超える三億六〇〇〇万キロリットルに増加した。その後はやや下がって、二億四〇〇〇万から二億九〇〇〇万キロリットルの範囲で推移しているが、一九八〇年代までには天然ガスの輸入も始まったので、エネルギーの総消費量は大幅に増加している。*24

輸入された石炭と石油は主に火力発電所の燃料に使用されていたが、経済の高度成長期に電力需要が著しく増大したので、技術上の安全問題が一般に認められていたにもかかわらず、原子力発電の導入に拍車がかかった。表8-10と表8-1が示しているように、一九六五年から一九八五年の間に一六基の原子力発電所が稼働を始め、後半には国内の電力のおよそ四分の一を供給していた。

発電用に輸入されていた化石燃料の需要は原子力発電で緩和されたが、車やトラックの利用が急増したために、新たに大きな需要が生み出された。その結果、日本の産業は海外、特に中東のエネルギー源に支配されるようになった。中東諸国は石油が外交の切り札になり得ることに気がつき、一九七三年と一九七八年から八〇年にそれを使用した。産出量と販売量を減らして、一時的に石油不足をもたらし、世界的な石油価格の高騰を引き起こしたのだ。この石油ショックに対して日本政府にはなす術《すべ》がなかったので、産業

表8−10　発電能力の推移（1930～2005年）

年	総発電能力 (1,000 kW)	水力		火力		原子力	
		発電所の数	発電能力 (1,000 kW)	発電所の数	発電能力 (1,000 kW)	発電所の数	発電能力 (1,000 kW)
1930	4,500	1,376	2,948	432	1,552	−	−
1940	9,073	1,434	5,126	458	3,947	−	−
1945	10,385	1,424	6,435	293	3,950	−	−
1950	10,771	1,415	6,763	271	4,008	−	−
1955	14,512	1,458	8,909	407	5,603	−	−
1960	23,657	1,532	12,678	491	10,979	−	−
1965	41,005	1,558	16,275	415	24,717	1	13
1975	112,285	1,536	24,853	693	80,817	9	6,615
1985	169,399	1,629	34,337	979	110,161	16	24,686
1995	226,994	1,702	43,455	2,559	141,665	18	41,356
2005	274,468	1,739	47,357	3,341	175,767	17	49,580

出典：JSY、1961年、189～190頁、表94、95. JSY、1976年、277～278頁、表146、148. JSY、1985年、348～349頁、表7−1、7−3. JSY、2009年、345～346頁、表10−1、10−3.

界は燃料の効率化を図り、その結果、日本は経済大国の名を汚さずに、とりあえずエネルギー危機を乗り越えたが、自分では制御できない海外の要因に一喜一憂する脆弱な体質は変わらなかった。

●経済界による権力の濫用

権力の濫用は産業界の支配層（産業資本家階級）には珍しいことではないので、社会に大きな影響を及ぼさない限り、わざわざ取り上げる必要はないかもしれない。一九八〇年代の日本では投機と汚職が目に余るようになったので、産業の発展にブレーキがかかり、三〇年に及ぶ経済の高度成長が終焉を迎えることになった。

このできごとは地理、政治と経済成長の相互作用を如実に表している。地理的要因はわかりやすい。日本は山国なので、産業に利用できる土地は非常に限られている。そのほとんどは沿岸地帯にあるが、すでに農業や漁業、住宅地に利用されている。しかも、一九七〇年までには産業の立地条件に適った土地（とりわけ、東京や大阪、瀬戸内海の周辺）は余すところなく産業にも利用されてしまった。その結果、一九六〇年代以降は汚染、騒音、地盤沈下やその他の産業がもたらす被害で、都市では抗議の声が高まり、政治運動や様々な訴訟が相次いだ。

政府は明らかに産業界と利害を共にしていたので、こうした抗議の声が高まるのを憂慮し、一九七〇年六月に佐藤栄作首相は「汚染問題で経済成長が妨げられるようなことがあってはならない」と、釘を刺した。[*25]

しかし、問題は収まる気配をみせず、政府は都市住民の不満を爆発させずに、経済成長を持続させる道を探り始めた。特に、一九七二年一月に通商産業省（通産省、今日の経済産業省）は工場を都市周辺から分散させる政策を検討し始めた。[*26] その後、工場を国内の各地に分散させるために様々な方策がとられた。与党の自由民主党（自民党）は農村の支持に大きく依存していたので、この政策は重要な選挙区に雇用を生み出す方法にもなると思えた。

一番有名な方策は、一九八〇年に通産省が発表した、いくつかの特定地域で地域産業を振興する政策である。通産省は計画の目標を以下のように述べている。

> 豊かな自然の中で高度な技術産業のエネルギーを吹き込み、地方の文化伝統と協調できる、テクノロジーと学術・技術施設、および生活様式（豊かで快適な生活基盤）を調和させて、地方圏を創造することである。[*27]

この計画は通産省が掲げた目標には至らなかったが、他の要因にも助けられて、工場を各地に分散する役目は果たした。

その他の要因というのは、都市の行政当局がとった公害対策である。大都市では深刻さを増す産業による汚染や公害、それに伴う社会不安が高まったために、地方自治体は（乗り気でない場合が多かったが）、産業界の反対を押し切って、環境汚染を防止する法令を定め、産業施設の拡張を制限する方向に動き始めた。しかし、行政のこうした対応は生産コストの上昇を招いたので、経営者は他の歓迎してくれる移動先を探し始めたのである。

産業界は探していた場所を見つけることができた。都会から遠く離れた産業のない地方では、工場を誘致していたからだ。固定資産税という新しい財源だけでなく、雇用も生まれるので、地元の自治体にとっては住民が賃金の高い仕事に就ける都市へ出ていくのを防ぐ過疎化対策にもなるのだ。

地元の反対運動に応じたり、工場が他の地域で起こしている問題を知っていたりしたために、工場の建設に断固反対する行政や地域住民のリーダーもいた。しかし、全般的には、工場を各地に分散することは、特に沿岸地域にとって、大きな利点があった。その結果、汚染や環境の被害が広まってしまったのも事実である。しかし、ここで取り上げている問題に直接関連があるのは、地方の地価が工場用地とそれに伴う住宅や商業開発が見込まれて、かつてないほど高騰したことだ。投資家や投機家、暴力団がこうした利益を得ようと暗躍する一方で、産業界と政界の実力者が手を組んで、新しい土地の確保や開発の取引をまとめるケースが随所でみられた。

その結果、不動産バブルが一九八〇年代の中頃まで続いた。一九八五年から八九年に日本の株式市場は平均して三倍に上昇し、都市の地価は四倍に上がったが、こうした株価や地価の上昇は無謀な投機に基づいていた。[*28] しかし、その根底にあった汚職や監督官庁の無責任が暴露されると、株価や地価は暴落して、一九八九年から九〇年にバブルがはじけた。そして、情熱も信用も失った政治家は、その後の経済が低迷する困難な時期を切り抜けなくてはならなくなった。

高度成長期以後（一九八五～二〇一〇年）

戦後の成長時代は一九八〇年代の後半に自由放任の不動産バブルとその崩壊によって終わりを告げた。一九九〇年までには好景気の時代は歴史の一ページになり、厳しい状況と折り合いをつけていく長い苦難の時代が始まった。予想される通り、打撃が最も小さかったのは上層階級で、生活難の矢面に立たされたのは貧困層だった。地球規模の資源基盤に対する依存に関しては、経済状況が変化しても、依然として改善の兆しはみえなかった。一方、経済が失速

したことで、国内の環境問題は改善に向かった。

1　社会問題について

バブルとその崩壊の責任は、当然のことながら、一九五〇年代以来、日本の政界を支配してきた自民党にあった。しかし、自民党はスキャンダルや内部分裂、一九九〇年代半ばの一時的な政権交代にもかかわらず、二〇〇九年まで政権を担当してきた。それができたのは、主に結束力のある統率のとれた競争勢力がいなかったからだ。

しかし、二〇〇五年以降は何度か選挙に敗北し、勢力に陰りが出てきた。一方、その隙をついて、民主党と呼ばれるにわか仕立ての連合政党が台頭してきた。そして、今度は二〇〇七年から〇八年にアメリカが起こしたバブルの崩壊が世界経済に及ぼした影響で日本経済が再び大きな打撃を受けた。二〇〇九年までに、このバブル崩壊で日本の輸出は三〇%落ち込み、国内総生産は一〇%近く減少した。このときに日本の社会が被った影響について、ある学者は次のように簡潔明瞭に述べている。

> 飛び込み自殺で列車の遅延が急増した。倒産やホームレスが増加し、かつては繁盛していた店やレストランでは閑古鳥が鳴き、国民は自信を失った。[*29]

こうした状況で自民党は選挙で大敗を喫して、二〇〇九年に民主党が政権をとった。民主党は経済を再建し、社会経済の成長を回復させて、政権の強化を図るつもりで、中道的な改革政策を実施した。しかし、二〇一一年の初頭になっても、政策の効果にみるべきものがないままだっただけでなく、党内の問題で人気に陰りが出た。

有力政治家と同様に、産業界の実力者は自分たちの利益を守ることに汲々としていた。経済の高度成長期は莫大な利益をもたらしたが、バブルの崩壊でその時代は終わりを告げた。一九九〇年代は製造業の生産量は増加するどころか落ち込み、二〇〇〇年までにはバブル崩壊以前の生産高におおむね回復したが、昔のような高度成長を取り戻すことはなかった。しかしながら、製造業は、高度成長期のように需要が高まっている分野で高品質の製品を生産し続けようとしていた。その結果、特定分野の生産は伸びたが、他の分野では減少した。国内の需要は多くの分野で減少していたので、輸出の割合が増えたが、競合他社よりも価格を下げることによって、競争力を高めようとしたのだ。[*30]

価格を下げる有効な方法は生産コストの削減であるが、生産費を削減する有効な方法は人件費を減らすことである。バブル崩壊に対応するために、製造業だけでなく、卸売業や大手の小売業も「リストラ」と呼ばれる従業員の削減を行なったり、正規従業員の代わりに、社会保険から除外されているパートタイム従業員を雇用した。その結果、企業収益や役員報酬、投資家の配当金は一九九〇年代の減少から回復し、バブル崩壊以前の水準を取り戻したり、上回ったりするようになった。[*31]

一方、こうした方策によって、表8－11が示しているように、失業率が一九九八年には一九八〇年以前の一～二％から四・一％に増加し、少なくとも二〇〇八年までは四％から五・五％の間で推移している。

他の工業国と比べると、この失業率の数値は極めて低いが、日本にとっては愕然とするほど高いものである。一九八〇年には一一四万人だった失業者が二〇〇〇年には三二〇万人に激増し、さらに、主に若年層で短期雇用やパートタイム雇用が増加の一途をたどっていたからでもある。

人口統計学的要因には失業問題を悪化させるものもあれば、逆に好転させるものもあった。悪化させた要因は、この間に続いていた人口の増加である。表8－3が示しているように、二〇〇四年まで増加し続け、その後は今日に至るまで、徐々に減少している。

それよりもこの問題に直接関連しているのは、表8－12と8－13が示しているように、主に戦後のベビーブームと生存率の向上によって、就業可能な年齢（一五歳から六四歳）の人口が一九五五年の五四七〇万人から一九八五年の八二五〇万人、二〇〇〇年の八六二〇万人へ増加の一途を

表8−11　失業者数と失業率
（1947～2008年、完全失業者：単位は1,000人）

年	人数	率 (%)	年	人数	率 (%)
1947*	900	2.8	1990	1,134	2.1
1955	1,050	2.5	1995	2,100	3.2
1960	750	1.7	2000	3,200	4.7
1970	590	1.2	2002	3,590	5.4
1980	1,140	2.0	2005	2,940	4.4
1985	1,560	2.6	2008	2,650	4.0

*1947年の数値は月毎の数値（月間数）から得られたおおよその平均。
出典：JSY、1949年、698頁、1947年は表382. JSY、1986年、70頁、1955～80年は表3−1、JSY、2010年、492頁、1985年以降は表16−1.

表8−12　幼児死亡率（1921～2007年、生産児1,000人当たり）

1921	168.3	1971	12.4
1931	131.5	1981	7.1
1941	84.1	1991	4.4
1951	57.5	2001	3.1
1961	28.6	2007	2.6

出典：JSY、1985年、51頁、表2−23. JSY、2010年、63頁、 表2−22.

表8−13　年齢別の死亡率（1935～2007年、1,000人当たり）

	1935	1950	1960	1970	1985	2000	2007
25–29歳							
男性	8.1	5.6	2.3	1.4	0.8	0.7	0.6
女性	8.2	5.1	1.5	0.9	0.4	0.3	0.3
50–54歳							
男性	19.5	13.6	10.2	8.0	6.2	4.6	4.1
女性	13.5	10.2	6.6	4.8	2.9	2.3	2.1
80–84歳							
男性	–	177.9	173.6	151.2	108.0	80.5	70.1
女性	–	142.9	132.0	115.5	71.7	43.3	36.0

出典：JSY、1949年、95頁、97頁、 表49. JSY、1950年、19頁、表10. JSY、1985年、54頁、表2−27. JSY、2010年、67頁、表2−26.

表8－14　総出生率（1930～2007年、特定の年）

1930	4.70	1970	2.13	1995	1.42
1947	4.54	1980	1.75	2000	1.36
1950	3.65	1985	1.76	2005	1.26
1960	2.00	1990	1.54	2007	1.34

出典：JSY、2010年、66頁、表2－25.

表8－15　15歳から24歳の人口
（1960～2008年、最多年とその後。単位：1,000人）

1960	17,771	1990	18,807
1965	20,076	2000	15,909
1970	19,897	2005	13,537
1980	16,113	2008	13,260

出典：JSY、2010年、50頁、表2－8より算出。

たどったことだ。[*32]

就業可能な年齢層で就業を希望する人の数は他の二つの要因でさらに増加していた。一つは、就業目的で日本に入国する登録外国人の数が一九八五年の八五万人から二〇〇〇年の一六八万六〇〇〇人へ増加したことだ。もう一つは、女性の就業率がやや増加したことだが、この増加は男性の失業率の上昇と労働市場に占める女性の割合の増加を反映している。[*33]

一方、失業率を低下させた要因では、低年齢層の就業人数が減少したことが挙げられる。この減少は出生率の長期にわたる低下を反映している。表8－14が示しているように、戦後は出生率が、出産適齢期の女性の数の増加と子どもの生存率の上昇を相殺する以上の速度で低下した。その結果、表8－15が示しているように、一九七〇年までには一五歳から二四歳の年齢層の人数が減少したのである。特に一九九〇年以降、この減少は顕著になり、二〇〇五年までには一九九〇年よりも五〇〇万人余り少なくなっていた。

さらに、他の工業国と同様に、日本でも失業率は就業を希望している人の数だけを示している。しかし、日本ではホームレスや受刑者、その他の仕事を求めていない人の数は比較的に少ないので、非就業率は多くの国（特にアメリカ）よりは低い。それにもかかわらず、失業率と雇用の不安定さは国内の基準からみれば、一九四〇年代以降ではか

表8−16　自殺者数（1930〜2007年、10万人当たり）

1930	21.6	1965	14.7	1995	17.2
1940	13.5	1970	15.3	2000	24.1
1947	15.7	1975	18.0	2002	23.8
1950	19.6	1980	17.7	2003	25.5
1955	25.2	1985	19.4	2005	24.2
1960	21.6	1990	16.4	2007	24.4

出典：JSY、1949年、38頁、表24．102〜103頁、表52．JSY、1985年、631頁、表18−18．JSY、2010年、687頁、表21−15．

表8−17　離婚率（1925〜2007年、1,000人当たり）

1925	0.87	1970	0.93	1995	1.60
1940	0.68	1975	1.07	2000	2.10
1947	1.02	1980	1.22	2002	2.30
1955	0.84	1985	1.39	2005	2.08
1965	0.79	1990	1.28	2007	2.02

出典：JSY、2007年、61頁、表2−22．

つてないほど深刻になった。[*34]

国際社会との比較はともかく、高度成長期以降、上層と下層の経済的格差が広がった。一九八〇年代から二〇〇〇年代は、国民は富裕層から貧困層に至るまで出費をできる限り切り詰めていた。そして、貧困層は特定の部類（特に教育や旅行、外食）では富裕層よりもはるかに大きな削減を行なっていた。[*35]

こうした削減は子どもが少ない少人数の世帯の状況を反映していたが、収入が減少したことで旅行や外食を控えたのは、思慮分別や必要に迫られてのことを示していた。しかし、特に学歴が雇用に結びつかないと思われ始めたときに、富裕層は教育費を急増させていたにもかかわらず、貧困層が教育費を減らしていたことをみると、貧困層が直面していた学費支払いの困難さが大きかったことを示していた。

高度成長期以後の生活難は個人や家族のストレスにも表れている。表8−16が示しているように、個人のストレスは自殺者数が急増したことに反映されており、二〇〇〇年代までには高度成長期の平均をおよそ三三％も上回っていた。

この時期の生活苦は離婚率の上昇からもうかがえる。表8−17が示しているように、一九七〇年代から徐々に上昇し始めて、一九九〇年代以降は急速に高まり、二〇〇〇年代には一九二〇年代から七〇年までの平均の二倍以上になっている。確かに、離婚率の上昇は出生率と女性の就業率と同様に、ジェンダー（性問題）に対する態度の変化を部分的に反映しているが、自殺者数を増やしているのと同じ生活難によって拍車がかかってもいる。

2 国際問題

国際問題にもいくつか注目に値するものがある。まずは移民問題だが、移民は雇用だけでなく、外交関係の点でも重要な問題である上に、もっと漠然とした感情的な「民族性」の問題でもある。日本では概して比較的小さな外交問題で、「関係改善」に役立つことが多いが、時には少しばかり紛糾をもたらすこともあった。

外交問題において、日本政府は第二次世界大戦の敗戦後は「低姿勢」政策に徹していた。高度成長期の冷戦時代には、アメリカが望んでいた相棒役をうまく演じて、海外の資源基盤の再建を図った。しかし、経済的成功によって貿易の競争相手国との緊張がしだいに高まっていった。

ベトナム戦争（一九六五〜七三年）によっても、日本は経済的にいくぶんか潤ったが、一般大衆には狼狽や敵愾心《てきがい》を抱かせることになった。三〇年前に中国に侵攻した日本軍の大失敗とよく似ていたからだろう。また、アメリカの軍事産業力を象徴する建造物に対する二〇〇一年の「テロ

攻撃」に対して、アメリカ政府は中東（日本の石油の大供給源）で軍事行動を起こし、泥沼にはまり込んだが、そのとき、日本政府はできるだけ関わらないように努めていた。

日本の周辺地域に目を向けると、それほど大きな政治的懸念材料ではないが、それでも一九九〇年以降気にかかるようになってきたのはくり返される北朝鮮の動きである。本書の原稿を執筆している時点では、不透明感が大きいので、日本だけでなく、諸外国も憂慮しているが、日本が韓国と政治的結びつきを強めるきっかけになるかもしれない。

北朝鮮より大きな問題は中国である。高度成長期以降は中国の経済が急成長して、世界的に影響力が強まったので、日本は中国との対立を避け、問題が持ち上がるたびにそれを処理しながら、東アジアの隣国と絆を強める外交政策をとっている。

国外資源と市場に対する日本の原料輸入と製品輸出の依存状態は、先の数十年と同じなので、外交関係の重要で憂慮すべき側面が貿易であることに変わりはない。高度成長期以降は国内の景気が後退したために、「ハイテク」やその他の製品の輸出が促進され、その結果、国内消費は低迷し、分野によってはかなり減少したにもかかわらず、外国貿易は表8－2が示しているように、輸出入共に二〇〇〇年代に入ってからも拡大の一途をたどっている。[*36]

いうまでもないが、輸出と輸入の量に大きな差がみられ

表8−18 原料の輸入（1950〜2008年）

年	鉄鉱石（単位：1,000トン）	石炭・コークス（単位：1,000トン）	石油（単位：1,000リットル）	液化天然ガス（単位：1,000トン）
1950	1,435	832	1,466	−
1955	5,459	2,862	8,502	−
1960	15,036	8,292	31,121	−
1965	39,018	17,080	84,143	−
1970	102,091	50,173	197,108	848
1980	133,721	68,228	254,447	16,841
1984	125,372	87,818	213,201	25,892
1990	125,290	107,517	225,251	35,465
2000	131,733	145,278	249,814	53,690
2005	132,285	180,808	248,822	58,014
2008	140,351	193,510	241,766	69,263

出典：1950〜60年はJSY、1961年、248〜249頁、表142．1965年はJSY、1976年、288頁、表210．1970〜84年はJSY、1985年、346〜347頁、表10−7．1990〜2005年はJSY、2010年、467頁、表15−6．

るのは、輸入品はほとんどがかさばる原料だが、輸出品は高度に加工された製品だからだ。しかし、輸出品のトン当たりの価格は輸入品の数倍に上るので、例えば、二〇〇八年の輸出総額が八一兆一八〇億円だったのに対して、輸入は重量ははるかに勝るが、七八兆九五五〇億円だった。[*37]

こうした輸入品で最も増加しているのは、産業用の基礎エネルギーやその他の原料と食料品である。表8−18が示しているように、産業用エネルギーに利用する原料の輸入量は高度成長期後も増加の一途をたどり、石炭を除き、増加が著しく鈍化したのは二〇〇〇年以降になってからだ。人口の増加が著しく鈍り、失業による生活難で家計が切り詰められているにもかかわらず、食料品の中にはバブル崩壊以降も輸入の増加が続いているものや、少なくとも一九八五年以前の水準以上を維持しているものがある（表8−19）。

エネルギー輸入の増加は、食料や化石燃料の国内生産量の低迷や減少を補っているが、一方でこの一世紀にわたって続いているエネルギー自給率の低下を推し進めている。さらに、最新のハイテク機器（特に電気製品）の製造が新しい種類の原料（特に希少金属や「レアアース」）の需要を生み出した。こうした物質はもともと希少な上に、採取に費用がかかるので、供給源が世界の数カ所に限られていて、利用者は外国の市場操作の影響を受けやすくなる。

表8－19　食料品の輸入（1950～2008年、単位：1,000トン）

年	肉	エビなど	小麦	コーヒー・ココア
1950	–	–	1,573	–
1955	–	–	2,287	–
1960	–	–	2,678	–
1970	233	57	4,685	129
1980	543	148	5,682	219
1984	695	177	5,978	290
1990	1,289	304	5,474	394
2000	2,405	260	5,854	491
2005	2,380	242	5,472	536
2008	2,310	202	5,781	489

出典：1950～60年はJSY、1961年、248～249頁、表142.
1970～84年はJSY、1985年、346～347頁、表10－17.
1990～2005年はJSY、2010年、466頁、表15－16.

二〇〇一年に日本はこうした脆弱性を身をもって体験することになった。当時、レアアースの唯一の産出国だった中国が、海底油田が豊富に存在するのではないかと思われていた東シナ海の一地域の領有権をめぐる論争に対する報復措置として、レアアースの対日輸出を凍結したからだ。このできごとは日本に危機感を抱かせ、マスコミにも大きく取り上げられた。一九七三年の大豆の禁輸騒動と同じように、一時的な鞘当てですんだが、日本はこうした外国による市場操作に脆弱なことを再び思い知らされた。

＊＊＊

社会経済史を概観すると、一九五五年までには日本の社会は一九三〇年代から四〇年代の苦難からおおむね立ち直り、その後は三〇年にわたりかつてない経済成長を遂げて繁栄した。しかし、今度は成長が急激に鈍化する時期に入り（そして現在も続いている）、長期にわたる成長の後に停滞へ移行した社会に典型的にみられる社会的、人口統計学的特徴を示している。

この時期を通して、環境が人間の歴史的経験を方向づけたとはいえ、人間活動は環境に顕著な影響を及ぼした。人間が生態系に及ぼす影響は人口や、物質を消費する仕方、さらに消費財の入手に使用する技術によって決まる。そこで、環境に及ぼした影響を詳細に検証するために、人口、物質消費、技術についてみてみよう。

人口の推移

一九四五年から二〇〇四年の間を通じて、人口の増加、都市化、そしてそれをもたらした要因の基本的動向は第二次世界大戦前と変わっていないが、出生率が低下し続けているために、徐々に人口増加は鈍化し、ついに減少へ転じた。

人口推定

日本の人口は江戸時代に三一〇〇万人から三二〇〇万人で安定していたが、その後は増加に転じた。一九八五年までには一九二五年の倍以上に増加し、江戸時代の最盛期の四倍になった。表8－3が示しているように、一九四五年から五〇年の急増の後は、一九八五年まで一〇年におよそ一〇〇〇万人の割合で増加した。しかし、その後増加率は著しく低下し、二〇〇五年には増加が止まった。

増加期には、全国的に増加していたとはいえ、どこでも同じだったわけではなく、戦前と同様に、地域差がみられ

た。本州が最も人口密度が高く、次いで高い順に九州、四国、北海道と続くが、一九七五年の北海道の人口密度は本州の六分の一に過ぎなかった。[*38]

しかし、他の二つの一般的な傾向の方が注目に値する。一つは、農業や林業が成り立たなくなるにつれて、山間の谷にある小規模な集落の放棄や離村人口が増加したことである。こうした状況は、主に山がちな県で人口の減少や横ばい状態をもたらした。

こうした人口の減少はもう一つの注目すべき傾向で相殺されていた。それは、特に東京から大阪に至る太平洋沿岸地域の大都市の著しい拡大である。中でも驚異的なのは、東京とそれに隣接する千葉、神奈川、埼玉の人口が一九五五年から八五年までに九七％近く（一五四〇万人から三〇三〇万人）増加したことだった。一方、この間の総人口の増加はおよそ三四％（九〇〇〇万人から一億二一〇〇万人）に過ぎなかったのだ。[*39]その結果、一九八五年までには、総人口の四分の一近く（ほぼ江戸時代の人口）が日本の四七都道府県のうち、一都三県にひしめき合うことになった。その後も、首都圏の人口が総人口に占める割合は増大し、二〇〇八年までには二七％（三四九九万人）を超えた。

表8－20　都市の人口（1920～2005年、単位：100万人）

	1920	1940	1950	1955	1975	1990	2005
町村	45.9	45.5	52.7	39.0	27.0	27.9	17.5
市	10.1	27.6	31.4	50.3	85.0	95.6	110.3
日本全国	56.0	73.1	84.1	89.3	111.9	123.6	127.8

出典：JSY、1985年、28頁、表2－4．JSY、2007年、表38．表2－4.

表8－21　雇用数
（1947～2008年、単位は1,000人）

年	総計	農林	農業以外
1947	33,881	17,102	16,779
1955	40,900	14,780	26,120
1970	50,940	8,420	42,510
1985	58,070	4,640	53,430
1995	64,570	3,400	61,160
2005	63,560	2,590	60,970
2008	63,850	2,450	61,400

出典：JSY、1949年、694頁、表381．JSY、1985年、72頁、表3－4．JSY、2010年、496頁、表16－4.

都市化

首都圏の発展は日本の都市化傾向が続いていることを如実に示していた。この都市化の規模は、地方の市町村の合併や統合でわかりにくくなったが、公式に定められている市（人口五万人以上）と町村（その他）を区別してみると、表8－20が示しているように、経年変化は驚異的である。

戦時中に焦土と化した都市から人々が疎開していたことと戦後のベビーブームで、町や村の人口は一時的に増加したが、一九五〇年から一九九〇年の間に総人口の六三％から二三％以下へ急速に減少した。一方、都市の人口はそれに応じて総人口の三七％から七七％へ増加し、その後も、おおむねこの状況は続いた。

戦前と同様に、こうした都市人口の動向は就業人口の動向を反映していた。戦争と敗戦の混乱期がおおむね過ぎた一九五五年には、農業と林業が就業人口の三六％を占めていたが、二〇〇八年には、農林業に従事している人口はわずか三・八％に過ぎなくなり、残りの九六・二％はその他の仕事に就いていた（表8－21）。

このように地方の就業人口が大幅に減ったのは、いくつかの要因（輸入品との競合、都市住民の食生活の変化、農業の機械化、木材産業の新機材の導入）がある。さらに、特に若者にとって、都市の仕事の魅力が増していることも反映している。賃金が高いだけでなく、社会文化的な恩恵にも浴せるからだ。

人口増加の要因

戦前と同様に、日本の人口増加をもたらした主要な要因は公衆衛生と食料供給だった。

1　公衆衛生

戦争が終わったとき、日本は衣食住をはじめ、生活必需品が窮乏し、国民生活は困難を極めていた。しかし、地方自治体の援助や政府の救済措置、闇市のおかげで、一九四五年から四六年の危機的な時期を何とか乗り切った。

対処すべき長年の問題は結核だった。[*40] 一八七〇年代に繊維やその他の産業が発展するのと共に、結核による死亡率が上昇し、一九二〇年から三〇年代には一〇万人当たり一八〇人から二〇〇人に達したが、第二次世界大戦中と戦後の苦難の時期にはさらに高まった。しかし、その後は、労働環境が改善された一方で、新しく開発された抗生物質が手に入るようになったので、結核による死亡率は劇的に減少した。表8－22が示しているように、一九五〇年には死者が一二万一七六九人だったが、二〇〇五年にはわずか二二九六人になった。

新薬と生活環境の改善のおかげで、コレラ、ジフテリア、赤痢、日本脳炎、腸チフスなどの感染症も著しく減少した。一九八五年までには流行は九七％以上も減少したので、政府の記録にも個別に記載されなくなった。[*41] さらに、いうまでもないが、一九四五年以降は戦争を避けていたので、「砲弾の餌食」や「民間人の犠牲者」の要因が死亡率から取り除かれた。

一方、産業の急激な発展や多様化によって、環境汚染だけでなく、健康被害や労働災害が激増した。しかし、人間の死亡率の統計的影響は二つの要因によって著しく限定されていた。

一つは、一九六〇年代に健康被害や労働災害に対する国民の抗議が澎湃《ほうはい》として起きたことだ。その後、こうした抗議行動によって、国や地方自治体が重い腰を上げて、（産業界の拡大計画に反対して、）環境汚染と健康被害や労災を抑制する立法措置を講じるようになった。さらに、一九七〇年代の中頃には、産業界の変化に対する抵抗がしだいに克服されて、企業もこうした被害を抑制する設備を設置したり、方策を講じたりするようになったからだ。[*42]

職場の危険性を減らす統計的にもっと重要なもう一つの要因は、雇用パターンの大きな変化だった。危険の多い仕事に従事する人の数が激減したことで、職場の死傷率が大

表8－22　結核（全種類）*による死亡者数（1926～2007年）

年	10万人当たりの死亡者総数	結核の死亡者数		年	10万人当たりの死亡者総数	結核の死亡者数
		男性	女性			
1926	186.1	54,503	58,542	1950	146.3	121,769
1930	185.6	59,148	60,487	1955	52.3	46,735
1935	190.8	67,238	64,913	1970	15.4	15,899
1940	212.9	80,599	72,555	1985	3.9	4,692
1947	188.7	80,219	67,195	1995	2.6	3,178
1949	168.9	74,267	63,846	2000	2.1	2,656
				2005	1.8	2,296
				2007	1.7	2,194

*大部分は呼吸器系結核。
出典：JSY、1949年、114頁、表55．JSY、1985年、630～631頁、表18－18．JSY、2010年、687頁、表21－15．

幅に低下した。劇的だったのは、炭鉱を含めて、ほとんどの鉱山が徐々に閉山したことで、危険の多かった職種が姿を消したことだ。さらに、木材産業の衰退で、事故の発生率が比較的高いもう一つの職種が著しく縮小した。[*43] 一方、農業も事故が比較的起こりやすい職種だったが、殺虫剤の使用が普及したことで、さらに中毒事故が起こるようになった。しかし、機械化が進み、農業人口が著しく減少したので、農業に関連する事故の統計的影響も減った。

離農した人たちの多くは農業と同じくらい危険を伴う職種（特に建設業、運輸業、木材や金属加工業）に就いていた。しかし、はるかに安全な職種（精密機器製造業、フードサービス業、小売業やその他の「ホワイトカラー」的仕事、事務職）に就いた人の方がずっと多かったので、労働関連の事故の発生率は大幅に減少した。その結果、労働者の数が増加したにもかかわらず、一九八〇年代までには職場の事故による死者の数は減少した。一九七五年の死者の数は三一五五人だったが、一九八〇年代の後半には二〇〇〇人ほどになり、その後も、死者の数は減少の一途をたどっているが、おそらく経済の減速も一因になっていると思われる。同時に、労働時間当たりの職場の傷害率も低下した。[*44] 具体的には、一九六〇年から一九八〇年の間に七五％以上、そして一九八五年から二〇〇七年の間にさらに五〇％低下したのである。[*45]

表8－23　出生時の平均余命（1891～2007年）

年	男性	女性	年	男性	女性
1891–98	42.8	44.3	1980	73.4	78.8
1935–36	46.9	49.6	2000	77.7	84.6
1947	50.1	54.0	2005	78.6	85.5
1955	63.6	67.8	2007	79.2	86.0
1960	65.3	70.2			

出典：JSY、1985年、55頁、表2－28. JSY、2010年、68頁、表2－27.

栄養、医療、伝染病の予防、職場の安全性の向上や改善のおかげで、死亡率は低下の一途をたどった。最も驚異的なのは、表8－12が示しているように、幼児死亡率の低下である。さらに、戦後の数十年間に、表8－13が示しているように、その後の生存率も著しく上昇している。

いうまでもないが、特に若者の死亡率が低下したことで、平均寿命が伸び、戦後の数十年に表れた傾向を強めた（表8－23）。男女合わせた平均寿命の伸び（一九四七年の五二歳から二〇〇七年の八二歳）と、女性の方がやや大きい伸びの両方が注目に値する。女性の伸びが大きかったのは、妊娠率が低下したのに加えて、妊婦の生存率や出産時の母親の生存率が上昇したからである。

慧眼な読者なら、死亡率、特に乳児の死亡率が著しく下がったことで、人口の増加率は日本が二〇世紀後半に実際に経験したよりもはるかに高くなったはずだと思うかもしれないが、前述したように、出生率の大幅な低下で相殺されてしまったのだ（表8－14）。

第7章で述べたように、一九二〇年から三〇年代に「人口過剰」の問題は産児制限政策を含めて、かなりの議論を生んだ。終戦後は深刻な食料不足に見舞われ、餓死者が大量に出ることが懸念されたので、政府はついに妊娠中絶を公認した。[*46] 一九四五年以降の出生率の低下は最初のうちは中絶が主要な要因だったかもしれないが、産児制限の技術が進歩して、避妊が簡単になったことも出生率の低下に拍車をかけた。さらに、景気がよくなった高度成長期には、生活様式が変化して、子どもを持ちたがらない若者（特に女性）が増えた。

一九八〇年代には、支配層は出生率の低下よりも上昇を是認するようになった。その背景には、「成長は善である」という信念や、「国力」の衰退を憂える気持ちや、老後の生活に対する心配などがあったのかもしれない。その結果、政府が避妊用ピルの販売を最終的に認可したのは、一九九九年になってからのことだった。しかし、日本の人口がこのように推移したのは、表8－14が示しているように、それよりずっと以前に、公衆衛生の改善がもたらした人口増加を大幅に相殺するだけの出産率の低下が起きていたからである。

2　食料供給

いうまでもないが、公衆衛生をどんなに改善しても、食料がなくては何の意味もない。幸い、日本の食料供給は戦前も戦後も、食料の国内生産量と輸入量を増やすことで、人口の増加や食生活の変化に追いついていた。しかし、一九四五年以前は供給量の増加はおおむね国内生産の増加によっていたが、一九四五年以降は主に輸入の増加である。

国内の農業や漁業は第二次世界大戦後まもなく回復し、

高度成長期は食料の生産量は天候による年変動はもちろんあったが、増加の一途をたどり、一九八〇年代に最大に達した。しかし、その後は一九七〇年代以前の水準まで徐々に減少した（表8－24）。

しかし、生産量が増加していた時期にも、国内生産は人口と一人当たりの摂取量が増加したために、需要に追いつけなかった。摂取量の増加は飽食も一因だったかもしれないが、表8－25が示しているように、平均身長と体重が増加したからでもあった。人口の増加と体位の向上や飽食は食料摂取量の増加とそれに伴う食料自給率の低下をもたらした（表8－8）。

その結果、大衆はさらに輸入食料に依存するようになった。米やジャガイモ、生鮮食料品（卵、生乳、野菜など）は国内産が多いが、肉、水産製品、小麦、コーヒー、大豆などは、特に高度成長期には、輸入量の増加が人口増加を上回っていた（表8－9、8－19）。

要するに、日本は多少の苦難に遭いながらも、医療を発達させ、増大する国外の食料供給を利用することによって、敗戦から復興し、著しい人口増加の時代を経て、人口の安定期に入った。しかし、食料自給率の低さをみると、現在の日本は不安定な状態にある。不可欠な資源を、自分で制御することができない外国にかつてないほど依存しているからだ。こうした状況は、他の工業国と比べると異常に思

表8－24　農業と漁業の生産量の指数（1945～2005年、2000年＝100）

年	農産物生産量	水産物生産量
1945	32.9	25.4
1950	54.9	33.5
1955	72.4	53.2
1965	89.6	78.4
1970	100.6	114.6
1975	106.3	124.5
1980	105.0	114.6
1985	115.8	131.8
1995	106.0	112.6
2000	100	100
2005	95.3	92.0

出典：JSY、2010年、4頁の主要統計値。1945年から1965年の指数は2007年の2000年＝100を用いて、1985年、785頁の主要統計値より算出した。

表8－25　日本人（18歳）の身長と体重（1935～2007年）

年	男性		女性	
	身長 (cm)	体重 (kg)	身長 (cm)	体重(kg)
1935	162.9	55.0	152.0	49.6
1950	162.6	53.9	152.7	49.8
1970	168.6	59.3	156.6	51.3
1990	170.8	62.5	158.2	51.5
2000	171.7	61.7	158.6	51.5
2007	171.4	63.4	158.5	52.4

出典：JSY、1961年、502頁、表289. JSY、1985年、616頁、表18-3. JSY、2007年、672頁、表21－22. JSY、2010年、674頁、表21－22.

えるだけに、一層憂慮を覚える。ある学者が食料自給率が低下している日本と異なる西洋工業国について、次のように述べている。

一九七〇年代から二〇世紀末までに、西洋の工業国はいずれもカロリーベースでも穀類ベースでも食料自給率を高め、自給率は一〇〇%に近いか、一〇〇%を大きく上回っている。[*47]

今日の食料状況をもたらした社会経済的発展はその他の様々な物質消費にも表れている。

物質消費

人間の物質消費といえば、ふつうは食料品やその他の製品（繊維製品、自動車、家電など）を思い浮かべるだろう。しかし、物質消費の主な形態は、生物群系を支える場所を人間と家畜や栽培植物を支える場所へ変える人間の空間利用なのだ。そこで、その他の消費形態について考える前に、土地利用の変遷をみてみよう。

空間の利用

狩猟採集社会から農耕社会への移行が人間と環境の関係にもたらした顕著な変化は、森林を農地に変えたことだった。ほとんどが森林に覆われていた日本の国土は、農地開発によって、二〇%に過ぎない低地が人間を支え、残りの八〇%を占める山地が自然の生物群系を支える形に二分割された。

山地の利用を簡単にみてみると、江戸時代に山林の改変が進み、自然の混交林が同齢単一樹種（主にスギやヒノキ）の植林地に変えられていった。さらに、第7章で述べたように、一八〇〇年代の後半に産業社会へ移行したことで、森林伐採の規模が拡大すると共に、さらに広域で自然林が同齢単一樹種の植林地に取って代わられた。

一九四五年以降に再び木材伐採とそれに伴う植林が急増したが、一九七〇年代以降は木材産業が衰退の一途をたどり、植林地が老齢化して荒廃すると、天然林が再生し始めた。こうした森林の再生は、山間地の人口減と山間地に散在する痩せた便の悪い農地の放棄によって拍車がかかった。しかし放棄農地も原野から山林へ遷移していったからだ。しかし一方で、かつては森林やその他の植生を支えていた山地が、主にレクリエーション目的だが、都市住民に利用されるようになり、森林の再生が損なわれている。「一九八九年末までにリゾート目的で開発された土地は国土の一九・二％（七二五万ヘクタール）に上る」と、報告している研究もある[*48]。

この開発面積は水田の総面積の二・五倍近くに相当し、ゴルフ場が三〇〇〇から四〇〇〇カ所含まれていた。

工業化が低地にもたらした大きな変化は、都市の発展、産業生産の増加、流通の発達の結果、農地が食料生産よりも直接的な使われ方をされるようになったことである。一九四五年以降もこうした状況は続き、農地の転用が進んだ。さらに、東京湾のような沿岸地帯では沿岸漁業を犠牲にして、埋め立て事業が進められ、わずかながらも日本の国土が広げられた。

こうした埋め立て地は放棄農地と同様に、様々な都市や産業の目的で利用された。こうして、一九四五年以降、道路、鉄道、空港、レクリエーション施設、（産業用）駐車場、倉庫などの面積が増加した。

道路と鉄道は距離、幅、恒久性共に増大した。多くの道路が拡幅されて舗装され、政府は一九五八年の大阪と神戸をつなぐ高速道路の建設を手始めに、アメリカの州間高速道路に匹敵する高速道路網の整備を進めた。同様に、鉄道も改良され、一九五九年には日本が世界に誇る高速鉄道網「新幹線」の整備事業計画に着手した。こうした交通網の発達で、鉄道が占める面積は一九六〇年の六五二・八五平方キロメートルから一九八四年の六六四・六八平方キロメートルにわずかに増えたが、後に自動車の利用が増えると、いくぶん減少した。道路は鉄道よりもずっと数が多いので、占める面積もはるかに広く、一九八〇年に一万四七四平方キロメートルだった面積が、二〇〇五年までには一万四九四〇平方キロメートルになった[*49]。

空間利用の増加がはるかに大きかったのは、住宅やその他の建造物の土地利用である[*50]。一九六〇年には建造物に使われていた私有地は五七〇〇平方キロメートルだったが、一九八五年までには二倍以上の一万二七六三平方キロメートルに増加し、二〇〇五年には一万六〇六二平方キロメートルに達した。

こうした建物に利用された土地は他の都市型の利用地と同様に、ほとんどが元は農地だったので、農地は一九六〇年から二〇〇五年の間に一万二五七〇平方キロメートル減少した[*51]。用途が変更された農地はほとんどが畑だったようだ。水田の面積は高度成長期は三万から三万一〇〇〇平方キロメートルで推移し、二〇〇五年までに二万六九八二平方キロメートルに減少しただけだったからだ。

つまり、産業社会は土地をかつてないほどの規模で非生物的機能に利用し、その規模は拡大の一途をたどったのである。産業社会の土地利用は産業社会を特徴づける様々な品物の生産、流通、消費に必要な空間を提供するが、こうした品物の原料はたいてい生態系のどこか他の場所の産物である。

その他の物質消費

住宅地が増加したことは世帯数が急増したことを反映している。一九五〇年の一六四〇万世帯から一九八五年までには三八〇〇万世帯に、二〇〇五年までには四九〇〇万世帯に増加しているからだ。[*52] しかし、それだけではなく、家屋の大きさがいくぶん拡大したことも反映している。一軒の平均床面積は一九六三年に七二・五平方メートルだったが、二〇〇三年までには九四・八平方メートルになった(表8-4)。

生活水準が向上したことと居住空間が広くなったことは、家屋の広さを示す単位として日本で一般的に用いられている「畳」の数で示すことができる。第5章で述べたように、畳は厚くて弾力のある床マットで、一畳はおよそ一×二メートルある。標準的な大きさの部屋は小から大まで三畳、四畳半、六畳ないし八畳である。一九五〇年以後の半世紀で、一人当たりの畳の数は三倍以上になった(表8-5)。一家族の平均構成人数が一九六〇年以前は四人以上だったが、一九九〇年以降は三人以下になっていることからもわかるように、一人当たりの畳数の増加は、世帯当たりの人数が減少したことをある程度反映している(表8-26)。いうまでもないが、人口が増加していても、世帯数が急増しているので、世帯当たりの人数が少なくなる可能性はある。

さらに、こうした人数の少ない世帯が居住している家も、部屋の数が増えて広くなった(表8-4)。部屋の数が増えて、家も広くなったのは、家庭用器具、家具、その他の耐久消費財の種類と量も増え、それを収納する空間が必要になったからである。こうした状況は多方面に表れている(表8-6)。

物質消費の増大は、様々な繊維製品への需要が増加していることでも示されているが、繊維製品に対する需要の増大は日本の国外資源に対する依存度が強まっていることも浮き彫りにしている。日本の人口が二五%増加していた一九六〇年から二〇〇五年の間に、繊維製品の国内消費は三倍近くに増えたが、この増加を可能にしていたのは輸入だった。繊維製品の輸入は一九六〇年には皆無に近かったが、その後、関税率の調整によって、増加の一途をたどり、年間の輸入量が二〇〇万トン近くに達するようになったのだ。この関税率の引き下げによって、国産の繊維製品は競争力を失い、高度成長期以降は国内の生産量が激減してしまったのである(表8-27)。

表8－26　家庭の人数（1950～2005年）

1950	4.97	1970	3.41	1995	2.82
1955	4.97	1980	3.22	2000	2.67
1960	4.14	1990	2.99	2005	2.60

出典：JSY、1961年、40頁、表20.　JSY、1985年、47頁、表2－17.　JSY、2007年、57頁、表2－16.

表8－27　繊維製品の需要と供給（1960～2006年、単位：1,000トン）

年	国内生産	輸入	国内需要	輸出
1960	1,270	3.7	743	487
1975	1,776	63	1,444	610
1985	1,983	466	1,784	631
2000	1,089	1,692	2,353	439
2004	781	1,913	2,286	436
2005	734	1,865	2,184	417
2006	743	1,913	2,288	391

年ごとの目録が異なるので、「生産＋輸入＝需要＋輸出」にはなっていない。
出典：JSY、1985年、250頁、表6－29.　JSY、2009年、318頁、表8－22.

＊＊＊

要約すると、一九四五年以降の数十年で、国民はかつてないほど広い住宅に住み、物質的に恵まれた生活を享受することができるようになった。農業時代の博識の天皇が見たら、驚き、うらやましがるのではないだろうか。しかし、いうまでもないが、その代償は生態系が払っているのである。日本が国外の資源基盤にかける負担は増加の一途をたどっているのだ。

技術と環境

人口と一人当たりの消費量の話をしてきたが、それに次いで人間が環境に及ぼす影響を決める第三の主要な要因は、人間が利用するための原料を抽出し処理する技術である。この要因は第7章と同様に、鉱業、製造業、漁業、農業、および林業に関して検証することができる。

鉱業

一九四五年以降の鉱業に関連した環境問題は、戦前の問題（職場の健康被害や労災、周囲の環境汚染）と変わりはなかった。しかし、一九七〇年までには、金属鉱業や石炭鉱業は最盛期を過ぎて、輸入に対する競争力を失い、衰退の一途をたどっていた。その結果、産出量が大幅に減少し、健康や環境に及ぼす影響も著しく減少した。

1　労働者に対する影響

石炭鉱業の労災は一九六〇年代の中頃が最悪の時期だった。例えば、一九六三年一一月九日に九州中部の三池炭鉱で爆発事故が起こり、四五八名が死亡するという戦後最悪の炭鉱事故が発生している。さらに一九六五年二月二二日に北海道の夕張炭鉱で起きた爆発事故では六一名、同年六月一日に北九州の福岡付近の炭坑で起きた爆発事故では二三七名の死者が出ている。[*53]

その後も、鉱業（特に石炭鉱業）が危険な職種だったことに変わりはなかったが、鉱山労働者の減少をはるかに上回る速さで、事故による死傷者の数は劇的に減少した（表8－28）。例えば、一九六〇年には重傷を負った鉱山労働者の割合は六％だったが、一九八五年にはわずか一％になり、その後はさらに下がった。しかし、死亡者の割合の減少はこれほど顕著ではなく、もっと緩やかだった。死傷者の数が減少したのは、安全策が改善されただけでなく、最も危険で有害な採鉱方法が用いられなくなった上に、機械の導入が進み、危険を伴う作業が軽減されたからである。

機械化は、当時まだ鉱石やその他の原料を産出していた鉱山の生産を維持する役目も果たした。その結果、一九八〇年までには石炭鉱業も鉄や銅と同様に（鉛と亜鉛は二〇〇〇年までには）衰退したが、わずかながら採れる原油と天然ガスの生産は維持されていた。さらに、必要な労働力はわずかだったが、様々な非金属鉱石（鉱物、特に石灰石）も生産が続けられていた。[*54]

2　生態系に及ぼした影響

鉱業による環境汚染問題は、鉱業の盛衰の後を追うように、激化し、その後に改善に向かう傾向をみせている。戦前と同様に、鉱山周辺の環境悪化、それに対する市民の抗議、政府の規制、鉱山会社のしぶしぶながらの改善という過程を経て、しだいに採鉱と製錬方法が改善され、汚染水や有毒ガスの排出が著しく減少した。渡良瀬川流域に甚大な被害を及ぼした悪名高い足尾銅山に対してさえ、抗議が頻繁に行なわれたわけではなかった。

しかしながら、事態が改善される前には、かなり悪化したのだ。鉱業が環境にもたらした被害は、魚類や下流域の生物相の汚染、製錬所の風下側の樹木などの枯死、人間や家畜の中毒など多岐にわたった。戦後の高度成長で鉱山周辺の住人が受けた被害を如実に示した有名な事例がある。岐阜県から富山県を貫流して日本海に注ぐ神通川沿いに神

表8－28　鉱業の雇用と事故（1950〜2008年）

年	鉱山労働者人数	死亡者数	割合（%）	重傷者数	割合（%）
1950	528,801	933	0.18	42,414	8.02
1955	453,505	850	0.19	26,021	5.74
1960	451,554	760	0.16	27,174	6.02
1970	162,611	266	0.16	11,251	6.92
1985	55,516	92	0.17	562	1.01
2000	18,305	5	0.03	57	0.31
2005	13,658	2	0.01	26	0.19
2008	12,953	3	0.02	26	0.20

出典：JSY、1961年、524頁、表305．JSY、1985年、746頁、表23－11．JSY、2010年、817頁、表26－21．詳しい内訳はJSY、1985年、210頁、表6－2、JSY、2010年、289頁、表8－1に掲載されている。

岡鉱山と製錬所があった。[*55] 鉱山から排出される汚染物質のカドミウムで、特に経産婦に多くみられたのだが、骨のカルシウムを破壊して非常な痛みを伴う「イタイイタイ病」と呼ばれている病気が引き起こされていたことが後に判明したのである。[*56]

一九五〇年代の後半までには、神通川下流のいくつかの地域で多数の女性がイタイイタイ病で苦しんでいた。三井金属鉱業の神岡鉱山周辺の患者に関する医学的調査の結果、一九六一年にカドミウムがイタイイタイ病の原因と特定された。この報告を受けて、富山県は調査を始め、一九六四年には東邦亜鉛の鉱山があった対馬でも患者がいることが判明した。

一九六〇年代が進むにつれて、男性も含めてイタイイタイ病と認定される患者の数が増加し、この病気の研究も進んだ。一九六八年の初めに、富山の被害者団体が三井金属鉱業に対して訴訟を起こし、三月には厚生省（今日の厚生労働省）の研究班が神岡鉱山から出たカドミウムがイタイイタイ病の「原因物質」であると確認した。三井側はすぐに、その報告は「軽率な結論であり、受け入れられない」と主張した。[*57] とはいえ、抗議を鎮めたい三井は被害者の救済のために赤十字に一〇〇〇万円の寄付を行なった。しかし、損害賠償を求める被害者の数が急増し、二つ目の訴訟が起こされた後だが、一九六九年の初めに三井の神岡鉱山はカドミウム中毒説を真っ向から否定した。[*58]

　しかし、そのときまでには、カドミウムをはじめ様々な産業由来の化学物質が極めて危険であると、米や飲用水の汚染例を含めて全国から報告されるようになったので、厚生省は汚染物質の最大許容量を設定して問題に対処しようとしていた。その他の省庁も産業界に汚染物質を除去する装置を確実に設置させるための処置を講じた。

　一九六九年九月に厚生省はカドミウムの最大許容量を飲用水は〇・〇一ｐｐｍ、米は〇・四ｐｐｍと定めた。しかし、農業や産業界の反対に遭って、厚生省は一九七〇年七月に米の許容量を緩め、玄米を一ｐｐｍ、精白米を〇・九ｐｐｍに引き上げた。しかし、東京都は他府県よりもはるかに多くの環境汚染問題と関わってきたので、厚生省が最初に定めた〇・四ｐｐｍの基準を変更しないことにした。[*59]

　こうした規制が設けられたにもかかわらず、大量のカドミウムがすでに土壌に放出されてしまっていたために、それから何年にもわたり収穫された米には緩和された許容量さえも上回るカドミウムが含有されていたので、市場から回収されて、納税者の負担で、国の倉庫に保管されることになった。さらに、産業界が適切な除去装置の設置を怠ったので、カドミウムやその他の汚染物質が環境中に放出され続けた。例えば、一九七〇年九月に労働省は「カドミウム処理工場で、集塵機を備えているものは三四％、廃水処理施設を備えているものは七三・五％に過ぎない」と、報告している。[*60]

　一九七一年六月に神岡鉱山の汚染に対する第一次訴訟で有罪判決が出されたとき、三井の社長は、判決は「科学的正当性」に欠けると主張した。カドミウム中毒説を否定する学者を後ろ盾に、三井の弁護士団は、イタイイタイ病の「カドミウム中毒説」は証明されていないとして、控訴した。

　控訴審が進んでいた一九七二年七月に、三井金属鉱業と日本鉱業協会は自分たちの利益を守るために、県と県の医師会にカドミウム汚染はイタイイタイ病と無関係であるという情報を宣伝した。しかし、翌月、控訴審が一審判決を支持したので、判決の下された翌日、三井側はイタイイタイ病の患者たちとの和解交渉の席で、カドミウムが病気の原因だったことを認め、その二週間後に、残っていた訴訟もすべて示談にすることに同意した。

　こうして、損害賠償と責任の表明を求めた一〇年にわたる闘争が終結した。それから二年後の一九七四年に、対馬と関東北西部の安中《あんなか》で起きていたカドミウム汚染で告訴されていた東邦亜鉛は、会社側の隠匿を認め、被害者側に賠償金を支払うことに同意した。

　こうして法的な問題は解決したかもしれないが、環境に放出されたカドミウムのレベルが下がるまでには何年もかかるだろう。三井は実際には、裁判の結果を受け入れてはいなかった。一九七三年の石油危機後、一九七五年までには日本は景気が後退していたが、公害防止政策に反対する勢力は不況が追い風となり、そうした政策が日本経済を損なうと主張して支持を集めた。こうした状況で、イタイイタイ病は気のせいであるという説を再び持ち出す有識者もいた。一九七五年の春に、三井の経営陣はこうした風潮を背景にして、「汚染病と呼ばれる」イタイイタイ病にはまだいくつもの疑念が残っていると再び主張した。[*61]

このように、法的な問題は解決したが、鉱業側の短期的利益と国民と環境の長期的利益の間の緊張状態はまだ続いていた。汚染物質とその被害がなくなったのは、鉱山が掘り尽くされて、閉山になったからである。

製造業

鉱業の環境汚染をめぐる公害訴訟は後味の悪いものだったかもしれないが、製造業の方が戦後のはるかに大きな環境の汚染源だった。その影響は戦前のパターンを基本的には踏襲していた。高度成長期のかつてない産業の発展が全国に環境汚染をもたらし、その回復には長い時間がかかったのだ。

表8－29が示しているように、一九五五年から八五年の高度成長期の産業発展には二つの重要な側面がある。一つ

は、二倍近くに増加した製造業の雇用数である。この時期に人口は三分の一増加しただけだったので、都市で若者の雇用機会が増えた。もう一つは、一四倍という驚異的な増加を示した製造業の生産高だ。

労働力の供給量と生産高にこのように大きな差がみられるのは、この産業発展で機械化と市場アピールが重要だったことを示している。[*62]市場の変化で変動はあったが、生産高の増加の仕方は様々な工業製品の生産高の推移によく表れている（表8－30）。

環境に関しては、一人当たりの生産性が著しく向上したので、食料需要や食料生産の増大を達成するのに、比較的少ない面積の増加で事足りたことを意味している。その一方、機械による増産のためには、化石燃料（特に石油）の大幅な消費の増加を伴い、汚染物質の排出を増大させた。

製造業の生産量が著しく増えたことは、鉱業と製造業による環境への影響に大きな違いが生じた重要な要因である。つまり、鉱業の影響は国内の環境に限られているが、製造業の規模と機能は、国内だけではなく国外の資源基盤にも影響を与えたことを意味している。

第7章で述べたように、地球規模の資源基盤は本書の範囲を超えているが、日本が環境に与えた影響は、他の工業国の場合と同様に、世界中に及ぶので、製造業が地球の環境に与えた大きな影響を手短に述べておこう。

表8－29　製造業の2つの傾向（1950～2007年）

年	雇用者数（単位：1,000人）	生産高指数（2,000=100）	年	雇用者数（単位：1,000人）	生産高指数（2,000=100）
1950	6,000	–	1991	14,096	101.6
1951	6,290	–	1995	–	95.6
1955	7,570	5.7	1996	12,930	97.8
1965	11,500	21.6	2000	–	100.0
1975	13,460	48.7	2001	10,956	93.2
1980	13,670	67.5	2004	11,500	100.2
1984	14,380	77.4	2005	–	100.8
1985	–	80.1	2006	9,922	105.3
1990	–	99.9	2007	–	108.3

出典：「生産高指数」は「付加価値」を測る基準で、JSY、1985年、1995年、2007年、2010年の「主要統計値」に基づく。数値は2010年版で使用された2000＝100指数に合わせて調整した。1950年から51年の雇用者数はJSY、1961年、46頁、表24. それ以降は、JSY、1985年、72頁、表3－4. JSY、2007年、183頁、表6－1. JSY、2010年、188頁、表6－1. JSY、2010年の表8－4とそれ以前の版に掲載されている雇用者の絶対数はここに挙げられたものと異なっているが、雇用数の傾向は同一であることを示している。

表8－30　特定品目の生産高の傾向（1960～2007年、建設用掘削機を除く単位：1,000台）

年	自家用車	建設用掘削機	交流電動機	テレビ受像機	電子レンジ	FAX装置
1960	165	1,217	5,506	3,578	0	1.4
1980	7,038	57,063	30,389	16,327	1,876	100.4
2000	8,363	91,089	20,986	3,130	2,868	3,212.0
2007	9,945	180,599	15,167	–	575	130

出典：JSY、1985年、234～41頁、JSY、2007年、304～308頁、JSY、2010年、308～313頁に掲載されている表から選択した。

日本の原料輸入は世界の資源消費（特に化石燃料と鉱物）に寄与している。さらに、採掘と製錬の過程は地球規模の汚染と環境の悪化をもたらしている。

また、日本の完成品輸出は人間の空間利用を増加させている。こうした完成品（自動車や電気器具など）の利用はエネルギー消費を増加させ、廃棄物や汚染物質を生み出している。さらに、日本が国外の工場でもこうした製品の生産を行なっているので、海外に産業汚染をもたらしている。

そして、輸出入に伴い原料や製品を輸送することで、輸送用船舶や航空機の建造と運行に必要な資源を消費している。その結果、大気と水質の汚染が悪化している。最後に、製造業がもたらす影響とは直接の関係はないが、最新の技術を備えた日本の遠洋漁船団は世界中で魚資源やその他の海洋資源の減少に拍車をかけてきた。

製造業が国内の環境に及ぼした影響に目を向けると、戦前と同様に、労災や健康被害という形で労働者に影響を与えた。有害な物質や廃棄物の排出、土地の破壊を通して、人間も含めて、生態系に悪影響を与えた。

1　労働者に及ぼした影響

特に鉱業や農林業における雇用の減少という雇用の変化で、危険の多い仕事が大幅になくなったために、労働災害が減少した。しかし、こうした利点は一九五〇年代に新しい産業施設（特に化学工場）が乱立されたことによって、いくぶん相殺されてしまった。

一九五三年までには、化学物質による健康被害や労災が労働争議を引き起こし、政府も調査を始めたが、その後の二〇年間にこうした問題は深刻さを増した。[63] 労働組合の抗議行動、地域の苦難、犠牲者の訴訟などが相まって、地方自治体や国が規制を設けたり、立法措置を取ったりするようになった。その結果、工場経営者は安全設備の設置や製造工程の改善を図るようになる。

こうした変化が相まって、産業事故の発生率や深刻さが長期にわたって持続的に軽減される一因になった。表8－31が示しているように、一九六〇年から一九九〇年の間に、製造業の事故発生率は八六・六％も下がり、事故の深刻さも八二・七％も緩和した。

2　周辺の生態系に及ぼした影響[64]

戦前の場合と同様に、産業が周辺の生物相に与えた被害は三様あった。つまり、人間を含めた動植物が有毒物質によって汚染されたこと、土地利用が非生物的使用に偏っていったこと、さらにそれまでに破壊されていなかった他地域の破壊が進んだことである。しかし、こうした被害が低地に集中していたのは戦前と同じだったが、その範囲ははるかに拡大した。さらに、漁業のところで詳しく述べるが、

表8－31　事故の発生率と重大性（1955～2007年）

年	全産業***		製造業***	
	頻度*	重大性**	頻度*	重大性**
1955	24.49	2.59	–	–
1960	17.43	1.83	9.70	0.81
1970	9.20	0.88	6.07	0.66
1980	3.59	0.32	2.68	0.27
1990	1.95	0.18	1.30	0.14
2000	1.82	–	1.02	–
2004	1.85	0.12	0.99	0.11
2005	1.95	–	1.01	–
2007	1.83	0.11	1.09	0.10

*頻度＝100万人／時当たりの件数
**重大性＝1,000人／時当たりの喪失労働日
***「全産業」には、林業、鉱業、建設業、運輸やその他のサービス業、製造業のすべてが含まれる。
出典：JSY、1961年、529頁、表306．JSY、1995年、779頁、表24－9．JSY、2007年、814頁、表26－20．JSY、2010年、816頁、表26－20.

製造業は河川や沿岸の生態系に特に大きな被害を与えた。戦後の製造業の影響は、三つの大きな要因によって戦前よりも大きくなった。一つは生産規模の著しい拡大で、他の二つは新しい化学製品の増加と製造業が地方に拡散したことである。

自然の生物相が被った被害では、魚類、貝類、海藻、河川、河口域、沿岸地域に生息するその他の生物が受けた被害が、最も広範囲に及び持続的で深刻なものだった。さらに、傷病鳥や落鳥に関する報告が増加している。原因はほとんどが大気汚染だったが、油汚染や果実や種子などの汚染された食物の犠牲になった個体もいた。[*65] 一方、水田や低地が工場の廃水で汚染され、栽培植物や家畜だけでなく、様々な野生動植物にも被害が及んだ。

それよりも産業汚染が周辺の住民に及ぼした影響の方が、歴史記録からはっきりみてとれる。戦前と同様に、工場の増加で最も深刻な被害を受けたのは漁業者だった。工場が河川や海岸沿いに多い上に、大量の廃棄物が河川や海に排出されたからである。その結果、戦後、工場の進出に最初に反対したのは漁業組合だった。

しかし、一九五〇年代の後半までには、製造業はあまりに発展したので、地方と都市とを問わず、社会の他の産業関係者に複雑な問題をもたらしていた。その結果、一九六〇年代が進むにつれて、工場の建設や操業に対して地域住

民の反対運動が頻発した。様々な調査の報告書が作成され、地方自治体は汚染の防止、操業の安全性の向上、工場の増加の抑制を図るために、管轄の範囲内で条例の制定に着手した。

一方、政府はしばらくは干渉するのを嫌がっていた。しかし、一九七〇年の春に通産省が発表した産業廃棄物に関する調査報告に象徴されているように、政府の姿勢は明らかに変わり始めた。通産省は、産業廃棄物の年間排出量は現在は五八五〇万トンだが、一九七五年までには一億二〇〇〇万トンに達するだろうと、報告したのである。さらに、報告書によると、廃棄物の三〇％は廃棄する前に処理されていたが、四〇％は河川や海に投棄されていたのだ。[*66]事の重大さを認識した政府は重い腰を上げて、問題に対処するために法的整備に着手した。

労働組合も同様に、危険な労働環境に対して厳しい批判を行なってはいたが、雇用の拡大を脅かしそうな環境対策に最初は反対した。しかし、一九六〇年代の後半以降は方針を変えて、汚染防止策の強化を要求するようになった。

組合の変化も行政と同様に、最初は地域的なものだった。例えば、労働組合が「汚染防止」を正式に標榜したのは一九六七年の岡山県のメーデー集会だった。[*67]「汚染防止」が掲げられたのは、倉敷市南部の水島港周辺の臨海工業地帯で深刻な汚染問題が起きていたからだ。工場排水が水田や河川を汚染し、瀬戸内海にまで流れ込んでいたが、行政は適切な防止策を取り損ねていた。

それから三年後の一九七〇年に、熊本県南部の八代海《やつしろかい》に面する水俣市にあるチッソ株式会社の化学工場で「労働組合による最初の公害防止ストライキ」が起きた。チッソは日本の最も悪名高い汚染源と思われるが、地元の組合は当初は会社を批判する環境保護論者に反発していたので、このストライキは態度の大転換を示していた。実際、ストライキを契機に、チッソは会社寄りの新しい組合を作った。一九七三年に工場が漁場に及ぼした被害に対して九州の漁業者が抗議行動を起こしたとき、その組合は会社と協力して、その行動を妨害した。[*68]

組合は利害の衝突に悩まされていたが、産業界は「行き過ぎた」規制に断固として反対の立場をとった。産業界は、政治力を使って地方と国の官僚の支持を取り付ける一方で、被害者に対して「自発的に」損害賠償を行ない、抗議運動を鎮めようとした。さらに、一九六〇年代に公害訴訟が頻発すると、被害が及んだことや被害に責任があることをあくまでも否定した。

海洋汚染の悪化は、産業界がそうした否定の根拠にしていた問題だった。原油の輸入量が一九五五年の八五〇万キロリットルから一九六五年の八四一〇万キロリットルへ著しく増加すると共に、輸送と精製を専門に行なう施設も増加した結果、沿岸の製油所、貯蔵施設、石油タンカーやその他の船舶から石油が流れ出す事故が後を絶たず、そうした石油の流出が海洋汚染の大きな原因になっていたからだ。

有名な例と思われるが、石油の輸入増大で、タンカーの大型化と建造数の増加が促された。一九五〇年代初めのタンカーは積載量が二万トンだったが、一九五〇年代の後半までには四万五〇〇〇トンの石油を積載できるタンカーが建造され、一九六二年には積載量が一三万二〇〇〇トンの最初の「スーパータンカー」（日章丸）が運航を開始した。[*69]

しかし、石油の輸入、精製、使用が増加するにつれて、石油流出事故の規模も大きくなった。ある研究によると、一九六六年に瀬戸内海では石油の流出事故で、七三漁業団体が総額五億七八〇〇万円の被害を受けている。[*70]

石油業界が汚染問題に取り組むのを嫌がったのは驚くに当たらない。例えば、一九六六年の瀬戸内海汚染報告書が出た頃、出光興産（タンカーの運行と製油所の操業を行なっている大手石油会社）は大阪と岡山の中間にある姫路に新しい製油所を建設する許可を求めていた。社長の出光佐三は一九六七年一月に新入社員に石油流出問題についてこう語っている。

> 反対運動家が問題にしているスーパータンカーの石油流出や臭い魚はつまらぬことである。[*71]

出光氏にはスーパータンカーの名誉を守ろうとする個人的な強い理由があった。その四カ月前に、当時世界最大のタンカーだった出光丸が進水したばかりだったのである。[*72]

一九六九年までには、製油所が被害をもたらしていたので、通産省は製油所を国内から産油国に移す政策を検討し始めていた。[*73] 収益率の高い事業が失われる可能性に対する業界の反対か、国際収支に及ぼされる悪影響のためか、いずれにしても、その政策は採用されず、その後も、日本に輸入された石油のほとんど（二〇〇七年は八七％以上）は国内で精製されていた。[*74]

この通産省の政策は立ち消えになったが、政府は一連の汚染基準の策定と環境汚染の違反者に対する罰則を設けるために法案の検討を進めた。そして、一九七〇年一一月に臨時国会を召集して、公害問題を審議した。それに対して、日本の産業界を代表する経団連と日本商工会議所がこうした犯罪で有罪になった者に刑罰を科すことに反対意見を述べた。[*75]

しかし、労働省が一二月一日に発表した報告書は間違いなく産業界の立場を庇うものではなかった。報告書には、有害物質を扱っている一万三〇〇〇カ所の施設のうち、「七〇％以上が有毒ガスを除去する設備を備えておらず、一七・六％はシアン化物を義務付けられている処理を行なわずに排出していた」と、記されていたからだ。[*76]

産業界の過失をはっきりと指摘したこの報告書がなくても、世論の流れはすでに変わっていた。一九六七年までには学校で汚染問題が教えられていたし、その後は、汚染やその原因と結果に関する書籍や映画、講演が相次いだ。経済は不況から抜け出そうと躍起になっていたが、一九七五年の春までには、環境庁（今日の環境省）の調査結果で、「日本人の九〇％は大規模開発事業の利点を疑問視している」ということが明らかになった。[*77] こうした世論を反映して、産業汚染を規制する法令が次々と制定される一方で、公害訴訟も法廷で審理が行なわれ、たいてい有罪判決と賠償金の支払いを命じる判決が出された。

　高度成長期が終わりに近づく頃には、製造業に起因する環境問題と抗議行動は減少していた。しかし、二つの不幸な事実もこの減少の一因になっている。多くの漁場が壊滅的な打撃を受けて、放棄されてしまっていたことと、汚染された農地の多くが売却されて、都市型の土地利用に代わられていたことである。

　さらに、様々な汚染防止法の施行によって、必要とされる汚染防止設備を設置する会社が増えたこともある。その結果、一九七〇年代にこうした設備の生産と設置が急増し、新しい汚染防止設備の市場価値は一九七三年に三七四六億円に達し、その後も増加の一途をたどった。[*78]

　しかし、製造業に起因する汚染問題は減少していたが、その他の公害問題が顕著になっていたので、抗議運動が完全に収まったわけではなかった。大きな問題は大気汚染、騒音、専横的な土地収用だったが、こうした問題は主に自動車の増加、道路や鉄道、空港の拡大に関連していた。さらに、原子力発電所の建設に対して、たいてい成功はしなかったが、様々な反対運動が行なわれた。[*79]

　こうした問題の中で広範囲に及び最も深刻だったのは、自動車による大気汚染だった。表8－7が示しているように、主因は数の激増だったが、汚染防止装置が近代化していなかったことも一因であった。さらに、「平均的」日本人の高速道路の利用距離が長くなったことがうかがえるが、実際、表8－32が示しているように、一人当たりの利用距離は一九五〇年から一九九五年の間に八倍近くに伸びている。

　このように自動車の利用が増加したということは、当然のことながら、ガソリンの消費量の増大をもたらし、表8－33が示しているように、輸入量が増加の一途をたどっている原油の最大の消費源になっているだけでなく、その需要は増え続けている。こうしたガソリンの使用量の激増が大気汚染の著しい悪化を招いたのはいうまでもない。自家用車の突出した増加は、個人での移動がしやすくなったことだけでなく、バスや鉄道に代わって、車が通勤やレジャーに利用されるようになったことも示している。

表8－32　輸送量と1人当たりの距離（1950～2007年）

年	旅客の距離（単位：100万km）	人口（単位：100万人）	1人当たりの距離（km）
1950	117,000	83.2	1,406.25
1960	243,000	93.4	2,601.71
1970	587,000	104.6	5,611.85
1985	858,000	121.0	7,090.91
1995	1,388,000	125.6	11,050.96
2000	1,420,000	126.9	11,189.91
2004	1,418,000	127.8	11,095.46
2005	1,411,000	127.8	11,040.69
2007	1,413,000	127.7	11,065.00

出典：JSY、1985年、302頁、表8－4．JSY、2010年、390頁、表12－4.
航空機と船舶による輸送距離は全体の1%に満たないので、ここでは省略したが、1950年の0.97%から2000年の0.24%に減少している。

表8－33　輸入負担としてのガソリンの消費量（1960～2004年）

年	ガソリンの消費量（単位：1,000kl）	原油の輸入量（単位：1,000kl）	原油の輸入量に占めるガソリンの消費量（%）	原油の生産量（単位：1,000kl）
1960	5,280	32,879	16.06	593
1970	21,643	204,871	10.56	899
1985	54,709	197,261	27.73	625
1995	80,784	265,526	30.42	861
2004	79,504	241,805	32.88	834

出典：JSY、1985年、284頁、表7－15、304頁、表8－7、2007年、348頁、表10－12、388頁、表12－7より算出した。

一九六〇年代の後半までには、政府は自動車による大気汚染問題に対処するために、排気ガスの規制を検討していた。そして、一九七二年に環境庁の諮問委員会は一九七〇年にアメリカで設定された自動車の排気ガス基準を採用することを推奨した。委員会の助言に反論して、日本自動車生産者協会は、自動車の排気ガスが大気汚染の主因であることを否定する小冊子を発行した。

　その二年後の一九七四年に、政府が排気ガス規制法を完成しかけていたとき、自動車業界はその施行を遅らせようとして最後の抵抗を試みた。[*80] しかし、一九七〇年代の末までにはこの規制法は施行されることになった。とはいえ、自動車の利用が増加の一途をたどっていることは、自動車による大気汚染が環境問題でなくなったわけではないことを意味している。

漁業

　戦後の日本の漁業は回復、奮闘、順応、成長、衰退の道をたどってきた。その規模は表8－34のデータからうかがえる。

　日本の総漁獲量は資料によって多少異なるが、一九五〇年には、戦前の漁獲量（年間三〇〇万トン）に回復していた。漁師の数は一九五五年の五四万人から一九八〇年代中頃の四〇万人まで減少の一途をたどったが、様々な障害を乗り越えて、年間の漁獲量を一九七〇年には九〇〇万トン近くに、一九八〇年代の中頃には一〇〇〇万トン以上に増やした。しかし、その後は、二〇〇〇年代には五〇〇万トンないし六〇〇万トンに減少し、漁師の数も二五万人を割ってしまった。[*81] つまり、漁師一人当たりの年間漁獲量は三トンから二七トンに増加し、その後、二〇トン台の前半に減少したのである。

　戦後の漁業史は、問題とその対応の点から検証できる。戦後の漁業が直面した最も深刻な問題は、工場建設が全国各地で破竹の勢いで進み、漁場に甚大な被害が及んだことである。漁業で起こった革新や変化のほとんどは、こうした産業汚染の問題に対する直接的・間接的な対応策である。

1　問題

　漁業は日本の産業開発の矢面に立たされた。日本が資源を海外に依存していたからだけでなく、人の居住地である低地のほとんどが海岸に面していたからだ。こうした要因によって、工場はできるだけ深い港湾の近くに建設され、立地条件を満たした土地がない場合は、埋め立てによって、新しい建設用地が創出された。さらに、輸入された原料の積み下ろしや保管、加工、加工された輸出向け製品の積み込みの効率が最大になるように、関連施設の配置が図られ

表8－34　漁業統計（1930～2007年、総漁獲高・輸出・輸入の単位：1,000トン）

年	従業者数（単位：1,000人）	漁船数	無動力の漁船数*	総漁獲高**	輸出***	輸入
1930	–	359,285	323,228	3,136	93	–
1940	–	354,215	279,018	3,428	130	–
1946	–	297,273	237,099	2,075	0.1	–
1950	670	480,340	351,421	3,256	52	–
1955	540	415,588	271,167	4,659	159	–
1960	620	380,728	212,258	5,818	308	–
1965	612	403,250	181,875	6,382	410	667
1970	570	391,789	120,600	8,598	457	760
1975	478	414,745	53,260	9,573	465	1,113
1980	457	449,847	32,781	9,909	513	1,744
1985	432	437,150	24,302	10,425	369	2,315
1990	371	416,067	20,586	10,278	1,147	3,891
1995	–	386,067	13,977	6,768	285	6,755
1998	277	–	–	6,044	–	5,254
2000	–	358,687	11,545	5,736	264	5,883
2004	231	330,807	8,274	5,178	627	6,055
2005	222	325,450	8,118	5,152	647	5,782
2006	212	321,017	8,487	5,131	788	5,711
2007	204	313,397	8,622	5,079	815	5,161

*無動力の漁船（帆船や手漕ぎ）は外洋と淡水用の両方を含む。

**総漁獲高には魚類や貝類などの海洋動物と海藻が含まれている。

***海藻を含む海産物の輸出量はここに挙げた魚介類の輸出量よりもはるかに多い。

出典：（1）「従業者数」はJSY、1961年、46頁、表24、1985年、182頁、表5－51、2010年、264頁、表7－40、（2）「漁船数」はJSY、1949年、244頁、表150、1961年、122頁、表60、1976年、140頁、表99、1985年、185頁、表5－54、2010年、267頁、表7－44、（3）「総漁獲高」はJSY、1961年、124頁、表62、および、1985年と2010年の主要統計値、（4）「輸出と輸入」データはJSY、1961年、246頁、表141、1986年、344頁、表10－6、2009年、279頁、表7－60、2010年、281～282頁、表7－60。

た。

こうした戦略が最も洗練された形で体現されているのは「コンビナート」だろう。コンビナートは、原料を運んできた船舶が、完成品を製造する工場に隣接する貯蔵施設に直接荷下ろしができるように、特別に用意された沿岸の敷地に建設された総合生産施設である。完成品は直接に輸送用のコンテナに詰め込まれ、輸出用は貨物船に、国内用は鉄道の貨車に乗せられる。[*82] コンビナートの効率の良さが明らかになると、各地で建設が相次いだので、産業活動の結果生じる廃棄物で甚大な被害を被る漁業の地域が北海道から沖縄まで全国にわたるようになった。

沿岸水域の環境悪化は、東京湾が著しかった。第7章で述べたように、東京湾とそこに注ぐ河川の汚染は一九三〇年代までには深刻になっていたが、その後も悪化の一途をたどった。[*83] 一九五〇年代の後半には、主に本州製紙の工場から江戸川に排出された廃液で、戦前の汚染が及ばなかった東京湾の千葉県側も汚染されてしまった。一九五八年には漁民による工場への乱入や座り込みなどの激しい抗議行動が起こり、本州製紙は漁民に一九〇〇万円の賠償金を支払うことになった。この抗議行動で、政府も製紙工場に適切な水質浄化装置の設置を義務付けるようになった。

浄化装置の設置によって、製紙工場の汚染は減少したが、埋め立てによって破壊される漁場が増える一方で、その他の様々な工場は汚染物質を東京湾に排出し続けていた。その結果、東京湾の魚介類の生息環境は悪化の一途をたどり、四年後の一九六二年に、東京湾で漁業を営んでいた漁民はついに賠償金をもらって、すべての漁業権を放棄した。

それまでには、隣接する川崎と横浜の漁場はほとんど失われてしまっていたが、一九七〇年の報告書にあるように、湾の入口より外海側の漁場も、産業廃棄物の沖合投棄により破壊が進んでいた。また、一九七〇年代までには湾内でその他の化学物質と共に、高濃度のＰＣＢ（ポリ塩化ビフェニル）が検出されるようになり、一九七二年には湾を挟んで横浜の向かい側にある袖ケ浦の漁民が漁業権を放棄した。それまでには、千葉県と神奈川県と東京都は共同調査を行ない、東京湾は「死の海」と化していると結論を出していた。[*84]

その後も、東京湾が埋め立てが進んで、少しずつ小さくなっている一方で、魚の死体やその他の汚染を裏付ける証拠に関する報告が相次いだ。しかし、いずれにしても、漁民は将来の期待を別の所に求めており、東京湾はすでに重要な場所ではなくなっていた。

残念ながら、他の湾や沿岸の地域も状況は芳しくなかった。西の方では、悪名高いチッソの化学工場が小さな水俣湾に排出した水銀などの有害物質が八代海に広がっていた。[*85] 四国や九州、本州西部の海や湾、沿岸地域と同様に、近くの有明海でも漁獲量が急減していた。
例えば、北九州では八幡製鉄所やその関連産業が何十年にもわたって洞海湾という長い河口域を汚染してきたが、一九五六年にある新聞（西日本新聞）が「洞海湾は日本で最も汚い死の海」だと言い切っている。[*86] 実際、それから数年は漁業が営まれていたが、工場は河口の岸辺に沿って増え続けた。確かに、その成長の活力で、八幡やその他の小さな市が一九六三年に合併して「北九州市」になり、日本の十大工業都市の一つになった。
一方、著しい発展を反映して、河口域や周辺の海の汚染は悪化の一途をたどり、漁獲量は減少し続けた。地域の自治体が容認できる汚染基準を設定して、工場に基準を達成するために必要な設備の設置を義務付けて、洞海湾の再生を図ろうとしたが、一九七〇年までには生物がほとんど生息できない状態になっていた。[*87]
他の地域でも、遅まきながら漁場の保護を図ろうとしていた。最も重要な奮闘がみられたのは、汚染物質を排出する工場と増加の一途をたどる海上交通によって端から端まで汚染されていた瀬戸内海だった。
東端では奮闘は敗北に終わった。大阪は第二次世界大戦以前から著しい発展を遂げていたので、大きな水質の汚染源になっていた。戦後は一九四八年までには、大阪市と近接した堺市の漁場汚染が深刻化しているという報告が出されている。一九六〇年までには、大阪を流れている河川で魚が生息しているのは淀川だけになっていた。一九六九年に、大阪の漁民は埋め立てで消滅しつつあった港湾地域の漁業権を放棄し、賠償金を受け取ることで妥結した。[*88]
その西側では奮闘が続いていた。一九六〇年代は瀬戸内海に船舶からだけではなく、四方八方から石油やその他の汚染物質が流れ込んでおり、その影響は「赤潮」という目に見える形で頻繁に表れるようになった。赤潮はプランクトンが大発生して海水が変色する現象だが、赤潮が発生すると、魚介類に甚大な被害が出る。一九六八年までには、瀬戸内海の漁業の被害総額は三四億円に上っていたと推定されている。[*89]
汚染が悪化するにつれて、漁民の抗議が激しくなり、一九七〇年までには地方自治体と国は汚染の原因や規模を特定して、対策を講じるために、調査を始めていた。例えば、一九七〇年六月に山口県は、瀬戸内海は脱酸素化が著しく進み、広島湾の岩国、大竹など、いくつかの地域は「死の海」と化しているという調査結果を発表している。[*90]
こうした調査の結果、生物が生息できなくなってしまった瀬戸内海の地域が特定され、改善策が策定された。一九七〇年代の初めには石油の流出や他の汚染事故が増加の一途をたどっていたが、全国調査の結果、そうした事故の半数近くが瀬戸内海で起きていたことが判明した。

一九七四年一二月に、岡山県の水島にある三菱製油所で大きな石油流出事故が起こり、四日間で四万キロリットルの石油が流出した。石油は水島から紀伊水道を通って太平洋へ流れ出た。この流出事故による漁業被害は当初は四四億円と推定されたが、その後も被害は拡大し続けて、海の生態系が大きな打撃を受け、漁獲高が減少した。一九七五年五月に、漁業協同組合連合会はおよそ一三四億円で三菱と和解した。[*91] 一九五八年に和解が成立した東京湾の賠償金の七〇〇倍だった。

瀬戸内海で石油の流出事故が頻発するようになると、赤潮、魚の大量死、漁業制限、漁民の抗議運動が増加した。一九七五年までには、漁業組合が赤潮の被害に対して賠償を求める訴訟を起こすようになった。水島の流出事故を契機に、瀬戸内海周辺の自治体は改善策を策定して、政府の対応を要請した。[*92] その後、こうした改善策によって、しだいに被害の規模が縮小し、原生自然の状態に戻ることは望めなかったものの、少なくとも多くの地域で漁業を細々と続けることができるようになった。

九州や四国、本州だけでなく、北海道でも、各地の港湾は瀬戸内海ほどではないにしても、産業汚染に晒されていた。[*93] しかし、それにもかかわらず、前述したように、漁獲高は増え続けたのである。

2　対応策

漁業は資源を破壊されても、抗議運動や賠償請求訴訟の他に、三つの基本的戦略をとることで、存続していた。その戦略とは、より遠洋で漁業ができるような技術の利用、汚染の少ない漁場への操業場所の移動、養殖漁業の拡大である。

技術の利用に関しては、小型の手漕ぎ船や帆船が、ディーゼルや他のエンジンを備えた漁船に急速に取って代わられていった（表8-34）。例えば、一九五五年には、手漕ぎ船と帆船は登録漁船の六五％以上を占めていたが、一九八五年には六％を割っている。その後も低下の一途をたどり、二〇〇五年には二・五％になった。[*94]

漁船や漁網の規模が大きくなると共に、他の装備の機能も向上したことで、漁師一人当たりの漁獲量が増加した。産業汚染によって、沿岸海域の魚の個体群が減少するにつれて、操業域を北太平洋から世界の各海域へ広げることで、漁獲量を増やしたのである。

一方、沿岸海域で小規模な漁業を営んでいた漁師は産業汚染の被害ができるだけ少ない地域で操業するようになった。北海道は日本の海岸線の一五％を占めているに過ぎないが、その周辺海域が好まれる漁場となった。北海道の漁獲高が占める割合は一九八三年の一七％から、二〇〇六年までには二七％を超えるようになった。[*95]

表8－35　捕鯨の漁獲（1933～2006年、クジラの頭数）

年	鯨工船	その他の船	年	鯨工船	その他の船
1933	(5,241)		1975	7,423	2,941
1936	(7,434)		1980	3,279	1,912
1939	(9,760)		1985	429	1,941
1950	2,418	2,914	1990	96	330
1955	8,606	3,258	1995	174	430
1960	15,825	3,824	2000	188	527
1965	18,259	3,374	2003	150	700
1970	12,143	4,744	2005	121	815
			2006	87	1,214

出典：JSY、1949年、239頁、表142、1961年、128頁、表67、1976年、146～147頁、表103、1985年、284頁、表7－15、および304頁、表8－5、2007年、348頁、表10－12、および388頁、表12－7、2010年、274頁、表7－52から算出した。1980年以降の漁獲区分はその他の名称を使っている。

河川や沿岸漁業の衰退に対する第三の戦略は、養殖漁業の振興だったが、[*96] 海水養殖が全体の九〇%を占め、残りが淡水養殖産だった。養殖漁業の生産量は一九五五年の一六万六〇〇〇トンから一九九五年の一三九万トンへ着実に増加を遂げた後、少々減少した。総漁獲量に占める割合は、総漁獲量が減少するにつれて、一九五五年の三・五%から一九八〇年代の一一%近くに徐々に増加し、二〇〇〇年代までには二〇から二五%に達した。

高度成長期後の減少は国際競争を反映しているように思われる。世界の漁業資源が減少するにつれて、日本の漁民は残存する漁場まで太平洋を越えていかなければならない上に、賃金も比較的高いので、漁場に近い漁民や安い労働力が利用できる漁民に価格の面で太刀打ちできないのだ。その結果、日本の水産物は一九六〇年代は輸出が輸入を上回ったが、一九七五年までには輸入の方が多くなり、その後もその差は拡大の一途をたどった。二〇〇五年までには、国内の漁獲量は一九八〇年代の最盛期の半分にまで落ち込み、輸出はわずか六四万七〇〇〇トンに過ぎなくなったが、輸入は五七八万二〇〇〇トン（国内の総漁獲量とほぼ同量）に上った。[*97]

表8－35が示しているように、日本の捕鯨は一九五〇年代に急増し、一九六〇年代に年間の捕獲高が二万頭に達して、最盛期を迎えたが、その後は減少の一途をたどり、一

九九〇年代以降は一〇〇〇頭以下が続いた。

＊＊＊

まとめてみると、日本の漁業は第二次世界大戦から回復して、産業汚染の被害に対処したが、結局は世界的な水産資源の乱獲によって、経済的に有利な立場にある漁民に対する競争力が失われ、規模を縮小せざるを得なくなった。

農業

戦後の農業も漁業と同様に、回復の後、穏やかな成長、そして衰退の道をたどった。その過程で、機械化や作物の変化だけでなく、社会的変化も起きた。さらに、産業汚染の影響や農地が主要な産業中心地から遠ざかる現象もみられた。

1　農村社会について

焼け出された都市の住民や除隊した人々が十分な労働力を創り出してくれたおかげで、農業生産は戦後すぐに回復した。さらに、戦前の大きな社会問題だった小作農と地主の軋轢はアメリカの占領政策によって取り除かれた。小作農に地主からインフレ以前の価格で借地を買い取らせる、事実上の土地収用を行なったのだ。一九五五年までには、農地のほとんど（九一％）が自作農によって耕作されていた。[*98]

その頃には、農業の生産高は戦前の水準を超えるまでになっていた。その後の総生産高の増加は大したものではなかったが、一人当たりの生産量は急増して、この時期で最も顕著な変化を農村にもたらした。それは農業人口の激減だった。何を含めるかの基準によって数値は異なるが、どの数値も同じ傾向を示していた。表8－36が示すように、一九五五年には成人の農業人口は三六三〇万人（成人総人口の六一・一％）だったが、二〇〇五年にはわずか八四〇万人（同七・六％）になってしまったのだ。これは七七％の減少である。さらに、一九六〇年でさえ、専業農家はわずか三八％に過ぎなかったのだが、一九八五年には二七％を割り込んだ。しかし、その後は都市経済が不況になると、増加に転じ、二〇〇八年には三八％を超えた。

人数のみならず、世帯数でも、専業農家は急速に減少した。一九〇六年の専業農家は日本の五四〇万農業世帯の七一％を占め、一九三五年でも五五〇万世帯の七四％を占めていた。[*99] しかし、表8－37が示しているように、戦後は両方の傾向が逆転した。さらに、農家の総数が一九五〇年から一九八四年の間に二八％減少し、専業農家の数は八〇％近く減少した。兼業農家に転向した農家のほとんどが、高

表8－36　農家の成人人口（1950～2008年、単位：1,000人）

年	総成人人口*	成人農家人口*	農家の割合（%）	専業農家	専業農家の割合（%）
1950	53,872	(37,700 est.)	70.0	–	–
1955	59,478	36,347	61.1	–	–
1960	65,352	34,411	52.7	13,096	38.1
1985	94,974	19,839	20.9	5,276	26.6
1995	105,425	12,037	11.4	3,732	31.0
2000	108,224	10,467	9.7	3,549	33.9
2005	110,193	8,370	7.6	2,746	33.0
2008	–	7,295	–	2,784	38.2

*「成人」とは、1960年から1985年の農家については16歳以上、1950年から1955年と1985年以降については15歳以上。国民総人口については15歳以上（JSY、1961年、26頁、表11．1985年、44頁、表2－13、2010年、56頁、表2－12）。

出典：割合はJSY、1961年、78頁、表37、1985年、151頁、表5－4、2010年、237頁、表7－4から算出した。

表8－37　農家の数（1947～2008年、単位：1,000世帯）

年	総数	専業農家	割合（%）	兼業農家	
				農業主体	農業以外主体
1947	5,909	3,275	57.4	1,684	951
1950	6,176	3,086	50.0	1,753	1,337
1965	5,665	1,219	21.5	2,081	2,365
1984	4,473	605	13.5	689	3,179
1985	4,376	626	14.3	(3,750)	
1990	3,835	592	15.4	(3,243)	
1993	2,835	447	15.8	429	1,959
1995	2,651	428	16.1	(2,224)	
2000	2,337	426	18.2	(1,911)	
2005	1,963	443	22.6	308	1,212
2008	1,750	410	23.4	(1340)	

出典：JSY、1961年、71頁、表36．JSY、1985年、149頁、表5－1．JSY、1995年、223～224頁、表6－1、6－3．JSY、2010年、235～236頁、表7－1、7－3．

表8－38　耕地面積の推移（1935～2005年、単位：1,000ha）

年	全体	水田	畑	年	全体	水田	畑
1935	6,009	3,193	2,816	1980	4,706	2,769	1,475
1946	4,945	2,836	2,109	1985	4,577	2,665	1,493
1955	5,140	2,847	2,001	1990	4,361	2,542	1,465
1960	5,324	2,965	2,035	1995	3,970	2,293	1,380
1965	5,134	2,968	1,770	2000	3,734	2,162	1,315
1970	5,109	3,046	1,600	2005	3,450	2,002	1,225
1975	4,783	2,800	1,486				

出典：1935年から1946年は、JSY、1961年、80頁、表38、1955年から1975年は、1985年、154頁、表5－11。1985年から2005年は、2007年、235頁、表7－8。データセットが異なると、数値も異なり、経年に伴う解析の区分の変化で数値も変化しているが、ここに挙げた数値は控えめのきらいがあるにしても、おおむね一貫していると思われる。

度成長期の後半までには、かろうじて農産物の生産に携わっているに過ぎなかった。実際は、兼業農家は経済的な理由ではなく、自ら選んで、これまでどおりに農家の屋敷に住んでいるが、農家ではなかったのだ。

兼業農家へ転向する農家の急増は、江戸時代に農民が農閑期に町へ働きに出かけた「出稼ぎ」を思い起こさせる（第6章を参照）。兼業農家への転向と出稼ぎの両方が可能だったのは、日本は低地の人口密度が高く、都市と農村が混ざり合っているので、賃金の高い仕事がある都市へ農村から通うことができたからである。

しかし、一九八〇年代の後半に高度成長期が終焉を迎えた後、一九八四年から二〇〇五年の間に二〇〇万人近くを数えた農業収益の低い農家の多くが、世代交代を契機にして、あるいは経済的理由などで農地を売却して、離農してしまった。専業農家に近い兼業農家ほど、都市の不況に対して強かった。こうした農家は都市の仕事を辞めて、農業に戻る家族が多かったからである。

2　農業の推移

戦後、農地や農民の数は長期にわたって大幅に減少したが、耕地面積の動向との相関はわずかである。耕地面積は一九四六年に一旦少なくなった後、一九六〇年頃まで多少増加したが、その後は、しだいに減少していった（表8－

表8－39　特定の農機具（1955～93年、単位：1,000台）

年	乗用トラクター			田植機	農業用トラック
	全	小	大		
1955	–	–	–	–	–
1965	19	–	–	–	418
1971	267	188	79	46	1,015
1976	721	372	349	1,498	1,246
1984	1,650	469	1,181	1,672	2,051
1990	2,142	643	1,500	1,983	–
1993	2,041	402	1,639	1,866	–

出典：JSY、1985年、158頁、表5－17．JSY、1995年、232頁、表6－17．

38）。

農業生産高（特に畑作物）の動向の方が耕作面積の増減と密接に関連している。ある地域で生産が減少しても他地域の生産が増加して相殺されていたので、全体的には、農業生産高は安定していた。その安定は、一人当たりの生産性が大幅に上がったことで、農業人口が著しく減少したにもかかわらず、維持されていたのだ。この生産性の向上は機械化によるところが大きいが、国際競争の影響を受けにくい食料品を統合的に生産するようになったことも一役買っている。

表8－39の農機具の推移から、機械化は一九六五年から八四年の二〇年間に一番急速に進んだことがうかがえるが、それは国の政策を反映している。一九六一年に政府は機械化と農業化学品の使用を促進することを目標とした「農業基本法」を公布したが、政府の支持層である産業界に歓迎される政策だったことは明らかだ。[*100]

この機械化で省力化が進み、農業人口の急速な減少がもたらされたが、表8－40が示しているように、日本の人口と一人当たりの食料消費量が急増していたにもかかわらず、畑作物の生産量の増加を維持することにはつながらなかった。それどころか、一九五〇年から六〇年代に、全国的に緩やかな収穫量の増加がみられた後、高度成長期の後半から作物生産量の減少が顕著になった。一般的に、レタスや

表8－40　作物生産高（1930～2007年、単位：1,000トン）

年	米	他の穀類	小豆とインゲン豆	白菜	レタス	ホウレンソウ
1930	10,031	1,683				
1940	9,131	2,662	–	–		–
1950	9,651	2,546	128	423		82
1955	12,385	2,895	291	587		156
1960	12,858	3,831	312	998	–	231
1975	13,165	2,521	155	1,607	258	346
1985	11,662	1,252	141	1,478	459	383
1995	10,748	662	138	1,163	537	360
2004	8,730	1,059	118	888	509	289
2005	9,074	1,058	105	924	552	298
2007	8,714	1,105	88	918	544	298

出典：JSY、1961年、90～91頁、94～95頁、表44、1985年、160～161頁、表5－19、2010年、244～245頁、表7－15から選び出した。

ホウレンソウのような傷みやすい作物は国内生産の方が有利だったが、海外の方が安く栽培できて、品質を落とさずに日本へ出荷できる作物（特に穀類や豆類）は、国内生産は振るわなかった。一方、米の生産は主に特別関税制度のおかげで、比較的にうまくいっていたが、高度成長期後には大幅に減少した。

食料生産の集約化は、畜産の分野で特に顕著だった。食料生産量の最も著しい絶対利得が達成されたからだ。表8－41が示しているように、日本では、特にブタやニワトリは家族飼育から工場飼育へ移行していた。[*101]

原乳は一九五〇年に一三万三〇〇〇軒の農家（一軒当たりの乳牛は一頭から二頭）が三六万七〇〇〇トン生産していたが、一九七五年までには一六万軒の農家（一軒当たりの乳牛は一一頭）が四九六万トンを生産していた。そして、二〇〇五年には二万七七〇〇軒の大規模酪農場（一軒当たりの乳牛は六〇頭）が八二九万トンの原乳を市場に出荷していた。[*102]ちなみに、一九五〇年には一頭の乳牛が年に一・八五トンの原乳を生産していたが、二〇〇五年までには五トンに増加していた。

一方、農業技術の変化で割を食ったのはウマであろう。第7章で述べたように、二〇世紀の初めにウマの需要が著しく増大したが、戦後は減少した。例えば、一九五〇年には九〇万五〇〇〇軒の農家が一〇七万一〇〇〇頭を飼って

表8－41　牧畜（1950～2008年、単位：1,000軒）

年	酪農		肉牛		養豚		鶏卵		肉用鶏	
	世帯	頭数	世帯	頭数	世帯	頭数	世帯	頭数	世帯	頭数
1950	133	198	1,986	2,252	459	608	3,754*	16,545*		
1960	410	824	2,031	2,340	799	1,918	3,839*	52,153*		
1975	160	1,787	474	1,857	223	7,684	560	154,504	12	87,659
1985	82	2,111	298	2,587	83	10,718	124	177,477	7	150,215
1995	44	1,951	170	2,965	19	10,250	79	193,854	4	119,682
2005	28	1,655	90	2,747	7	8,088	68	145,704	3	102,520
2008	24	1,533	80	2,890	7	9,745	3**	181,664	2	102,987

*1950年と1960年の養鶏農家はレイヤーとブロイラーの合計である。
**2005年以降は1,000羽以下の養鶏農家は含まれていない。
出典：JSY、1985年、164頁、表5－23．JSY、2007年、244頁、表7－17、7－18．JSY、2010年、248頁、表7－17．

いたが、一九八五年までには九三〇〇軒の農家が二万三〇〇〇頭を飼育しているだけになった。その後、ウマの数は横ばい状態が続いた後で、少し増えて二万七〇〇〇頭になったが、ウマの飼育農家は減少の一途をたどり、一九九三年には五〇〇〇軒になった。[*103]

3　環境問題について

一九四五年以降に農業が環境に及ぼした影響は、二つの理由でかつてないほど少なかった。一つには、それ以前は農民は木材や肥料などを森林に大きく依存していたが、第二次世界大戦から復興した後は、森林の利用率が減少の一途をたどり、森林を自力の再生に任せるようになったからだ。

二つ目には、北海道の「開拓」に至るまでの人間と森林の長期にわたる関係の歴史には、低地の森林を農地に変えることが必ず登場するが、一九四五年以降の農業は森林を農地にほとんど変えていないからだ。それどころか、牧草地、果樹園、耕地を合わせた農地の総面積は一九六〇年頃に六〇〇〇万ヘクタールと最大に達した後、一九八五年には五四〇〇万ヘクタール、そして二〇〇五年には四六〇〇万ヘクタールへ著しく減少しているのだ。[*104] 消えた農地の大部分は、前述したように、他の用途に利用されたが、一部（特に林縁にある利用しにくい土地）は自然植生に戻った。

一方、農村にもたらされた科学技術の変化は、農民、農地、その隣接地域の環境に二つの負の影響を与えた。都市における化石燃料の利用に比べれば、大したことはないが、化石燃料を使う農機具が大気汚染に拍車をかけたことは否めない。さらに、農薬（主に殺虫剤と除草剤）の普及は大気汚染だけでなく、水質汚染の一因にもなった。[*105] そして、その被害は海洋生物や鳥類、周辺の植物だけでなく、農薬を使用した農民や食品に残留する農薬を摂取した消費者にも及んだ。

例えば、一九六七年の初めに発表された医学報告書に、「殺虫剤などの農薬を使っている農民の四〇％以上が化学薬品中毒の症状を示している」と、記載されている。また、その三年後には、茶の名産地として知られている静岡県の緑茶から許容量の一〇倍を超えるＤＤＴ（有機塩素系の殺虫剤）が検出された。[*106] こうした調査結果を踏まえて、政府が農薬使用の規制を強めたので、これらの問題は改善され始めた。

農薬よりもはるかに大きな被害をもたらしたのは、様々な工業生産物や工業が利用する物質だった。前述した漁業関連の汚染問題のように、産業界にも化学薬品による汚染被害を認識し、問題に取り組む意欲を持っていた経営者はいたが、損得勘定には勝てなかった。

工業的化学薬品の問題には、農家や農作業に及ぼす被害と農産物を通じて消費者にもたらされる被害の二つの側面があった。特に悲劇的な後者の事例が一九五五年に起きた。その年の六月に西日本で、嘔吐する幼児が続出し、中には激しい痛みを伴う胃の病気で死亡する幼児も出た。八月までには、岡山県が行なった調査で、幼児の病気は粉ミルクに入っていたヒ素による中毒症と特定された。そして、このヒ素の入ったミルクは森永乳業の徳島工場で生産されたことが突き止められた。この工場では「粉ミルクの乳質安定剤として安い代替製品」を使用していたのだが、「工業用」と表示されたその代替品にはヒ素が含まれていることが判明したのである。[*107]

森永は誤りを正したが、賠償請求問題に発展した。会社側は請求額は支払えないと拒否した。被害者家族のほとんどは政府のわずかばかりの賠償金を受け取ることにしたが、一部の家族は訴訟を起こし、それが何年も続くことになった。一九六三年一〇月に下級裁判所は被告の森永に無罪判決を下したが、原告は最高裁判所に上告した。それから六年後の一九六九年二月に（その頃には産業汚染は大きな社会問題になっていた）、最高裁は過失で告訴された二人の管理職の却下請求を棄却して、徳島地方裁判所に差し戻した。そこで、裁判は一九七三年一一月までさらに四年間も続いたが、ヒ素入り原料の使用を許可した森永の製造課長一人の刑事過失を認め、懲役三年間の判決を言い渡した。[*108]

しかし、食物汚染の被害は人間に限ったことではなかった。例えば、一九六八年に西日本で汚染された餌を食べた一〇〇万羽のニワトリが具合が悪くなり、半数が死亡している。また、一九七二年から七三年には同じく西日本で、合成飼料を食べたために、病気になったり、死亡したりするウシや奇形の子ウシを産むウシが続出した。その数カ月後には、汚染された飼料を食べたブタが奇形の子豚を産んだり、死産をしたりしている。[109]

さらに、「従来型の」産業被害で苦しむ農民も後を絶たなかった。第7章で述べたように、鉱山や製錬所、製紙工場は田畑よりも上流にあることが多かったので、何十年にもわたって全国各地で農業被害をもたらしてきたが、戦後もこうした問題はなくならなかった。

例えば、群馬県の安中では、「東邦亜鉛」の鉱山と製錬所が、一九五〇年代の中頃から汚染物質を大気中や河川に排出して、農地、果樹やクワの木、カイコなどに深刻な被害を与えていた。さらに、一九六〇年代から七〇年代に酪農業が盛んになると、鉱山から排出された汚染物質（特にカドミウム）が牧草地を汚染し、その牧草を食べた牛のミルクに汚染物質が取り込まれて、前述したように全国に広がっていたイタイイタイ病など、消費者に被害を引き起こしていた。[110]

鉱山や製紙工場の廃棄物よりも厄介な問題は、昔から農地と都市が混在している地理的状況の結果だった。農地と都市が混在していると、工場の増加に伴い、その汚染に晒される農地も増加するからだ。しかし、同時に、産業の発展で、地価が上がり、雇用が創出される利点もあった。その結果、都市に近い農地では農業は困難になったが、離農はしやすくなった。

こうした状況の中で、水質や大気、土壌の汚染によって作物が売り物にならなくなるような被害を被る農民が増えるにつれて、抗議行動や集団訴訟を起こし、汚染企業の「自発的な」賠償金を受け取る場合もあった。しかし、年月が経つにつれて、特に世代交代に伴い、離農して他の仕事に就く農家が増加した。

こうした傾向が続くうちに、都市周辺から多くの農地が失われる一方で、都市のスプロール化が進み、全国で農地の分布が変わり始めた。漁業が北海道では発展していたが、東京湾や大阪湾では破綻してしまったのと同様に、農業も東京や大阪などの都市圏では北海道よりも衰退がはるかに速かった。その結果、表8‐42が示しているように、北海道や他の数県（主に東北地方）が国内の農業生産の大半を担うようになった。[111]

＊＊＊

表8－42　農業人口と地域別耕地面積の変化（1960～2005年、特定の県について）

県	1960	1985	2005	残存率（%）
A．農業人口（単位：1,000人）				
日本全国	34,546	19,839	8,370	24.2
北海道	1,435	472	212	14.8
秋田	767	490	263	34.3
福岡	977	553	229	23.4
高知	425	193	78	18.4
静岡	1,095	613	78	18.4
神奈川	463	229	74	16.0
大阪	460	232	52	11.3
東京	320	124	32	10.0
B．耕地面積（ha）				
日本全国	6,375,084	5,379,000	4,692,000	73.6
北海道	1,231,574	1,185,000	1,169,000	94.9
秋田	156,497	161,600	151,300	96.7
福岡	130,775	111,000	88,300	67.5
高知	55,684	39,300	28,900	51.9
静岡	129,632	96,000	73,500	56.7
神奈川	57,693	28,200	21,100	36.6
大阪	38,956	19,900	14,500	37.2
東京	35,094	12,500	8,340	23.8
C．水田面積（ha）				
日本全国	2,940,003	2,952,000	2,556,000	86.9
北海道	185,755	258,100	227,700	122.6
秋田	107,540	137,200	131,200	122.0
福岡	96,993	83,300	68,900	71.0
高知	31,733	28,300	21,700	68.4
静岡	53,057	33,300	24,200	45.6
神奈川	16,667	6,630	4,280	25.7
大阪	29,609	14,200	10,700	36.1
東京	6,590	782	325	4.9

出典：Aの割合は、JSY、1961年、78頁、表37、1986年、152頁、表5－6、2009年、234頁、表7－3から算出した。BとCの割合は、JSY、1961年、80頁、表38、1986年、155頁、表5－12、2009年、238頁、表7－9から算出した。

表8−43　山林面積と所有者（1939〜2005年、単位：1,000ha）

年	総計	国有林	その他の公有林*	林業家	その他の私有林*	森林再生法人
1939	23,993	7,651	1,369	(14,972)		–
1946	20,400	7,562	3,041	(9,798)		–
1951	24,746	7,873	3,488	(13,384)		–
1960	24,403	7,484	2,769	6,403	7,748	–
1970	24,483	7,438	2,854	6,701	7,490	291
1980	24,728	7,385	2,626	6,760	7,340	617
1990	24,621	7,301	2,681	6,752	7,042	844
2000	24,490	7,240	2,776	5,715	7,767	994
2005	24,473	7,211	2,817	(13,434)		1,010

*「その他の公有林」は主に県や市町村の所有林。「その他の私有林」は主に会社や寺社の所有林。総計は内訳の合計になるとは限らない。
出典：JSY、1961年、108〜109頁、表52. JSY、1985年、174〜175頁、表5−34、5−36. JSY、2007年、254〜255頁、表7−28、7−29. JSY、2010年、258頁、表7−28.

戦後、農業人口が減少の一途をたどったのは、主に農業の機械化が進んだからだが、国民の食生活の変化や国際競争に応じて農作物の種類が変化したことも、その経済的要因になった。農村の衰退が政治的影響力の低下をもたらし、その結果、外国の圧力によって保護関税が引き下げられるようになったために、最近の数十年は国際競争が激化した。

農業が環境に及ぼした影響は、都市の産業汚染の被害を被る一方で、汚染を生態系に広める役割を果たしたが、それほど大きいものではなかった。

林業

戦後の日本の林業は、漁業や農業とほぼ同様な道筋（戦争からの回復、発展、衰退）をたどった。しかし、発展期は漁業や農業より短く、その分、衰退期が長くなり、衰退の程度も大きかった。この他にも異なる点がみられたが、それは三者の生物群系における生物学的特徴や人間の利用の違いを反映していた。

日本では、森林のほとんどが人間が他の用途に利用できない急峻な山地にあるという事実を反映して、表8−43が示しているように、山林の総面積や公有林と私有林の割合は一九四五年以降もほとんど変わっていない。それどころか、一九六〇年代から八〇年代の間に山林面積は減少し始める前に、わずかだが増加した時期もあった。

日本の森林は農地の五倍も面積がある豊かな地域だが、森林の樹木が晒されている自然の脅威、人間社会を守る森林の役割、物質（特に木材）の供給の三つの観点から検証してみよう。

1　自然の脅威

いうまでもなく、生物群系にとって、最大の脅威は人間だが、森林も漁場と同様に、侵略的生物の被害を受けやすい。近年、日本の森林に大きな被害をもたらしている自然の脅威は、昆虫が媒介するマツノザイセンチュウである。[*112] 一八六〇年代から七〇年代に海外から九州南部に持ち込まれて以後、北東へ分布を広げ、一九八〇年代には東北地方のマツ林でも感染が確認されている。この時期までには、一年に数百万本のマツを枯らしたので、マツ林は他の樹種や植物に取って代わられていった。その結果、木材が損なわれただけでなく、保護林の機能の低下にも影響が表れた。マツは乾燥した土壌を固定するのに極めて重要な役割を果たしているからである。

2　保安林の機能

日本の森林のほとんどが、人が暮らす沖積平野の上にそびえる険しい山地にある温帯林なので、低地に甚大な被害を及ぼさないように雨や雪解け水の流れを抑えるという大きな機能を果たしていた。この機能は昔から明らかだったので、江戸時代から保安林業は森林政策の重要な側面だった。

この伝統は一九四五年以降も続いている。一九五一年には二四〇万ヘクタールの森林が保安林に指定されて管理されていたが、一九八〇年までにはその面積は七三〇万ヘクタール、そして二〇〇六年までには一一八〇万ヘクタールに拡大し、日本の総森林面積の半分近くを占めるまでになった。[*113] 保安林に指定されて管理されている森林の半分は国の森林で、残りの半分は私有林である。[*114] そのうち六〇%から七〇%が水源地を保護する役目を担い、残りは脆弱な土壌を浸食から守る目的を持っている。

費用に関しては、洪水や他の被害を減らすためのダムや擁壁の建設費が大部分を占めている。保安林の保護政策を実行するのは、政府にとってかなりの費用がかかるだけでなく、その額は増大している。かつては木材を売却した収益で管理費の大部分を賄えたが、この数十年は木材の収益が減少したので、その負担は納税者にかかっている。

こうした保安林でも、該当規則にのっとっていれば、伐採が行なわれることがある。そして、その他の森林は主に木材（製品）を生み出してきた。じつは、山林の所有者にとっては木材生産こそが森林の重要な用途なので、林業の

表8－44　特定のその他の森林産物（1950～2007年）

年	竹（単位：1,000束）	木炭（単位：1,000トン）	薪（単位：1,000㎥）	薪炭用輸入材（単位：1,000㎥）
1950	–	1,866	–	–
1955	13,900	2,089	–	–
1960	13,465	1,504	–	14,756
1965	12,846	593	2,957	6,241
1970	11,052	178	1,032	1,965
1975	10,494	70	339	398
1980	8,965	35	151	843
1985	7,479	32	138	246
1990	6,822	35	165	152
1995	3,941	70	161	389
2000	2,008	57	80	707
2004	1,372	38	37	859
2005	1,290	35	37	842
2007	1,143	30	36	830

出典：JSY、1961年、116頁、表58．JSY、1976年、129頁、表86．JSY、1995年、254頁、表5－45、6－46．JSY、2010年、261～262頁、表7－34、7－35．

最も激しい浮き沈みが起きたのは木材生産の分野である。

3　物質的供給

森林の生産物の一部にとって、市場価値と量を決める重要な要因は、他の材料で代替できるかどうかである。表8－44が示しているように、最も長い間使用されてきた産物の中で、特に竹と木炭と薪は一九六〇年代以降、使用量が著しく減少した。

竹は様々な用途に使われてきたが、金属とプラスチックに取って代わられた。木炭と薪は種々の熱源に利用されてきたが、化石燃料や電気に取って代わられた。木炭の生産量は一九五一年に最盛期を迎えた後、一九五〇年代の後半から急減し始め、一九六五年までには一八八〇年代の生産量以下になった。[*115] 薪も一九五一年に最大生産高に達した後、他の燃料が手に入るようになると急減した。[*116] 終戦直後は燃料用の木材が大量に輸入されたが、その輸入量も一九八〇年までには激減していた。しかし、少ないとはいえ、その後も残された市場を独占していた。

一方、木材はほとんどが建築用材だった。燃料用材と比べると、建築用材の需要の方が堅調だった。表8－45が示しているように、木材の総生産量は一九五〇年の二〇三〇万立方メートルから一九六〇年の四八五〇万立方メートルに急増したが、その後まもなくして頂点に達すると、減少

表8－45　木材の生産量と輸入量（1950〜2007年、単位：1,000㎥）

年	全供給量	国内総生産*	国内木材	輸入木材**
1950	31,821	–	20,338	–
1955	48,029	–	42,794	2,547
1960	71,467	63,762	48,515	7,705
1965	76,798	56,616	49,534	20,155
1970	106,601	49,780	45,351	56,821
1975	99,303	37,113	34,155	62,190
1980	112,211	36,961	34,051	75,250
1985	95,447	35,374	32,944	60,073
1990	113,242	31,297	29,300	81,945
1995	113,698	24,303	22,897	89,395
2000	101,006	19,058	17,034	81,948
2005	87,423	17,900	16,166	69,523
2007	83,879	19,313	17,650	64,565

*「国内総生産」は他の用途に用いられる用材と木材を合わせたものである。

**「輸入木材」には材木と燃料用材が含まれる。

出典：1950年から1955年はJSY、1961年、116頁、表58、および207頁、表109からとった。それ以降の「国内木材」はJSY、1985年、179頁、表5－44、2010年、261頁、表7－34からとった。1955年以降の「輸入木材」、「全給量」、「国内総生産」はJSY、1985年、180頁、表5－46、2010年、262頁、表7－35からとった。


し始め、一九八〇年には三四一〇万立方メートル、二〇〇〇年以降は一六〇〇万から一七〇〇万立方メートルに落ち込んだ。この生産量の変化は、戦後の復興期と高度成長期の建築ブームとその後の景気後退を反映していた。木材の需要は鉄筋コンクリートの使用が増加しなかったならば、もっと伸びていただろう。マンションが増えたことで木造住宅に対する需要が減った上に、高度成長期に急増した工場や超高層ビル、大型マンションの建設に大量に使用されたのは木材ではなく、鉄筋コンクリートだったからだ。*[117]

こうした表から読み取れる傾向は他の要因（木材の入手可能性、新技術、生産費の変化と輸入量、再生利用）も反映している。

●木材の入手可能性

木材を収穫できる可能性は、生物学的条件と地理的条件によって決まった。漁業や農業の生産量と林業の生産量を区別する生物学的要因は、養殖漁業や牧畜業は収穫物をわずか数年で再生することができるが、林業は苗木を大径木に育てるのに数十年を要することだ。農作物はたいてい毎年、収穫することができる。したがって、一九五〇年代から一九七〇年代には伐採後に欠かさず植林が行なわれたが、そうした植林地から再び木材が収穫できるようになるのは二〇〇〇年以降だろう。

原生林が十分に残っていたとしても、再び収穫できるようになるまで長い時間がかかるのは問題だった。木材用の林地がすべて同じように通いやすいわけではなかったからだ。伐採が進むにつれて、林業者は木材の切り出しの困難さと費用が増大する険しい奥山へ入っていかなければならなくなった。

一九三〇年以降の伐採と植林の規模、特に一九四〇年代から五〇年代に植林された同齢単一樹種の「人工再生林」の規模は表8-46に示してあるが、表をみると、一九六〇年代以降、伐採も植林も著しく減少していることがわかる。

植林地が拡大したのは、国内の森林が乱伐されていたことや政府の自給率の最大化政策と相まって、一九四五年以降に安い労働力が利用できるようになったことで、各地で植林が行なわれたからである。一九四〇年代の後半には、毎年七万ヘクタールの植林が行なわれ、一九五〇年代には三〇万ヘクタール以上に急増したが、一九六〇年代の後半以降、著しく減速した。その結果、一九四〇年に四〇〇万ヘクタールだった植林地は一九六五年までには七六〇万ヘクタールになり、一九八五年には一〇〇〇万ヘクタールを超えた。こうした植林地は多様な成熟段階にある樹木があったが、その八〇%はスギ、ヒノキ、カラマツなどの針葉樹林である。[*118]

また、密植された人工林（特にスギやヒノキ林）は雪害

に弱いので、スギやヒノキの植林は主に西日本（特に四国や九州）で行なわれており、北海道や東北地方ではほとんどが自然再生だった。[*119] 北日本の森林再生事業では、植林後の数年間は競争相手の植物を取り除いて、植林した樹種が成熟できるように世話をしたのだ。

高度成長期の後半までには、間伐が必要になる植林地が増加の一途をたどっていた。しかし、人件費の上昇や、薪や小径木の需要の減少に加えて、安価な木材が輸入されるようになったため、間伐は採算がとれなくなってしまった。林道の整備、助成金の増額、エンジン付き三輪間伐機の導入のような対策を講じたにもかかわらず、間伐は採算が合うようにはならなかった。[*120] その結果、一九八〇年代以降は植林地は一段と混み合い、風倒したり雪害に弱くなったりした。

●科学技術の変化

木材業者が険しい山地の奥まで入り込まざるを得なくなり、木材を切り出す困難さが増大していたことを考えると、一九七〇年代まで、これほど高い生産力を維持していたのは驚くべきことのように思われる。木材生産に重要な設備や機械（製材所、森林鉄道、トラクターで牽引するそりなど）は一九四〇年以前に導入されていたにしても、生産力の維持に技術は重要な役割を果たしていた。

表8－46　伐採地と再生した森林の面積（1913～2006年、単位：1,000ha*）

年	伐採面積		再生面積				全伐採地に占める人工再生林の割合（%）
	合計	私有林	合計	人工再生林**	自然再生林	私有林	
1913	–	–	149.1	149.1	–	–	
1920	–	–	531.6	85.1	446.5	–	
1930	359.0	–	328.5	102.1	226.4	–	28.4
1940	545.1	–	396.3	152.8	243.5	–	28.0
1950	539.9	290.7	536.6	249.8	286.8	343.6	46.3
1955	660.8	311.8	582.7	380.3	202.4	392.6	57.6
1960	697.4	347.1	539.6	392.0	147.6	350.9	56.2
1965	485.8	230.8	469.7	362.7	107.0	256.8	74.7
1970	383.1	204.3	431.3	347.8	83.7	214.8	90.8
1975	316.4	145.6	305.6	218.7	87.0	128.0	69.1
1980	253.6	118.8	250.3	162.6	87.7	89.3	64.1
1983	241.0	101.5	214.8	132.2	82.6	78.6	54.9
1990***	243.8	–	–	55.4	–	48.4	22.7
1995	158.2	–	–	45.2	–	38.4	24.3
2000	67.2	–	–	31.3	–	24.7	46.6
2002	33.9	–	–	27.3	–	21.9	80.4
2003	22.2	–	–	25.0	–	20.3	112.5
2004	29.5	–	–	25.0	–	20.4	84.7
2005	–	–	–	25.6	–	20.4	–
2006	–	–	–	23.9	–	19.4	–

*1950年以前の面積の単位は「町」で表示。１町＝0.992ha。

**「人工再生林」は新たに植林された森林と再度植林された森林を含む。

***1980年代に記録区分が変更された。

出典：JSY、1949年、237～238頁、表140、141．1950年以前は、JSY、1961年、112～114頁、表55、56、1985年、178頁、表5－41、2007年、255～256頁、表7－31、7－32、2010年、25～60頁、表7－31、7－32.

戦後、政府は自給率を上げるため、こうした設備や機械の活用や技術の最新化を奨励した。しかし、森林鉄道の場合、高度成長期の「最新化」とは、トラックが物資の主要な輸送手段になることだったので、林道に取って代わられることを意味した。山国の日本で林道を建設して維持するのは困難と費用を伴うにもかかわらず、トラックの利用は林道建設の急増をもたらした。その結果、二〇〇〇年までには、林道網の総延長は一二万八〇〇〇キロメートルに達していた。[*121]

林業人口の減少と高齢化や国際競争の激化に直面して、能率を高めるために、木材移動専用の機械も利用されるようになった。一九九〇年代までには、木材を伐採して丸太に切り、滑らせて集材し、出荷用の積み込みを行なうために、「先端技術を用いた」機械の利用が増加していた。[*122]

戦後の林業にはチェーンソーの普及の方が重要な意味を持っていた。第7章で述べたように、一八六八年以降に横挽き鋸を再び利用できるようになって、江戸時代に比べて伐採効率が格段に向上した。次の「飛躍的な進歩」は一九四五年以降（主に一九五〇年代から六〇年代）に起きたが、それがチェーンソーの導入だった。チェーンソーが普及したことで、一時間当たりの生産量が著しく増加した。一九六五年までには四万五〇〇〇機を数えるまでに普及していた。伐採作業が困難さを増していたにもかかわらず、生産量を増加させることができたのは、チェーンソーによるところが大きい。

しかし、一九六〇年代が進むにつれて、チェーンソーに大きな問題点があることがわかってきた。チェーンソーの激しい振動で、白蝋病によるレイノー症状（指や手が「冷たく、青白くなり、痛みや時には壊疽を伴う」）が表れる伐採者が出てきたのだ。[*123] 一九六九年までには、日本林業労働組合はこの問題を大きく取り上げ、政府は一日当たりのチェーンソーの使用時間に制限を設けた。しかし、この問題はなかなか収まらず、林野庁は一九七三年までには白蝋病に認定された被害者に賠償金を支払うことに同意したが、一九七五年末までには国有林だけでも被害者は一〇〇〇人を超えた。[*124]

しかし、こうした国有林の被害者は全国の被害に遭った林業者の一部に過ぎなかった。林野庁の管轄外の森林の方が面積が広かっただけでなく、木材の生産量も多かったからだ。チェーンソーの被害は自分の森で伐採も行なっている自営農家にとって特に影響が大きかった。伐採作業で障害を負うと、農作業にも支障をきたしたからだ。

一方、チェーンソーは振動の問題はあったが、トラックや林道、伐採や加工の「ハイテク」機械や他の技術革新と共に、山林の不利な地理的条件を埋め合わせるのに一役買った。そのおかげで、林業人口が急減していたにもかかわらず、製材所へ木材を供給し続けることができたのだ。

●生産費の上昇と国際競争力の低下

技術が進歩したにもかかわらず、人件費や他の生産費が長期にわたって上昇していたので、国内の生産者は輸入木材に対して競争力を失っていった。しかも、貨物船が大型化すると共に、荷揚げされた木材を加工する専用の製材施設が港湾に建設されたために、輸入木材の価格が下がった。

さらに、高度成長期に日本へ木材を輸出していたのは主にフィリピンやインドネシア、マレーシアだったが、こうした輸出国は安い労働力を利用することができたので、輸出品の価格を大幅に抑えることができた。[*125] 表8-45が示すように、日本は戦後は一九五五年まで木材をほとんど輸入していなかったが、高度成長期に輸入量が激増して、一九七〇年までには国内の生産量を超えていた。輸入量は一九六〇年と一九八〇年の間に一〇倍近くも増加したが、国内の生産高は三〇%減少したのだ。それ以降も、国内の生産量は減少の一途をたどっているが、輸入量は高止まりしている。

国内の木材生産量の減少に伴い、農林業を営む世帯の多くは林業をやめざるを得なくなった。その結果、一九六〇年には二五〇万世帯が林業に従事していたが、一九八〇年までには二〇〇万世帯を割り込み、二〇〇〇年までには一〇〇万世帯になった。[*126] この減少の主因は急増していた輸入だった。琵琶湖近くの農村に住む農林業家はこの問題を次のように述べている。

一九六五年から七四年の一〇年間は林業は堅調だった。しかし、その後、外材の輸入が始まり、ブランド名のない地元の木材はほとんど売れなくなった。伐採して植林しても、まったく採算がとれないのだ。林業組合が斡旋してくれる伐採や剪定のような日雇い仕事をやった方が多少なりとも金になるから、そうした仕事で糊口をしのいでいる。国や県がうちの山林を買い取って、私を雇ってくれたら、喜んで山林の管理をする。自分で自分の山を維持しなくてはならないのに比べたら、その方がよっぽどましだ。日本の山林はどこも似たような状況だと思う。[*127]

●再利用（リサイクル）

日本には木材の再利用に長い歴史がある。再利用できる品質の良い木材は新しい建造物に使われ、傷んだ木材は薪にされた。しかし、第二次世界大戦後は化石燃料が薪に取って代わったので、木材パルプという新しい分野で再利用されるようになった。[*128]

第7章で述べたように、製紙に木材パルプを使用するようになったのは一八九〇年頃だが、その後は製紙工場が木材の大口利用者となり、その結果、河川汚染の元凶にもなった。森林の所有者にとって、木材に使うには小さすぎる木の市場として木材パルプは貴重だった。植林の間伐で取り除いた若木や大木の枝は製紙工場に売ることができたので、林業家の間伐の経費を埋め合わせる役に立った。

戦後のパルプ生産は一九五〇年代に回復すると、一九七〇年代まで急増し、国内生産で需要のほとんどを賄っていた。パルプの需要も波はあったが伸び続け、一九七一年には三〇〇〇万立方メートルを超え、一九九一年には四〇〇〇万立方メートルに迫った。しかし、一九八〇年までには、二つの要因が相まって、この需要を満たすために使用される国内産の木材が減少した。一つは、表8-47が示しているように、木材パルプの輸入が急増し続けていたことだが、もう一つは、再利用の規模が拡大していたことである。二〇〇〇年までには、古紙の再利用が製紙工場で使用する原料の半分以上を占めるようになり、それ以後も、再利用される古紙の量は増加の一途をたどった。[*129] その頃には、建築廃材や、製材所やベニヤ工場の残余材のような廃材も再利用されるようになり、小さな木材の需要はさらに減少した。

このように、輸入木材と古紙や廃材の再利用が増加する状況が半世紀にわたって続き、また収穫できる森林が減って植林されたばかりの幼齢林に取って代わられたので、入手可能な原料が減少し、人件費や伐採費の上昇に伴って木材の生産費が上がったことを反映していた。その結果、国内の森林の生産量はさらに減少し、日本の海外資源に対する依存がさらに増加した。とはいえ、再利用が行なわれなかったなら、輸入に対する依存ははるかに大きくなっていただろう。

＊＊＊

要するに、戦後も日本の森林にとって最大の脅威は人間だった。戦後の人間による収奪はかつてない規模だったが、その規模は、戦後の復興がもたらした木材需要の激増、人口の増加と生活水準の向上、伐採技術の進歩の三つの要因を反映していた。

しかし、高度成長期が進むにつれて、森林にかかる人間の圧力は弱まっていった。山間の農村や生産力の低い農地が各地で放棄されたために、森林の再生が促され、レクリエーションや他の用途に利用された分が相殺されたからだ。森林生産物の需要は、鉄筋コンクリートの使用、木製品の再利用や木材の輸入量の増加で緩和された。いうまでもないが、木材の輸入増が環境に及ぼした影響は、森林にかかる負担が日本国内から海外の輸出国へ変わっただけのこと

表8－47　木材パルプの輸入量（1930～2008年、単位：1,000トン）

年	トン	年	トン	年	トン
1930	80.4	1965	507	1995	3,583
1940	175.9	1970	917	2000	3,133
1947	2.6	1975	1,035	2005	2,360
1950	63.4	1980	2,216	2008	2,013
1955	97.0	1985	2,268		
1960	147	1990	2,894		

出典：JSY、1961年、249頁、表142．JSY、1976年、289頁、表210．JSY、1995年、420頁、表12－7．JSY、2010年、467頁、表15－6.

である。

その結果、一九七〇年代以降、伐採地の多くが再び森林で覆われるようになり、日本の森林は目覚ましい回復を遂げることができた。こうした再生林は樹齢が異なる混交林になったところが多かったが、単一樹種の同齢林も多かった。しかし、国内産の木材に対する需要が減少の一途をたどり、植林地の維持費がとてつもなく高くつくので、年月が経つにつれて、こうした単一栽培の林地は風倒や雪害を受けやすくなった。

林業の視点（または都会人の美学）からみると、植林地の衰退は嘆かわしい事態ではあるが、下層植生の成長とやがては他の樹種の成長を促す。単一樹種の植林内に空間ができると、林床に太陽光が射し込むからだ。植林地の荒廃はとりも直さず、動植物の多様性がはるかに豊かな「自然林」の再生につながるのである。しかし、自然林がどこまで再生されるかは、いうまでもないが、日本国内だけでなく、世界の今後の動向にかかっている。

まとめ

第7章で述べたように、一九四〇年までには日本は集約農業の社会から産業社会へ半ば移行し、その後の半世紀で完全に移行した。

そのためには、食料や高度な産業化に不可欠な化石燃料などの原料の需要を満たせるように、国内の極めて限られた資源の問題を乗り越えることが必要だった。しかし、それは一九四五年に失った大日本帝国の資源基盤に代わる地球規模の資源基盤に依存することを意味した。

産業資本主義による生産と貿易体制によって、必要な原料の輸入を賄うために完成品を生産して輸出し、その結果一九五五年から八五年の高度成長期に見事な成功を収めた。その過程で、何百万人にも上ったかつての漁業者や農林業家を含め、急増する労働力を吸収する様々な雇用も創出された。さらに、かつてないほど物質的に豊かな社会がもたらされ、一般大衆もその恩恵に浴することができた。

一方、産業の発展と多様化は、深刻な環境汚染ももたらした。汚染物質は職場だけでなく、周辺の人々にも被害を与えたので、抗議行動が澎湃として起こり、汚染の防止対策が講じられるようになった。

産業の発展、汚染、社会の対応の過程は農地や漁場、林地で環境問題を引き起こした。農地については、工場の増加と汚染、農業の機械化と集約化、安い輸入品との競争などの要因が相まって、長期にわたる耕地面積の著しい減少や、都市近郊の農地や特に東北地方の最近開発された山間の不便な農地の放棄が促された。

漁場は産業開発で最も深刻な被害を被った生物群系だが、日本の沿岸漁業の多くは衰退し、主に遠洋漁業に取って代わられた。初めの頃は遠洋漁業の水揚げは日本の漁師が担っていたが、高度成長期が終わると、輸入が増えて、両者の割合は同じくらいになった。

日本は広大な森林に覆われているが、終戦直後にひどい乱伐が行なわれた。政府の保安林業政策で、このときの乱伐がもたらした下流域の被害は最小限に食い止められたものの、森林再生計画が推し進められた結果、需要の大きい木材用の単一樹種の同齢林が著しく増えた。しかし、一九六五年までには、木材伐採と植林活動は最盛期を過ぎ、その後はこうした植林地の木材は安価な輸入材に太刀打ちできなくなった。その結果、植林地の多くは老齢化と荒廃に任され、しだいに多様性に富む自然林が回復し始めている。

漁業や農林業のこうした傾向はすべて一九八〇年代までにはみられていたが、公衆衛生や職場の安全性の向上を上回るほど、出生率が著しく低下していたので、人口の増加にブレーキがかかり、二〇〇〇年までには人口の停滞期に入った。この傾向と共に、他の人口要因や経済活動の尺度（雇用、製造業の生産量、外国貿易、消費者の需要など）も安定化していた。こうした傾向は、一七〇〇年前後の集約農業の社会と同様に、産業社会が成長期から安定期に移行したことを示しているのかもしれない。

さらに、地球規模の資源基盤についていえば、戦後の高度成長期を経た日本は、特に森林や海洋の資源といった世界の生態系や、化石燃料やその他の原料の消費が増大することと、その消費がもたらす環境汚染に対して、他の先進工業国や発展途上国と責任を分担しなければならないことを意味していた。

日本の産業社会が成長期から安定期へ移行すると、輸入品の消費傾向が変わり始めた。化石燃料やその他の原料の増加率が低下しただけでなく、食料の中には輸入量が減少したものもあった。しかし、二〇一〇年現在の科学技術と国民（一億二七〇〇万人）一人当たりの消費量を考えると、今後も海外の資源に大きく依存する傾向は続くと思われる。

終わりに

大まかにいうと、人類（ホモ・サピエンス）が日本列島で経験したことは、人類が世界中で経験したことの縮図である。その経験は、人間社会の三つの標準的な段階（狩猟採集社会、農耕社会、産業社会）を経た長い進化の過程だ。この三つの段階は継続期間、人口の規模、人間と環境の関係性が明らかに異なっている。

段階によってその継続期間は著しく異なる。日本の狩猟採集および漁労社会は二万五〇〇〇年から三万年続き、二〇〇〇年から三〇〇〇年前に大陸の東アジア型の前期農耕社会に取って代わられた。この農耕社会は前期の粗放型と後期の集約型の両者とも、一八〇〇年代の終わり近くまで続いていたが、その頃今日みられる欧米型の産業社会へと急速に変わり始めた。したがって、産業社会の継続期間はまだ一〇〇年ほどだが、農耕社会はその二五倍、狩猟採集および漁労社会は二五〇倍も続いていたのである。

人口は各段階で、規模と物質文化の両方に著しい拡大や変化がみられているので、両者について述べておく。人口が増加したのは、移民が大きな要因になった場合もあるが、主に出生率が上がり、平均寿命が伸びたからである。物質文化の増大は、一人当たりの物資の量や規模、また多様性の増大を伴っていた。

狩猟採集および漁労社会の人口は初期の数千年間は数千人だったが、五〇〇〇年前の最盛期に二五万人に達したと推定されている。この縄文時代の人口は列島の東北半分に集中していたが、東日本の混交落葉樹林の方が西日本の常緑広葉樹林よりも動植物の食料が多様性に富んでいたからである。その結果、数世紀にわたる寒冷な気候が訪れて、食料や燃料の供給量が減少すると、人口は六、七万人に激減してしまった。

二五〇〇年前に西日本に畑作が伝えられると、人口は再び増加し始めたが、この人口増には、大陸から多くの移民が渡来し、しだいに東日本へ移動していったことも一役買っていた。紀元七〇〇年頃までの一二〇〇年間に、人口は五〇〇万人近くまで増加して、一三〇〇年頃まで五〇〇年以上にわたりそのまま推移した。その後、集約農業の技術が広まると、人口は再び増加し始めて、三〇〇〇万人から三二〇〇万人に達し、一七〇〇年以後まで二〇〇年近く維持されていた。その後、産業社会へ移行すると、急増して、二〇〇〇年までには一億二五〇〇万人を超えたが、その頃から新たな安定期に入ったように思われる。

このように日本の人口は、狩猟採集および漁労社会から農耕社会の五〇〇〇年の間に一〇〇倍、農耕社会から産業社会の一三〇年間に四倍という驚異的な増加を示したが、この増加に伴って、物質文化の規模も同じように著しく変化した。狩猟採集時代は単純な小屋や洞穴に住み、粗末な衣服を身に着けて、原始的な調理用具や狩猟道具を使っていたが、農耕社会の時代になると、住居は規模が大きく、構造も複雑になり、衣服や寝具、調理器具や道具も手の込んだものになった。さらに、民衆よりもはるかに豊かな生活を享受した少数の特権階級も現れた。

しかし、それよりも注目に値するのは、農耕社会と産業社会の物質文化の違いである。産業社会の一般大衆は産業時代以前には想像できなかったほど豊かな物とサービスに囲まれて暮らしている。上流階級の物質的所有物は高級なだけで、一般大衆のものと本質的な違いはない。

こうした人口と物質文化の驚異的な変化は、各社会段階の生計手段の基本的な違いを反映している。狩猟採集社会の時代には、地元で手に入る在来の食物を採集、狩猟していたが、前期農耕社会になると、人間と栽培植物（米などの穀類や野菜）や家畜（ウマなど）の複雑な共生的関係を利用したり、改変したりするようになり、後には、畑作、果樹栽培、畜産という集約的技術を使って、こうした関係から得られる収量を著しく増大させた。

しかし、産業社会になると、生計手段が狩猟採集社会や農耕社会とは二つの点で著しく変わる。一つは、狩猟採集社会と農耕社会は地元の収穫物の上に築かれていたが、産業社会は、その入手に政治的手段が用いられたか（一九四五年以前）、経済的手段が用いられているか（一九四五年以降）はともかくとして、地球規模の資源基盤に頼っていることである。

もう一つは、狩猟採集社会と農耕社会はエネルギーと食料を生きている生物に依存していたが、産業社会は化石燃料という数億年にわたって蓄積された生物量の中に蓄えられているエネルギーを利用することで、資源基盤を著しく増大させたことである。こうした新しいエネルギー源と産業時代の多種多様な技術を組み合わせて、日本は国民一人当たりの物質消費量を劇的に増大させる一方で、人口の増加を短期間で達成した。

狩猟採集社会から産業社会へ移行する過程で、日本は大きな変貌を遂げたが、社会と環境の関係にも大きな変化が生じた。日本列島の環境要因（地理的位置、地形、気候、生物組成）は居住地、食物、栽培作物だけでなく、食物、衣服、建築物などを生産するのに使う資源にも影響を及ぼし、常に人々の生活を規定してきた。

地理的位置は更新世から現在に至るまで大きな役割を果たし、人間も含む生物構成と気候を決定してきた。およそ一万五〇〇〇年前に最終氷期が終わると、黄土平原は海の底に沈み、日本の弧状地が列島になったが、一衣帯水の大陸は列島に影響を与え続けてきた。

　大陸からは前期農耕社会の人々の大部分が渡来しただけでなく、農業や金属の利用技術、支配層の文化とそれに関連した抗争を維持した政治体制も伝播した。さらに、前期農耕社会の後半に、人口の増加を止めたり、時には減少させたりする主要な役割を演じた病原体も大陸からもたらされた。そして、後には、集約農業と育成林業に使われた技術も伝えられた。

　近世になってからは、大陸の北東の沖合に位置していたおかげで、日本はヨーロッパの帝国主義諸国に略奪されずにすんだ。イベリア半島（スペイン、ポルトガル）の世界を股にかけた活動にもほとんど影響を受けず、ヨーロッパの影響が大陸の影響に取って代わったのは英米の勢力が拡大した一九世紀の後半になってからだった。しかし、その影響は期間の短さにもかかわらず、日本の社会に大変革をもたらし、民族国家の政治形態を備え、世界資源基盤と大量の化石燃料を利用する産業社会の段階へ移行させた。このように日本の地理的位置は最初から現在に至るまで、日本人の歴史に決定的な影響を及ぼしてきたのである。

　一方、人間が環境へ及ぼした影響も社会の変遷に伴って変化してきた。

　狩猟採集社会が与えた影響に関しては、今日まで残っている証拠は極めて少ない。いうまでもないが、小さな集落の周辺では、家屋や倉庫、ごみ捨て場や埋葬場所などによって、生物群系が乱されただろう。さらに、時折、人間が引き起こした森林火災はもっと広い範囲に被害をもたらしたかもしれない。しかし、こうした影響は長期にわたるものではなかったと思われるし、たとえ長く続いたとしても、広い範囲に及ぶことはほとんどなかっただろう。

　日本の狩猟採集社会が環境に与えた唯一の永続的な影響は、一万八〇〇〇年から一万五〇〇〇年前に氷河が解けて海水面が上昇し、大型哺乳類が生息していた広大な沿岸低地が失われたときに、こうした大型哺乳類（特にマンモスやオオツノシカ）を絶滅させたことだろう。大型哺乳類が姿を消したことで、動物相に他の変化が生じ、その変化によって、狩猟道具の大きな槍先が小型の槍先や矢じりに急速に取って代わられていったのかもしれない。

　農耕社会は狩猟採集社会よりもはるかに規模が大きく、進んだ技術を利用して、作物の栽培や家畜の飼育を行なっていたので、列島の環境に及ぼした影響は、一時的なものと永続的なものとを問わず、はるかに大きかった。南北に伸びている日本列島は、もともとは亜寒帯性から亜熱帯性の森林に覆われていたが、農耕社会はそれを、森林を支える山地の生物群系と、人間と栽培植物や家畜を支える低地の生物群系に二分割したのだ。

こうした基本的な変貌が西日本から東日本へしだいに広まっていくにつれて、低地の種組成が著しく変わり、様々な種の地域絶滅も起きたと思われる。丘陵地も農耕社会の影響から免れなかった。丘陵地の耕作は恒久的な耕作地としてであろうが、散発的な焼き畑としてであろうが、生物群系を破壊し、土壌の浸食と下流の堆積をもたらした。さらに、建築用木材や薪、飼料に対する需要で、特に都市近郊では、洪積台地の森林の乱伐が進んだ。そして、こうした乱伐は土壌の浸食を加速させたので、かつては緑豊かだった丘陵地がしだいに禿山と化す一方で、下流域では洪水が頻発し、河口や湾では堆積が進み、その結果、沿岸海域の生物相が変わってしまった。

その後、集約農業の社会になると、森林から落葉落枝を有機肥料として収奪したので、土壌の浸食と山地の禿山化にさらに拍車がかかった。また、植林技術が一六〇〇年代に導入されると、樹種の組成が徐々に変化して、山林の生物多様性が広範囲にわたって減少した。一方、低地では、農業や河川管理の技術が向上したので、洪積平野の農地利用が著しく進んだ。

要するに、一八〇〇年代までには日本は数千年前の縄文時代とはすっかり様変わりしていたのだ。大都市は数カ所を数え、沿岸や緑豊かな丘陵地に隣接した肥沃な低地の農

耕地の周辺には無数の町や村が点在していた。

そして、産業化が始まり、森林、低地、沿岸漁業などがかつてない影響を受けたが、産業社会は地球規模の資源基盤に依存しているので、産業化を遂げた日本は他の産業国と共に、世界の生態系も改変するようになった。

1　森林

日本の森林は一八七〇年以降は法改正と産業の発展に伴う建築ブームで、一九三五年以降は軍事的冒険、敗戦、復興で、大規模な乱伐に晒された。深刻な森林破壊とそれに起因する浸食や下流域の被害に対処するために、森林保護政策が策定されたが、この計画には、丘陵地の斜面や河川の土手を安定させて、豪雨や雪解けの流去水が低地にもたらす被害を最小限に食い止める様々な方策、特に耐久性に優れたコンクリートの建設技術が取り入れられた。

同時に、植林事業も精力的に進められたので、密植された単一樹種（需要の大きい二種から三種）の同齢林の占める割合が著しく高まった。しかし、一九七〇年代以降は、安価な木材が輸入されるようになったために、こうした植林林業は採算がとれなくなった。その結果、植林地の多くが放置されたので、多様性に富んだ生物相を育むことができる混交林が再生し始めた。

2 低地

一方、低地は農地と産業用地としての二つの利用法に充てられた。農地としては一世紀にわたって耕地面積（特に東北地方）、機械や肥料の利用、反当たりの食料の生産量、時間当たりの労働投入量に対する生産量が著しく増加したが、農業に携わる世帯と人口が著しく減少した。しかし、食料の生産量は一九七〇年代から八〇年代にピークを迎え、その後は、国内産が輸入品の価格に太刀打ちできなくなるにつれて減少した。その結果、特に関東以西の地域で、農地の面積と農家の世帯数が著しく減少した。

また、低地では産業の発展に伴い、「都市のスプロール化」が進んだ。工場やその他の商業施設、住宅地、輸送やレクリエーション施設が都市（や港湾）から郊外へしだいに広がっていったのだ。スプロール化した都市は放棄農地のほとんどを吸収して、丘陵地へ食い込んでいった。

そして、産業施設のスプロール化は環境汚染に拍車をかけた[*1]。環境汚染の問題は、実際には区分できるものではないが、固体、液体、気体の汚染物質に関して、考えることができる。

固体の環境汚染物質は廃棄物、がらくた、ごみと一般に呼ばれるが、驚くほど種類が多い。産業社会では物が増えたように、捨てられる物も増えた。日本でも、環境の中へ放出されたり、「ごみ捨て場」に捨てられたりするものもあるが、大部分は圧縮機や焼却施設で処理され、残滓は陸上や沿岸の埋め立てに使われたり、沖合に投棄されたりしている。しかし、戦後の高度成長期は物質の消費量の著しい増加に伴い、輸入が増加し、ごみ処分場が減少したために、リサイクル率が上がり、固体の廃棄物による汚染の増大率は下がった。

液体の汚染物質は目には見えにくかったが、環境に与えた被害は大きかった。一九八〇年代までの一世紀の間、特に都市や港湾の近くの鉱山や製紙工場から排出された廃液は、農地やその他の低地だけでなく、上水も汚染していた。その結果、激しい抗議行動が起こり、一九八〇年代までには深刻な被害はしだいに減少していった。しかし、それまでには、汚染された低地の数多くの農地が利用できなくなってしまった。

液体汚染物質の問題に対処するために、都市の上水道や浄水施設の整備が行なわれた。これは河川流域や生物群系に甚大な被害をもたらしたものの、住民の健康を守る効果はあった。さらに、下水道や下水処理施設の整備も行なわれた。こうした施設のおかげで、未処理の汚水の量は大幅に減少したが、汚水の総量は増大し続けているので、処理された汚染物質の残滓の量は大幅に増加した。さらに、濾過して取り除いた汚染物質を濃縮して、固体の廃棄物として廃棄することができるようになったので、埋め立てに利用される量や沖合に投棄される量が増加した。一方、農民は下肥を入手できなくなったので、代替の肥料に頼らざるを得なくなった。

焼却施設だけでなく、工場から排出される気体の汚染物質も農作物や人間を含め様々な動植物に害を及ぼした。液体の汚染物質と同様に、住民の抗議行動によって、産業界は一九七〇年代から八〇年代に大気汚染の防止対策をとらざるを得なくなった。工場から排出される二酸化炭素のような気体は減少したが、経済の他の主要な分野（エネルギー生産、商業、住宅、運輸の分野）から排出される二酸化炭素は増加の一途をたどってきた。そのためと思われるが、大気汚染に対する住民の抗議行動も過去二〇年の間に増大し続けている。

最も驚くべきことは自動車の排気ガスによる大気汚染の増大である。一九五五年から二〇〇五年の間に自動車の台数が六〇倍近くも増加しただけでなく、一台当たりの走行距離も伸びたために、自動車の排気ガスに含まれる汚染物質が特に都市では大きな問題になっている。ガソリンの燃費を向上させ、排ガスを減少させる努力で、一九七〇年代以降は汚染の増加率を下げることはできたかもしれないが、それを相殺してしまうほど自動車の利用が著しく増加したので、自動車による大気汚染は依然として悪化の一途をたどっている。他の産業社会と同様に、日本でも内燃エンジンは汚染度が最も高い機械の発明品になっている。

3　海洋——沿岸地域

産業の発展は漁業にも大きな影響を及ぼした。最初は性能が向上した大型の漁船や装具がもたらされて、漁獲量が著しく増加したが、その後（特に一九五〇年代以降）は工業汚染によって、淡水漁業と沿岸漁業は深刻な被害を受けるようになった。さらに、産業と外国貿易の振興を図るために進められていた埋め立て事業で沿岸の漁場が失われていった。

こうした状況を打開するために、二つの解決法がとられた。汚染の進んでいない水域が十分にある場所では、養殖漁業（主に海水魚）が始められた。一方、量的にはるかに重要なのは、遠洋漁業と一九八〇年代以降は輸入依存へ転換したことである。いうまでもないが、遠洋漁業と輸入依存は供給源を国内から地球規模の資源基盤へ切り替えたことを意味している。

4　その他の資源

産業化は森林や低地、沿岸の漁場だけでなく、日本の他の天然資源（特に、地下の鉱物や化石燃料）にもかつてない影響を及ぼした。

前期農耕社会の時代から、砂鉱採鉱を用いて、少数の鉱物が採取されていた。一六〇〇年代以降は、石炭も採掘されるようになったが、それまでには、有毒な鉱山の廃水による被害がもたらされ、一七〇〇年代には、石炭の煙による健康被害も少数ながら各地から報告されている。

一八七〇年代以降は産業が発展すると共に、採鉱技術が向上し、鉱山の開発が進んだので、鉱石と石炭の産出量が大幅に増加したが、その結果、汚染問題や鉱山事故も著しく増加した。しかし、二〇世紀の後半には鉱山はしだいに掘り尽くされて、世紀末までにはほとんどが閉山になり、その分は輸入で賄われるようになった。こうして鉱業が引き起こした環境汚染と事故は増加した後、減少した。

エネルギー消費は急増していたが、一九六〇年代に石炭の産出量が減少し始め、国内の水力発電量、石油と天然ガスの埋蔵量が乏しいことが明らかになると、産業界は高価な原料の輸入を必要としない新しいエネルギー源を探し始めた。その結果、見込みがあるように思われた唯一のエネルギー源は原子力だったので、一九七〇年代から八〇年代に原子力発電所が次々と運転を開始した。一九九〇年代には、その発電量は国内の発電量の四分の一を占めるほどになった。

原子力はこうして、（原料のウラニウムは輸入に頼っているものの、）日本の産業の発展に必要な化石燃料の輸入量を抑えるのに役立った。しかし、（日本を含め）産業社会の長期的傾向は、森林、農地、漁場など、すべての資源生産の分野で国内の生産量を最大化して、最盛期を迎えた後は、地球規模の資源基盤に依存するというものであった。

したがって、年月が経つにつれて、日本の産業社会が利用する世界の資源が増加の一途をたどったことは驚くにはあたらない。最大の影響を受けた生物相は森林と遠洋の漁場だった。さらに、原子力の利用にもかかわらず、化石燃料の需要が増加の一途をたどっているだけでなく、鉄鉱石やその他の様々な鉱物に対する需要も相変わらず大きいので、日本は工業諸国と共に、有限でしかも減少しつつある世界資源の獲得競争や消費で積極的な役割を演じている。

＊＊＊

それでは、二〇一〇年代は日本はどこへいくのだろうか？

日本の産業社会は成長期を過ぎて、安定期かもしかすると衰退期に入りつつあることが人口統計からうかがえる。過去二〇年間の経済傾向は成長から停滞期へ移行していることを示していると解釈することもできる。特に、農業、林業、鉱業の衰退規模がその移行を示唆しているが、さらに、都市の産業や商業活動の多くの分野もその移行を示唆している。成長している分野もあるが、その成長が衰退している分野で相殺されているからだ。世帯の支出の減少もその移行を示している。それ以前の時期の増加分を相殺しているからだ。

国際貿易もこの移行を示している。産業用原料、先進的な化学製品や機械は一般的に増加し続けているが、様々な品目（特に食料）の輸入量が横ばい状態か、減少しているからだ。一方、輸出は主要分野が横ばい状態か、増加しているが、これは、輸入が国内消費を増やすよりも、輸出促進の機能を果たすようになったことを示唆している。

どれをみても、日本の社会が（知ってか知らずか）、世界の生態系に与える人間の影響に関わる二つの重要な問題（人口密度と一人当たりの物質消費量）に対処しているように思える。いうまでもないが、産業社会以前の時代には、人間の総消費量が減ることは国内の生態系にかかる負担が減ることを意味していた。産業社会は地球規模の資源基盤に大きく依存しているので、消費量が減少すれば、世界の生態系にかかる負担が軽減するのは明らかである。

しかし、どの産業社会も世界資源を収奪しているので、特定の工業国が消費量を減らしたところで、全体の収奪率には大した影響を与えないかもしれない。急増し続ける世界の人口と高い消費欲を考えると、世界の資源消費率は当分の間は増加する運命にあるようだ。[*2]

同様に、日本の産業社会が環境汚染を減らす対策をとったことで、地域環境は改善されるかもしれないが、他の国による汚染が増加しているので、世界の環境に対しては焼け石に水かもしれない。日本自体もそうした汚染の影響に無縁なわけではない。大気や水によって日本に運ばれてくる汚染物質はこの数十年、増加の一途をたどり、今後も続きそうである。

また、汚染物質が氷河の融解とそれに伴う海水面の上昇をもたらす地球温暖化を加速すると、日本の沿岸に広がる低地が水没の危険に晒される。さらに、地球温暖化が進むと、地表の重量分布が変わり、その結果、地質構造上の断層線に加わる圧力パターンも変わる。日本は主要な活断層線の近くに位置しているので、断層のずれに伴う地震や津波の被害を特に受けやすい。実際、二〇一一年三月に東北地方の東部沿岸を襲った大地震と津波はそうした断層のずれが引き起こしたようだ。[*3]

この地震と津波で、原子力利用に内在する危険性が再び明らかにされた。現在、日本は電力の四分の一を原子力で発電しているので、その他のエネルギー源に切り替えることは、莫大な費用をかけて、化石燃料であれ、太陽光発電や風力発電に使われるレアメタルやその他の物質であれ、地球規模の資源基盤に対する依存度を高めるだけなのだ。

さらに、原子力を他のエネルギー源に切り替えることが森林や沿岸の水路を新たに開発することになるのであれば、脆弱な種が晒されている脅威を増大することになるだろう。こうしたできごとのモニタリングは最近始められたばかりで、その統計の長期的重要性は不確かだが、これまでの傾向をみると、日本でも、絶滅危惧種の数は増加し続けているようだ。[*4] こうした傾向を加速させることは、生態系のためにも、人間のためにもならない。

要するに、これまでの傾向をみると、人口と一人当たりの物質消費量が減少し続ければ、日本列島の生物は住みやすくなる。しかし、産業社会の地球規模の資源基盤に対する依存度を考えると、そうした傾向に期待が持てるのは、日本だけでなく、世界中でそうした傾向がみられている場合だけだろう。なぜなら、外国で起きた移民、食料確保やその他の問題がやがて日本に影響を及ぼすことになるからだ。

さらに、日本の国民が再び自給自足できるほど、消費を削減できるとは考えにくい。現在の生活様式や物質文化が必要とする原料のあまりにも多くを輸入に依存しているからだ。善かれ悪しかれ、日本は国際社会と一蓮托生なのである。

日本の耕地面積が減少の一途をたどっているにもかかわらず、国内の食料生産と食料の輸入が安定しているのは、基本的には、世界の食料供給が富裕な国の需要を満たすことができているからである。世界の食料需要は、人口増によっても、気候変動などの要因によっても増加するかもしれず、それが供給を上回ると、日本の食料輸入額は上昇するだろう。日本は食料の六〇%から七〇%を輸入に依存しているので、輸入額が上昇すれば国内生産が促され、土地利用が新たに焦眉の問題になるだろう。そして、それに付随する肥料の供給源の問題が大きくなり、日本が基本的に資源を輸入に依存していることが浮き彫りにされるだろう。

こうしたことはいずれも、極め付きの皮肉を思い起こさせる。日本に限ったことではないが、「愛国的な」国民と「民族主義的」政府を持った「民族国家」は近年の発明品、つまり、産業化と共に発展してきた制度化されたイデオロギーである。しかし、民族国家は産業の発達過程において誕生したが、人間生活の国家間の相互依存度が高まると共に、今度はその民族国家が時代遅れになった。こうした状況は、地球規模の資源基盤の収奪を規制できる超国家的な政治体制が必要なことを示している。しかし、有力な政治経済の利益集団はほとんどが短期的な自己の利益しか考えていないことを考えると、そのような政治体制が実現するとは思えない。したがって、これからの数十年間は、この小さな惑星に住む人間とその他の生物相にとって、極めて暮らしにくいが、興味は尽きない時期になるのかもしれない。

解説

熊崎　実（筑波大学名誉教授）

日本の森に着目したアメリカの歴史学者

本書の著者コンラッド・タットマン氏は一九三四年生まれのアメリカの歴史学者である。一九六四年に徳川期の政治史をテーマにしてハーバード大学で学位をとり、カリフォルニア大学、ノースウェスタン大学、イェール大学で教鞭をとった。一九九七年からはイェール大学の名誉教授である。

主要な著作としては、近世を中心とした日本史全般に関するものと、日本の林業史に特化したものの二つの系列がある。前者の代表的な著作（すべて英文）としては『Japan before Perry: a short history（ペリー以前の日本）』（一九八一年）、『Early Modern Japan（近世の日本）』（一九九三年）、『A History of Japan（日本の歴史）』（二〇〇〇年）などがあり、後者の系列には『The origins of Japan's modern forests: the case of Akita（近代日本林業の源流——秋田藩のケース）』（一九八五年）、『The green archipelago: forestry in preindustrial Japan（緑の列島——産業革命以前の日本の林業）』（一九八九年）、『The lumber industry in early modern Japan（近世日本の木材産業）』（一九九五年）などがある。

本書、つまり二〇一四年にI. B. Tauris社から公刊された『Japan: An Environmental History（日本環境史）』（日本語版『日本人はどのように自然と関わってきたのか』以下、本書）は、この両方の系列を「環境」というキーワードで統括した野心的な著作と言えよう。

私は右記の『緑の列島』の翻訳を担当し、その日本語版『日本人はどのように森をつくってきたのか』は築地書館から一九九八年に刊行されているが、そうしたご縁もあって本書の解説を書くことになった。ただし私の専門分野が森林・林業史であることから、いささか偏った解説になることを、あらかじめお断りしておきたい。

前著『緑の列島』の主題は日本の森林・林業史であり、時代的には律令時代から幕末までに限られている。しかるに本書では、対象となる経済活動が農業、漁業、鉱山業、製造業を含む全領域に広げられ、扱われる時代も縄文に代表される狩猟採取の時代から二〇一〇年代の今日にまで及ぶ。そうした全分野、全時代への関心は、『緑の列島』の執筆中にも少しずつ育まれていたことは疑いない。ただ原典の末尾に列記されている約二五〇の引用文献を見ると、その大半は二〇〇〇年以降に刊行されたものだ。近年になって急増した研究成果や知見が本書の執筆を促した可能性もある。

それはともかく、「環境」がキーワードに据えられた背景には、森林への強い関心があったことは間違いない。それにしても、なぜ森林に関心を持たれたのか。『日本人はどのように森をつくってきたのか』を刊行するにあたって著者タットマンから「日本語版への序文」を寄せてもらった。そこには次のようなことが記されている。

「私自身はアメリカ北東部のニューイングランドの田舎育ちである。丘の上にある酪農家の家に生まれた。牧場と畑を取り巻く農場林には、マツ、ベイツガ、カエデ、ブナ、カバ、ナラが生い茂り、私の家族はこの森から薪や垣根の支柱、用材、カエデの糖みつをとっていた。農場の向こうは川を横切って森林が果てしなく広がり……」。だから「森林というのはどこにあっても豊かな樹木で満たされているものだと思い込んでいた」のだが、二〇歳になった一九五四年に日本に来てみると、ほとんど樹木のない場所や低木地が山腹に広がっていた。そこで生じた疑問は「いつ、どのようにして、なぜ、これほど多くの林地から樹木がはぎ取られたのか」ということであった。

著者は、一九七〇年代の後半に今度は徳川期の政治史の研究者として来日されるのだが、そのとき目にされたのは

「全土にわたって造成されたスギやヒノキの人工林が旺盛に成長し、一度は樹木をなくした森林に緑がよみがえっている」ことであった。七〇年代後半といえば、加速化する地球規模の森林消失が騒がれていた時期である。なぜ日本でこの逆のことが起こっているのか、二〇年前に「樹木をなくした山を見てそのときに抱いた疑問は新たな疑問に変わっていった」。そこで徳川期の歴史を専門とする著者は「明治以前の森林史を調べることで、この疑問を解く手がかりが得られるのではないか」と考えたのである。

この予感は見事に的中した。幸いなことに、日本の森林・林業史に関わる一次資料は徳川期に入ってから劇的に増加し、それをベースに国内の研究者による大冊のモノグラフもいくつか刊行されていた。こうした豊富な資料に支えられて名著『緑の列島』は誕生したのである。また本書の国際的なインパクトも大きかった。当時の森林史といえば、欧州や北米での経験が中心になっていて、日本はいわば未知の国であった。一般には「採集林業」から「育成林業」への転換はドイツから始まったとされていたが、日本もそれに劣らず早い時期から持続可能な林業への転換を果たしたという著者の主張は世界に驚きをもたらしたのである。

じつのところ、私も彼とほぼ同じ頃（正確に言えば一年後）に岐阜・東濃の奥深い山村に生まれた。幼少期から青年期にかけての記憶として残っているのは、周辺の鬱蒼と

した森から針葉樹と広葉樹の両方がどんどん伐り出され、年々開けた空間が広がっていったことである。その後程なくして、伐採された跡地の多くにスギやヒノキの苗木が植えられて美しい人工林に変わっていった。また広葉樹が伐り出された後放置されたままの雑木山にも根株から出てきた萌芽が勢いよく育っていた。まことに見事な「森林復興」と言っていいのだが、それを可能にしたのは、やはり著者が言うように、徳川期に育まれた育林技術と森林管理の伝統があったからであろう。この点についてもう少し敷衍しておこう。

森林荒廃を阻止した「消極策」と「積極策」

本書と同様に、前著の『緑の列島』でも出発点となっているのは、日本列島の地質学的な脆弱さと、巨大な人口圧力である。つまり一歩間違えば、山からは緑が剝ぎ取られ、沖積平野には岩屑が散乱する不毛な景観が広がっていたかもしれない。古今東西の歴史を一瞥すると日本よりも人口密度が低く、より温暖な自然条件に恵まれながら、国土を荒廃させた社会がいくつもある。それが今では、列島の端から端まで連なる山々は青々とした緑に隈なく覆われ、社会の仕組みにおいても貧困に喘ぐ自給自足の農民社会からいち早く脱却して、工業化社会の仲間入りを果たした。どうしてこのようなことが可能になったのか。

日本でも欧州と同じように中世以降、森林開発が本格化し、森林環境の大きな変化が広い範囲で散見されるようになった。それが危機的な様相を帯びてくるのは一七世紀に入ってからである。具体的には、林産物需要の急増を背景に、森林の著しい過剰利用が発生したことによるものだが、『緑の列島』の最終章にはそうした状況を生み出した五つの要因（トレンド）が列記されている。

①新しい強力な統治者たちが城郭や邸宅、宮殿、寺院、神社などの豪華な建築物を造営して、その業績を誇示したこと
②都市と町が未曾有の早さで成長し、建設用木材の消費が増えたこと
③人口の増加で食料、燃料、住宅への需要が急増したこと
④それに関連して広い面積の土地が開かれて耕地に変わり、肥料材料の必要量が増大する一方で、森林生産に供される土地が縮小したこと
⑤耕作方法の集約化で山野草の需要が増えたこと

森林の過剰利用が続けば、森林の林産物供給能力は次第に低下し、縮小再生産の罠にはまってしまう。山林の利用権をめぐって村びと同士の争いが多発するだろう。また用

材の確保をもくろむ統治者とそれに反発する村びととの対立も激化せざるを得ない。世界の各地に緑を失った禿山が広がったのは、この種の抗争が果てしなく続いてしまったからである。

ところが、著者によると、徳川期の日本はここで二つのタイプの対応策をとるようになった。一つは「消極的管理の体制」と呼ばれるもので、中身としては伐採速度の抑制、低木採取の制限、天然更新の促進、さらには贅沢な木材消費の規制も含まれていた。このおかげで畿内と濃尾、瀬戸内の沿岸部を除けば、禿山化は見られず、大部分の山地は健康な森林を支えるだけの生物学的な基礎能力を保持していた。

とはいえ、自然の更新力だけでは一八世紀の日本が需要する用材や燃料、肥料を生産することはできなかった。ここで二つ目の対応策として植林という「積極策」が登場する。一七世紀の後半になって、「地方書《じかたしょ》」または「農書」として知られるマニュアル本に造林が取上げられるようになった。つまり、農作物と同じようなやり方で、価値のある樹木を植えつけ育てることが、盛んに奨励されるようになったのである。領主と村びとの双方がこれを受け入れ、一八世紀末には列島のどこでも人工林が見られるようになった。さらに一九世紀に入ると植林地の面積が急増し、明治の新政府がスタートする頃には建築用材のかなりの部分が人工林材で賄われるようになっていた。

徳川期の森林復興を支えた要因

以上のようなわけで、徳川期にとられた「消極」「積極」の二つの対応策が功を奏して、森林生態系は決定的な破壊を免れ、生産水準の維持、さらには持続的な拡大にもある程度成功したと言えるだろう。とはいえ、対応策が必要であるからといって、対策が自然に出てくるわけではないし、またある対策がとられたとしても、うまくいくという保障はどこにもない。著者によると、徳川期に対応策が成功した背景には、気候、地質、生物、生態、技術、思想、社会組織とその変化などの要因が絡んでおり、そうした変数の相互作用の結果だとして、かなり詳しく論じられている。

じつは『緑の列島』が出る四年前に、タットマンは秋田藩の森林復興を扱った『日本林業の源流』を出版しているが、私がとりわけ強く印象づけられたのはこの小さな本である。名に聞こえた秋田の美林は一八世紀の後半までにすっかり疲弊し、さまざまな災難が人びとのうえに降りかかるようになった。こうした苦難の中で、藩の役人や商人、村びとたちが、森林の回復に向けて一致して立ち上がっていく。まことに感動的な物語だが、秋田藩という、比較的小さな閉ざされた地域であったからこそ、成功譚になり得たのであろう。

各藩においては可能な限り域内で自給することが求められていた。また人びとの他地域への移動は禁じられていて、孫子の代まで地域の資源の枠内で生きていかねばならない。比較的小さな地域であれば、域内の森林の状況を自分たちの目で確かめることができる。森の木を伐りすぎれば、やがて用材や燃材の不足に直面せざるを得ない。山が荒廃すれば、水の流れが不安定になって洪水や干ばつに悩まされる。そうした苦しみが体験的に分っていたから、住民たちは森林が乱用されないよう監視の目を光らせ、互いに林産物の消費を自制し、森林の回復に努めたのである。

ドイツの著名な環境史家ヨアヒム・ラートカウは、著者の所論を引用しながら、「日本で森林の保全が比較的うまく行ったのは、中央のイニシアティブというよりも、地方のプレーヤーと農民社会に負うところが大きいと見るべきではないか」と指摘し、さらに「無数の山々で景観が小さく分断された日本と、共有の林地（common woodland）で領土が分断されていたドイツの間には、驚くほどの類似性がある」と述べている。[*1] つまり自律性の強い小さな地域であれば、上からの指令などに頼らずとも、森林は保全されるということであろう。

明治維新政府が発足して、幕藩体制での地域の自立が一部で後退したことは否めないが、中央政府の森林・林業政策の中心は国有林・御料林経営の確立におかれ、民間の林業経営にまで手を伸ばす余裕がなかった。にもかかわらず、維新以降一九三〇年代に至るまで民間の林業がそれなりの発展を遂げたのは、林業技術と社会システムの両面で、徳川期の遺産に頼ることができたからである。

状況の激変

ところが第二次世界大戦で状況が激変した。海外領土の喪失と外材輸入の途絶に直面した戦後の中央政府は、恐ろしく性急で画一的な木材自給策を、きわめて中央集権的なやり方で実施したために、林業経営の地域的な多様性は一挙に失われてしまった。

反面、生産性の低い天然生林が成長の速い針葉樹の人工林に大々的に切り替えられて、木材供給の将来的なポテンシャルは大いに高まったことは間違いない。ところが不運なことに、一九七〇年代になると安価な輸入木材が世界の各地から滔々と入ってきた。それまで上昇していた木材価格が一転して下落に転じ、特に森林所有者が受け取る立木の価格は止め処もなく落ち込んでいく。

なぜそうなるかと言えば、戦後一斉に植えられた人工林が一斉に間伐期を迎えたからである。間伐しないと折角の植林地は過密になってしまう。また地球温暖化防止の観点からも間伐が強く要請された。そこで政府は補助金を支給して間伐を進めるのだが、その材を山から伐り出して販売しようとしても買い手が見つからない。結局、悪名高い「切捨て間伐」になってしまった。このような状況が続けば、立木価格がさらに低落するのは目に見えている。森林所有者の多くは木材生産への関心をすっかり失い、森林の管理放棄が一挙に広がっていく。

『緑の列島』の日本語版が出る頃には、このような危機的な状況が誰の目にも明らかになっていた。著者は「日本語版への序文」で次のように述べている。

> 一九九〇年代になって日本の人工林がふたたび変化していることを知った。……国内の人工林はこれまでになく長いあいだ成長するままに放置されている。そのため木々はひょろ長くなり、雪や風で曲がったり折れたりするものが多い。美しい森林の崩壊は林業技術者と山林の所有者に深刻な問題を投げかけている。森林を壊れるにまかせて、もっと強靭で自然に近い混交林に変えていくべきか。それとも、地球規模の森林消失で木材の国際価格が引き上げられ、造林地が伐採されたあとに、新しい造林学に依拠した新たな人工林が造成されることになるのか。

本書に私がひそかに期待したのは、著者自身がおよそ二〇年前に出されたこの問いに、どのように答えられるかであった。しかし、本書では森林・林業はどちらかというと論議の本筋から外されて、脇役になっている。考えてみればこれは自然な成り行きでもあろう。工業化以前の農耕社会で何が一番重大な環境変化であったかといえば、全土を隈なく覆っていた原生林が急速に失われたことだ。森林から大量の木材の伐り出されるようになり、続いて農地への転用も進んだ。森林に目が向けられるのは当然である。

ところが、「産業社会」が出現する一八九〇年頃になると、原生林はあらかた消失し、森林と非森林の境界もかなりはっきりしてきた。一種の安定期を迎えたと言っていい。むしろ大きく変わっていったのは社会全般の仕組みである。諸国間の交易が盛んになり、地元資源だけで展開していた農耕社会が、地球資源を軸にして展開する産業社会に一変した。特に第二次世界大戦後、化石燃料の大量消費が始まり、急速な技術進歩と相まって、人口が増え、経済活動の規模が驚くほどの速さで拡大していく。こうした劇的な変化が地球環境にどれほどの負担を与えているのか、それを解明するのが本書の中心的なテーマである。

今や年々深刻化する地球規模の環境変化は否定のしようがない。大気を見れば二酸化炭素濃度の上昇やオゾン層の破壊があるし、海では人工的なプラスチックによる汚染や酸性化が進んでいる。さらに大地を見れば放射性物質はじめコンクリートなどからの汚染物質の地層への堆積がある。つまり「人間の活動が小惑星衝突や火山の大噴火に匹敵するような恒久的な傷跡」を地球環境に残し始めているのだ。[*2]

問題がグローバルな広がりを持つだけに、日本での経済活動が日本国内と地球の環境にどのように影響しているかを見極めるのは難しいが、その困難な課題に初めて挑戦したのが本書であると思う。環境変化をもたらす産業としては、森林・林業のウエートが以前よりもずっと小さくなり、鉱工業を筆頭に第一次産業でも農業や漁業などが前面に出てくるのは当然の成り行きだろう。また農業や漁業は、地球規模の大気汚染、海洋汚染の深刻な影響を受け始めている。

農林漁業の衰退をどうみるか

本書によると、生物群系をベースにした農業、漁業、林業の第二次世界大戦後の展開には、回復、発展、衰退という共通の変動パターンが見られるという。この三者は戦後の経済復興と高度経済成長に支えられて、当初は比較的順調に実質的な産出高を増やしていくが、農林水産物市場での国際競争が激化すると、それに対応することができなかった。国内の産出高は減少に転じ、国内で消費される農林

水産物のかなりの部分を海外からの輸入に頼ることになった。

本書を読んで、著者の失望感のようなものが行間に滲み出ているように思えた。徳川期の人たちは、乏しい資源をやりくりして持続可能な社会を成り立たせていたのに、近年の日本は農林水産物の自給もできなくなって輸入に頼っている。それは地球資源の収奪につながる可能性が大きく、残念なことだ。著者にはそのような思いがあったのではないか。

確かに、大量の熱帯材を輸入していた頃の日本は、環境保護団体から「エコロジカル・テロリスト」と呼ばれていた。自国の森林を温存して熱帯林を収奪しているからである。だが、熱帯のいくつかの国ぐには、程なくして丸太の輸出禁止に踏み切った。通常の市場競争のもとでの輸出入であれば、ある国の木材輸入が増えたからといって、それが地球生態系の負担をより大きくしているとは限らない。むしろ諸国間の交易が盛んになることで非効率な林業・林産業が淘汰され、その分地球生態系への負担は軽くなる。

日本の林業・林産業にもようやく復権の兆しが見え始めた。一九七〇年から二〇一〇年までの四〇年間に丸太生産量は一方的に落ち込み、三分の一に縮小したが、その一方で森林の林木ストックは六〇億立方メートル以上に増加し、毎年の成長量も二億立方メートルに達すると推定されてい

る。現実にはこの成長量の二〇%程度しか伐採されていない。したがって、今後林道網が整備され、効率的な伐出システムが導入されれば、丸太生産量は相当なスピードで増えていくだろう。

というのも、やがて木材不足の時代がやってくるからである。欧州では産業革命の前夜に木材不足がひどくなり、それが化石燃料はじめ鉄などの鉱物性資材の大量消費に道を開くことになった。やがて「木材万能の時代」は終わりを告げる。ところが近年、地球温暖化の危惧が高まり、持続可能な社会の構築が求められる中で、枯渇性資源の消費を可能な限り押さえようとする動きが急激に高まってきた。他方で、地球の総人口は増え続けており、二〇五五年には一〇〇億人を突破するらしい。再生可能な資源である木材への需要はますます膨らんでゆくだろう。

すでにドイツでは二〇〇〇年代になって、木材価格の上昇が始まり、それに引きずられるように木材の国内生産量も大幅に増加し、森林所有者に帰属する立木の販売単価も着実に増えている。一九九〇年代の立木価格は、再植林の費用が捻出できないほどに低下していただけに、驚くべき変化である。これを目撃した前述のラートカウは「新しい木の時代」、つまり「木のルネッサンス」が到来したと考えた。

いずれ日本にも「木のルネッサンス」はやってくる。わが国の林業・林産業はドイツに比べると二〇年くらいの後れがあるから、本格的な到来は二〇二〇年代になるだろう。わが国の伝統的な林業を特徴づけてきたのは、並外れて高い労働集約性である。それが世界市場への迅速な対応を阻んできたのだが、ようやく改善の兆しが見えてきているように思う。

逆に、この二〇年間、木材生産を順調に伸ばしてきたドイツでは、森林資源の制約に直面して、木材生産の伸びは止まり、やがて停滞ないし衰退を余儀なくされると見られている。日独林業の現況は、近い将来逆転するかも知れない。グローバル化した市場経済の中で林業という産業は、発展と衰退を繰り返しながら、これからもダイナミックに展開していくのではあるまいか。

著者は環境史を記述するにあたって、日本に注目する理由を次のように述べている。日本を扱う利点は、「歴史が比較的堅実に記述されているだけでなく、狩猟採集社会↓農耕社会↓産業社会という典型的な道を歩み、さらに極東の海に浮かぶ島国であるため、外部から受けた大きさ、受けた時期がはっきりと識別できる」ことである。ただ日本の農林水産業はこの四半世紀のあいだ衰退を続けてきた。日本だけを見ていて、この延長線上で将来を展望するとすれば悲観的な結論しか出てこないだろう。

じつを言うと最近私は、ラートカウの『Holz: Wie ein

Naturstoff Geschichte schreibt（木材――自然原材料はどのように歴史をつづるか）』[*3]で展開されたドイツの森林・林業史をもとに、日本との対比を試みている。近年における両国の林業の展開は全く対照的であった。どのような条件のもとで、ドイツは「木のルネッサンス」を招きこめたのか。そのような条件を近い将来日本においても整えることができるかどうか。私の答えは「イエス」であった。[*4]この答えが本当に正しいかどうかは別にして、ドイツとの対比がなければ、「新しい木の時代」が始まるといった斬新な発想は決して生まれなかったであろう。

　本書の原典の引用文献のなかに、ラートカウの数多くの著書はみあたらない。著者がラートカウの木材史や環境史に関わる著作に触発されていれば、日本林業の将来展望が少しは違ったものになったかもしれない。

　著者は、数万年に及ぶ日本列島環境史を大胆にスケッチすることで終わっているが、ここから、何を汲み取り、これからの自然との関わりをどう考えていくのかは、読者一人ひとりに課せられた課題かもしれない。

＊1――Joachim Radkau: The Age of Ecology: A Global History (2014). English edition, Polity Press. p.21. なお本書の原典（ドイツ語版）は二〇一一年にミュンヘンで刊行されている。

＊2――桑田　学「地質に痕跡　後戻りできぬ人類」朝日新聞二〇一八年八月二〇日付朝刊

＊3――原典のドイツ語版は二〇〇七年にミュンヘンで出版され、その日本語版は山縣光晶訳『木材と文明』（築地書館、二〇一二年）である。

＊4――熊崎　実『木のルネサンス――林業復権の兆し』エネルギーフォーラム、二〇一八年

日本人はどのように自然と関わってきたのか
日本列島誕生から現代まで

2018年11月1日　初版発行

著者　コンラッド・タットマン
訳者　黒沢令子
発行者　土井二郎
発行所　築地書館株式会社
東京都中央区築地7-4-4-201
☎ 03-3542-3731　FAX 03-3541-5799
http://www.tsukiji-shokan.co.jp/
振替 00110-5-19057
印刷・製本　シナノ印刷株式会社
装丁　NONdesign　小島トシノブ

 ISBN 978-4-8067-1569-6

著者紹介

コンラッド・タットマン（Conrad Totman）

アメリカ・イェール大学名誉教授。専門は日本近世史。日本の環境史の西洋における権威者として著名。著書に『日本人はどのように森をつくってきたのか』（築地書館、1992 年）、Early Modern Japan and A History of Japan（第 3 版）など。

訳者紹介

黒沢令子（くろさわ・れいこ）

専門は鳥類生態学。米国コネチカット・カレッジで動物学修士、北海道大学で地球環境学博士を修得。現在は、（NPO）バードリサーチの研究院の傍ら、翻訳に携わる。訳書に『フィンチの嘴』（早川書房、1995 年、共訳）、『動物行動の観察入門——計画から解析まで』（白揚社、2015 年）、『落葉樹林の進化史——恐竜時代から続く生態系の物語』（築地書館、2016 年）、『種子——人類の歴史をつくった植物の華麗な戦略』（白揚社、2017 年）など。

索引

【さ行】

【ま行】

【や行】

【ら行】

【わ行】

脚注

第 1 章　日本の地理

1　日本の地理の基礎的な著作は 2 冊ある。Glenn T. Trewartha, *Japan, A Physical, Cultural, and Regional Geography* (Madison: University of Wisconsin Press, 1978), Association of Japanese Geographers (ed.), *Geography of Japan* (Tokyo: Teikoku-Shoin, 1980), p. 440。日本の地形を詳しく扱っているのは、Torao Yoshikawa et al., The Landforms of Japan (Tokyo: UTP, 1981)。

2　小笠原諸島は広義には、北から南へ、伊豆、小笠原、火山という 3 つの列島から成っている。琉球諸島は広義には、南部にあたる南西諸島と、北部にあたる沖縄から北の九州までの薩南諸島を含む。琉球諸島にはおよそ 105 の島がある。その歴史について古典的名著に George H. Kerr, Okinawa, *The History of an Island People* (Boston: Tuttle, originally published in 1958 and reissued in 2000) があり、近年では、Richard Pearson (ed.), *Okinawa, The Rise of an Island Kingdom* (London: Oxford UP, 2009) がある。

3　数値は Rand McNally, *Universal World Atlas, New Census Edition* (Chicago: Rand McNally & Company, 1982), pp. 161–65 からとった。

4　Sohei Kaizuka and Yoko Ota, “Land in Torment”, in *Geographical Magazine* 51-5 (London: Feb. 1979), p. 345. 地質学的過程が複雑で、適切な証拠がまばらで多様なことや、解釈の前提に幅があることなどから、地質学的年代測定を巡っては不確実なことが多い。この点の参考図書としては、Stephen Marshak, *Earth: Portrait of a Planet* (NY: W.W. Norton, 2001) の特に第 13 章と、Frederick K. Lutgens & Edward J. Tarbuck, *Essentials of Geology*, 9th ed. (Upper Saddle River, NJ: Pearson Prentice Hall, 2006) の特に第 19 章がある。

5　この先史時代のまとめとしては、Gina L. Barnes, “Origins of the Japanese Islands: The New ‘Big Picture’”, *Nichibunken Japan Review* No. 15 (2003), pp. 3–50 がある。より詳細には、Toshio Kimura et al., *Geology of Japan* (Tokyo: UTP, 1991) を参照されたい。J.M. Dickins et al. (eds), “New Concepts in Global Tectonics”, a Special Issue of *Himalayan Geology*, Vol. 22, No. 1 (2001) は地質学的過程の動態を扱った優れた著書で、日本に注目した小論が 7 編ほど載っている。また、Michihei Hoshi, *The Expanding Earth: Evidence, Causes and Effects* (Tokyo: Tokai UP, 1998) は、大胆な解釈を披露している。最近の地質学的解釈には、Ted Nield, *Supercontinent: Ten Billion Years in the Life of Our Planet* (Cambridge, MA: HUP, 2007) がある。

6　Bruno Vrielynck & Philippe Bouysse, *The Changing Face of the Earth: The break-up of Pangaea and continental drift over the past 250 million years in ten steps* (Paris: UNESCO Publishing, 2003) は、パンゲアの分裂の様子を多くの図解付きで簡便に解説している。

7　プレートの配列様式の図は Fig. 3 at p. 9 in Barnes, “Origins of the Japanese Islands: The New ‘Big Picture’” を参照されたい。

8　東海という地理上の扱いは S.K. Chough et al., *Marine Geology of Korean Seas*, 2nd ed. (Amsterdam: Elsevier, 2000) に詳しい。Sun Yoon, “Tectonic history of the Japan Sea region and its implications for the formation of the Japan Sea”, in Dickins et al. (eds), 2001 も参照のこと。日本列島が「折れ曲がった形」になっていることの古地磁気学的証拠は、K. Hirooka, “Paleomagnetic Evidence of the Deformation of Japan and Its Paleogeography during the Neogene”, in Ryuichi Tsuchi and James C. Ingle Jr. (eds), *Pacific Neogene:*

Environment, Evolution, and Events (Tokyo: UTP, 1992), pp. 151–56 にみられる。日本の北部とサハリン島との関係については、Yasunari Shigeta & Haruyoshi Maeda (eds), *The Cretaceous System in the Makarov Area, Southern Sakhalin, Russian Far East* (Monograph No. 31) (Tokyo: National Science Museum, Dec. 2005) を参照されたい。こうした書籍の文献には、さらに初期の関連書籍を知ることができるだろう。

9 5000 年前頃の地球寒冷化について、最近の議論は *Science News*, Vol. 174, No. 8, p. 12 (11 Oct 2008) をご覧いただきたい。

10 こうした気候変動についての考察は、L. E. Heusser, I. Koizumi and R. Tsuchi in Tsuchi and Ingle (eds), *Pacific Neogene: Environment, Evolution, and Events*, pp. 3–13, 15–24 and 237–50 がある。ヒマラヤの隆起が大気中の二酸化炭素の変化に及ぼした主要な役割については、M. E. Raymo の pp. 107–16、また Tsuchi and Ingle が考察している。日本周辺で 1600 ～ 1500 万年前頃に温暖期があった証拠は、Karyu Tsuda et al., "On the Middle Miocene Paleoenvironment of Japan with Special Reference to the Ancient Mangrove Swamps," in Robert Orr Whyte (ed.), *The Evolution of the East Asian Environment Volume 1 Geology and Palaeoclimatology* (Hong Kong: University of Hong Kong, 1984), p. 388–96 に挙げられている。

11 Yutaka Sakaguchi, "Characteristics of the physical nature of Japan with special reference to landform", in Association of Japanese Geographers (ed.), *Geography of Japan* (Tokyo: Teikoku-Shoin, 1980), pp. 10–11 の図 3、断面図 A、B、C を参照されたい。

12 Sakaguchi, "Characteristics of the physical nature of Japan with special reference to landform", p. 6.

13 Mitsuo Hashimoto (ed.), *Geology of Japan* (Tokyo: Terra Scientific Publishing Company, 1991), pp. 49–52 は、こうした石炭層を扱っている。

14 隆起した古日本の岩石層は、初期に火山活動が活発だったことを示しているが、さらにその後の地質学的過程で、堆積と変成作用などの変化が加わっていることが多い。

15 Hashimoto, *Geology of Japan*, p. 136.

16 Hashimoto, *Geology of Japan*, p. 151.

17 Hashimoto, *Geology of Japan*, pp. 154–55 は、火山の分布とその影響範囲について見事な地図を掲載している。

18 Sakaguchi, "Characteristics of the physical nature of Japan with special reference to landform", p. 4.

19 Sakaguchi, "Characteristics of the physical nature of Japan with special reference to landform", p. 6. Hashimoto, *Geology of Japan*, p. 144.

20 Koji Mizoguchi, *An Archaeological History of Japan 30,000 B.C. to A.D. 700* (Philadelphia: U. Penn. Press, 2002), p. 50. より最近の時代の氷河サイクルについては、Yoshinori Yasuda, "Oscillations of Climatic and Oceanographic Conditions since the Last Glacial Age in Japan", in Robert Orr Whyte (ed.), *The Evolution of the East Asian Environment Volume 1 Geology and Palaeoclimatology* (Hong Kong: University of Hong Kong, 1984), pp. 397–413 に詳しい年代が載っている。

21 日本の気候パターンについては、Ikuo Maejima, "Seasonal and Regional Aspects of Japan's Weather and Climate", in Association of Japanese Geographers (ed.), *Geography of Japan*, pp. 54–72 が詳しい。

22 日本と英国の比較についてより詳細な考察は、Conrad Totman, *Japan's Imperial Forest: Goryôrin, 1889–1946* (Folkestone: Global Oriental, 2007), pp. Xxiv– xxx and 94–97 を参照されたい。

23 日本の森林については、古いが便利な英語の資料集がある。Natural Resources Section, *Important Trees of Japan* (Report no. 119) (Tokyo: General Headquarters, Supreme Commander for the Allied Powers, 1949). また、日本語では、美しい図解入り日本の樹木ハンドブックがあり、Kitamura Shirô and Okamoto Shôgo, *Genshoku Nihon jumoku zukan [Illustrated handbook of Japanese trees and shrubs]* (Osaka: Hoikusha, 1959) に樹種の学名が二名法で示してある。

第2章　狩猟採集社会——紀元前500年頃まで

1　旧石器と新石器の中間的な道具を作っていた社会を「中石器」と呼ぶことがあるので、ここでもそれに倣うことにする。

2　日本で最初に土器が使われたのはおよそ16,500年前で、縄文土器にあるような手の込んだ「縄文模様」のない単純な土器だった。この模様が表れたのはおよそ12,000年前のことであり、最初期からは数千年経った後である。ここでは縄目模様のある時期と、それ以前の単純な土器の時代も含めて縄文時代と考える。しかし、縄文時代の人口変動の地域差（P. 45）で述べた縄文時代の人口推計については、基本的に縄目模様のある土器の時代を扱った。

3　こうした時代推定は以下に基づいている。Yoshinori Yasuda, “Monsoon Fluctuations and Cultural Changes During the Last Glacial Age in Japan”, in *Nichibunken Japan Review*, No. 1 (1990), and Pinxian Wang, “Progress in Late Cenozoic Palaeoclimatology of China: a Brief Review”, in Robert Orr Whyte (ed.), *The Evolution of the East Asian Environment Volume 1 Geology and Palaeoclimatology* (Hong Kong: University of Hong Kong, 1984). また、15,000年前以後については、Habu, 2004, pp. 43–45. The dating in Yoshinori Yasuda, “Oscillations of Climatic and Oceanographic Conditions since the Last Glacial Age in Japan” in Robert Orr Whyte (ed.), *The Evolution of the East Asian Environment Volume 1 Geology and Palaeoclimatology*, pp. 397–413に基づく。さらに他の資料では、多少数値が異なる。研究者によって時代推定値が異なるのは、用いる証拠が化石（貝やその他の海生の証拠か、花粉などの陸上の証拠か等）によって変異があるからである。

4　海水面レベルの数値は以下からとった。Matsuo Tsukada, “Vegetation in Prehistoric Japan: The Last 20,000 Years”, in Richard J. Pearson et al. (eds), *Windows on the Japanese Past: Studies in Archaeology and Prehistory* (Ann Arbor, MI: Center for Japanese Studies, 1986), p. 81.

5　今日と氷河期最盛期の日本の森林組成を比較する優れた地図が2種類出ている。一つは、Tsukada, “Vegetation in Prehistoric Japan: The Last 20,000 Years”, p. 24で、もう一つは、Keiji Imamura, *Prehistoric Japan* (Honolulu: UHP, 1996), p. 30で、およそ2万年前の森林地域のやや異なった様子を示している。

6　Yoshinori Yasuda, “Monsoon Fluctuations and Cultural Changes During the Last Glacial Age in Japan”, in *Nichibunken Japan Review*, No. 1 (1990), p. 123.

7　Yasuda, “Monsoon Fluctuations and Cultural Changes During the Last Glacial Age in Japan”, pp. 125–29はこのモンスーンの話題を扱っている。

8　このテーマは、Yasuda, “Monsoon Fluctuations and Cultural Changes During the Last Glacial Age in Japan”, pp. 125–31に取り扱われている。降水量との関係における今日のスギの分布は、Yoshinori Yasuda, “Oscillations of Climatic and Oceanographic Conditions since the Last Glacial Age in Japan”, in Robert Orr Whyte (ed.), *The Evolution of the East Asian Environment Volume 1 Geology and Palaeoclimatology* (Hong Kong: University of Hong Kong, 1984), p. 401に優れた地図が載っている。

9　日本列島における初期の人間の所在で、注釈に記した以外の本書の記載は、以下に基づいている。Yasuda, “Monsoon Fluctuations and Cultural Changes During the Last Glacial Age in Japan”; Hanihara Kazurô, Kikuchi Toshihko, and Serizawa Chôsuke in Richard J. Pearson et al. (eds), *Windows on the Japanese Past: Studies in Archaeology and Prehistory*, pp. 75–83; T.E.G. Reynolds and S.C. Kaner, “Japan and Korea at 18,000 BP”, in Olga Soffer and Clive Gamble (eds), *The World at 18,000 BP Vol. One: High Latitudes* (London: Unwin Hyman, 1990), pp. 296–311; Tatsuo Kobayashi (ed. by Simon Kaner with Oki Nakamura), Jômon Reflections: Forager life and culture in the prehistoric Japanese archipelago (Oxford: Oxbow Books, 2004).

10　Matsuo Tsukada, “Vegetation in Prehistoric Japan: The Last 20,000 Years”, p. 39.

11　*Science News* 160-13 (29 September 2001), p. 199.

12 およそ40万年前に遡るとされる石器の報告は、その後、不正を主張する意見があり、捏造であるとされた。*Science News* 164–68 (23 August 2003), p. 118.

13 *The New York Times*, 23 December 2010, p. A14.

14 Chôsuke Serizawa, "The Paleolithic Age of Japan in the Context of East Asia: A Brief Introduction", in Richard J. Pearson et al. (eds), *Windows on the Japanese Past: Studies in Archaeology and Prehistory*, pp. 191–92, 202. C. Melvin Aikens and Higuchi Takayasu, *Prehistory of Japan* (NY: Academic Press, 1982), pp. 39–41.

15 Yoshinori Yasuda, "Monsoon Fluctuations and Cultural Changes During the Last Glacial Age in Japan", p. 137.

16 *Science News*, Vol. 171-14 (7 April 2007), p. 211 には、北京近辺で発見された新しい化石の報告が載っている。

17 アムール川との連結については、特に以下が詳しい。Hanihara and Kikuchi in Richard J. Pearson et al. (eds), *Windows on the Japanese Past: Studies in Archaeology and Prehistory*. また船による往来については以下にある。Fumiko Ikawa-Smith, "Late Pleistocene and Early Holocene Technologies", in Richard J. Pearson et al. (eds), *Windows on the Japanese Past: Studies in Archaeology and Prehistory*, p. 211.

18 地域的差異については、以下を参照されたい。Yoshinori Yasuda, "Monsoon Fluctuations and Cultural Changes During the Last Glacial Age in Japan", pp. 138–39; Hanihara Kazurô, "The Origin of the Japanese in Relation to Other Ethnic Groups in East Asia", pp. 80–82; Toshihiko Kikuchi, "Continental Culture and Hokkaido", pp. 149, 154; and Chôsuke Serizawa, "The Paleolithic Age of Japan in the Context of East Asia: A Brief Introduction", pp. 192–95, all in Richard J. Pearson et al. (eds), *Windows on the Japanese Past: Studies in Archaeology and Prehistory*. Also T.E.G. Reynolds and S.C. Kaner, "Japan and Korea at 18,000 BP", in Olga Soffer and Clive Gamble (eds), *The World at 18,000 BP Vol. One: High Latitudes* (London: Unwin Hyman, 1990), p. 302.

19 特に指摘しない場合は、縄文時代についての議論は以下を参考にした。Junko Habu, *Ancient Jômon of Japan* (Cambridge: CUP, 2004).

20 Habu, *Ancient Jômon of Japan*, p. 114 の pp. 224–27 で翡翠に言及している。

21 気温の傾向のグラフが以下に載っている。Habu, *Ancient Jômon of Japan*, p. 43.

22 土器の発明について、学問的追求は、次を参照されたい。Tatsuo Kobayashi (ed. by Simon Kaner with Oki Nakamura), Jômon Reflections: Forager life and culture in the prehistoric Japanese archipelago, pp. 19–24、及び脚注 3, p. 190.

23 ベーリング海峡を経て北米に至った移住民は、氷河期に徒歩で渡ったのではなく、温暖な数千年間に船で渡ったという興味深い考察がある。Jon Turk, *In the Wake of the Jômon* (NY: McGraw-Hill, 2005).

24 Kobayashi Tatsuo (ed. by Simon Kaner with Oki Nakamura), *Jômon Reflections: Forager life and culture in the prehistoric Japanese archipelago*, p. 10 が、考古学者の V. Gordon Childe を引用して述べている。しかし、意図的に化学変化を起こさせていた最初の例としては、特に肉などの食物を火で調理したのが最初だとも考えられるのではないだろうか？

25 Nelly Naumann, *Japanese Prehistory* (Weisbaden: Harrassowitz, 2000), p. 10. Habu, *Ancient Jômon of Japan, passim*.

26 推計は Koyama Shûzo's 1984 study in Japanese に基づく Habu, *Ancient Jômon of Japan*, p. 48 による計算。方法論の説明は pp. 46–50 にある。ここで使われた時代推定は、Koyama が使った縄文時代の 5 期の中期と、それ以後の 2 期を代表する値を挿入して利用した。また、Habu は近畿以西の 4 地方と中部以北の 5 地域については、データを分けている。Habu（Ancient Jômon of Japan, p. 46）は Koyama の「土師器時代」は「古墳、奈良、平安時代（Ad 250–1150）」を含むと述べている。

27 単純な社会においては幼児死亡率がたいへん高いのが一般的なので、平均寿命が 25 年としても、30

〜 60 歳くらいの大人がかなり残っていたと考えられる。しかし、Koyama による推定人口密度の基礎的数値はかなり過剰であり、縄文時代の総計は比例的に誇張といえるだろう。その計算方法は以下の通りである。

縄文時代	A 平均寿命	B 時代の期間	C 世代数 (B ÷ A)	D 人口密度	E 総人口 (C × D)
早期	25	5,000	200	20,100	4,020,000
前期	25	2,000	80	105,500	8,440,000
中期	25	1,000	40	261,300	10,452,000
後期	25	1,500	60	160,300	9,618,000
晩期	25	500	20	75,800	1,516,000
合計		10,000			34,046,000

28 この計算に利用された基礎的数値は、上記のように、5000 年ほど前には、26 万 1300 人がいたということに基づいている。日本全国の面積は 375,239km^2（Teikoku-Shoin Co., *Teikoku's Complete Atlas of Japan* [Tokyo: Teikoku-Shoin, Co., Ltd., 1977], p. 41）で、中部地方以東の東日本は 247,150km^2 である。5,000 年ほど前の人口密度は、総面積について、1km^2 当たり 0.7 人、全面積の 20%ほどを占める低地では 1km^2 当たり 3.5 人だった。東日本の人口密度は西日本よりもずっと高く、およそ 5,000 年前には、西日本では 1km^2 当たりに 0.1 人以下だったが、東日本では 1km^2 当たり 1 人いたと考えられる。しかし、3,800 年前頃には、西日本でも 1km^2 当たり 0.15 人ほどになっていただろう。

29 Kobayashi は、数多い縄文土器のイラスト入りの著作 Kobayashi (ed. by Simon Kaner with Oki Nakamura), *Jômon Reflections: Forager life and culture in the prehistoric Japanese archipelago* で、特に pp. 30–31 で、時代を経てそのスタイルが変遷する様子を図解入りで説明している。

30 Kobayashi (ed. by Simon Kaner with Oki Nakamura), *Jômon Reflections: Forager life and culture in the prehistoric Japanese archipelago*, p. 41.

31 Nelly Naumann, *Japanese Prehistory* は、縄文時代の「精神世界」について豊富な考察をしている。

32 黒曜石の分布のよい地図は Habu, *Ancient Jômon of Japan* の p. 222 を参照されたい。

33 翡翠については、Habu, *Ancient Jômon of Japan*, pp. 224–27 に詳しい。翡翠（硬玉でも軟玉でも）は、メノウ（玉髄）と混同しやすい。1951 年に「翡翠は日本から産しない」という Tsunoda の報告は、おそらく誤りである。Ryusaku Tsunoda (tr.) and L. Carrington Goodrich (ed.), *Japan in the Chinese Dynastic Histories* (South Pasadena: P.I. & Ione Perkins, 1951) の脚注 p. 5。

34 石油鉱床とアスファルト鉱床の地図は、Habu, *Ancient Jômon of Japan*, p. 229 に載っている。

35 事例の解説は、p. 228 of Habu, *Ancient Jômon of Japan* を参照のこと。

36 Habu, *Ancient Jômon of Japan*, p. 214.

37 William Wayne Farris, "Shipbuilding and Nautical Technology in Japanese Maritime History: Origins to 1600", in *The Mariner's Mirror*, Vol. 95, No. 3 (August 2009), p. 261.

38 Habu, *Ancient Jômon of Japan*, pp. 215–17; Nelly Naumann, *Japanese Prehistory*, pp. 57–59.

39 Habu, *Ancient Jômon of Japan*, pp. 215–21; Nelly Naumann, *Japanese Prehistory*, pp. 56–57. ウルシ科のウルシ（*Rhus verniciflua*）の樹液から作った塗料。

40 Habu, *Ancient Jômon of Japan*, p. 73.

41 Habu, *Ancient Jômon of Japan*, p. 250. 九州における縄文早期のサイトについてのより最近の研究は、Richard Pearson, "Jômon hot spot: increasing sedentism in southwestern Japan in the Incipient Jômon (14,000–

9,250 cal. bc) and Earliest Jômon (9,250–5,300 cal. bc) periods", in *World Archaeology* Vol. 38-2 (2006), pp. 239–58 を参考されたい。

42 例えば、以下の書の図解を参照のこと。Kobayashi (ed. by Simon Kaner with Oki Nakamura), *Jômon Reflections: Forager life and culture in the prehistoric Japanese archipelago*, pp. 105, 121.

第3章 粗放農耕社会前期——紀元600年まで

1 Sofus Christiansen, "Wet Rice Cultivation: Some Reasons Why", p. 18, in Irene Nørlund, Sven Cederroth and Ingela Gerdin (eds), *Rice Societies: Asian Problems and Prospects* (London: Curzon Press Ltd., 1986).

2 人が腸内の微生物に餌を与えなくてはならないのは当然なので、その意味では狩猟採集者でも共生関係に依存して生きているといえる。しかし、こうした微生物は通常の意味でいう「家畜化」を経ているわけではない。

3 動物の飼育では、人間が動物に餌を与えるとき、実際には動物が利用できるようになる前に、その腸内で微生物によって分解される過程が必要なので、「二段階」の世話を行なっているといえる。

4 マレー語で「パディ（*padi*）」といえば、野生か栽培か、水田か乾田かを問わずにすべてのイネ（*Oryza*）を含む。英語でいう「パディ（paddy）」は稲田か、またはそこで栽培される作物のどちらをも指すことがある。本書では、混乱を避けるために、「パディフィールド」で表されるように「灌漑された稲田」を指すことにする。

5 Francesca Bray, *The Rice Economies: Technology and Development in Asian Societies* (Oxford: Basil Blackwell, 1986), p. 15.

6 イネ（*Oryza. sativa*）のうち、ジャポニカ種（*O. s. japonica*）は、「O. s. sinica」と呼ばれることもある。第三のタイプのジャバニカ種（*O. s. javanica*）はインドネシアのジャワ周辺で栽培されるタイプだが、現在、日本でも少量生産されている。Ann Kumar, *Globalizing the Prehistory of Japan: Language, Genes and Civilization* (London: Routledge, 2009), p. 68.

7 Kumar, *Globalizing the Prehistory of Japan: Language, Genes and Civilization*, pp. 60–61. イネとその栽培化について生物学的な考察は以下を参照されたい。D.H. Crist, *Rice* (London: Longmans, Green and Co. Ltd., 1965), pp. 56, 81 およびそれ以後。この本は1953年に初版が出た後も、何度も重版されている著書である。

8 Penelope Francks, *Technology and Agricultural Development in Pre-War Japan* (New Haven: YUP, 1984), p. 29.

9 Penelope Francks, *Rural Economic Development in Japan: From the Nineteenth Century to the Pacific War* (London: Routledge, 2006), pp. 30–31. また、Francks によれば、1880年代には日本の水田のうち二毛作をしていたのはたった25%に過ぎなかったという（1984, p. 61）。

10 アジアから日本へとイネがもたらされた可能性のあるルートを示す図解が2枚ほど紹介されている。Kumar, *Globalizing the Prehistory of Japan: Language, Genes and Civilization*, p. 69

11 縄文という用語がその時代の土器にみられた縄目模様のことを指しているのに対して、弥生というのは、東京都文京区にある東京大学構内の単純な地名である。そのサイトは農耕初期社会の考古学的証拠が得られた最初期の場所の一つだった。

12 縄文時代に農耕があった証拠に関する最近の総説に、Akira Matsui and Masaaki Kanehara, "The question of prehistoric plant husbandry during the Jômon Period in Japan", in *World Archaeology*, Vol. 38-2, 2006 がある。

13 Andrew Cobbing, *Kyushu: Gateway to Japan: A Concise History* (Folkestone: Global Oriental, 2009), p. 56.

14 Tatsuo Kobayashi (ed. by Simon Kaner with Oki Nakamura), *Jômon Reflections: Forager life and culture in the prehistoric Japanese archipelago* (Oxford: Oxbow Books, 2004), pp. 87–88.

15 Junko Habu, *Ancient Jômon of Japan* (Cambridge: CUP, 2004), pp. 69, 117. Akira Matsui and Masaaki

Kanehara, "The question of prehistoric plant husbandry during the Jômon Period in Japan", p. 268.

16 Habu, *Ancient Jômon of Japan*, pp. 14, 59, 118 には、これらの植物の二名法による学名が示されている。ヒョウタンは殻が硬いので、容器の役を果たしたのは明らかだ。Akira Matsui and Masaaki Kanehara, "The question of prehistoric plant husbandry during the Jômon Period in Japan," には、これらや他の栽培植物の証拠の考察がある。

17 日本の初期農耕社会については、考古学的証拠や文献がまばらなので、多くの研究者がそれをまとめる努力をしている。最近では、J. Edward Kidder Jr., *Himiko and Japan's Elusive Chiefdom of Yamatai* (Honolulu: UHP, 2007) と Gina L. Barnes, *State Formation in Japan* (Oxon: Routledge, 2007) による著作がある。Kumar は、*Globalizing the Prehistory of Japan: Language, Genes and Civilization* の中で、イネの栽培、骨格やその他の考古学的遺物、DNA 分析、比較言語学などの証拠をまとめ上げて、日本の弥生文化を創設したのはジャヴァからの移民だったという考察をしている。Howells は、Richard J. Pearson et al. (eds), *Windows on the Japanese Past: Studies in Archaeology and Prehistory* (Ann Arbor, MI: Center for Japanese Studies, 1986), pp. 85–99 の中で、古代日本の自然人類学（形質人類学とも）を論じている。列島で使われている言語については、以下が参考になる。Miller, in Richard J. Pearson et al. (eds), *Windows on the Japanese Past: Studies in Archaeology and Prehistory*, pp. 101–20, and Bruce L. Batten, *To the Ends of Japan: Premodern Frontiers, Boundaries, and Interactions* (Honolulu: UHP, 2003), pp. 77–79。その他の引用文献は、Conrad Totman, *Pre-industrial Korea and Japan in Environmental Perspective* (Leiden: Brill, 2004)、及び Conrad Totman, *A History of Japan, Second Edition* (Oxford: Blackwell, 2005) に載っている。大陸における日本との関連事項については、数多くの出版物に見られるが、Charles Holcombe, *The Genesis of East Asia, 221 B.C.–A.D. 907* (Honolulu: UHP, 2001), pp. 183–87 と、Crawford, in Miriam A. Stark (ed.), *Archaeology of Asia* (Oxford: Blackwell, 2006), pp. 77–95 がある。また、この時代の朝鮮半島については、Grace H. Kwon, *State Formation, Property Relations, & the Development of the Tokugawa Economy (1600–1868)* (NY: Routledge, 2002), pp. 29–35 と、Sarah M. Nelson, *Korean Social Archaeology: Early Villages* (Seoul: Jimoondang, 2004, pp. 99–109) がある。また、半島の石器時代の詳細は、Moo-chang Choi, *The Paleolithic Period in Korea* (Seoul: Jimoondang, 2004) がよい。Hyun-hee Lee et al. は、*A New History of Korea* (Engl. transl.: Seoul: Jimoondang, 2005), 第 1 ～ 6 章で、この時代の王朝の忠臣から見た解釈を披露している。

18 中国の東北辺境部の歴史以前についての最近の研究は以下に詳しい。Gideon Shelach, *Prehistoric Societies on the Northern Frontiers of China* (London: Equinox Publishing Ltd., 2009).

19 J. Edward Kidder Jr., *Himiko and Japan's Elusive Chiefdom of Yamatai* (Honolulu: UHP, 2007), pp. 36–49 は、大陸と日本列島の間で、船による航行があったことを論じている。

20 William Wayne Farris, "Shipbuilding and Nautical Technology in Japanese Maritime History: Origins to 1600", in *The Mariner's Mirror*, Vol. 95, No. 3 (August 2009), 261–63, 270. Richard Pearson (ed.), *Okinawa, The Rise of an Island Kingdom* (London: Oxford UP, 2009), p. vi, で Habu, 近刊を引用している。

21 Murakami, in Erich Pauer (ed.), *Papers on the History of Industry and Technology of Japan: Volume I: From the Ritsuryô-system to the Early Meiji-Period* (Marburg: Förderverein, 1995), p. 123 は、日本で発見された最古の鉄器は中国南部産であるとも報告し、「日本の鉄器時代は紀元前 3 世紀に始まった」と述べている。一方、Kumar, *Globalizing the Prehistory of Japan: Language, Genes and Civilization*, pp. 31–32 は見解が異なる。

22 Erich Pauer (ed.), *Papers on the History of Industry and Technology of Japan: Volume I: From the Ritsuryô-system to the Early Meiji-Period*, p. xiii.

23 J. Edward Kidder Jr., *Himiko and Japan's Elusive Chiefdom of Yamatai*, p. 69.

24 吉野ケ里については、Cobbing, *Kyushu: Gateway to Japan: A Concise History*, Ch. 2 を参考のこと。また、Mark Hudson and Gina Barnes, "Yoshinogari: A Yayoi Settlement in Northern Kyushu", *Monumenta Nipponica* 46/2 (Summer 1991), pp. 211–35 という先駆的考察もある。

25 Kidder, *Himiko and Japan's Elusive Chiefdom of Yamatai*, pp. 61–62 と脚注 10、p. 310 では、九州における火山活動とその被害が論じられている。

26 Hudson, in Peter Bellwood and Colin Renfrew (eds), *Examining the Farming/Language Dispersal Hypothesis* (Cambridge: McDonald Institute, 2002), p. 313 では、琉球と日本の民族的関係が論じられている。

27 畿内という語は本書の各所で利用したが、琵琶湖から大阪湾沿いまで広がった連続した低地と、それに隣接した台地を漠然と指している。より厳密には、現在の兵庫、京都、大阪、奈良、和歌山と三重を含む近畿地方を指す近畿という用語がある。これは西の中国地方と四国、東の中部地方との間に挟まれた地域である。さらに厳密には、現代の京都、大阪、奈良三県だけを指して近畿と呼ぶ場合もある。

28 Ryusaku Tsunoda (tr.) and L. Carrington Goodrich (ed.), *Japan in the Chinese Dynastic Histories* (South Pasadena: P.I. & Ione Perkins, 1951), p. 8. 中国の初期の文献に登場する倭国については、William McOmie (comp.), *Foreign Images and Experiences of Japan: Vol. 1, First Century AD to 1841* (Folkestone: Global Oriental, 2005) でも扱われている。

29 倭人伝と卑弥呼については、Kidder, *Himiko and Japan's Elusive Chiefdom of Yamatai, Barnes, State Formation in Japan* と、最近の扱いについては、Cobbing, *Kyushu: Gateway to Japan: A Concise History* の第 2 章を参照されたい。

30 次の引用は Tsunoda (tr.) and Goodrich (ed.), *Japan in the Chinese Dynastic Histories*, pp. 11–12 より。

31 Tsunoda (tr.) and Goodrich (ed.), *Japan in the Chinese Dynastic Histories*, pp. 14, 15　この著書の中で、卑弥呼は「Pimiko」とされているが、現在は「Himiko」とするのが一般的である。

32 Hitomi Tonomura, "Black Hair and Red Trousers: Gendering the Flesh in Medieval Japan", *American Historical Review* 99/1 (Feb., 1994), pp. 135–38.

33 以下の著書は大阪に近い仁徳陵を論じている。Erich Pauer (ed.), *Papers on the History of Industry and Technology of Japan: Volume I: From the Ritsuryô-system to the Early Meiji-Period* (Marburg: Förderverein, 1995), p. xxvi.

34 しかし、九州の支配者が次第に東へと支配を広め、権力が増大するにつれて、朝鮮半島の政治にも手を出し始めたとも考えられる。Cobbing, *Kyushu: Gateway to Japan: A Concise History*, pp. 49–53.

35 磐井については、以下の著書にも扱われている。Cobbing, *Kyushu: Gateway to Japan: A Concise History*, pp. 57–62 と、Bruce L. Batten, *Gateway to Japan: Hakata in War and Peace, 500–1300* (Honolulu: UHP, 2006), pp. 16, 18, 24.

36 中国タイプの鉄製錬法は本州最西端と出雲地方に「4 世紀初期に」伝えられたという。Murakami in Pauer (ed.), *Papers on the History of Industry and Technology of Japan: Volume I: From the Ritsuryô-system to the Early Meiji-Period*, p. 124, p. 126

37 堆積過程についての写真が載せてある。Murakami in Pauer (ed.), *Papers on the History of Industry and Technology of Japan: Volume I: From the Ritsuryô-system to the Early Meiji-Period*, pp. 105–7。

第 4 章　粗放農耕社会後期――600 ～ 1250 年

1 天皇制のイデオロギーとその起源から現在に至るまでの利用については、Ben-Ami Shillony, *Enigma of the Emperors: Sacred Subservience in Japanese History* (Folkestone: Global Oriental, 2005) による最近の研究がある。この書籍の文献を見れば、初期の文献に立ち戻ることができるだろう。

2 文化を高めて「中華風」にする過程については、初期の研究を紹介しながら最近の考察が出ている。

Borgen, in David R. Knechtges & Eugene Vance (eds), *Rhetoric and the Discourses of Power in Court Culture; China, Europe, and Japan* (Seattle: U. Washington Press, 2005), pp. 200–38。

3 Andrew Cobbing, *Kyushu: Gateway to Japan: A Concise History* (Folkestone: Global Oriental, 2009), pp. 62–65. Bruce L. Batten, *Gateway to Japan: Hakata in War and Peace, 500–1300* (Honolulu: UHP, 2006), p. 20 は、日本書紀に登場する 27,500 人という数値を引用している。William Wayne Farris, *Japan to 1600, A Social and Economic History* (Honolulu: UHP, 2009), p. 29 は、「25,000 人以上」と報告している。

4 天武天皇とその後 800 年頃までの後継者が支配にあたって利用した神話の役割について、最近の研究に以下がある。Herman Ooms, *Imperial Politics and Symbolics in Ancient Japan: The Tenmu Dynasty, 650–800* (Honolulu: UHP, 2008).

5 例えば、長岡京は短命に終わった首都（784 ～ 794 年）だったが、それについての詳細な研究で、Ellen Van Goethem は桓武天皇がこの場所に新しい首都を建設したのはこの理由によると考えている。Ellen Van Goethem, *Nagaoka: Japan's Forgotten Capital* (Leiden: Brill, 2008), pp. 55–68.

6 Donald F. McCallum, *The Four Great Temples: Buddhist Archaeology, Architecture, and Icons of Seventh-Century Japan* (Honolulu: UHP, 2009), pp. 190, 201. 天武天皇が建てた首都計画の目的が、中国の支配者が征服する試みをくじくためだったか、おだてて善意を示すためだったのかは、よくわかっていない。

7 日本の建築と木工術について貴重な初期の研究を確認している著作がある。Kudo, in Kenneth Frampton and Kunio Kudo, *Japanese Building Practice: From Ancient Times to the Meiji Period* (NY: Van Nostrand Reinhold, 1997), p. 48.

8 明日香周辺に 590 年代と 690 年代に建てられた四大寺院を対象に、時代、建築、イデオロギー的重要性と大陸との関係性について、考古学と文献的証拠に基づいた豊かで詳細な研究がある。McCallum, *The Four Great Temples: Buddhist Archaeology, Architecture, and Icons of Seventh-Century Japan.*

9 この輸送組織については以下の考察を参考のこと。Takeda Sachiko and Hotate Michihisa in Joan R. Piggott (ed.), *Capital and Countryside in Japan, 300–1180* (Ithaca, NY: Cornell East Asian Program, 2006), pp. 147–208.

10 律令時代の公道網のよい地図が以下の書に記載されている。Hotate, in Piggott (ed.), *Capital and Countryside in Japan, 300–1180*, p. 180. Batten, *Gateway to Japan: Hakata in War and Peace, 500–1300*, p. 56.

11 数値は Verschuer, in Mikael S. Adolphson et al. (eds), *Heian Japan, Center and Peripheries* (Honolulu: UHP, 2007), p. 307 より。

12 海上交通を通じたこうした関係については、Batten, *Gateway to Japan: Hakata in War and Peace, 500–1300* による最近の研究がある。また、Cobbing, *Kyushu: Gateway to Japan: A Concise History* もこの点に言及している。

13 William Wayne Farris, "Shipbuilding and Nautical Technology in Japanese Maritime History: Origins to 1600", in *The Mariner's Mirror*, Vol. 95, No. 3 (August 2009), pp. 263–66.

14 こうした部族とその歴史については、以下の書の各所に議論がある。Cobbing, *Kyushu: Gateway to Japan: A Concise History.*

15 蝦夷地の征服については、Takahashi, in Piggott (ed.), *Capital and Countryside in Japan, 300–1180*, pp. 128–45 が言及している。また、Bay は、Gregory M. Pflugfelder and Brett L. Walker (eds), *JAPANimals: History and Culture in Japan's Animal Life* (Ann Arbor MI: Center for Japanese Studies, 2005) の第 3 章で、蝦夷《えみし》の民族性と日本の中世における大和の政権との関係という難題をも議論している。

16 Koyama, in Piggott (ed.), *Capital and Countryside in Japan, 300–1180*, p. 383.

17 次の段落はほぼ以下の著に基づく。Conrad Totman, *The Green Archipelago: Forestry in Preindustrial Japan* (Berkeley: UCP, 1989), 第 1 章。脚注はよい情報源となるだろう。

18 寺院数は以下の著からとった。Conrad Totman, *A History of Japan, Second Edition* (Oxford: Blackwell, 2005), p. 72.

19 Frampton and Kudo, *Japanese Building Practice: From Ancient Times to the Meiji Period*, p. 25.

20 Van Goethem, *Nagaoka: Japan's Forgotten Capital*, pp. 249–51.

21 Verschuer, in Adolphson et al. (eds), *Heian Japan, Center and Peripheries*, p. 310 では、税率は 10%と報告されているが、その数値は低いように思う。法令に定められていることか、農民が実際に支払った額か、政府の倉庫に収められた最終部分なのか、またはそれ以外なのか、という点は不明である。

22 William Wayne Farris, *Daily Life and Demographics in Ancient Japan* (Ann Arbor: U. Mich. Center for Japanese Studies, 2009) は、この話題を扱っており、脚注にはそれ以前の文献が紹介されている。

23 Farris, *Daily Life and Demographics in Ancient Japan*, p. 27.

24 この頃の数世紀については以下の書に詳しい。Adolphson et al. (eds), *Heian Japan, Center and Peripheries*. また、Adolphson, Batten, Farris and Verschuer による論考は本論に特に適切である。

25 中世初期の日本で、エリート層と大衆の関係において識字が果たした役割について最近の研究は以下の書がある。Judith Frölich, *Rulers, Peasants and the Use of the Written Word in Medieval Japan* (Bern: Peter Lang, 2007).

26 天皇制のイデオロギーについての最近の研究は、Shillony, Enigma of the Emperors: *Sacred Subservience in Japanese History* があり、それ以前の文献も豊富に紹介されている。

27 摂政制については、Morita, in Piggott (ed.), *Capital and Countryside in Japan, 300–1180*, pp. 209–66 が詳しい。

28 Karl Friday, *Samurai, Warfare, and the State in Early Medieval Japan* (London: Routledge, 2004) は、この時代の戦闘技術とテクノロジーについての詳細な研究である。

29 この時代の土地持ち寺院の組織と行動は近年、詳細に研究されるようになった。例えば、Adolphson et al. (eds), *Heian Japan, Center and Peripheries;* Adolphson's essay in op. cit., pp. 212–44、Frölich, *Peasants and the Use of the Written Word in Medieval Japan*; また Motoki, in Piggott (ed.), *Capital and Countryside in Japan, 300–1180*, pp. 298–325.

30 Charlotte von Verschuer, *Across the Perilous Sea: Japanese Trade with China and Korea from the Seventh to Sixteenth Centuries* (Ithaca NY: Cornell UP, 2006), p. 68.「Luo」はヒノキとしている (p. 69)。

31 Verschuer, *Across the Perilous Sea: Japanese Trade with China and Korea from the Seventh to Sixteenth Centuries*. Chapter 3 は、こうした交易品について十分に論じている。Essays in Andrew Edmund Goble et al. (eds), "Tools of Culture: Japan's Cultural, Intellectual, Medical, and Technological Contacts in East Asia, 1000s–1500s", *Asia Past & Present: New Research from AAS*, No. 2 (Ann Arbor: Association for Asian Studies, 2009) の、特に Kosoto Hirose による第 8 章は大陸との貿易を論じている。

32 Farris, *Daily Life and Demographics in Ancient Japan*, p. 73.

33 William Wayne Farris, *Japan's Medieval Population: Famine, Fertility, and Warfare in a Transformative Age* (Honolulu: UHP, 2006, pp. 28–59) はこれらのできごとをかなり扱っている。

34 Farris, *Daily Life and Demographics in Ancient Japan*, pp. 66, 68.

35 Farris, *Daily Life and Demographics in Ancient Japan*, p. 69.

36 律令時代後期の畿内地方で、寺院建造のために森林が乱伐された事例をいくつか検討した際に、そうした伐採に反対する僧侶が用いた弁論法に注目している研究者がいる。Fabio Rambelli, *Buddhist Materiality: A Cultural History of Objects in Japanese Buddhism* (Stanford: SUP, 2007), pp. 156–61.

37 ヒラタケは 1400 年代後半には畿内地方では保護された修行僧の寺院の森でしかみられなくなっていた。Totman, *The Green Archipelago: Forestry in Preindustrial Japan*, pp. 31, 37.

38 この時の東大時の建材供給事例は以下に詳しい。Totman, *The Green Archipelago: Forestry in Preindustrial Japan*, pp. 45–46.

39 Totman, *The Green Archipelago: Forestry in Preindustrial Japan*, p. 216, footnote 7.

40 Totman, *The Green Archipelago: Forestry in Preindustrial Japan*, p. 55.

41 Farris, *Japan to 1600, A Social and Economic History*, p. 114.

42 鎌倉のこの件に関しては、以下に言及がある。Totman, *The Green Archipelago: Forestry in Preindustrial Japan*, pp. 44–45, 55, 69, 105.

43 Verschuer, *Across the Perilous Sea: Japanese Trade with China and Korea from the Seventh to Sixteenth Centuries*, p. 69.

第 5 章　集約農耕社会前期——1250 ～ 1650 年

1 16 世紀までの日本と大陸間の交易については以下の書が詳しい。Charlotte von Verschuer, *Across the Perilous Sea: Japanese Trade with China and Korea from the Seventh to Sixteenth Centuries* (Ithaca NY: Cornell UP, 2006)、および Andrew Edmund Goble et al. (eds), "Tools of Culture: Japan's Cultural, Intellectual, Medical, and Technological Contacts in East Asia, 1000s-1500s", *Asia Past & Present: New Research from AAS*, No. 2 (Ann Arbor: Association for Asian Studies, 2009).
11 世紀から 16 世紀の間の日本と大陸との接触については、以下に最近の論考が揃っており、それ以前の文献もたくさん載せてある。また、Louis M. Cullen, *A History of Japan 1582–1941: Internal and External Worlds* (Cambridge: CUP, 2003) の第 2 章では、1582 年以後の対外関係を扱っており、それ以前の参考文献も多く載っている。Stephen R. Turnbull, *Strongholds of the Samurai: Japanese Castles 250–1877* (Oxford: Osprey, 2009) の第 4 部には、1590 年代に朝鮮半島に進出しようとした日本勢が建築した砦について詳細な研究が含まれている。

2 Gregory M. Pflugfelder and Brett L. Walker (eds), *JAPANimals: History and Culture in Japan's Animal Life* (Ann Arbor MI: Center for Japanese Studies, 2005) の第 3 章で、Alexander Bay は日本の中世における倭人と蝦夷《えみし》の社会との関係についてたいへん良質な議論を展開している。また Brett L. Walker は、*The Conquest of Ainu Lands, Ecology and Culture in Japanese Expansion, 1590–1800* (Berkeley: UCP, 2001), pp. 20–34 で、1600 年以前に知られていたアイヌの歴史を要約している。脚注はその他の研究についてよい指標となるだろう。

3 John Dougill, *Kyoto: A Cultural History* (NY: Oxford UP, 2006) は、京都の起源から今日に至るまで、エリート層の文化や演芸面を扱い、畿内地方が社会的に卓越している様子を探っている。

4 Pierre François Souyri, *The World Turned Upside Down: Medieval Japanese Society* (NY: Columbia UP, 2001), p. 12.

5 元の襲来については、Thomas D. Conlan, *In Little Need of Divine Intervention: Takezaki Suenaga's Scrolls of the Mongol Invasions of Japan* (Ithaca, NY: Cornell East Asia Program, 2001) に、初期の研究が紹介されている。日本の中世初期の一般的な戦については、Karl Friday, *Samurai, Warfare, and the State in Early Medieval Japan* (London: Routledge, 2004) と、Thomas D. Conlan, *State of War: The Violent Order of Fourteenth-Century Japan* (Ann Arbor MI: Center for Japanese Studies, 2003) を参照されたい。

6 応仁の乱と京都については、Suzanne Gay, *The Moneylenders of Late Medieval Kyoto* (Honolulu: UHP, 2001), pp. 148–60 が言及している。

7 1470 年代から 1570 年代にかけて起きた仏教の一派である浄土真宗（一向宗）の軍事政治的活動については、以下の詳細な研究がある。Carol R. Tsang, *War and Faith: Ikkô Ikki in Late Muromachi Japan* (Cambridge, MA: HUP, 2007). 文献には、この宗派の積極的な運動についてのそれ以前の資料も載って

いる。

8 京都の金貸し業者の役割（1350年代～1550年代）については、以下のようなよい研究がある。その文献には中世の経済的発展についての初期の研究が挙げられている。Gay, *The Moneylenders of Late Medieval Kyoto*.

9 城郭の発展を検討したTurnbull, Strongholds of the Samurai: *Japanese Castles 250–1877* は、それ以前の4冊の著作を改定してまとめ、見事な図版入りの著作に仕上げた。

10 1560～1600年の間の戦闘については、次の2冊が数多く図版を入れて詳細な解説をしている。長篠の合戦（1575年）は、Stephen R. Turnbull, *Nagashino, 1575: Slaughter at the Barricades* (Westport, CT: Praeger, 2005)に、関ヶ原の合戦はAnthony Bryant, *Sekigahara, 1600: The Final Struggle for Power* (Westport, CT: Praeger, 2005)に扱われている。

11 Turnbull, *Strongholds of the Samurai: Japanese Castles 250–1877*, p. 143によれば、日本は1600～1615年の間に、その後のための準備の一環として「史上最大の城郭建設と再構築」を経験した。

12 この時代の宮廷の文化やできごとは、次に詳しい。Lee Butler, *Emperor and Aristocracy in Japan, 1467–1680* (Cambridge, MA: HUP, 2002).

13 William Wayne Farris, *Japan's Medieval Population: Famine, Fertility, and Warfare in a Transformative Age* (Honolulu: UHP, 2006), pp. 4–5, 262.

14 Farris, Japan's *Medieval Population: Famine, Fertility, and Warfare in a Transformative Age*, pp. 27–28, 95, 171–72には、この時代の病気が扱われており、それ以前の文献も挙げてある。

15 引用元はJudith Frölich, *Rulers, Peasants and the Use of the Written Word in Medieval Japan* (Bern: Peter Lang, 2007), p. 155. 阿弖河荘は紀伊の国の内陸の谷あいにあった荘園で、請願で訴えられた領主は高野山の真言宗の寺である。

16 Charlotte von Verschuer, *Across the Perilous Sea: Japanese Trade with China and Korea from the Seventh to Sixteenth Centuries* (Ithaca NY: Cornell UP, 2006), pp. 84–85.

17 この時代の交易については、次の書が詳しい。Verschuer, *Across the Perilous Sea: Japanese Trade with China and Korea from the Seventh to Sixteenth Centuries*, Chapter 5. また、Andrew Edmund Goble et al. (eds), "Tools of Culture: Japan's Cultural, Intellectual, Medical, and Technological Contacts in East Asia, 1000s-1500s", *Asia Past & Present: New Research from AAS*, No. 2 (Ann Arbor: Association for Asian Studies, 2009)には、特に中国産の陶器について（Saeki）と朝鮮半島との交易（Robinson）の考察がある。

18 こうした債務者の抗議については、次の書で優れた検討が行われている。Gay, *The Moneylenders of Late Medieval Kyoto*, Chapter 4. また、Souyri, *The World Turned Upside Down: Medieval Japanese Society*, Chapters 10 and 11も参照されたい。

19 Souyri, *The World Turned Upside Down: Medieval Japanese Society*, p. 88.

20 Souyri, *The World Turned Upside Down: Medieval Japanese Society*, pp. 92–95にこうした話題が扱われている。

21 Souyri, *The World Turned Upside Down: Medieval Japanese Society*, p. 130.

22 引用元はSouyri, *The World Turned Upside Down: Medieval Japanese Society*, p. 162。

23 引用元はKristina Kade Troostによる優れた論文だが、未発表のHarvard大学博士論文（1990）で、Conrad, Totman, *A History of Japan, Second Edition* (Oxford: Blackwell, 2005), p. 150に掲載されている。

24 Totman, *A History of Japan, Second Edition*, p. 149.

25 Souyri, *The World Turned Upside Down: Medieval Japanese Society*, p. 87.

26 Farris, *Japan's Medieval Population: Famine, Fertility, and Warfare in a Transformative Age*, p. 132は、占城稲（チャンパライス）はインディカ種（*Oryza sativa indica*）の*spontanea*または*perennis*という品種

であると特定した。著書の p. 226 で、日本では 1600 年代までに、8 種類の亜品種が栽培されていたと報告している。

27 ワタの話題は、次の書に扱われている。Sung-je Koh, “A History of the Cotton Trade between Korea and Japan, 1423–1910”, *Asian Economies* #12 (March 1975), pp. 5–16.

28 Conrad Totman, *The Green Archipelago: Forestry in Preindustrial Japan* (Berkeley: UCP, 1989), pp. 46–47.

29 人の遺体を荼毘《だび》に付すことは、中世の頃により広範囲に広まった習慣の一つである。その過程で、薪炭、儀式用の木棺などとしてかなりの量の木材が必要となったが、その規模やそれが環境に与えた影響などを特定するのは不可能だろう。Karen M. Gerhart, *The Material Culture of Death in Medieval Japan* (Honolulu: UHP, 2009) は、中世のエリート層の葬式を検討する中で火葬について論じている。

30 Totman, *The Green Archipelago: Forestry in Preindustrial Japan*, p. 57.

31 Totman, *The Green Archipelago: Forestry in Preindustrial Japan*, p. 48.

32 Turnbull, *Strongholds of the Samurai: Japanese Castles 250–1877*, Part 2 は寺院の要塞化を論じている。

33 Souyri, *The World Turned Upside Down: Medieval Japanese Society*, p. 93.

34 Souyri, *The World Turned Upside Down: Medieval Japanese Society*, pp. 92–95, 184–85.

第 6 章　集約農耕社会後期——1650 ～ 1890 年

1 第 6 章は、特に述べない場合は、特に幕藩体制の時代に焦点を当てて書いた Conrad Totman, *Early Modern Japan* (Berkeley: UCP, 1993) などの以前の著書に基づいている。またこうした本はそれ以前の優れた資料に基づいているので、それぞれの脚注と文献に示しておいた。

2 1800 年代における日本の対外関係は詳しく研究されている。近年では、日本語版から英訳された Hiroshi Mitani, *Escape from Impasse: The Decision to Open Japan* (Tokyo: International House, 2006) が 2003 年に出版された。

3 参勤交代制については、以下の書が詳細な検討をしている。Constantine N. Vaporis, *Tour of Duty: Samurai, Military Service in Edo, and the Culture of Early Modern Japan* (Honolulu: UHP, 2008).

4 この天災と、将軍徳川綱吉（在任 1680 ～ 1709 年）による復興についての詳細な研究が、Beatrice Bodart-Bailey, *The Dog Shogun: The Personality and Politics of Tokugawa Tsunayoshi* (Honolulu: UHP, 2006), 第 13 章と第 17 章にある。引用部分は p. 256 より。

5 この時代の日本の対外関係を扱っており、よい文献資料の源泉になるのが、以下の書である。Louis M. Cullen, *A History of Japan 1582–1941: Internal and External Worlds* (Cambridge: CUP, 2003)　第 2 章 James B. Lewis, *Frontier Contact between Choson Korea and Tokugawa Japan* (NY: Routledge Curzon, 2003) は日本と朝鮮半島との交易活動を多彩に検討している。Bay は Gregory M. Pflugfelder and Brett L. Walker (eds), *JAPANimals: History and Culture in Japan's Animal Life* (Ann Arbor MI: Center for Japanese Studies, 2005) の第 3 章で、北海道のアイヌと周辺の大陸地域の間に長期に渡る交易活動があったことを記している。Brett L. Walker は、*The Conquest of Ainu Lands, Ecology and Culture in Japanese Expansion, 1590–1800* (Berkeley: UCP, 2001) という生態学的視点からアイヌの歴史を調べた優れた研究で、幕藩体制時代の和人とアイヌの関係性について、交易のみならず希少な側面を扱っている。

6 Tsunenari Tokugawa, *The Edo Inheritance* (Tokyo: International House, 2009), p. 131 は、1850 年までに、「太平洋ではおよそ 700 隻に及ぶアメリカの捕鯨船が操業しており、そのうち 300 隻ほどは日本近海にいた」と報告している。

7 国学については、多数の研究書がある。最近の 2 冊は、Susan L. Burns, *Before the Nation: Kokugaku and the Imagining of Community* (Durham: Duke UP, 2003) と Mark McNally, *Proving the Way: Conflict and Practice in the History of Japanese Nativism* (Cambridge, MA: HUP, 2005) で、それ以前の資料を知ること

ができる。

8 Mary E. Berry, *Japan in Print: Information and Nation in the Early Modern Period* (Berkeley: UCP, 2006) は、1600 ～ 1700 年代により広域にわたる日本の領土という意識を広めた文学文化の役割を図版入りで解説している。

9 Berry, *Japan in Print: Information and Nation in the Early Modern Period*, p. 185. 引用部分では日本的な「我々日本人」や「私たち」という表現は省いてある。日本の「国民性」として「心地よく感じる」美学については Ikegami in Joshua A. Fogel (ed.), *The Teleology of the Modern Nation-State: Japan and China* (Philadelphia: U. Penn. Press, 2005) 第 1 章を参照されたい。

10 Nam-lin Hur, *Death and Social Order in Tokugawa Japan: Buddhism, Anti-Christianity and the Danka System* (Cambridge, MA: HUP, 2007) 第 10 章は、対外問題が、仏教、儒教や神道の支持者間における緊張関係と、どのように相互作用をしていたのかという点を探っている。

11 William McOmie, *The Opening of Japan, 1853–55* (Folkestone: Global Oriental, 2006) は、このときの条約の発展について詳しく研究した最近の書である。

12 1800 年代の対外問題の知的側面について、よい研究が 2 冊出ている。Mark Anderson, *Japan and the Specter of Imperialism* (NY: Palgrave, 2009)、及び Alistair D. Swale, *The Meiji Restoration: Monarchism, Mass Communication and Conservative Revolution* (London: Palgrave, 2009).

13 John H. Sagers, *Origins of Japanese Wealth and Power: Reconciling Confucianism and Capitalism, 1830–1885* (NY: Palgrave, 2006) は、1800 年代における薩摩の経済政策の再配向について最近の研究である。文献には、それ以前の資料が詳しい。

14 Andrew Cobbing, *Kyushu: Gateway to Japan: A Concise History* (Folkestone: Global Oriental, 2009) の第 11 章は、苦杯をなめさせられた支持者の話題を簡潔に扱っており、それ以前の文献も充実している。

15 元号を明治と改元するとともに、新時代のリーダーはそれ以後、年号の変更は新天皇が継承したときのみ行なうと宣言した。この変更によって、それ以後産業時代の日本の天皇は死後、追号として年号の名で呼ばれるようになった。例えば、1868 年に天皇に就いた睦仁は後に明治天皇として知られるようになる。同様にその孫にあたる裕仁は後に昭和天皇となった。

16 江戸には良質の住宅施設があった。1862 年には参勤交代制が「改革」によって消滅し、江戸から大名が大勢流失したので、人口が大幅に減っていたからである。1872 年には、江戸の人口はそれ以前の半分ほどの 58 万人ほどだった。再び 100 万人の大台に乗ったのは、1890 年頃になってからのことだった。Mikako Iwatake, "From a Shogunal City to a Life City", p. 237, in Nicolas Fiévé and Paul Waley (eds), *Japanese Imperial Capitals in Historical Perspective: Place, Power and Memory in Kyoto, Edo and Tokyo* (London: Routledge, 2003). 参勤交代制の解消については、Conrad Totman, *The Collapse of the Tokugawa Bakufu, 1862–1868* (Honolulu: UHP, 1980), pp. 18–21、さらに 1866 年の江戸の大火については pp. 298–99 を参照されたい。

17 幕藩体制初期の知識人は、日本独自の封建制と、中国の郡県制（望ましさではより劣る）とを対照比較するために、郡県・封建構成を使った。明治の指導者たちは、この 2 つの概念を（異なる価値観で）再評価した。

18 Tessa Morris-Suzuki, *The Technological Transformation of Japan: From the Seventeenth to the Twenty-first Century* (Cambridge: CUP, 1994), p. 85.

19 著者は伊藤博文。引用元は、Morris-Suzuki, *The Technological Transformation of Japan: From the Seventeenth to the Twenty-first Century*, p. 73.

20 明治憲法の作成に関わった知的発展について、最近の研究は日本語版（2003 年）からの英語訳本がある。Kazuhiro Takii, *The Meiji Constitution: The Japanese Experience of the West and the Shaping of the*

Modern State (Tokyo: International House, 2007)。明治初期の政治についてより広くは、Kyu Hyun Kim, *The Age of Visions and Arguments: Parliamentarianism and the National Public Sphere in Early Meiji Japan* (Cambridge, MA: HUP, 2007) がある。また、Richard M. Reitan, *Making a Moral Society: Ethics and the State in Meiji Japan* (Honolulu: UHP, 2010) はこの時期の知的議論を幅広く扱っている。

21 引用元 Ryusaku Tsunoda et al. (comps.), *Sources of the Japanese Tradition* (NY: Columbia UP, 1958), pp. 696–97.

22 幕藩体制の時代の人口について、最良なものは、Akira Hayami, *The Historical Demography of Pre-modern Japan* (Tokyo: UTP, 2001) である。当時の人口統計の質に問題があることを考慮すると、Cullen, *A History of Japan 1582–1941: Internal and External Worlds*、特に pp. 98–104 の考察が優れている。

23 Tokugawa, *The Edo Inheritance*, p. 116 では、1721 年に徳川吉宗が行なった人口統計にも「7 歳以下の子ども」は数に入っていなかったと報告している。Simon Partner, The Mayor of Aihara: A Japanese Villager and His Community, 1865–1925 (Berkeley: UCP, 2009), p. 74 によれば、1890 年頃になってさえ、「日本の農村では、10 歳の誕生日を迎えずに死んだ子どもがおよそ 20%いた」という。

24 Hayami, *The Historical Demography of Pre-modern Japan*, p. 57.

25 Tokugawa, *The Edo Inheritance*, p. 11 によれば、侍の階級に属していたのは人口のおよそ 5 ～ 7%だった。さらに、少数ながら宮廷の貴族や高位の聖職者も公的エリート層に入っていた。

26 Ann B. Jannetta, *The Vaccinators: Smallpox, Medical Knowledge, and the "Opening" of Japan* (Stanford: SUP, 2007), p. 179。また、Mary Louise Nagata, *Labor Contracts and Labor Relations in Early Modern Central Japan* (NY: Routledge, 2005), p. 97 は、日本における 1783 年以後の発疹チフスの流行について報告している。

27 このテーマは、次の書が優れた研究を行なっており、文献も充実している。Jannetta, *The Vaccinators: Smallpox, Medical Knowledge, and the "Opening" of Japan.*

28 将軍の姿勢については、以下を参照されたい。Jannetta, *The Vaccinators: Smallpox, Medical Knowledge, and the "Opening" of Japan*, pp. 157–59.

29 Nobuko Iijima (ed.), Pollution Japan: Historical Chronology (Elmsford, NY: Pergamon Press, 1979), pp. 17, 20.

30 幕藩時代の社会でエンターテインメントを担っていた公娼については、最近の次の研究がよい資料源にもなる。William R. Lindsey, *Fertility and Pleasure: Ritual and Sexual Values in Tokugawa Japan* (Honolulu: UHP, 2007).

31 Daniel V. Botsman, *Punishment and Power in the Making of Modern Japan* (Princeton: PUP, 2005) は、この時代の特に江戸に関して、司法と犯罪対応とその傾向について詳細で奥深い考察をしている。

32 明治維新の激動時代の大衆の態度と行動についての面を扱った書。M. William Steele, *Alternative Narratives in Modern Japanese History* (London: Routledge, 2003).

33 Partner, *The Mayor of Aihara: A Japanese Villager and His Community*, 1865–1925, p. 3.

34 幕藩体制時代の労働者の組合とその利用について、優れた書がある。Nagata, *Labor Contracts and Labor Relations in Early Modern Central Japan.*

35 この時代の識字について詳細で深い考察のある研究。Richard Rubinger, *Popular Literacy in Early Modern Japan* (Honolulu: UHP, 2007)。

36 ヨーロッパ言語で記された江戸時代の思想についての文献集。2849 部もの資料を集めた大冊である。Klaus Kracht, *Japanese Thought in the Tokugawa Era: A Bibliography of Western-Language Materials* (Wiesbaden: Harrassowitz Verlag, 2000). また、William McOmie (comp.), *Foreign Images and Experiences of Japan: Vol. 1, First Century AD to 1841* (Folkestone: Global Oriental, 2005) は幕藩時代の日本についてヨーロッパで書かれた同時代の研究を精査している。

37 蘭学についての研究は数多い。例えば、近年では以下がある。W.F. Vande Walle and Kazuhiko Kasaya (eds), *Dodonaeus in Japan: Translation and the Scientific Mind in the Tokugawa Period* (Leuven: Leuven UP, 2001), and Martha Chaiklin, *Cultural Commerce and Dutch Commercial Culture: The Influence of European Material Culture on Japan, 1700–1850* (Leiden: Leiden UP, 2003).

38 日本で和算と呼ばれている中国式数学は1600年代に移入された。次の書に詳しく説明されている。Hidetoshi Fukagawa and Tony Rothman, *Sacred Mathematics: Japanese Temple Geometry* (Princeton: PUP, 2008).

39 Rubinger, *Popular Literacy in Early Modern Japan*, pp. 84–85.

40 Tokugawa, *The Edo Inheritance*, p. 117 によれば、江戸時代後期には寺子屋が「1万軒」ほどあったという。

41 Rubinger, *Popular Literacy in Early Modern Japan*, pp. 113–14.

42 幕藩体制の時代に寺が地域にもたらした役割については、Hur, *Death and Social Order in Tokugawa Japan: Buddhism, Anti-Christianity and the Danka System* の特に第1章が最近で詳しい。この時代に栄えた禅宗の曹洞宗が社会で果たした役割は、Duncan Ryûken Williams, *The Other Side of Zen: A Social History of Sôtô Zen Buddhism in Tokugawa Japan* (Princeton: PUP, 2005) が扱っている。

43 江戸時代の公道と旅は大きな注目を浴びている。例えば、最近の2冊は以下を参照。Herbert Plutschow, *A Reader in Edo Period Travel* (Folkestone: Global Oriental, 2006). Jilly Traganov, *The Tôkaidô Road: Traveling and Representation in Edo and Meiji Japan* (NY: Routledge, 2004). また、Marcia Yonemoto, *Mapping Early Modern Japan: Space, Place, and Culture in the Tokugawa Period* (1603–1868) (Berkeley: UCP, 2003) は、この時代の地図及びその作成法と利用について推論を交えながら扱っている。

44 この話題は、以下の書に詳しい。Brett L. Walker, *The Conquest of Ainu Lands, Ecology and Culture in Japanese Expansion, 1590–1800* (Berkeley: UCP, 2001).

45 こうした数値は、次の書のP. 25にある表3に単純化して載せてある。Ryuto Shimada, *The Intra-Asian Trade in Japanese Copper by the Dutch East India Company during the Eighteenth Century* (Leiden: Brill, 2006). その pp. 150–67 では、長崎におけるオランダ貿易の機構を論じている。

46 Ryuto Shimada, *The Intra-Asian Trade in Japanese Copper by the Dutch East India Company during the Eighteenth Century*, pp. 47, 61–64, 144–47.

47 Nagata, *Labor Contracts and Labor Relations in Early Modern Central Japan*, p. 80.

48 明治時代の建設や工学技術を探究している著作が2冊ある。Kenneth Frampton and Kunio Kudo, *Japanese Building Practice: From Ancient Times to the Meiji Period* (NY: Van Nostrand Reinhold, 1997). Erich Pauer (ed.), *Papers on the History of Industry and Technology of Japan: Volume I: From the Ritsuryô-system to the Early Meiji-Period* (Marburg: Förderverein, 1995). Cobbing, *Kyushu: Gateway to Japan: A Concise History*, pp. 216–21, 227–28 は、日本の産業化にあたって、九州が率先して科学技術を導入する役割を演じたことを扱った最近の著書である。Dan Free, *Early Japanese Railways 1853–1914: Engineering Triumphs that Transformed Meiji-era Japan* (Tokyo: Tuttle, 2008) は、1853～1914年の鉄道施設と道具を豊富な写真や図解入りで扱っている。

49 Shuzo Teruoka (ed.), *Agriculture in the Modernization of Japan, 1850–2000* (New Delhi: Manohar, 2008)P. 20は、1890～1900年頃には、輸出の半分ほどは絹製品で、その他は「緑茶、米、樟脳、ハッカ、シイタケ、昆布、アワビ、その他の農水産物」だったと報告している。また、絹については、Penelope Francks, *Rural Economic Development in Japan: From the Nineteenth Century to the Pacific War* (London: Routledge, 2006), pp. 34–35 もある。

50 近年、京都と江戸（東京）について書かれた論著には、Fiévé and Waley (eds), *Japanese Imperial Capitals in Historical Perspective: Place, Power and Memory in Kyoto, Edo and Tokyo* がある。

51 数値は Totman, *Early Modern Japan,* p. 153 より。江戸の人口のおよそ半数くらいは将軍と大名の屋敷にいたことと、公的人口調査は生産者だけしか数えていなかったので、真の江戸の人口推定値には大きな幅がある。

52 Beatrice M. Bodart-Bailey, "Urbanization and the Nature of the Tokugawa Hegemony", in Fiévé and Waley (eds), *Japanese Imperial Capitals in Historical Perspective: Place, Power and Memory in Kyoto, Edo and Tokyo*, p. 119.

53 Tokugawa, *The Edo Inheritance*, p. 85.

54 Bodart-Bailey, *The Dog Shogun: The Personality and Politics of Tokugawa Tsunayoshi*, p. 257.

55 Carl Mosk, *Japanese Industrial History: Technology, Urbanization, and Economic Growth* (London: M.E. Sharpe, 2001) は第 2 章で、幕藩体制時代の大阪を検討している。その研究は 1868 年以後の大阪—東京地域の経済的発展に注目しており、それ以前の文献も豊富に収集してある。

56 Louis G. Perez, *Daily Life in Early Modern Japan* (Westport, CT: Greenwood Press, 2002), p. 232.

57 農村社会の産業化について、Francks, *Rural Economic Development in Japan: From the Nineteenth Century to the Pacific War*, pp. 35–45 が扱っている。

58 Perez, *Daily Life in Early Modern Japan* は農村も含めて大衆の生活についてたいへん詳しい。

59 Perez, *Daily Life in Early Modern Japan*, p. 31. その p. 129 で、90%ほどが農村人口であると報告している。Francks, Rural *Economic Development in Japan: From the Nineteenth Century to the Pacific War*, p. 26 は、1800 年には、人口の 80 ～ 85 %が農村に居住していたとしている。

60 Thomas C. Smith, *The Agrarian Origins of Modern Japan* (Stanford: SUP, 1959), p. 56, 脚注 e.

61 特に畿内周辺について、この時代の農村組織の変化を詳細に研究した好著である。Grace H. Kwon, *State Formation, Property Relations, & the Development of the Tokugawa Economy (1600–1868)* (NY: Routledge, 2002).

62 Penelope Francks, *Technology and Agricultural Development in Pre-War Japan* (New Haven: YUP, 1984), p. 36.

63 70%以上という数値を挙げているのは、Francks, *Rural Economic Development in Japan: From the Nineteenth Century to the Pacific War*, p. 47. Teruoka (ed.), *Agriculture in the Modernization of Japan*, p. 23 である。

64 Francks, *Rural Economic Development in Japan: From the Nineteenth Century to the Pacific War*, p. 46.

65 関東平野の南西部にある相原村の年次作業のよい事例を提供している。Partner, *The Mayor of Aihara: A Japanese Villager and His Community, 1865–1925*, pp. 43–44.

66 1700 ～ 1800 年代の講に関しては、Tetsuo Najita, *Ordinary Economies in Japan: A Historical Perspective, 1750–1950* (Berkeley: UCP, 2009) の第 3 章と 4 章にある。Bodart-Bailey, *The Dog Shogun: The Personality and Politics of Tokugawa Tsunayoshi*, pp. 268–70 は、1707 年に起きた富士山噴火後に村人から出た援助要請についてよい事例を紹介している。

67 Hur, *Death and Social Order in Tokugawa Japan: Buddhism, Anti-Christianity and the Danka System*, p. 202.

68 Francks, *Rural Economic Development in Japan: From the Nineteenth Century to the Pacific War*, pp. 45, 69.

69 Marius Jansen (ed.), *The Cambridge History of Japan, Vol. 5, The Nineteenth Century* (Cambridge: CUP, 1989), p. 80. 著者は松平定信。

70 Partner, *The Mayor of Aihara: A Japanese Villager and His Community, 1865–1925*、第 1 ～ 2 章をみると、相原村の生活が時代に沿って変わっていった様子がわかる。

71 1600 年代から 1900 年代後半にかけて、日本の科学技術の詳細で充実した歴史は次の書がある。Morris-Suzuki, *The Technological Transformation of Japan: From the Seventeenth to the Twenty-first Century.*

72 Walker, *The Conquest of Ainu Lands, Ecology and Culture in Japanese Expansion, 1590–1800*, p. 83. 引用は、北海道松前藩の砂鉱採鉱の様子を語った Diego Carvalho というポルトガル人の宣教師の言葉である。

73 この採鉱技術については、Ryuto Shimada, *The Intra-Asian Trade in Japanese Copper by the Dutch East India Company during the Eighteenth Century* (Leiden: Brill, 2006), pp. 53–54 がよく描写している。

74 Walker, *The Conquest of Ainu Lands, Ecology and Culture in Japanese Expansion, 1590–1800*, pp. 82–84.

75 特定の鉱山の場所についてはIijima, *Pollution Japan: Historical Chronology*, pp. 3–6が言及している。また、銅鉱の産出については、Shimada, *The Intra-Asian Trade in Japanese Copper by the Dutch East India Company during the Eighteenth Century*, pp. 47–48 の報告がある。

76 銅鉱の採掘過程と輸出や貨幣への利用については、Shimada, *The Intra-Asian Trade in Japanese Copper by the Dutch East India Company during the Eighteenth Century* に詳しい。

77 汚染記録は、Iijima (ed.), *Pollution Japan: Historical Chronology* が詳細に扱っている。

78 銅の製錬は鉱山の外で行なわれ、できた銅球は大阪へ送られて、さらに製錬され、輸出や国内の使用のために多様な形に成形された。Shimada, *The Intra-Asian Trade in Japanese Copper by the Dutch East India Company during the Eighteenth Century*, p. 51

79 1874 ～ 1904 年の毎年の数値をまとめて表にした。Sippel による in Janet Hunter and Cornelia Storz (eds), *Institutional and Technological Change in Japan's Economy, Past and Present* (London: Routledge, 2006), p. 11 の考察より。その中で、秋田地方の銅山における科学技術的変化を考察している。

80 Shimada, *The Intra-Asian Trade in Japanese Copper by the Dutch East India Company during the Eighteenth Century*, p. 47. 英トン（大トン）は、1,016kg にあたる。

81 足尾問題の年代記録は、Iijima, *Pollution Japan: Historical Chronology*、Kenneth Strong, *Ox Against the Storm; A Biography of Tanaka Shozo: Japan's Conservationist Pioneer* (Tenterden, Kent: Paul Norbury Publishing Ltd., 1977)、Kazuo Nimura, *The Ashio Riot of 1907: A Social History of Mining in Japan* (Durham, NC: Duke UP, 1997) の中の各所にみられる。

82 Iijima, *Pollution Japan: Historical Chronology*, p. 3.

83 Totman, *Early Modern Japan*, pp. 271–72.

84 Iijima, *Pollution Japan: Historical Chronology*, p. 16.

85 北海道の南西部にあたる渡島半島は、北海道のそれ以外の場所とは異なり、松前藩の領地として、和人が入植していた。その土地は松前藩の希望通りに利用された。Walker, *The Conquest of Ainu Lands, Ecology and Culture in Japanese Expansion, 1590–1800* は、松前藩とアイヌの間の関係性を注意深く扱っている。

86 Bodart-Bailey, *The Dog Shogun: The Personality and Politics of Tokugawa Tsunayoshi*, p. 189.

87 Hur, *Death and Social Order in Tokugawa Japan: Buddhism, Anti-Christianity and the Danka System*, pp. 5–6. 1923 年の大地震の後にも、似たような寺院の移築計画が行なわれた。

88 幕藩時代の林業については、Conrad Totman, *The Green Archipelago: Forestry in Preindustrial Japan* (Berkeley: UCP, 1989) の第 4 ～ 5 章に基づいている。

89 Totman, *The Green Archipelago: Forestry in Preindustrial Japan*, p. 124. 10 年も経つと、基礎的な枝払いは終了しており、育った樹木は生育が速く競争相手となる陽樹を日陰にできるほどの高さに育っているだろう。

90 明治時代の造林学の発展については、Conrad Totman, *Japan's Imperial Forest: Goryôrin, 1889–1946* (Folkestone: Global Oriental, 2007) の第 1 ～ 2 章で短く取り扱っている。

91 数値は Totman, *Japan's Imperial Forest: Goryôrin, 1889–1946* の p. 107 表 8–1 からとってまとめた。

92 この部分は主に、江戸時代に九州北西部沿岸の漁村と漁業について優れた研究をした Arne Kalland, *Fishing Villages in Tokugawa Japan* (Honolulu: UHP, 1995) に基づいている。

93 Pflugfelder and Walker (eds), *JAPANimals: History and Culture in Japan's Animal Life* の第 9 章で、Abel は

1861 年に開始された遠洋捕鯨の始まりに触れており、脚注には、それ以前の英文資料が見出せる。

94 Perez, *Daily Life in Early Modern Japan*, p. 172.

95 Kwon, *State Formation, Property Relations, & the Development of the Tokugawa Economy (1600–1868)*, p. 4 は、1600 年代には、およそ 90 万町の土地が主に大規模計画によって開墾され、1700 〜 1800 年代には小規模な家族単位の開墾によって、20 万町ほどが追加されたのみだと報告している。

96 Partner, *The Mayor of Aihara: A Japanese Villager and His Community*, 1865–1925, p. 12.

97 Francks, *Rural Economic Development in Japan: From the Nineteenth Century to the Pacific War*, p. 29 は、1600 年代には水田の収穫は 1 反当たり 0.7 石だったが、1800 年代までには、反当り 1.3 石とほぼ倍増していたという。

98 Teruoka (ed.), *Agriculture in the Modernization of Japan*, p. 69.

99 Nagata, *Labor Contracts and Labor Relations in Early Modern Central Japan*, p. 80 は、1700 年代には、「生糸と綿は……400％も増加した」としている。また、Francks, *Rural Economic Development in Japan: From the Nineteenth Century to the Pacific War*, pp. 33–34, 41 は、1800 年代における綿生産を論じている。

100 Francks, *Rural Economic Development in Japan: From the Nineteenth Century to the Pacific War*, p. 42 は、繭がもろいことを指摘している。

101 Morris-Suzuki, *The Technological Transformation of Japan: From the Seventeenth to the Twenty-first Century*, p. 29.

102 David G. Wittner は、Morris Low (ed.), *Building a Modern Japan: Science, Technology, and Medicine in the Meiji Era and Beyond* (NY: Palgrave, 2005) において、生糸生産の機械化を扱っている。

103 Francks, *Rural Economic Development in Japan: From the Nineteenth Century to the Pacific War*, pp. 30–31. Francks, *Technology and Agricultural Development in Pre-War Japan*, p. 61 は一期作をしていた地域の割合を 1884 年、1907 年と 1933 年で表に示している。1884 年には日本の水田の平均で 73％だった一期作の面積は、1900 年代初頭には 53 〜 55％に減っている。

104 この部分は、Brett L. Walker, *The Lost Wolves of Japan* (Seattle: U. Washington Press, 2005) に基づいている。この書は文献も豊富であり、科学的知識に基づいて日本の生態学的歴史を研究した英文で読める数少ない著作である。本書では省略したが、Walker はオオカミと野犬の関係の問題も取り上げている。また、Pflugfelder and Walker (eds), *JAPANimals: History and Culture in Japan's Animal Life* の第 5 章では、Walker は 1749 年に東北地方の八戸で起きた飢饉を検討し、土着の動物個体数の変化がその被害に寄与しているという指摘をしている。

105 特に明治初期のイヌと狂犬病については、Skabelund による Pflugfelder and Walker (eds), *JAPANimals: History and Culture in Japan's Animal Life* の第 6 章を参照されたい。

106 北海道のアイヌの領土に商業的利用が人知れず、ゆっくりと広まっていったのは、律令政府が成立するよりもずっと前から、農耕社会の領土が近隣に接していた狩猟採集民の地域に長いことかけて拡大した単純な過程であると考えることもできる。

第 7 章　帝国主義下の産業社会——1890 〜 1945 年

1 日本の国粋主義の研究は広く行なわれてきた。中でもよく文献が揃っている最近の研究は、Walter A. Skya, *Japan's Holy War: the Ideology of Radical Shintô Ultranationalism* (Durham: Duke UP, 2009) がある。Ravina and Howell は、Joshua A. Fogel (ed.), *The Teleology of the Modern Nation-State: Japan and China* (Philadelphia: U. Penn. Press, 2005) の第 3 章と第 5 章で、幕藩時代の後期と明治時代に国粋主義が発展した側面を取り扱っている。Kevin M. Doak, *A History of Nationalism in Modern Japan* (Leiden: Brill, 2007) は、現代日本における国粋主義を巡って豊かな推論をくり広げている。

2 持続している地域アイデンティティについての最近の研究には Nanyan Guo et al., *Tsugaru: Regional Identity on Japan's Northern Periphery* (Dunedin NZ: U. of Otago Press, 2005) があり、本州北端にある津軽地方の住民にみられるアイデンティティに多くの側面があることを明かしている。1600 ～ 1900 年頃の地域性や階級、宗教についての推論的研究として、アイヌと倭人の関係性を調べた David L. Howell, *Geographies of Identity in Nineteenth Century Japan* (Berkeley: UCP, 2005) がある。

3 この国民意識は 1860 年代以後の数十年間に新しい宗教運動に表れた。そうした運動について最近の研究としては、次の著が図解入りで文献も充実している。Nancy K. Stalker, *Prophet Motive; Deguchi Onisaburô, Oomoto, and the Rise of New Religions in Imperial Japan* (Honolulu: UHP, 2008).

4 この時代の政治外交史を扱った研究は多い。Conrad Totman, *A History of Japan, Second Edition* (Oxford: Blackwell, 2005) の第 13 章と 15 章に要約があり、文献にはそれ以前のモノグラフも挙げてある。Simon Partner は、*The Mayor of Aihara: A Japanese Villager and His Community, 1865–1925* (Berkeley: UCP, 2009) の第 3 ～ 5 章で、1890 ～ 1920 年頃の関東南西部の相原村の住民生活に、国家事業と地方の事業が相互作用を及ぼした様子をうまく表している。

5 1930 年代の政治文化と弁論術の側面については、Alan Tansman (ed.), *The Culture of Japanese Fascism* (Durham: Duke UP, 2009) に収録された 17 編の小論が参考になる。

6 1850 年代から 1945 年までの軍隊史についての優れた研究が新しく出ている。Edward J. Drea, *Japan's Imperial Army: Its Rise and Fall, 1853–1945* (Lawrence, KN: U.P. of Kansas, 2009)。Stewart Lone による *Provincial Life and the Military in Imperial Japan: the Phantom Samurai* (London: Routledge, 2010) は、岐阜県でみられた軍隊に対する民衆の態度や関係性について、新しい貴重な研究である。

7 Louis M. Cullen は、*A History of Japan 1582–1941: Internal and External Worlds* (Cambridge: CUP, 2003) の第 7 ～ 8 章で、1941 年までの日本の対外関係を扱っている。

8 Cullen, *A History of Japan 1582–1941: Internal and External Worlds*, p. 232 にあるように、1895 年に中国の指導者は満州の遼東半島を日本に譲渡したが、三国干渉として知られるように、ヨーロッパ列強がすばやく返還させた。その後、ロシア、ドイツと英国は自分たちが中国から追加的譲歩を入手した。Urs Mattias Zachmann, *China and Japan in the Late Meiji Period: China Policy and the Japanese Discourse on National Identity, 1895–1904* (London: Routledge, 2009) は、1905 年までの明治期の日中の複雑な関係を注意深く研究した著書で、文献もよく揃っている。

9 Phillips Payson O'Brien, *The Anglo-Japanese Alliance, 1902–22* (London: Routledge, 2004) は 1902 年から 1922 年まで続いたこの同盟関係について、起源、論理、内容、政治的意義と文化的派生問題を検討した 16 編の文を集めた著書である。

10 この時期の日露戦争は詳細に扱われている。Naoko Shimazu, *Japanese Society at War: Death, Memory and the Russo-Japanese War* (Cambridge: CUP, 2009) は、この戦争中の日本の民衆の体験や理解、回想などの研究である。Joseph Ferguson, *Japanese-Russian Relations, 1907–2007* (London: Routledge, 2008) は、戦争以後の日露関係を注意深く検討している。両書とも、文献が充実している。最近は、上記に加えてさらに、100 周年を記念して 2 巻本が 2 冊出版された。一つは、*The Russo-Japanese War in Global Perspective* (Vol. I) eds. by John W. Steinberg et al. で、もう一つは、*Rethinking the Russo-Japanese War, 1904–05*, (Vol. I) ed. by Rotem Kowner and (Vol. II) by John Chapman and Inaba Chiharu である。

11 Partner, *The Mayor of Aihara: A Japanese Villager and His Community, 1865–1925*, p. 106. 登場したのは関東の南西部にある綾瀬村である。

12 Eiji Oguma (David Askew, tr.), *A Genealogy of "Japanese" Self-images* (Melbourne: Trans Pacific Press, 2002), p. 140 に引用されている、文の著者は Nakayama Satoru。

13 大日本帝国の対外政策のレトリックが多くの注目を集めている。最近の研究では、複雑で曖昧なこの

話題についての以前の取り扱いを紹介している。Eri Hotta, *Pan-Asianism and Japan's War, 1931–1945* (NY: Palgrave, 2007)。また、Sven Saaler and J. Victor Koschmann (eds), *Pan-Asianism in Modern Japanese History: Colonialism, Regionalism and Borders* (London: Routledge, 2007) は、この話題の多様な側面について 15 編の小論を集めた文献である。

14 Partner, *The Mayor of Aihara: A Japanese Villager and His Community, 1865–1925*, pp. 164–74 は、この大地震で関東の農村地域の住民が受けたトラウマと後遺症をうまく伝えている。死者数は Louis Frédéric (Käthe Roth, tr.), Japan Encyclopedia (Cambridge, MA: HUP, 2002), p. 981 によれば 143,000 人とされている。Nobuko Iijima (ed.), *Pollution Japan: Historical Chronology* (Elmsford, NY: Pergamon Press, 1979), p. 65 は、負傷者数 10 万人、地震のショックと後遺症に見舞われた人数を 340 万人としている。William L. Langer (comp.), *An Encyclopedia of World History* (Boston: Houghton Mifflin Co., 1952), p. 1125 は推定死亡者を 20 万人としている。

15 Tajima Nobuo は、Christian W. Spang and Ralf-Harald Wippich (eds), *Japanese-German Relations, 1895-1945: War, Diplomacy and Public Opinion* (London: Routledge, 2006) の中で、防共協定を検討し、P. 165 ～ 66 で条項の翻訳を提供している。

16 1890 年代から 1945 年までの日独関係の多様な側面について、最近 2 冊の小論集が出た。一つは、Spang and Wippich (eds), *Japanese-German Relations, 1895–1945: War, Diplomacy and Public Opinion* で、もう一冊は Akira Kudô, Tajima Nobuo and Erich Pauer (eds), *Japan and Germany: Two Latecomers to the World Stage, 1890–1995*, 3 vols. (Folkestone: Global Oriental, 2009).

17 David C. Earhart, *Certain Victory: Images of World War II in the Japanese Media* (Armonk, NY: M.E. Sharpe, 2008) は、日本人が体験した戦争を描写する写真や芸術品を 800 枚も集めてある。

18 Hotta, *Pan-Asianism and Japan's War, 1931–1945* は、汎アジア主義とそれに先行する事実についての優れた研究である。

19 Mori Takemaro は満州への移民についての小論 Ann Waswo and Nishida Yoshiaki (eds), *Farmers and Village Life in Twentieth-Century Japan* (London: Routledge, 2003) の p. 179 で、1907 年から 1940 年までの海外の日本人人口を優れた図解に示している。

20 Brett L. Walker, *The Conquest of Ainu Lands, Ecology and Culture in Japanese Expansion, 1590–1800* (Berkeley: UCP, 2001), p. 182 は、1807 年におけるアイヌ人口は 26,256 人と推定されていたが、1854 年には 17,810 人に減少したと報告し、その主な原因はおそらく天然痘の蔓延であろうとしている。この伝染病の蔓延は、ロシアの活動が北海道で活発になった後、将軍の権力が強化された後に起きたようである。

21 Totman, *A History of Japan, Second Edition*, pp. 328, 383.

22 Penelope Francks, *Rural Economic Development in Japan: From the Nineteenth Century to the Pacific War* (London: Routledge, 2006), pp. 114, 197.

23 数値は Iijima (ed.), *Pollution Japan: Historical Chronology*, pp. 30–31, 44, 52, 60, 81 から引用し、端数を丸めてある。

24 数値のうち、1890 年と 1920 年は Francks, *Rural Economic Development in Japan: From the Nineteenth Century to the Pacific War*, p. 112 より、また 1940 年の数値は Totman, *A History of Japan, Second Edition*, p. 387 から採用した。

25 このように、1975 年には、100 万人かそれ以上を擁していた 10 大都市に日本の全人口の 20%が住んでいた。内陸に位置しており、港湾施設を持っていないのは、京都と札幌だけである。またそのうち 7 カ所は（人口にして 85%以上）大阪から東京に至る産業中心域にある。

26 1890 年の数値は Nicolas Fiévé and Paul Waley (eds), *Japanese Imperial Capitals in Historical Perspective:*

Place, Power and Memory in Kyoto, Edo and Tokyo (London: Routledge, 2003)、また 1905 年と 1935 年の数値は Totman, *A History of Japan, Second Edition*, p. 382 を参照されたい。

27 Carl Mosk, *Japanese Industrial History: Technology, Urbanization, and Economic Growth* (London: M.E. Sharpe, 2001), p. 245, 脚注 5.

28 1935 年の数値は、Totman, *A History of Japan, Second Edition*, p. 466 より、また幕藩時代の推定値については、本書の第 6 章を参照されたい。

29 Francks, *Rural Economic Development in Japan: From the Nineteenth Century to the Pacific War*, pp. 124, 170.

30 Francks, *Rural Economic Development in Japan: From the Nineteenth Century to the Pacific War*, p. 196.

31 Totman, *A History of Japan, Second Edition*, p. 336. 1920 年以後、北海道の耕作地は拡大したが、その速度は遅く、1970 年代までは 100 万ヘクタールを超えることはなかった。

32 Totman, *A History of Japan, Second Edition*, p. 336.

33 Hiromi Mizuno, *Science for the Empire: Scientific Nationalism in Modern Japan* (Stanford: SUP, 2009) は、1910 ～ 1945 年の日本における科学に対する態度を検討している。

34 Waswo and Nishida (eds), *Farmers and Village Life in Twentieth-Century Japan*, p. 69.

35 Totman, *A History of Japan, Second Edition*, p. 387. Francks は、*Rural Economic Development in Japan: From the Nineteenth Century to the Pacific War*, p. 139 で、肥料の年間使用の増加が 1880 ～ 1900 年は 1.6%、1900 ～ 1920 年には 7.7%、1920 ～ 1935 年には 3.4%と報告している。

36 Francks, *Rural Economic Development in Japan: From the Nineteenth Century to the Pacific War*, pp. 113, 124, 207.

37 Francks, *Rural Economic Development in Japan: From the Nineteenth Century to the Pacific War*, p. 53. Totman, *A History of Japan, Second Edition*, p. 435.

38 これらと次の遠洋漁業に関する数値は、Totman, *A History of Japan, Second Edition*, p. 388 より。

39 Totman, *A History of Japan, Second Edition*, pp. 391–92.

40 Takafusa Nakamura and Kônosuke Odaka (eds), *The Economic History of Japan: 1600–1990, Vol. 3: Economic History of Japan 1914–1955* (Oxford: Oxford UP, 2003) は、日本の経済史の詳細な研究である。この 4 巻本は 1600 ～ 1990 年の経済史の面と、1914 ～ 1955 年の時期を扱う第 3 巻からなり、小論を集大成して翻訳した著作である。

41 Totman, *A History of Japan, Second Edition*, p. 436. 経済恐慌時代に円貨の切り下げが行なわれたため、1936 年の数値は正確ではないかもしれない。

42 Tetsuji Okazaki, *Production Organization in Japanese Economic Development* (London: Routledge, 2007) の中の Hashino and Nakabayashi による 2 作品は、富岡からほど遠からぬところにある桐生の絹産業を検討している。

43 Francks, *Rural Economic Development in Japan: From the Nineteenth Century to the Pacific War*, pp. 35, 199. Totman, *A History of Japan, Second Edition*, pp. 314, 336.

44 Hashino は、Tetsuji Okazaki, *Production Organization in Japanese Economic Development* (p. 26) (London: Routledge, 2007) の中で、関東北西部の女性工員の実質賃金をうまく図解して、1919 年に向けて急上昇した後、下落して 1920 年代中頃までにやや持ち直したものの、1920 年代後半と 1930 年代に大きく下落したことを示している。

45 Totman, *A History of Japan, Second Edition*, pp. 334, 436.

46 Shuzo Teruoka (ed.), *Agriculture in the Modernization of Japan, 1850–2000* (New Dehli: Manohar, 2008), p. 63.

47 Totman, *A History of Japan, Second Edition*, pp. 313, 334, 436.

48 Mosk, *Japanese Industrial History: Technology, Urbanization, and Economic Growth*, p. 183.

49 Teruoka (ed.), *Agriculture in the Modernization of Japan*, 1850–2000, p. 141.

50 このように女性の労働力が卓越していることは学術的注目を浴びた。Elyssa Faison, *Managing Women: Disciplining Labor in Modern Japan* (Berkeley: UCP, 2007) はそれ以前の著作についてよい手引きになる。

51 Faison, *Managing Women: Disciplining Labor in Modern Japan,* p. 13 は繊維業の雇用統計を示している。一方、Teruoka (ed.), *Agriculture in the Modernization of Japan, 1850–2000*, p. 57 は、1909 年について、やや高めの数値を出している。

52 Teruoka (ed.), *Agriculture in the Modernization of Japan, 1850–2000*, p. 141.

53 造船業については、Mosk, *Japanese Industrial History: Technology, Urbanization, and Economic Growth*, pp. 99–101, 187 を参照されたい。

54 Totman, *A History of Japan, Second Edition*, p. 338.

55 Totman, *A History of Japan, Second Edition*, p. 385.

56 Totman, *A History of Japan, Second Edition*, pp. 313, 617, 表 X.

57 Totman, *A History of Japan, Second Edition*, p. 388. その 1894 年の数値は大トンによる数値から再計算した。Patricia Sippel, "Technology and change in Japan's modern copper mining industry", in Janet Hunter and Cornelia Storz (eds), *Institutional and Technological Change in Japan's Economy, Past and Present* (London: Routledge, 2006), p. 11.

58 1874 年と 1894 年の数値は大トンによる数値から再計算した。Sippel, "Technology and change in Japan's modern copper mining industry", p. 11. その他の数値は Totman, *A History of Japan, Second Edition*, pp. 388 and 617, 表 VIII より。

59 Totman, *A History of Japan, Second Edition*, p. 509。また 1945 ～ 1990 年の車両についても同書に基づく。

60 Totman, *A History of Japan, Second Edition*, pp. 389, 617, 表 IX.

61 Mosk, *Japanese Industrial History: Technology, Urbanization, and Economic Growth* の第 4 ～ 5 章で、1940 年代までの電化が扱われている。

62 Partner, *The Mayor of Aihara: A Japanese Villager and His Community, 1865–1925* の各所で、鉄道の存在で、田舎の生活が改変した様子が語られている。

63 日露戦争と日本の鉄道については、Steven J. Ericson in Wolff et al. (eds), *The Russo-Japanese War in Global Perspective: World War Zero, Vol. II*, pp. 225–49 を参照されたい。

64 Teruoka (ed.), *Agriculture in the Modernization of Japan*, 1850–2000, p. 49.

65 特に 1920 年代における日本人の都市中流階級のレクリエーション文化は、かなり学術的注目を集めた。最近の詳細な研究で、図解と文献も豊富なのは、Miriam Silverberg, *Erotic Grotesque Nonsense: the Mass Culture of Japanese Modern Times* (Berkeley: UCP, 2006) である。女性とその文化については、Barbara Sato, *The New Japanese Woman: Modernity, Media, and Women in Interwar Japan* (Durham: Duke U. Press, 2003) を参照されたい。

66 E. Patricia Tsurumi, *Factory Girls: Women in the Thread Mills of Meiji Japan* (Princeton: PUP, 1990), p. 94.

67 Totman, *A History of Japan, Second Edition*, p. 345.

68 この節は、主に Francks, *Rural Economic Development in Japan: From the Nineteenth Century to the Pacific War* に基づいている。Teruoka (ed.), *Agriculture in the Modernization of Japan, 1850–2000* は、時代を追って編集されており、その第 1 ～ 4 章では、この時代の農業の発展を古典的マルクス主義的な階層的分析によって扱っている。ここで扱われている一般的テーマのより地方の時代に即した側面は Partner, *The Mayor of Aihara: A Japanese Villager and His Community, 1865–1925* の第 3–5 章を参照されたい。Gail Lee Bernstein et al. (eds), *Public Spheres, Private Lives in Modern Japan, 1600–1950* (Cambridge, MA: HUP, 2005) は、東北地方の福島県南東部の地主一家を研究し、この話題の多くの側面を浮き彫りにした。

また、Andrew Cobbing, *Kyushu: Gateway to Japan: A Concise History* (Folkestone: Global Oriental, 2009), pp. 241–43 は九州の農村部の発展について簡便な描写をしている。

69 Francks, *Rural Economic Development in Japan: From the Nineteenth Century to the Pacific War*, pp. 194, ftnt 1, 196.

70 Francks, *Rural Economic Development in Japan: From the Nineteenth Century to the Pacific War*, p. 207.

71 Francks, *Rural Economic Development in Japan: From the Nineteenth Century to the Pacific War*, p. 143.

72 Francks, *Rural Economic Development in Japan: From the Nineteenth Century to the Pacific War*, p. 145.

73 Francks, *Rural Economic Development in Japan: From the Nineteenth Century to the Pacific War*, p. 137.

74 Francks, *Rural Economic Development in Japan: From the Nineteenth Century to the Pacific War*, p. 193.

75 Waswo and Nishida (eds), *Farmers and Village Life in Twentieth-Century Japan*, p. 80. Waswo はこの小論で、1920 年代の本州南西部の島根県出雲地方の小作制に注目している。

76 Teruoka (ed.), *Agriculture in the Modernization of Japan, 1850–2000*, pp. 118–19.

77 1922 ～ 44 年に起きた小作人争議についてより詳しい統計は、Francks, *Rural Economic Development in Japan: From the Nineteenth Century to the Pacific War*, pp. 156, 237. Teruoka (ed.), *Agriculture in the Modernization of Japan, 1850–2000*, p. 143, Table 4.3 を参照されたい。

78 Francks, *Rural Economic Development in Japan: From the Nineteenth Century to the Pacific War*, pp. 156, 237.

79 Francks, *Rural Economic Development in Japan: From the Nineteenth Century to the Pacific War*, pp. 118, 210, 212.

80 引用元は、Partner, *The Mayor of Aihara: A Japanese Villager and His Community, 1865–1925*, pp. 157, 158.

81 Teruoka (ed.), *Agriculture in the Modernization of Japan, 1850–2000*, p. 139.

82 Teruoka (ed.), *Agriculture in the Modernization of Japan, 1850–2000*, p. 140.

83 Francks, *Rural Economic Development in Japan: From the Nineteenth Century to the Pacific War*, p. 137.

84 1915 ～ 1945 年頃の日本における労働力に対して農家の女性が果たした役割は、Waswo and Nishida (eds), *Farmers and Village Life in Twentieth-Century Japan*, pp. 39–51 の中で Ôkado が検討している。

85 Francks, *Rural Economic Development in Japan: From the Nineteenth Century to the Pacific War*, pp. 224, 227, 232–33.

86 Teruoka (ed.), *Agriculture in the Modernization of Japan, 1850–2000*, pp. 133–35. この減少した面積は、政府の計画により開拓された 25 万ヘクタールによって相殺された。その 133 頁には、1930 ～ 1945 年の農業生産の主要なタイプの傾向を示す優れた表がある。

87 1868 ～ 1945 年に科学技術が移入・革新された複雑な過程は、Tessa Morris-Suzuki, *The Technological Transformation of Japan: From the Seventeenth to the Twenty-first Century* (Cambridge: CUP, 1994) の第 4 ～ 6 章に詳しい。

88 別子銅山の問題については、Iijima (ed.), *Pollution Japan: Historical Chronology* の各所に扱われている。

89 具体的には福岡県鞍手郡を指す。以下の二文の引用元は、Iijima, *Pollution Japan: Historical Chronology*, pp. 61–62, 73.

90 1917 年までの数値の引用元は、Iijima, *Pollution Japan: Historical Chronology*, pp. 30, 44, 57。1940 年までには、徴用による朝鮮人や囚人なども鉱山で労働していたので、1940 年の数値は粗い推定である。

91 鉱山における事故の年毎死亡者数の記録は、Iijima, *Pollution Japan: Historical Chronology* の各所にみられる。特に致命的な炭鉱爆発事故は日本国内ではなく、1942 年に起きた軍支配下の満州の鉱山における事故であり、死者は 1,527 人に及び、「世界史上最悪の炭鉱事故」だったと、102 頁で述べている。

92 180 ～ 200 という死亡率は、日本統計年鑑 (Tokyo: ed. by the Statistical Research and Training Institute; publ. by the Statistics Bureau; both under the Ministry of Internal Affairs and Communications; annual volumes,

1949), p. 114, Table 55 に基づく。Totman, *A History of Japan, Second Edition*, p. 404 は、もっと大きな数値を引用している。結核の病原菌は *Mycobacterium tuberculosis* (*hominis*) である。

93 Iijima, *Pollution Japan: Historical Chronology* には、各所に工場における事故が経時的に示されている。

94 Mosk, *Japanese Industrial History: Technology, Urbanization, and Economic Growth*, p. 80.

95 Mosk は *Japanese Industrial History: Technology, Urbanization, and Economic Growth* の中で、日本経済の近代化の研究において、1945 年までの大阪の産業の発展に注目している。

96 Iijima, *Pollution Japan: Historical Chronology*, p. 95. 大阪周辺は通常、大阪と神戸の頭文字をとって阪神と呼ばれており、同様に東京周辺は東京と横浜から京浜と呼ばれている。

97 大阪における汚染の資料は、特別に断らない限り、Iijima, *Pollution Japan: Historical Chronology* の各所からとった。

98 Mosk, *Japanese Industrial History: Technology, Urbanization, and Economic Growth*, pp. 71, 76 は、都市の拡大を議論しており、P. 72 の地図はそうした拡大の様子をよく示している。

99 Iijima, *Pollution Japan: Historical Chronology*, p. 75. コメントは、Murakami Hideo。

100 Iijima, *Pollution Japan: Historical Chronology*, p. 88.

101 Mosk, *Japanese Industrial History: Technology, Urbanization, and Economic Growth*, pp. 217, 223.

102 Mosk, *Japanese Industrial History: Technology, Urbanization, and Economic Growth*, p. 218.

103 David L. Howell は、*Capitalism from Within: Economy, Society, and the State in a Japanese Fishery* (Berkeley: UCP, 1995) で、この漁業の社会経済面を議論している。P. 109 には、1871 ～ 1958 年のニシン漁獲量の消長を示す表が挙げられている。大西洋のニシンは *Clupea harengus* だが、北太平洋のニシンは *Clupea pallasii*。

104 次の資料は Iijima, *Pollution Japan: Historical Chronology* による。

105 Morris-Suzuki は、*The Technological Transformation of Japan: From the Seventeenth to the Twenty-first Century*, pp. 203–5 で、東北の釜石湾と九州の八幡周辺における環境破壊に言及している。

106 Mosk, *Japanese Industrial History: Technology, Urbanization, and Economic Growth*, pp. 86–87, 174–77.

107 Teruoka (ed.), *Agriculture in the Modernization of Japan, 1850–2000*, p. 134.

108 この表は Francks, *Rural Economic Development in Japan: From the Nineteenth Century to the Pacific War*, p. 224 を基に、簡素化した。

109 Conrad Totman, *Japan's Imperial Forest: Goryôrin, 1889–1946* (Folkestone: Global Oriental, 2007), p. 3. また、寺社林という分類もあるが、日本の総森林面積の 4 分の 1% しかなく、微々たるものである。

110 R.T. Fenton, *Japanese Forestry and Its Implications* (Singapore: Marshall Cavendish, 2005), p. 255.

111 Fenton, *Japanese Forestry and Its Implications*, p. 31.

112 Conrad Totman, *The Lumber Industry in Early Modern Japan* (Honolulu: UHP, 1995) の第 3 章は、幕藩時代の木材輸送について議論している。

113 Totman, *Japan's Imperial Forest: Goryôrin, 1889–1946* の第 4 章は、東京西部の山梨県における森林破壊の問題を扱っている。

114 Totman, *A History of Japan, Second Edition*, p. 388 より。トドマツはアカトドマツとも呼ばれる。

第 8 章　資本家中心の産業社会――1945 年～現在

1 この時代の政策について、標準的で詳細な本の改訂版が 2 冊出ている。Louis D. Hayes, *Introduction to Japanese Politics*, 5th ed. (Armonk, NY: M.E. Sharpe, 2009) と、J.A.A. Stockwin, *Governing Japan: Divided Politics in a Resurgent Economy*, 4th ed. (Oxford: Blackwell, 2008)。対外政策については、Richard J. Samuels, *Securing Japan: Tokyo's Grand Strategy and the Future of East Asia* (Ithaca: Cornell UP, 2007) を参

照されたい。日本の国粋主義については、新しい研究が3冊出ている。Alexander Bukh, *Japan's National Identity and Foreign Policy: Russia as Japan's "Other"* (London: Routledge, 2010) と、Yumiko Iida, *Rethinking Identity In Modern Japan: Nationalism as Aesthetics* (London: Routledge, 2002)、及び Brian J. McVeigh, *Nationalisms of Japan: Managing and Mystifying Identity* (Oxford: Rowman & Littlefield, 2004)。日本の法律については、Daniel H. Foote, *Law in Japan: A Turning Point* (Seattle: U. Washington Press, 2007) があり、社会科学的思想については、Andrew Barshay, *The Social Sciences in Modern Japan: The Marxian and Modernist Traditions* (Berkeley: UCP, 2004) がある。Hans Brinckmann, *Showa Japan: The Post-War Golden Age and its Troubled Legacy* (Tokyo: Tuttle, 2008) は、経済成長期の社会文化をよく扱っている。Marcus Rebick, *The Japanese Employment System: Adapting to a New Economic Environment* (Oxford: Oxford UP, 2005) は、ブーム期以後の雇用状況に関する優れた研究である。以前の資料は一般的な歴史教科書でもみられるが、ここに挙げた書籍の注や文献は資料の宝庫である。

2 三時期は、1945 ～ 1960 年、1960 ～ 1990 年と 1990 以後に分けられることが多い。この三期の区分は特に政治史の研究には適している。特に、1960 年に明確な政治的区切れ目があり、1988 ～ 1990 年に混乱期があったからだ。しかし、社会経済的視点からみると、1955 年と 1985 年の方が相変化を示すよい指標になるとも思える。

3 Mikio Sumiya (ed.), *A History of Japanese Trade and Industrial Policy* (Oxford: Oxford UP, 2000), p. 200, Table 9-2.

4 Nobuko Iijima (ed.), *Pollution Japan: Historical Chronology* (Elmsford, NY: Pergamon Press, 1979), p. 137. Shuzo Teruoka (ed.), *Agriculture in the Modernization of Japan, 1850–2000* (New Delhi: Manohar, 2008), p. 182 で、1959 ～ 1961 年と 1965 ～ 1970 年の経済ブームもそれぞれ岩戸景気と伊弉諾《いざなぎ》景気と呼ばれたことから、創造神話を使う習慣は続いていたとしている。

5 戦後の政治計画と実行については研究が多くされてきた。例えば、Takafusa Nakamura and Kônosuke Odaka (eds), *The Economic History of Japan: 1600–1990, Vol. 3: Economic History of Japan 1914–1955* (Oxford: Oxford UP, 2003) の最後の 2 編と、Sumiya (ed.), *A History of Japanese Trade and Industrial Policy.* Laura E. Hein, *Fueling Growth: The Energy Revolution and Economic Policy in Postwar Japan* (Cambridge, MA: HUP, 1990) の中の多くの小論は、産業エネルギー政策という主要な問題を徹底して探究している。

6 数値は次の書による。Nakamura and Odaka (eds), *The Economic History of Japan: 1600–1990, Vol. 3: Economic History of Japan 1914–1955*, p. 328, Table 8-13.

7 Nakamura and Odaka (eds), *The Economic History of Japan: 1600–1990, Vol. 3: Economic History of Japan 1914–1955*, p. 331. また、Sumiya (ed.), *A History of Japanese Trade and Industrial Policy*, p. 200, 表 9-3 は、1946 年と 1952 年の間に、肥料原料の硫安（硫酸アンモニウム）の生産量は 243,000 トンから 1,860,000 トンへと 7 倍以上に増加したことを示している。

8 日本統計年鑑の数値から計算した。Statistics Bureau, *Japan Statistical Yearbook [JSY]* (Nihon tôkei nenkan) (Tokyo: ed. by the Statistical Research and Training Institute; publ. by the Statistics Bureau; both under the Ministry of Internal Affairs and Communications; annual volumes, 1961), pp. 11, 241, 371, Tables 6, 139, 226.

9 Hein, *Fueling Growth: The Energy Revolution and Economic Policy in Postwar Japan*, p. 73, Table 3.

10 Hein, *Fueling Growth: The Energy Revolution and Economic Policy in Postwar Japan*, p. 76.

11 Hein, *Fueling Growth: The Energy Revolution and Economic Policy in Postwar Japan*, p. 67, Table 2.

12 Sumiya (ed.), *A History of Japanese Trade and Industrial Policy*, p. 39, Table 2-5.

13 Nakamura and Odaka (eds), *The Economic History of Japan: 1600–1990, Vol. 3: Economic History of Japan 1914–1955*, p. 373.

14 Hein, *Fueling Growth: The Energy Revolution and Economic Policy in Postwar Japan*, p. 220.

脚注

15 この話題の研究として次の書が特に優れている。Tessa Morris-Suzuki, *The Technological Transformation of Japan: From the Seventeenth to the Twenty-first Century* (Cambridge: CUP, 1994), Part III。

16 日本円の数値は以下から採用した。JSY, 1985, p. 336, Table 10-3, and JSY, 2007, p. 456, Table 15-1.

17 生産量の数値は以下から採用した。JSY, 1985, p. 255, Table 6-36, p. 257, Table 6-38 と、JSY, 2007, p. 321, Table 8-29, p. 323, Table 8-31.

18 自動車の数値は JSY, 1985, p. 302, Table 8-5 と、JSY, 2007, p. 386, Table 12-5 を編集した。

19 1945 ～ 1960 年の米、オオムギ、コムギの生産と運輸についての数値は JSY, 1961, p. 201, Table 103 よりとった。この期間は自給自足の軌道に乗っていたことを示している。

20 ダイズの輸入を原産国別に示した JSY の表を見ると、米国は日本のダイズの産地として抜きん出て重要なことがわかる。

21 Hein, *Fueling Growth: The Energy Revolution and Economic Policy in Postwar Japan* は、炭鉱において、特に経営者側と労働組合側の態度と政策の「文化的」要因を探究した優れた研究である。

22 1960 年までの採炭量は、Hein, *Fueling Growth: The Energy Revolution and Economic Policy in Postwar Japan*, p. 67, 表 2 を参照されたい。また、1965 ～ 1983 年については、JSY, 1976, p. 159, Table 115 と JSY, 1985, p. 213, Table 6-4 を、さらに 1985 年以後については JSY, 2007, p. 815, Table 26-21 を参照されたし。

23 採炭量、輸入と供給量などの数値は、以下からとった。JSY, 1961, p. 202, Table 105; JSY, 1995, p. 355, Table 9-16; and JSY, 2009, p. 465, Table 15-6, and p. 815, Table 26-21.

24 原油供給量については、次を利用した。JSY, 1985, p. 786, Key Statistics, and JSY, 2007, p. 6, Key Statistics. その他の表については、若干数値が異なるものがある。Hein, *Fueling Growth: The Energy Revolution and Economic Policy in Postwar Japan*, p. 76, Table 4 は JSY 1953 and 1961 を利用しているが、1930 ～ 1960 年の原油生産量と輸入量の数値は異なっている。著者は、第二次世界大戦後に外国の石油会社が担った役割をうまく論じている。天然ガスの輸入量は JSY, 1985, p. 289, Table 7-21, and p. 347, Table 10-7 に基づく。

25 引用元は Iijima, *Pollution Japan: Historical Chronology*, p. 293.

26 Iijima, *Pollution Japan: Historical Chronology*, p. 325.

27 引用元は Morris-Suzuki, *The Technological Transformation of Japan: From the Seventeenth to the Twenty-first Century*, p. 226.

28 Jeff Kingston, *Contemporary Japan: History, Politics and Social Change Since the 1980s* (Oxford: Wiley-Blackwell, 2010), pp. 14–15 は、投資インフレーションの割合を引用している。

29 Kingston, *Contemporary Japan: History, Politics and Social Change Since the 1980s*, p. 87.

30 1990 年以後の経済についての一般化は、JSY, 2007 の統計値、特に Table 8-6, 8, 10, 17, 28; 12-17, 18, 19, 21; 13-1, 5, 6, 11 に基づく。

31 関連の統計数値は JSY, 2007, p. 207, Table 6-12 と、各所にある。

32 JSY, 2009, p. 50, Table 2-8.

33 登録外国人の数値は JSY, 1985, p. 45, Table 2–15, and JSY, 2009, p. 57, Table 2-14 による。総労働人口と性別組成は、JSY, 2007, pp. 490–91, Table 161 に基づく。

34 Rebick, *The Japanese Employment System: Adapting to a New Economic Environment* は、1990 年以後の労働状況について、思慮深い研究である。

35 関連の統計値は以下より。JSY, 1985, pp. 528–29, Table 15-18, and JSY, 2007, pp. 604–5, Table 19-2.

36 対外貿易に関して引用した JSY の表は、日本の登録名で航行する商船の数が急減したことを示している。しかし、それは日本の船と乗組員が減ったのか、外国の「便宜船籍」の元で航行している船舶が

増えたのかは不明である。

37 輸出入の貨幣価値は以下に示されている。JSY, 2010, pp. 462–63, Tables 15-3, 15-4.

38 1975 年における県別の人口は Teikoku-Shoin Co., *Teikoku's Complete Atlas of Japan* (Tokyo: Teikoku-Shoin, Co., Ltd., 1977), p. 41 より。

39 JSY, 2010, pp. 37–39, Table 2-3. 東京の山がちな西端は、山地の多い山梨県とおよそ 40㎞の距離で接している。

40 結核の蔓延について優れた研究に、William Johnson, *The Modern Epidemic: A History of Tuberculosis in Japan* (Cambridge, MA: HUP, 1995) がある。P. 39 のグラフは戦前の死亡率を示している。

41 JSY, 1985, p. 622, Table 18-11; JSY, 2007, pp. 684–85, Table 21-15.

42 この間の事情は以下に詳しい。Iijima, *Pollution Japan: Historical Chronology*.

43 R.T. Fenton, *Japanese Forestry and Its Implications* (Singapore: Marshall Cavendish, 2005), pp. 168–73 は、林業における傷害事例の問題を論じている。

44 JSY, 1985, p. 744, Table 23-9; JSY, 1995, p. 778, Table 24-8; JSY, 2010, p. 815, Table 26-19. JSY の解析区分が変更されたことで、長期の傾向を評価しにくくなった。

45 JSY, 1985, p. 745, Table 23-10, and JSY, 2010, p. 816, Table 26-20. 保険制度の関係から、死亡率とは異なり、こうした傷害事例の数値は農業部門を含んでいない。

46 戦後日本の妊娠調節についての優れた研究は以下を参照されたい。Tiana Norgren, *Abortion before Birth Control: The Politics of Reproduction in Postwar Japan* (Princeton: PUP, 2001)。

47 Teruoka (ed.), *Agriculture in the Modernization of Japan, 1850–2000*, p. 251. その P. 253 には 1960 ～ 2000 年頃の国内傾向を示してある。

48 Akira Furukawa (tr. by Onoda Kikuko), *Village Life in Modern Japan: An Environmental Perspective* (Melbourne: Trans Pacific Press, 2007), p. 7.

49 道路と鉄道に関するデータは以下を参照されたい。建設開始についての引用は、Iijima, *Pollution Japan: Historical Chronology*, pp. 145, 147. JSY, 1986, p. 300, Table 82, and p. 306, Table 8-10、及び JSY, 2009, p. 386, Table 12-2.

50 土地面積の数値は以下より。JSY, 1985, p. 9, Table 1-9, and JSY, 2010, p. 21, Table 1-9.

51 数値は以下より。JSY, 1976, p. 99, Table 63, and JSY, 2009, p. 236, Table 7-6.

52 JSY, 1985, p. 47, Table 2-17; JSY, 2010, p. 59, Table 2-16.

53 Iijima, *Pollution Japan: Historical Chronology*, pp. 187, 201, 205.

54 詳細は、JSY, 1985, pp. 212–13, Table 6-4, and JSY, 2007, p. 286, Table 8-2 を参照されたい。

55 次の要約は以下に基づく。Iijima, *Pollution Japan: Historical Chronology*, pp. 164, 174, 196, 198, 238, 240, 242–4, 252, 260, 273, 288–9, 293, 296–8, 301, 309, 316, 320, 325, 332, 334, 336, 366, 378, 380, 382, 386.

56 Iijima, *Pollution Japan: Historical Chronology*, p. 198.

57 Iijima, *Pollution Japan: Historical Chronology*, pp. 243, 244.

58 Iijima, *Pollution Japan: Historical Chronology*, p. 260.

59 Iijima, *Pollution Japan: Historical Chronology*, pp. 273, 293, 301.

60 Iijima, *Pollution Japan: Historical Chronology*, p. 309. 引用語句は Iijima より。

61 Iijima, *Pollution Japan: Historical Chronology*, p. 386.

62 Morris-Suzuki, *The Technological Transformation of Japan: From the Seventeenth to the Twenty-first Century*, 第 7 ～ 8 章は、生産高の増加に大きな役を果たした科学技術の発展を検討している。

63 Iijima, *Pollution Japan: Historical Chronology* は、こうした事態を時代を追って詳細に記載している。

64 この節は Iijima, *Pollution Japan: Historical Chronology*, pp. 108–401 に基づいている。Iijima は 1945 ～

1975 年について、主に人間に及んだ被害について多大な情報を基に報告している。

65 Iijima, *Pollution Japan: Historical Chronology* は、海洋における傷害事例も各所で述べ、また鳥類についても、pp. 128, 168, 212, 234, 306, 308, 330, 350, 374, 388 で報告している。

66 Iijima, *Pollution Japan: Historical Chronology*, p. 296.

67 Iijima, *Pollution Japan: Historical Chronology*, p. 228.

68 Iijima, *Pollution Japan: Historical Chronology*, pp. 288, 354. チッソ株式会社の汚染記録について優れた研究が 2 冊出ている。Timothy S. George, *Minamata: Pollution and the Struggle for Democracy in Postwar Japan* (Cambridge, MA: Harvard U. Asia Center, 2001). Akio Mishima, *Bitter Sea: The Human Cost of Minamata Disease* (Tokyo: Kosei Publishing Co., 1992).

69 Morris-Suzuki, *The Technological Transformation of Japan: From the Seventeenth to the Twenty-first Century*, p. 187.

70 Iijima, *Pollution Japan: Historical Chronology*, p. 222.

71 Iijima, *Pollution Japan: Historical Chronology*, pp. 222, 224.

72 Iijima, *Pollution Japan: Historical Chronology*, p. 219.

73 Iijima, *Pollution Japan: Historical Chronology*, p. 279.

74 JSY, 2010, p. 354, Table 10-16 のデータに基づいて計算した。

75 Iijima, *Pollution Japan: Historical Chronology*, pp. 302, 303.

76 Iijima, *Pollution Japan: Historical Chronology*, p. 302.

77 Iijima, *Pollution Japan: Historical Chronology*, p. 386.

78 Iijima, *Pollution Japan: Historical Chronology*, pp. 306, 334, 354, 366, 382, 398. 1973 年の数値は p. 354 に引用されている。

79 Iijima, *Pollution Japan: Historical Chronology* には、各所にこうした話題が扱われている。

80 排気ガスについては以下の言及がある。Iijima, *Pollution Japan: Historical Chronology*, pp. 145, 219, 335, 336, 370, 381, 400.

81 漁民の人口は、以下による。JSY, 1961, p. 121, Table 59C; JSY, 1985, p. 182, Table 5-51; and JSY, 2007, p. 260, Table 7-44. 大漁の数値は JSY, 1985, p. 187, Table 5-58, and JSY, 2007, p. 264, Table 7-46 より。それ以下の漁獲高は、こうした巻の基本統計にみられる。

82 コンビナートについては、Andrew Gordon の *The Wages of Affluence: Labor and Management in Postwar Japan* (Cambridge, MA: HUP, 1988), p. 220、それ以外の各所にもみられる。

83 東京における漁業問題は以下より。Iijima, *Pollution Japan: Historical Chronology*, pp. 114, 134, 142–45, 173, 300, 312, 326, 336, 400.

84 Iijima, *Pollution Japan: Historical Chronology*, p. 336.

85 チッソによる公害問題は、以下に詳しい。Iijima, *Pollution Japan: Historical Chronology*, passim. また、特に人的被害については次を参照されたい。George, *Minamata: Pollution and the Struggle for Democracy in Postwar Japan* and Mishima, *Bitter Sea: The Human Cost of Minamata Disease*.

86 西日本新聞からの引用。Iijima, *Pollution Japan: Historical Chronology*, p. 134.

87 洞海湾の状況については、数度にわたって言及されている。Iijima, *Pollution Japan: Historical Chronology*、特に pp. 134, 138, 293 and 301.

88 Iijima, *Pollution Japan: Historical Chronology*, pp. 114, 160, 278.

89 Iijima, *Pollution Japan: Historical Chronology*, p. 256.

90 Iijima, *Pollution Japan: Historical Chronology*, p. 292.

91 Iijima, *Pollution Japan: Historical Chronology*, pp. 380, 386.

92 Iijima, *Pollution Japan: Historical Chronology*, pp. 382, 383.

93 Morris-Suzuki, *The Technological Transformation of Japan: From the Seventeenth to the Twenty-first Century*, p. 203 は、1880 ～ 1960 年代の東北東部の釜石湾における鉱山・工場活動による漁業被害について明快にまとめている。

94 JSY, 1985, p. 185, Table 5-55, and JSY, 2007, p. 263, Table 7-44.

95 数値は以下より計算した。JSY, 1985, p. 187, Table 5-59, and JSY, 2010, p. 268, Table 7-47.

96 生産高は以下より。JSY, 1976, p. 143, Table 100, and JSY, 2010, p. 268, Table 7-46.

97 輸出入の数値は以下より。JSY, 1985, p. 201, Table 5-72, and JSY, 2010, p. 281, Table 7-60.

98 Teruoka (ed.), *Agriculture in the Modernization of Japan, 1850–2000*, 第 5 章は、占領軍による土地改革政策とその結果を検討し、有益な研究をしている。その第 6 ～ 7 章では、高度成長期とその後の期間を 2000 年まで追跡し、農業の変化を追った。また、戦後の土地改革の法的正当性についての資料は、Iwamoto Noriaki in Ann Waswo and Nishida Yoshiaki (eds), *Farmers and Village Life in Twentieth-Century Japan* (London: Routledge, 2003), pp. 223–28 を参照されたい。

99 数値は Raymond A. Jussaume Jr., in Waswo and Nishida (eds), *Farmers and Village Life in Twentieth-Century Japan*, p. 211 の表 9–4 よりとった。

100 「基本法」の言及は、Iijima, *Pollution Japan: Historical Chronology*, p. 165。

101 大規模農業への傾向は、Teruoka (ed.), *Agriculture in the Modernization of Japan, 1850–2000*, pp. 262–67, 295–301 が論じている。

102 「生乳」生産高の数値は、次による。JSY, 1985, p. 164, Table 5-24, and JSY, 2010, p. 248, Table 7-18.

103 JSY, 1985, p. 164, Table 5-23; JSY, 1995, p. 238, Table 6-23.

104 JSY, 1985, p. 154, Table 5-10; JSY, 2010, p. 239, Table 7-7.

105 Iijima, *Pollution Japan: Historical Chronology* は、pp. 190, 212, 219, 248, 277, 278, 281, 297, 301, 313 で、こうした問題の事例を報告している。

106 Iijima, *Pollution Japan: Historical Chronology*, pp. 225, 288. DDT はジクロロジフェニルトリクロロエタン ($C_{14}H_9Cl_5$) の頭文字。

107 Iijima, *Pollution Japan: Historical Chronology*, pp. 130, 132.

108 Iijima, *Pollution Japan: Historical Chronology*, pp. 134, 185, 213, 261, 361.

109 Iijima, *Pollution Japan: Historical Chronology*, pp. 240, 344, 348.

110 Iijima, *Pollution Japan: Historical Chronology* は各所で、安中とカドミウム汚染問題を扱っている。

111 Teruoka (ed.), *Agriculture in the Modernization of Japan, 1850–2000*, pp. 312–13 は、都市農地が比較的に急減していることを論じている。2005 年に、農産物の生産高が全国平均をやや上回っていたのは、北海道と東北の各県を除けば、茨城、栃木、新潟、福井、滋賀、和歌山、熊本と佐賀の各県だった(本書表 8-42 の引用元も参照のこと)。

112 Fenton, *Japanese Forestry and Its Implications*, pp. 58, 157–59 は、マツノザイセンチュウを論じている。

113 1951 年の数値は Yoshiya Iwai (ed.), *Forestry and the Forest Industry in Japan* (Vancouver: U. of British Columbia P., 2002), p. 129 よりとった。その他の数値は、JSY, 1985, p. 177, Table 5-39、及び JSY, 2010, p. 259, Table 7-30 より。後期についての Iwai の数値はやや高めである。

114 Fenton, *Japanese Forestry and Its Implications*, 第 7 章は、保存林を扱い、p. 145 で、公有林と私有林の区別に言及している。

115 Furukawa, *Village Life in Modern Japan: An Environmental Perspective*, p. 225.

116 Fenton, *Japanese Forestry and Its Implications*, pp. 35, 87–88.

117 Iwai (ed.), *Forestry and the Forest Industry in Japan*, pp. 199–200, Table 11-1 は 1955 ～ 2000 年の住宅建

設統計を挙げている。また、Fenton, *Japanese Forestry and Its Implications*, pp. 200–2 は、建築用材の需要傾向を論じている。

118 Fenton, *Japanese Forestry and Its Implications*, pp. 35, 91–93, 106, 111. この第 6 章では、造林学の技術を論じ、第 10 章では、植林のコストを検討している。1930 ～ 1995 年の伐採と植林の傾向を示す優れたグラフを挙げているのは、Iwai (ed.), *Forestry and the Forest Industry in Japan*, p. 298, Figure 17-1 である。植林面積の統計値（針葉樹と広葉樹の合計）は JSY の各巻の表にある。

119 Fenton, *Japanese Forestry and Its Implications*, p. 196.

120 Fenton, *Japanese Forestry and Its Implications* は、第 7 章で、間伐を論じている。写真 34 と 35 には間伐用機材がみられる。Nishikawa Seiichi は、Gyorgy Szèll and Ken'ichi Tominaga (eds), *The Environmental Challenges for Japan and Germany* (Frankfurt: Peter Lang, 2004), pp. 285–96 の小論で、多くの役に立つ数値を挙げて、間伐の問題点を強調している。

121 Fenton, *Japanese Forestry and Its Implications*, pp. 173–75.

122 Fenton, *Japanese Forestry and Its Implications*, pp. 180–82.

123 *Webster's Unabridged Dictionary* (1979 edition), p. 1498. この症状はフランスの内科医 A.G.M. Raynaud (1834–1881) にちなんで名づけられた。

124 Iijima, *Pollution Japan: Historical Chronology* はチェーンソーとレイノー症について以下のページで報告している。pp. 145, 211, 263, 361, 365, 381, 385 and 401。また、Fenton, *Japanese Forestry and Its Implications* も p. 168 でこの問題に言及している。

125 Iwai (ed.), *Forestry and the Forest Industry in Japan*, p. 248 は、1960 ～ 1999 年の輸入木材の優れた産出国別表を載せている。

126 JSY, 1985, p. 174, Table 5–34, and JSY, 2010, p. 257, Table 7–26.

127 Furukawa, *Village Life in Modern Japan: An Environmental Perspective*, p. 223. この書は琵琶湖の北西端にある農村の詳細な社会学的研究である。

128 木材パルプに関するこの節は、以下の小論やデータに基づいている。Noda Hideshi in Iwai (ed.), *Forestry. and the Forest Industry in Japan*, pp. 214–29. Fenton, *Japanese Forestry and Its Implications*, pp. 148–51. JSY, 1985, pp. 179–80, Tables 5-44, 5-46; and JSY, 2007, pp. 257–58, Tables 7-34, 7-35.

129 Noda, in Iwai (ed.), *Forestry and the Forest Industry in Japan* op. cit. は、リサイクルを論じている。JSY, 2010, p. 804, Table 26-6 は 2000 年以後のリサイクル量を示している。

終わりに

1 1990 年以後の環境の傾向を扱ったこの部分の表現は、JSY, 2009, pp. 798–806 にあるいくつかのデータ表に基づいている。

2 2011 年 5 月 4 日の ニューヨーク・タイムズ紙の記事 pp. A1, A3 によれば、全世界の人口は以前考えられていたよりさらに大幅な増加傾向がみられるようだ。

3 東北地方太平洋沖地震とその影響は、ニューヨーク・タイムズ紙でも 3 月 12 日以後、大きく報道された。

4 日本以外の場所で、絶滅危惧種に対する人間による悪影響の一例としては、アメリカ合衆国で野鳥の死亡数は毎年およそ 50 億羽と推定されるが、そのうち 9 ～ 26% ぐらいは人間が関わる危険物との接触によって起きているとされている。内容は、高圧線、自動車や建物との衝突、殺虫剤、ネコによる捕食である。数値のばらつきがこれほど大きいのは、鳥類が高層ビルなどの建物に衝突することが非常に高率で起きているにもかかわらず、死亡率が不明なのを反映している（The New York Times, 18 January 2011, p. D4）。

参考文献

巻末の脚注に引用した文献をここに挙げた。日本史の、特に環境問題を検討したい読者にとって役に立つ近年の著作をとり入れた。それ以前にも優れた著作は数多くあったが、ここに挙げた著作の中に挙げられているので、本書では省略した。学術的な日本史資料については、Conrad Totman, A History of Japan, Second Edition（Oxford: Blackwell, 2005）の付表 D（pp.631 ～ 657）に過去の文献が集成してある。

出版社略称：
CUP ケンブリッジ大学出版局／ UCP カリフォルニア大学出版局／ HUP ハーバード大学出版局
UHP ハワイ大学出版／ PUP プリンストン大学出版局／ UTP 東京大学出版会
SUP スタンフォード大学出版局／ YUP イェール大学出版局

Adolphson, Mikael S., *The Teeth and the Claws of the Buddha: Monastic Warriors and Sôhei in Japanese History* (Honolulu: UHP, 2007).

Adolphson, Mikael S. et al. (eds), *Heian Japan, Center and Peripheries* (Honolulu: UHP, 2007).

Aikens, C. Melvin and Higuchi Takayasu, *Prehistory of Japan* (NY: Academic Press, 1982).

Anderson, Mark, *Japan and the Specter of Imperialism* (NY: Palgrave, 2009).

Association of Japanese Geographers (ed.), *Geography of Japan* (Tokyo: Teikoku-Shoin, 1980).

Barnes, Gina L., “Origins of the Japanese Islands: The New ‘Big Picture,’” *Nichibunken Japan Review*, No. 15 (2003), pp. 3–50.

———, *State Formation in Japan* (Oxon: Routledge, 2007).

Barshay, Andrew, *The Social Sciences in Modern Japan: The Marxian and Modernist Traditions* (Berkeley: UCP, 2004).

Batten, Bruce L., *To the Ends of Japan: Premodern Frontiers, Boundaries, and Interactions* (Honolulu: UHP, 2003).

———, *Gateway to Japan: Hakata in War and Peace, 500–1300* (Honolulu: UHP, 2006).

Bellwood, Peter and Colin Renfrew (eds), *Examining the Farming/Language Dispersal Hypothesis* (Cambridge: McDonald Institute, 2002).

Bernstein, Gail Lee et al. (eds), *Public Spheres, Private Lives in Modern Japan, 1600–1950* (Cambridge, MA: HUP, 2005).

Berry, Mary E., *Japan in Print: Information and Nation in the Early Modern Period* (Berkeley: UCP,2006).

Bodart-Bailey, Beatrice, *The Dog Shogun: The Personality and Politics of Tokugawa Tsunayoshi* (Honolulu: UHP, 2006).

Botsman, Daniel V., *Punishment and Power in the Making of Modern Japan* (Princeton: PUP, 2005).

Bray, Francesca, *The Rice Economies: Technology and Development in Asian Societies* (Oxford: Basil Blackwell, 1986).

Brinckman, Hans, *Showa Japan: The Post-War Golden Age and its Troubled Legacy* (Tokyo: Tuttle, 2008).

Bryant, Anthony, *Sekigahara, 1600: The Final Struggle for Power* (Westport, CT: Praeger, 2005).

Bukh, Alexander, *Japan's National Identity and Foreign Policy: Russia as Japan's "Other"* (London: Routledge, 2010).

Burns, Susan L., *Before the Nation: Kokugaku and the Imagining of Community* (Durham: Duke UP, 2003).

Butler, Lee, *Emperor and Aristocracy in Japan, 1467–1680* (Cambridge, MA: HUP, 2002).

Chaiklin, Martha, *Cultural Commerce and Dutch Commercial Culture: The Influence of European Material Culture on Japan, 1700–1850* (Leiden: Leiden UP, 2003).

Chapman, John and Inaba Chiharu, *Rethinking the Russo-Japanese War, 1904–05, Vol. II* (Folkestone: Global Oriental, 2007).

Choi, Moo-chang, *The Paleolithic Period in Korea* (Seoul: Jimoondang, 2004).

Chough, S. K. et al., *Marine Geology of Korean Seas*, 2nd ed. (Amsterdam: Elsevier, 2000).

Cobbing, Andrew, *Kyushu: Gateway to Japan: A Concise History* (Folkestone: Global Oriental, 2009).

Conlan, Thomas D., *In Little Need of Divine Intervention: Takezaki Suenaga's Scrolls of the Mongol Invasions of Japan* (Ithaca, NY: Cornell East Asia Program, 2001).

———, *State of War: The Violent Order of Fourteenth-Century Japan* (Ann Arbor MI: Center for Japanese Studies, 2003).

Crist, D. H., *Rice* (London: Longmans, Green and Co. Ltd., 1965).

Cullen, Louis M., *A History of Japan 1582–1941: Internal and External Worlds* (Cambridge: CUP, 2003).

Dickins, J. M. et al. (eds), "New Concepts in Global Tectonics", a Special Issue of *Himalayan Geology*, Vol. 22, No. 1 (2001).

Doak, Kevin M., *A History of Nationalism in Modern Japan* (Leiden: Brill, 2007).

Dougill, John, *Kyoto: A Cultural History* (NY: Oxford UP, 2006).

Drea, Edward J., *Japan's Imperial Army: Its Rise and Fall, 1853–1945* (Lawrence, KN: U.P. of Kansas, 2009).

Earhart, David C., *Certain Victory: Images of World War II in the Japanese Media* (Armonk, NY: M.E. Sharpe, 2008).

Faison, Elyssa, *Managing Women: Disciplining Labor in Modern Japan* (Berkeley: UCP, 2007).

Farris, William Wayne, *Japan's Medieval Population: Famine, Fertility, and Warfare in a Transformative Age* (Honolulu: UHP, 2006).

———, *Daily Life and Demographics in Ancient Japan* (Ann Arbor: U. Mich. Center for Japanese Studies, 2009).

———, *Japan to 1600, A Social and Economic History* (Honolulu: UHP, 2009).

———, "Shipbuilding and Nautical Technology in Japanese Maritime History: Origins to 1600", in *The Mariner's Mirror*, Vol. 95, No. 3 (August 2009), pp. 260–83.

Fenton, R.T., *Japanese Forestry and Its Implications* (Singapore: Marshall Cavendish, 2005).

Ferguson, Joseph, *Japanese-Russian Relations, 1907–2007* (London: Routledge, 2008).

Fiévé, Nicolas and Paul Waley (eds), *Japanese Imperial Capitals in Historical Perspective: Place, Power and Memory in Kyoto, Edo and Tokyo* (London: Routledge, 2003).

Fogel, Joshua A. (ed.), *The Teleology of the Modern Nation-State: Japan and China* (Philadelphia: U. Penn. Press, 2005).

Foote, Daniel H., *Law in Japan: A Turning Point* (Seattle: U. Washington Press, 2007).

Frampton, Kenneth and Kunio Kudo, *Japanese Building Practice: From Ancient Times to the Meiji Period* (NY: Van Nostrand Reinhold, 1997).

Francks, Penelope, *Technology and Agricultural Development in Pre-War Japan* (New Haven: YUP, 1984).

———, *Rural Economic Development in Japan: From the Nineteenth Century to the Pacific War* (London:

Routledge, 2006).

Frédéric, Louis (Käthe Roth, tr.), *Japan Encyclopedia* (Cambridge, MA: HUP, 2002).

Free, Dan, *Early Japanese Railways 1853–1914: Engineering Triumphs that Transformed Meiji-era Japan* (Tokyo: Tuttle, 2008).

Friday, Karl, *Samurai, Warfare, and the State in Early Medieval Japan* (London: Routledge, 2004).

Frölich, Judith, *Rulers, Peasants and the Use of the Written Word in Medieval Japan* (Bern: Peter Lang, 2007).

Fukagawa, Hidetoshi and Tony Rothman, *Sacred Mathematics: Japanese Temple Geometry* (Princeton: PUP, 2008).

Furukawa, Akira (tr. by Onoda Kikuko), *Village Life in Modern Japan: An Environmental Perspective* (Melbourne: Trans Pacific Press, 2007).

Gay, Suzanne, *The Moneylenders of Late Medieval Kyoto* (Honolulu: UHP, 2001).

George, Timothy S., *Minamata: Pollution and the Struggle for Democracy in Postwar Japan* (Cambridge, MA: Harvard U. Asia Center, 2001).

Gerhart, Karen M., *The Material Culture of Death in Medieval Japan* (Honolulu: UHP, 2009).

Goble, Andrew Edmund et al. (eds), "Tools of Culture: Japan's Cultural, Intellectual, Medical, and Technological Contacts in East Asia, 1000s-1500s", *Asia Past & Present: New Research from AAS*, No. 2 (Ann Arbor: Association for Asian Studies, 2009).

Gordon, Andrew, *The Wages of Affluence: Labor and Management in Postwar Japan* (Cambridge, MA: HUP, 1998).

Guo, Nanyan et al., *Tsugaru: Regional Identity on Japan's Northern Periphery* (Dunedin NZ: U. of Otago Press, 2005).

Habu, Junko, *Ancient Jômon of Japan* (Cambridge: CUP, 2004).

Hanihara, Kazurô, "The Origin of the Japanese in Relation to Other Ethnic Groups in East Asia", in Richard J. Pearson et al. (eds), *Windows on the Japanese Past: Studies in Archaeology and Prehistory* (Ann Arbor, MI: Center for Japanese Studies, 1986), pp. 75–83.

Hashimoto, Mitsuo (ed.), *Geology of Japan* (Tokyo: Terra Scientific Publishing Company, 1991).

Hayami, Akira, *The Historical Demography of Pre-modern Japan* (Tokyo: UTP, 2001).

Hayes, Louis D., *Introduction to Japanese Politics*, 5th ed. (Armonk, NY: M.E. Sharpe, 2009).

Hein, Laura E., Fueling Growth: *The Energy Revolution and Economic Policy in Postwar Japan* (Cambridge, MA: HUP, 1990).

Hirooka, K., "Paleomagnetic Evidence of the Deformation of Japan and Its Paleogeography during the Neogene", in Ryuichi Tsuchi and James C. Ingle Jr. (eds), *Pacific Neogene: Environment, Evolution, and Events* (Tokyo: UTP, 1992), pp. 151–56.

Holcombe, Charles, *The Genesis of East Asia, 221 B.C.–A.D. 907* (Honolulu: UHP, 2001).

Hoshino, Michihei, *The Expanding Earth: Evidence, Causes and Effects* (Tokyo: Tokai UP, 1998).

Hotta, Eri, *Pan-Asianism and Japan's War, 1931–1945* (NY: Palgrave, 2007).

Howell, David L., *Capitalism from Within: Economy, Society, and the State in a Japanese Fishery* (Berkeley: UCP, 1995).

———, *Geographies of Identity in Nineteenth Century Japan* (Berkeley: UCP, 2005).

Hudson, Mark and Gina Barnes, "Yoshinogari: A Yayoi Settlement in Northern Kyushu", *Monumenta Nipponica* 46/2 (Summer 1991), pp. 211–35.

Hunter, Janet and Cornelia Storz (eds), *Institutional and Technological Change in Japan's Economy, Past and Present* (London: Routledge, 2006).

Hur, Nam-lin, *Death and Social Order in Tokugawa Japan: Buddhism, Anti-Christianity and the Danka System*

(Cambridge, MA: HUP, 2007).

Iida, Yumiko, *Rethinking Identity In Modern Japan: Nationalism as Aesthetics* (London: Routledge, 2002).

Iijima, Nobuko (ed.), *Pollution Japan: Historical Chronology* (Elmsford, NY: Pergamon Press, 1979).

Ikawa-Smith, Fumiko, "Late Pleistocene and Early Holocene Technologies", in Richard J. Pearson et al. (eds), *Windows on the Japanese Past: Studies in Archaeology and Prehistory* (Ann Arbor, MI: Center for Japanese Studies, 1986), pp. 199–216.

Imamura, Keiji, *Prehistoric Japan* (Honolulu: UHP, 1996).

Iwai, Yoshiya (ed.), *Forestry and the Forest Industry in Japan* (Vancouver: U. of British Columbia P., 2002).

Jannetta, Ann B., *The Vaccinators: Smallpox, Medical Knowledge, and the "Opening" of Japan* (Stanford: SUP, 2007).

Jansen, Marius (ed.), *The Cambridge History of Japan, Vol. 5, The Nineteenth Century* (Cambridge: CUP, 1989).

Japan Statistical Yearbook (annual) (*JSY*): Statistics Bureau, *Japan Statistical Yearbook (Nihon tôkei nenkan) [JSY]* (Tokyo: ed. by the Statistical Research and Training Institute; publ. by the Statistics Bureau; both under the Ministry of Internal Affairs and Communications; annual volumes).

Johnston, William, *The Modern Epidemic: A History of Tuberculosis in Japan* (Cambridge, MA: HUP, 1995).

JSY (*See Japan Statistical Yearbook*)

Kaizuka, Sohei and Yoko Ota, "Land in Torment", in *Geographical Magazine* 51-5 (London: Feb. 1979), pp. 345–52.

Kalland, Arne, *Fishing Villages in Tokugawa Japan* (Honolulu: UHP, 1995).

Kerr, George H., *Okinawa, The History of an Island People*, rev. ed. (Boston: Tuttle, 2000).

Kidder, J. Edward, Jr., *Himiko and Japan's Elusive Chiefdom of Yamatai* (Honolulu: UHP, 2007).

Kikuchi, Toshihiko, "Continental Culture and Hokkaido", in Richard J. Pearson et al. (eds), *Windows on the Japanese Past: Studies in Archaeology and Prehistory* (Ann Arbor, MI: Center for Japanese Studies, 1986), pp. 149–62.

Kim, Kyu Hyun, *The Age of Visions and Arguments: Parliamentarianism and the National Public Sphere in Early Meiji Japan* (Cambridge, MA: HUP, 2007).

Kimura, Toshio et al., *Geology of Japan* (Tokyo: UTP, 1991).

Kingston, Jeff, *Contemporary Japan: History Politics, and Social Change Since the 1980s* (Oxford: Wiley-Blackwell, 2010).

Kitamura, Shirô and Okamoto Shôgo, *Genshoku Nihon jumoku zukan* [Illustrated handbook of Japanese trees and shrubs] (Osaka: Hoikusha, 1959).

Knechtges, David R. and Eugene Vance (eds), *Rhetoric and the Discourses of Power in Court Culture; China, Europe, and Japan* (Seattle: U. Washington Press, 2005).

Kobayashi, Tatsuo (ed. by Simon Kaner with Oki Nakamura), *Jômon Reflections: Forager life and culture in the prehistoric Japanese archipelago* (Oxford: Oxbow Books, 2004).

Koh, Sung-je, "A History of the Cotton Trade between Korea and Japan, 1423–1910", *Asian Economies* #12 (March 1975), pp. 5–16.

Kowner, Rotem (ed.), *Rethinking the Russo-Japanese War, 1904–05, Vol. I* (Folkestone: Global Oriental, 2007).

Kracht, Klaus, *Japanese Thought in the Tokugawa Era: A Bibliography of Western-Language Materials* (Wiesbaden: Harrassowitz Verlag, 2000).

Kudô Akira, Tajima Nobuo and Erich Pauer (eds), *Japan and Germany: Two Latecomers to the World Stage, 1890–1995*, 3 vols. (Folkestone: Global Oriental, 2009).

Kumar, Ann, *Globalizing the Prehistory of Japan: Language, Genes and Civilization* (London: Routledge, 2009).

Kwon, Grace H., *State Formation, Property Relations, & the Development of the Tokugawa Economy (1600–1868)*

(NY: Routledge, 2002).

Kwon, Hack Soo (Hak-su), *A Regional Analysis of the Kaya Polities in Korea* (Seoul: Sowha Publishing Co., 2005).

Langer, William L. (comp.), *An Encyclopedia of World History* (Boston: Houghton Mifflin Co., 1952).

Lee, Hyun-hee et al., *A New History of Korea* (Engl. transl.: Seoul: Jimoondang, 2005).

Lewis, James B., *Frontier Contact between Choson Korea and Tokugawa Japan* (NY: Routledge Curzon, 2003).

Lindsey, William R., *Fertility and Pleasure: Ritual and Sexual Values in Tokugawa Japan* (Honolulu: UHP, 2007).

Lone, Stewart, *Provincial Life and the Military in Imperial Japan: the Phantom Samurai* (London: Routledge, 2010).

Low, Morris (ed.), *Building a Modern Japan: Science, Technology, and Medicine in the Meiji Era and Beyond* (NY: Palgrave, 2005).

Lutgens, Frederick K. and Edward J. Tarbuck, *Essentials of Geology*, 9th ed. (Upper Saddle River, NJ: Pearson Prentice Hall, 2006).

Maejima, Ikuo, "Seasonal and Regional Aspects of Japan's Weather and Climate," in Association of Japanese Geographers (ed.), *Geography of Japan* (Tokyo: Teikoku-Shoin, 1980), pp. 54–72.

Marshak, Stephen, *Earth: Portrait of a Planet* (NY: W.W. Norton, 2001).

Matsui, Akira and Masaaki Kanehara, "The question of prehistoric plant husbandry during the Jômon Period in Japan", in *World Archaeology*, Vol. 38-2, 2006, pp. 259–73.

McCallum, Donald F., *The Four Great Temples: Buddhist Archaeology, Architecture, and Icons of Seventh-Century Japan* (Honolulu: UHP, 2009).

McNally, Mark, *Proving the Way: Conflict and Practice in the History of Japanese Nativism* (Cambridge, MA: HUP, 2005).

McOmie, William (comp.), *Foreign Images and Experiences of Japan: Vol. 1, First Century AD to 1841* (Folkestone: Global Oriental, 2005).

———, *The Opening of Japan, 1853–55* (Folkestone: Global Oriental, 2006).

McVeigh, Brian J., *Nationalisms of Japan: Managing and Mystifying Identity* (Oxford: Rowman & Littlefield, 2004).

Mishima, Akio, *Bitter Sea: The Human Cost of Minamata Disease* (Tokyo: Kosei Publishing Co., 1992).

Mitani, Hiroshi, *Escape from Impasse: The Decision to Open Japan* (Tokyo: International House, 2006).

Mizoguchi, Koji, *An Archaeological History of Japan 30,000 B.C to A.D. 700* (Philadelphia: U. Penn. Press, 2002).

Mizuno, Hiromi, *Science for the Empire: Scientific Nationalism in Modern Japan* (Stanford: SUP, 2009).

Morris-Suzuki, Tessa, *The Technological Transformation of Japan: From the Seventeenth to the Twenty-first Century* (Cambridge: CUP, 1994).

Mosk, Carl, *Japanese Industrial History: Technology, Urbanization, and Economic Growth* (London: M.E. Sharpe, 2001).

Nagata, Mary Louise, *Labor Contracts and Labor Relations in Early Modern Central Japan* (NY: Routledge, 2005).

Najita, Tetsuo, *Ordinary Economies in Japan: A Historical Perspective, 1750–1950* (Berkeley: UCP, 2009).

Nakamura, Takafusa and Kônosuke Odaka (eds), *The Economic History of Japan: 1600–1990, Vol. 3: Economic History of Japan 1914–1955* (Oxford: Oxford UP, 2003).

Natural Resources Section, *Important Trees of Japan* (Report no. 119) (Tokyo: General Headquarters, Supreme Commander for the Allied Powers, 1949).

Naumann, Nelly, *Japanese Prehistory* (Weisbaden: Harrassowitz, 2000).

Nelson, Sarah M., *Korean Social Archaeology: Early Villages* (Seoul: Jimoondang, 2004).

Nield, Ted, *Supercontinent: Ten Billion Years in the Life of Our Planet* (Cambridge, MA: HUP, 2007).

Nimura, Kazuo, *The Ashio Riot of 1907: A Social History of Mining in Japan* (Durham, NC: Duke UP, 1997).

Norgren, Tiana, *Abortion before Birth Control: The Politics of Reproduction in Postwar Japan* (Princeton: PUP, 2001).

Nørlund, Irene, Sven Cederroth and Ingela Gerdin (eds), *Rice Societies: Asian Problems and Prospects* (London: Curzon Press Ltd., 1986).

O'Brien, Phillips Payson, *The Anglo-Japanese Alliance, 1902–22* (London: Routledge, 2004).

Oguma, Eiji (David Askew, tr.), *A Genealogy of "Japanese" Self-images* (Melbourne: Trans Pacific Press, 2002).

Okazaki, Tetsuji, *Production Organization in Japanese Economic Development* (London: Routledge, 2007).

Ooms, Herman, *Imperial Politics and Symbolics in Ancient Japan: The Tenmu Dynasty, 650–800* (Honolulu: UHP, 2008).

Partner, Simon, *The Mayor of Aihara: A Japanese Villager and His Community, 1865–1925* (Berkeley: UCP, 2009).

Pauer, Erich (ed.), *Papers on the History of Industry and Technology of Japan: Volume I: From the Ritsuryô-system to the Early Meiji-Period* (Marburg: Förderverein, 1995).

Pearson, Richard, "Jômon hot spot: increasing sedentism in southwestern Japan in the Incipient Jômon (14,000–9250 cal. bc) and Earliest Jômon (9250–5300 cal. bc) periods," in *World Archaeology*, Vol. 38-2 (2006), pp. 239–58.

Pearson, Richard (ed.), *Okinawa, The Rise of an Island Kingdom* (London: Oxford UP, 2009).

Pearson, Richard J. et al. (eds), *Windows on the Japanese Past: Studies in Archaeology and Prehistory* (Ann Arbor, MI: Center for Japanese Studies, 1986).

Perez, Louis G., *Daily Life in Early Modern Japan* (Westport, CT: Greenwood Press, 2002).

Pflugfelder, Gregory M. and Brett L. Walker (eds), *JAPANimals: History and Culture in Japan's Animal Life* (Ann Arbor MI: Center for Japanese Studies, 2005).

Piggott, Joan R. (ed.), *Capital and Countryside in Japan, 300–1180* (Ithaca, NY: Cornell East Asian Program, 2006).

Plutschow, Herbert, *A Reader in Edo Period Travel* (Folkestone: Global Oriental, 2006).

Rambelli, Fabio, *Buddhist Materiality: a Cultural History of Objects in Japanese Buddhism* (Stanford: SUP, 2007).

Rand McNally, *Universal World Atlas, New Census Edition* (Chicago: Rand McNally & Company, 1982).

Rebick, Marcus, *The Japanese Employment System: Adapting to a New Economic Environment* (Oxford: Oxford UP, 2005).

Reitan, Richard M., *Making a Moral Society: Ethics and the State in Meiji Japan* (Honolulu: UHP, 2010).

Reynolds, T.E.G. and S.C. Kaner, "Japan and Korea at 18,000 BP", in Olga Soffer and Clive Gamble (eds), *The World at 18,000 BP Vol. One: High Latitudes* (London: Unwin Hyman, 1990), pp. 296–311.

Rubinger, Richard, *Popular Literacy in Early Modern Japan* (Honolulu: UHP, 2007).

Saaler, Sven and J. Victor Koschmann (eds), *Pan-Asianism in Modern Japanese History: Colonialism, Regionalism and Borders* (London: Routledge, 2007).

Sagers, John H., *Origins of Japanese Wealth and Power: Reconciling Confucianism and Capitalism, 1830–1885* (NY: Palgrave, 2006).

Sakaguchi, Yutaka, "Characteristics of the physical nature of Japan with special reference to landform", in Association of Japanese Geographers (ed.), *Geography of Japan* (Tokyo: Teikoku-Shoin, 1980), pp. 3–28.

Samuels, Richard J., *Securing Japan: Tokyo's Grand Strategy and the Future of East Asia* (Ithaca: Cornell UP, 2007).

Sato, Barbara, *The New Japanese Woman: Modernity, Media, and Women in Interwar Japan* (Durham: Duke U. Press., 2003).

Science News (Washington DC: Science Service), May 2008 まで週刊誌、それ以降は隔週に発刊。

Serizawa, Chôsuke, "The Paleolithic Age of Japan in the Context of East Asia: A Brief Introduction", in Richard J. Pearson et al. (eds), *Windows on the Japanese Past: Studies in Archaeology and Prehistory* (Ann Arbor, MI:

Center for Japanese Studies, 1986), pp. 191–97.

Shelach, Gideon, *Prehistoric Societies on the Northern Frontiers of China* (London: Equinox Publishing Ltd., 2009).

Shigeta, Yasunari and Haruyoshi Maeda (eds), *The Cretaceous System in the Makarov Area, Southern Sakhalin, Russian Far East* (Monograph No. 31) (Tokyo: National Science Museum, Dec. 2005).

Shillony, Ben-Ami, *Enigma of the Emperors: Sacred Subservience in Japanese History* (Folkestone: Global Oriental, 2005).

Shimada Ryuto, *The Intra-Asian Trade in Japanese Copper by the Dutch East India Company during the Eighteenth Century* (Leiden: Brill, 2006).

Shimazu Naoko, *Japanese Society at War: Death, Memory and the Russo-Japanese War* (Cambridge: CUP, 2009).

Silverberg, Miriam, *Erotic Grotesque Nonsense: the Mass Culture of Japanese Modern Times* (Berkeley: UCP, 2006).

Sippel, Patricia, "Technology and change in Japan's modern copper mining industry", in Janet Hunter and Cornelia Storz (eds), *Institutional and Technological Change in Japan's Economy, Past and Present* (London: Routledge, 2006), pp. 10–26.

Skya, Walter A., *Japan's Holy War: the Ideology of Radical Shintô Ultranationalism* (Durham: Duke UP, 2009).

Smith, Thomas C., *The Agrarian Origins of Modern Japan* (Stanford: SUP, 1959).

Soffer, Olga and Clive Gamble (eds), *The World at 18,000 BP Vol. One: High Latitudes* (London: Unwin Hyman, 1990).

Souryi, Pierre François, *The World Turned Upside Down: Medieval Japanese Society* (NY: Columbia UP, 2001).

Spang, Christian W. and Ralf-Harald Wippich (eds), *Japanese-German Relations, 1895–1945: War, Diplomacy and Public Opinion* (London: Routledge, 2006).

Stalker, Nancy K., *Prophet Motive; Deguchi Onisaburô, Oomoto, and the Rise of New Religions in Imperial Japan* (Honolulu: UHP, 2008).

Stark, Miriam A. (ed.), *Archaeology of Asia* (Oxford: Blackwell, 2006).

Steele, M. William, *Alternative Narratives in Modern Japanese History* (London: Routledge, 2003).

Steinberg, John W. et al. (eds), *The Russo-Japanese War in Global Perspective: World War Zero, Vol. I* (Leiden: Brill, 2005).

Stockwin, J. A. A., *Governing Japan: Divided Politics in a Resurgent Economy*, 4th ed. (Oxford: Blackwell, 2008).

Strong, Kenneth, *Ox Against the Storm; A Biography of Tanaka Shozo: Japan's Conservationist Pioneer* (Tenterden, Kent: Paul Norbury Publishing Ltd., 1977).

Sumiya, Mikio (ed.), *A History of Japanese Trade and Industrial Policy* (Oxford: Oxford UP, 2000).

Swale, Alistair D., *The Meiji Restoration: Monarchism, Mass Communication and Conservative Revolution* (London: Palgrave, 2009).

Szèll, Gyorgy and Ken'ichi Tominaga (eds), *The Environmental Challenges for Japan and Germany* (Frankfurt: Peter Lang, 2004).

Takii, Kazuhiro, *The Meiji Constitution: The Japanese Experience of the West and the Shaping of the Modern State* (Tokyo: International House, 2007).

Tansman, Alan (ed.), *The Culture of Japanese Fascism* (Durham: Duke UP, 2009).

Teikoku-Shoin Co., *Teikoku's Complete Atlas of Japan* (Tokyo: Teikoku-Shoin Co. Ltd., 1977).

Teruoka, Shuzo (ed.), *Agriculture in the Modernization of Japan, 1850–2000* (New Delhi: Manohar, 2008).

Tokugawa, Tsunenari, *The Edo Inheritance* (Tokyo: International House, 2009).

Tonomura, Hitomi, "Black Hair and Red Trousers: Gendering the Flesh in Medieval Japan", *American Historical*

Review 99/1 (Feb. 1994), pp. 129–54.

Totman, Conrad, *The Collapse of the Tokugawa Bakufu, 1862–1868* (Honolulu: UHP, 1980).

———, *The Origins of Japan's Modern Forests: The Case of Akita* (Asian Studies at Hawaii #31) (Honolulu: UHP, 1985).

———, *The Green Archipelago: Forestry in Preindustrial Japan* (Berkeley: UCP, 1989).

———, *Early Modern Japan* (Berkeley: UCP, 1993).

———, *The Lumber Industry in Early Modern Japan* (Honolulu: UHP, 1995).

———, *Pre-industrial Korea and Japan in Environmental Perspective* (Leiden: Brill, 2004).

———, *A History of Japan, Second Edition* (Oxford: Blackwell, 2005).

———, *Japan's Imperial Forest: Goryôrin, 1889–1946* (Folkestone: Global Oriental, 2007).

Traganov, Jilly, *The Tôkaidô Road: Traveling and Representation in Edo and Meiji Japan* (NY: Routledge, 2004).

Trewartha, Glenn T., *Japan, A Physical, Cultural, and Regional Geography* (Madison: University of Wisconsin Press, 1978).

Tsang, Carol R., *War and Faith: Ikkô Ikki in Late Muromachi Japan* (Cambridge, MA: HUP, 2007).

Tsuchi, Ryuichi and James C. Ingle Jr. (eds), *Pacific Neogene: Environment, Evolution, and Events* (Tokyo: UTP, 1992).

Tsuda, Karyu et al., "On the Middle Miocene Paleoenvironment of Japan with Special Reference to the Ancient Mangrove Swamps", in Robert Orr Whyte (ed.), *The Evolution of the East Asian Environment Volume 1 Geology and Palaeoclimatology* (Hong Kong: University of Hong Kong, 1984), pp. 388–96.

Tsukada, Matsuo, "Vegetation in Prehistoric Japan: The Last 20,000 Years", in Richard J. Pearson et al. (eds), *Windows on the Japanese Past: Studies in Archaeology and Prehistory* (Ann Arbor, MI: Center for Japanese Studies, 1986), pp. 11–56.

Tsunoda, Ryusaku (tr.) and L. Carrington Goodrich (ed.), *Japan in the Chinese Dynastic Histories* (South Pasadena: P.I. & Ione Perkins, 1951).

Tsunoda, Ryusaku et al. (comps.), *Sources of the Japanese Tradition* (NY: Columbia UP, 1958).

Tsurumi, E. Patricia, *Factory Girls: Women in the Thread Mills of Meiji Japan* (Princeton: PUP, 1990).

Turk, Jon, *In the Wake of the Jômon* (NY: McGraw-Hill, 2005).

Turnbull, Stephen R., *Nagashino, 1575: Slaughter at the Barricades* (Westport, CT: Praeger, 2005).

———, *Strongholds of the Samurai: Japanese Castles 250–1877* (Oxford: Osprey, 2009).

Vande Walle, W.F. and Kazuhiko Kasaya (eds), *Dodonaeus in Japan: Translation and the Scientific Mind in the Tokugawa Period* (Leuven: Leuven UP, 2001).

Van Goethem, Ellen, *Nagaoka: Japan's Forgotten Capital* (Leiden: Brill, 2008).

Vaporis, Constantine N., *Tour of Duty: Samurai, Military Service in Edo, and the Culture of Early Modern Japan* (Honolulu: UHP, 2008).

Verschuer, Charlotte von, *Across the Perilous Sea: Japanese Trade with China and Korea from the Seventh to Sixteenth Centuries* (Ithaca NY: Cornell UP, 2006).

Vrielynck, Bruno and Philippe Bouysse, *The Changing Face of the Earth: The break-up of Pangaea and continental drift over the past 250 million years in ten steps* (Paris: UNESCO Publishing, 2003).

Walker, Brett L., *The Conquest of Ainu Lands, Ecology and Culture in Japanese Expansion, 1590–1800* (Berkeley: UCP, 2001).

———, *The Lost Wolves of Japan* (Seattle: U. Washington Press, 2005).

Wang, Pinxian, "Progress in Late Cenozoic Palaeoclimatology of China: a Brief Review", in Robert Orr Whyte (ed.),

The Evolution of the East Asian Environment Volume 1 Geology and Palaeoclimatology (Hong Kong: University of Hong Kong, 1984), pp. 165–87.

Waswo, Ann and Nishida Yoshiaki (eds), *Farmers and Village Life in Twentieth-Century Japan* (London: Routledge, 2003).

Whyte, Robert Orr (ed.), *The Evolution of the East Asian Environment Volume 1 Geology and Palaeoclimatology* (Hong Kong: University of Hong Kong, 1984) (Vol. 2, Palaeobotany, Palaeozoology and Palaeoanthropology).

Williams, Duncan Ryûken, *The Other Side of Zen: A Social History of Sôtô Zen Buddhism in Tokugawa Japan* (Princeton: PUP, 2005).

Wolff, David et al. (eds), *The Russo-Japanese War in Global Perspective: World War Zero, Vol. II* (Leiden: Brill, 2007).

Yasuda, Yoshinori, "Oscillations of Climatic and Oceanographic Conditions since the Last Glacial Age in Japan", in Robert Orr Whyte (ed.), *The Evolution of the East Asian Environment Volume 1 Geology and Palaeoclimatology* (Hong Kong: University of Hong Kong, 1984), pp. 397–413.

———, "Monsoon Fluctuations and Cultural Changes During the Last Glacial Age in Japan", in *Nichibunken Japan Review*, No. 1 (1990), pp. 113–52.

Yonemoto, Marcia, *Mapping Early Modern Japan: Space, Place, and Culture in the Tokugawa Period (1603–1868)* (Berkeley: UCP, 2003).

Yoon, Sun, "Tectonic history of the Japan Sea region and its implications for the formation of the Japan Sea", in J.M. Dickins et al. (eds), "New Concepts in Global Tectonics," a Special Issue of *Himalayan Geology*, Vol. 22, No. 1 (2001), pp. 153–84.

Yoshikawa, Torao et al., *The Landforms of Japan* (Tokyo: UTP, 1981).

Zachmann, Urs Mattias, *China and Japan in the Late Meiji Period: China Policy and the Japanese Discourse on National Identity, 1895–1904* (London: Routledge, 2009).